Jetzt helfe ich mir selbst

Motor
buch
Verlag

Einbandgestaltung: Louis Dos Santos

Abbildungen: Sandra Hauber, Volkswagen AG Media Service, Rainer Vögele, Continental AG, Robert Bosch GmbH, ACV GmbH, 3M Deutschland GmbH, Sonax GmbH & Co KG, Hella KG, Audi AG, D-Parts Mobilphone Zubehör GmbH, ADAC, Abt Sportsline GmbH, Mahle GmbH

Vielen Dank für die tatkräftige Unterstützung an: Gunnar Beer, Thomas Keck, Joachim Kuch, Daniel von Königsegg, Firma Saphan Leonberg, Klauke Werkzeuge, Autohaus Harich Balingen-Ostdorf

Text und redaktionelle Bearbeitung: Gregor Drewniok

Co-Autor:
Rainer Vögele

Alle Angaben und Ratschläge in diesem Ratgeber wurden nach bestem Wissen und Gewissen erteilt. Eine Haftung der Autoren oder des Verlages und seiner Beauftragten für Personen-, Sach- und Vermögensschäden ist jedoch ausgeschlossen.
Dieser Band entspricht dem Kenntnisstand zum Zeitpunkt der Drucklegung. Abweichungen durch Weiterentwicklung der beschriebenen Fahrzeuge, geänderte Anweisungen des Fahrzeugherstellers bzw. neue gesetzliche Bestimmungen sind möglich.

ISBN 978-3-6130-2690-2

Lizenznehmer des Motorbuch Verlags, Postfach 103743, 70032 Stuttgart
Ein Unternehmen der Paul Pietsch Verlage GmbH & Co

Sie finden uns im Internet unter:
www.motorbuch-verlag.de

1. Auflage 2008

Herstellung: Ipa, 71665 Vaihingen/Enz
Druck und Bindung: Druck + Verlag Südwest
Printed in Germany

VW Passat
Benziner und Diesel

Modelljahre seit 2005

Inhalt

Einleitung

Ausrüstung

Der Passat

Werterhalt

Unterwegs

Kleine Pannen

Innenraum

Karosserie

Wartung

Antrieb

Fahrwerk

Bremsen

Elektrik

Ein Ratgeber stellt sich vor

„An den neuen Autos kann ich doch nichts mehr selber machen“ ist ein Satz den wir häufig hören, dem wir aber ebensowenig zustimmen wie Sie. Denn wozu sollten Sie sonst dieses Buch in den Händen halten?
Wahr ist, dass durch den vermehrten Anteil von Elektronik und vor allem die Vernetzung der Systeme im Fahrzeug mancher Fehler nicht mehr so leicht zu orten ist wie früher. Wahr ist aber auch, dass moderne Autos durch den Einsatz der Elektronik wesentlich zuverlässiger, sicherer und umweltfreundlicher sind als die simpel aufgebauten aber auch wartungsintensiven Fahrzeuge früherer Tage. Es liegt uns also fern den Fortschritt zu verdammen, auch wenn er uns und Ihnen ab und zu einen Streich spielt.

Hilfe zur Selbsthilfe

Was Sie tun können wenn das Auto den Dienst verweigert, oder besser noch: was Sie tun können damit es gar nicht erst soweit kommt, soll Gegenstand dieses Ratgebers sein. Und auch wenn Sie den Fehler vielleicht nicht selbst beheben können – wir zeigen Ihnen wie Sie die Ursache präzise einkreisen können. Und zwar ohne Profi-Ausrüstung. So können Sie der Werkstatt wichtige Informationen liefern und kostbare Arbeitszeit für die Fehlersuche einsparen.

Tipps und Wissenswertes

Damit Ihnen niemand etwas vormachen kann, gewähren wir Einblick in die Autotechnik, erläutern Fachbegriffe im umfangreichen Techniklexikon und informieren Sie über Wissenswertes aus der Welt der Technik. Darüber hinaus erhalten Sie Tipps, die zum Teil bares Geld wert sind: So können Sie zum Beispiel die Lebensdauer Ihrer Scheibenwischer erheblich verlängern. Wie das geht erfahren Sie im Kapitel „Fit durch den Winter“. Diesem Thema widmen wir übrigens ein ganzes Kapitel, da in der dunklen Jahreszeit besonders viel zu beachten ist. Das fängt bei der Wahl der richtigen Bereifung an und endet mit einem paar robuster Schuhe im Kofferraum noch lange nicht. Denn immer noch wagen sich zu viele Autofahrer mit Sommerreifen auf die Piste. Fest in dem Glauben „wird schon gutgehen“. Damit auch wirklich alles gut geht, sollten Sie dieses Buch von Anfang bis Ende durchlesen.

Sicherheit hat Vorrang

Wie durch den Winter, wollen wir Sie mit diesem Ratgeber natürlich auch durch die übrigen Jahreszeiten begleiten. Ihre Sicherheit und Zufriedenheit steht dabei an erster Stelle. Wichtiger als das Reparieren von sicherheitsrelevaten Baugruppen erscheint uns in diesem Band das frühzeitige Erkennen eines Schadens. Genau dabei wollen wir Sie unterstützen. Ein Störungsbeistand ist daher fester Bestandteil eines jeden Kapitels. Zudem bieten wir Ihnen ein Diagnose-Schema, das ganz allgemein eventuelle Unzulänglichkeiten am Auto entlarvt. Und zwar bevor etwas schiefgeht. Auch bei einem anstehenden Termin zur Hauptuntersuchung kann diese Schnelldiagnose jede Menge Ärger und Geld sparen. Abgesehen davon haben wir regelmäßig wiederkehrende Überprüfungsarbeiten in Form von Checklisten zusammengefaßt. Diese dürfen Sie sich gerne kopieren und für sich abheften.

Reparaturen in der heimischen Garage

Sollten Sie bereits im Umgang mit Werkzeug geübt sein, werden wir Sie Schritt für Schritt durch die einzelnen Arbeitsgänge führen. Dabei beschränken wir uns in dieser Reihe auf leichte Wartungs-, Pflege- und Reparaturmaßnahmen, die Sie ohne weiteres in der heimischen Garage durchführen können. Welche Grundausstattung Sie dafür benötigen und wie das Ganze ideal in Ihre Garage passt, haben wir für Sie gleich am Anfang dieses Buches zusammengefasst. Gut ausgestattete Werkstätten, ob privat oder gewerblich betrieben, möchten wir auf den entsprechenden Band „Reparaturanleitung“ des Bucheli-Verlages verweisen. Dort wird mit gewohnter Präzision das Zerlegen komplizierter Baugruppen wie Motor und Getriebe beschrieben.

Für mehr Spaß am Auto

Zum Schluss möchten wir Sie auf ein besonderes „Schmankerl“ unseres Buches hinweisen: Zu jedem Kapitel bieten wir Ihnen einen Überblick zum Thema „Besser machen“. Dort stellen wir Ihnen eine Auswahl von empfehlenswerten Zubehör- und Anbauteilen vor, die Sie gegebenenfalls in Eigenregie montieren können. Damit Sie noch mehr Freude an Ihrem Auto haben.

Damit Sie sich besser zurechtfinden

Wenn Sie etwas Bestimmtes in diesem Buch suchen, haben Sie verschiedene Möglichkeiten. Natürlich können Sie auf das vertraute Inhaltsverzeichnis zurükkgreifen. Aber auch beim schnellen Durchblättern werden Sie sich leicht zurechtfinden. Den Hinweis, in welchem Kapitel Sie sich bewegen, finden Sie oben links. Dazu die Information, ob es sich in diesem Abschnitt um theoretisches Wissen, konkrete Arbeitsanleitungen oder Vorschläge zur Optimierung handelt. Rechts oben auf jeder Seite haben wir den Bereich dargestellt, der im jeweiligen Abschnitt behandelt wird.
Damit können Sie das Buch auf der Suche nach bestimmten Inhalten auch durch die Finger laufen lassen, ohne zuerst im Inhaltsverzeichnis suchen zu müssen.

 INFORMATION

Bevor Teile ausgebaut oder etwas auseinander genommen wird, ist es immer besser, die theoretischen Zusammenhänge zu kennen. Wenn Sie dieses Zeichen sehen, erklären wir die Funktion der Technik, ihre Bedeutung für das gesamte Auto und Ihren Alltag damit. Oder wir informieren Sie ganz einfach auch einmal über den historischen Hintergrund der Entwicklung. Dieser Abschnitt soll Sie also mit der Technik Ihres Autos vertraut machen. Mit dem nötigen theoretischen Wissen im Hinterkopf schraubt es sich viel leichter.

ARBEITSSCHRITTE

Sobald am Auto gearbeitet wird, werden Sie dieses Symbol sehen. Auf diesen Seiten dürfen Sie Schritt für Schritt Anleitungen zum Ein- und Ausbau von Teilen erwarten. Bei der Auswahl haben wir uns strikt daran gehalten, was in der heimischen Garage noch machbar ist und was nicht. Und damit Sie sehen, dass wir uns gerne die Finger für Sie schmutzig machen, haben wir bewusst gebrauchtes Werkzeug benutzt und uns nicht ständig die Finger gewaschen. Wir hoffen, dass die Fotos Ihnen dennoch Appetit auf das Schrauben machen.

 BESSER MACHEN

Nicht alle Fahrzeuge müssen serienmäßig bleiben. In der Praxis gleicht sogar kaum ein Auto dem anderen. Autos werden tiefer gelegt, Karosseriebauteile werden verändert oder die Innenausstattung individualisiert.Vielleicht benutzen Sie dieses Buch ja auch um, Ihr Auto gezielt zu verbessern. Damit wir uns richtig verstehen: Dieses Buch ist keine Tuninganleitung, aber immerhin stellen wir Ihnen, verschiedenste zusätzliche Teile vor und verraten Ihnen, worauf Sie beim Einkauf von Zubehörteilen achten sollten.

Lernen Sie Ihr Auto kennen

Egal, ob Sie Ihren Passat schon lange besitzen oder ihn eben erst erworben haben - nehmen Sie sich die Zeit und erkunden Sie Ihr Fahrzeug gründlich. Denn selbst wenn Sie die Bedienungsanleitung gelesen haben, wovon wir selbstverständlich ausgehen, kennen Sie bestimmt noch nicht alle Details Ihres Autos.

Die Fahrgestellnummer

Die Fahrgestellnummer enthält bereits etliche - in Zahlen- und Buchstabencodes verschlüsselte - Informationen zu Ihrem Passat. Deren Bedeutung können Sie als DoItYourselfer nun kennenlernen und auch entziffern. Die Fahrgestellnummer finden Sie an verschiedenen Stellen Ihres Passats angebracht. In den Unterlagen für den Service, am Federbeindom und in der Mulde des Reserverads im Kofferraum.

Die Fahrgestellnummer: Durch den kleinen Ausschnitt an der Windschutzscheibe ist die Fahrgestellnummer erkennbar

Das Typschild: Angeklebt auf der B-Säule enthält die Plakette Fahrgestellnummer und Achslasten

Das Typenschild

Das Fahrzeugtypenschild ist im Motorraum am linken Federbeinturm plaziert. Es enthält

- Fahrzeug-Identifizierungsnummer,
- zul. Gesamtgewicht,
- zul. Zuggewicht (Zugmaschine plus Anhänger),
- zul. Achslast vorn,
- zul. Achslast hinten,
- Fahrzeugtyp.

Der Fahrzeugdatenträger: Ist auf dem Bodenblech links neben der Reserveradmulde im Gepäckraum angeklebt

Der Fahrzeugdatenträger

Der Fahrzeugdatenträger findet sich im Kofferraum neben der Mulde des Reserverads. Dort sind alle wichtigen Daten zur Fahrzeugerkennung wie Modell, Motor, Getriebe, Lackfarbennummer und Innenausstattung aufgeführt. Ein solcher Fahrzeugdatenträger befindet sich auch immer auf der ersten Seite Ihres Service-Heftes.

Die Motorkennummer

Die Motornummer ist an der Verbindungsstelle Motor-Getriebe und am Zahnriemenschutzdeckel zu finden. Auch das Getriebe trägt eine Identifikationsnummer. Alle diese Nummern sind beim Bestellen von Ersatzteilen oder Austauschteilen unbedingt anzugeben. Denn viele Teile eignen sich einfach nur für den neuen Passat der sechsten Generation, obwohl sie Ähnlichkeiten mit Teilen anderer Fahrzeuge in der VW-Baureihe haben.

Die Motorkennung: Auf dem Zahnriemenschutz befindet sich die Codierung des Motors

Das Serviceheft

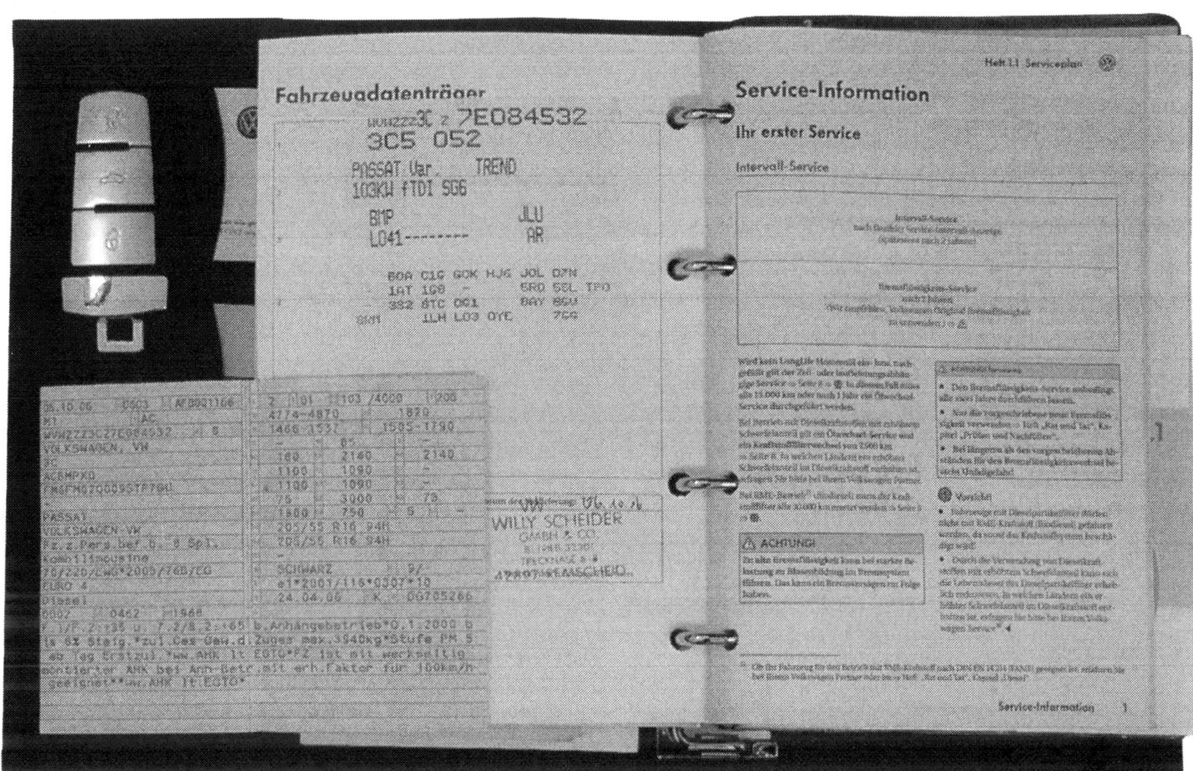

Was die Fahrgestellnummer verrät:

Stelle	Code	Bedeutung
1-3 :	Welt Hersteller-Code	WVW = VW PKW
		WV2 = VW Nutzfahrz.
		WAU = Audi PKW
4-6	Füllzeichen	ohne Bedeutung
7-8	Fahrzeugmodell	C5 = Passat
9	Füllzeichen	Z
10	Modelljahr	5 = 2005
		6 = 2006, usw.
11	Produktionsstandort	E = Emden
		W = Wolfsburg
12-17	fortlaufende Produktionsnummer des Jahres	

Diese Angaben braucht die Werkstatt:

- Schlüsselnummer (Hersteller)
- Schlüsselnummer (Typ)
- Zulassungsdatum
- Motorisierung
- Fahrgestellnummer

Rechte und Pflichten

Sie haben einen Wagen erworben und sind der Meinung, er ist kaputt oder funktioniert nicht so wie er sollte? Bevor Sie sich unnötig aufregen, sollten Sie sich zuerst kundig machen, wie es um Ihre Rechte steht. Dann müssen Sie sicherstellen, dass Sie keinem Irrtum unterliegen und es sich hier tatsächlich um einen Mangel handelt.

Was ist ein Mangel?

Vereinfachte Darstellung des § 434 BGB:
Eine Sache ist frei von Mängeln, wenn sie sich für die Verwendung eignet, für die sie gemäß Kaufvertrag gedacht war oder sie sich für die gewöhnliche Verwendung eignet oder die Beschaffenheit aufweist, die man üblicherweise erwarten kann. Das beinhaltet auch Eigenschaften, von denen der Käufer aufgrund von Aussagen, die in der Werbung oder von Mitarbeitern des Verkäufers gemacht wurden, ausgehen kann.
Liegt also tatsächlich ein Mangel vor, wie z.B. eine deutlich geringere Höchstgeschwindigkeit als im Prospekt angegeben, sollten Sie sich auf das Gespräch mit dem Kundendiensttechniker vorbereiten und Ihr Recht einfordern. Damit Sie Ihr Anliegen präzise und fachlich richtig an den Mann bringen können nachfolgend einige Begriffserklärungen und Zusammenhänge:

Gewährleistung, Sachmangelhaftung und Garantie

Garantie und Gewährleistung (letzteres ist die so genannte Sachmangelhaftung) sind zwei völlig verschiedene und vor allem unabhängige Sachverhalte. Diese beiden Begriffe werden oft umgangssprachlich miteinander verwechselt oder vertauscht. Um nicht missverstanden zu werden, sollten Sie diese Begriffe unbedingt voneinander trennen.

Die **Garantie** ist eine freiwillige und zusätzliche Leistung des Verkäufers oder Herstellers. Sie kann nach Belieben ausgestaltet oder befristet sein und sie folgt aus einer eigenständigen Vereinbarung im Rahmen des Kaufvertrages bzw. in Verbindung mit dem Kaufvertrag. Die Garantie kann an bestimmte Voraussetzungen geknüpft sein, kann bestimmte Kosten ausschließen und auch die Leistungen einschränken. Dies könnte beispielsweise bedeuten, dass die Garantie nur greift, wenn Sie das Fahrzeug regelmäßig in der dem Händler angegliederten Werkstatt warten lassen und Sie nur die Materialkosten und nicht die Arbeitszeit bei einem Schaden erstattet bekommen. Also sollten Sie sich die Garantiebedingungen vor dem Kauf genau anschauen, um diese später nicht durch ein Falschverhalten zu verwirken. Auf Verlangen müssen Ihnen die Garantiebestimmungen, wenn sie Ihnen zugesprochen werden, auch in schriftlicher Form ausgehändigt werden.

Die **Gewährleistung** (Sachmangelhaftung) folgt aus den gesetzlichen Regelungen zum Kaufvertrag. Eine Gewährleistung (Sachmangelhaftung) ist in dem Augenblick gegeben, wenn ein rechtsgültiger Kaufvertrag geschlossen wird. Eine Ausnahme ist nur möglich, wenn die Gewährleistung (Sachmangelhaftung) wirksam ausgeschlossen ist. Ein vollständiger Ausschluss der Gewährleistung (Sachmangelhaftung) im Rahmen eines Kaufvertrags zwischen einem Unternehmer (z. B. Kfz-Händler) als Verkäufer und einer Privatperson als Käufer ist nicht möglich. Die Gewährleistung (Sachmangelhaftung) kann aber z.B. bei Abschluss eines Kaufvertrages zwischen Privatpersonen vollständig ausgeschlossen werden. Dies muss dann aber ausdrücklich und individuell im Kaufvertrag geregelt sein.
Mit dem **Gewährleistungsrechts-Änderungsgesetz** vom 01.01.2007 ergaben sich unter anderem folgende Neuerungen:

- Bei neuen Sachen beträgt die Frist grundsätzlich 2 Jahre ab Datum der Übergabe.
- Bei gebrauchten Sachen kann eine Frist von 1 Jahr vereinbart werden (nicht in Allgemeinen Geschäftsbedingungen!), wobei nur Kraftfahrzeuge, die älter als ein Jahr (ab Erstzulassung) sind, als gebrauchte Sachen gelten.
- Innerhalb der ersten sechs Monate hat bei einer Reklamation der Händler zu beweisen, dass die Sache zum Zeitpunkt der Übergabe dem Vertrag entsprach (also keinen Mangel hatte). Nach 6 Monaten hat der Kunde die Beweispflicht (bisher hatte ausschließlich der Kunde die Beweispflicht).

Diese beschriebenen Regelungen, die die Rechte des Endkunden stärken, sind verständlicherweise bei den

Autohändlern nicht so gut angekommen und diese suchen nach Möglichkeiten, wie sie die Gewährleistung (Sachmangelhaftung) einschränken oder gar ausschließen können. In den letzten Jahren hat darum der Handel mit Bastlerfahrzeugen und Schrottautos massiv zugenommen. In solchen Verträgen werden dann sämtliche Gewährleistungsansprüche (Sachmangelhaftung) ausgeschlossen, obwohl die Fahrzeuge teilweise mit frischer Plakette der Haupt- und Abgasuntersuchung versehen sind. Solche und ähnliche Vorgänge können die Gerichte allerdings recht gut einschätzen und entscheiden meistens zu Gunsten des Verbrauchers. Ebenso verhält es sich mit den Verkäufen die „im Auftrag" stattfinden. Ein Händler, der in seinem Namen die aktuelle Hauptuntersuchung und weitere Instandsetzungsarbeiten durchgeführt hat, wird es vor Gericht schwer haben, zu beweisen, dass er den Autoverkauf nur vermittelt hat. Er wird damit auch nicht die gesetzlichen Regelungen beschneiden können. Je klarer die Vereinbarung und je genauer die die Fahrzeugbeschreibung, desto geringer ist das Haftungsrisiko. Wir raten Ihnen einen Musterkaufvertrag für Gebrauchtwagen sowie einen Gebrauchtwagen-Zustandsprüfbericht zu verwenden. Damit lassen sich kostspielige Prozesse und unangenehme Streitigkeiten vermeiden.

Zusammenfassung:
Eine freiwillige Garantie besteht also zusätzlich zur gesetzlichen Gewährleistung (Sachmangelhaftung) und ist im Umfang der Leistungen, im Vergleich zur Gewährleistung (Sachmangelhaftung), meistens eingeschränkt.
Allerdings greift sie oft auch noch für Mängel, die erst nach dem Kauf auftreten, was so nicht auf die gesetzliche Gewährleistung (Sachmangelhaftung) zutrifft.

Zum Reizthema Farbabweichung

Farbabweichung kann ein Sachmangel sein. Das Oberlandesgericht Köln hat zu diesem Thema eine wichtige Entscheidung getroffen: Danach gehört die Farbe eines Neufahrzeugs zu den Beschaffenheitsmerkmalen und stellt ein äußerliches Merkmal des Fahrzeugs dar, welches für den Käufer im Rahmen der Kaufentscheidung maßgeblich ist. Ergeben sich Abweichungen im Farbton des bestellten zu dem tatsächlich gelieferten Fahrzeug, so kann der Käufer hierauf grundsätzlich Gewährleistungsansprüche geltend machen. Durch das OLG Köln bestätigtes Urteil des LG Aachen vom 26.04.2005 (Az. 12 O 493/04).

Das Recht der Nachbesserung

Seit dem 01.01.2002 gibt die neue Rechtslage sowohl dem Käufer als auch dem Verkäufer einen Anspruch auf Beseitigung eines Mangels. Anstatt von Nachbesserung spricht jetzt das Gesetz von Nacherfüllung. Grundsätzlich hat der Händler das Recht bis zu drei mal Nachzuerfüllen. Hierbei hat der Verkäufer die zum Zwecke der Nacherfüllung erforderlichen Aufwendungen zu tragen, das sind Transport-, Wege-, Arbeits- und Materialkosten. Zu beachten ist in diesem Zusammenhang, dass der Verkäufer sein Recht einen Mangel nachzubessern behält, auch wenn Reparaturen bereits in einer fremden Werkstatt erfolglos waren. Der Verkäufer muss sich diese Nachbesserungsversuche nicht zurechnen lassen, er kann auf eine Nacherfüllung im eigenen Firmensitz bestehen. OLG Köln vom 14.02.2006 (Az. 20U 188/05)

Wandlung und Preisnachlass

Hat sich ein erheblicher Mangel nach drei Nacherfüllungsversuchen immer noch nicht beseitigen lassen oder fehlen zugesicherte Eigenschaften, haben Sie das Recht auf Wandlung oder Preisnachlass. Dies ist dann auch der Zeitpunkt, an dem Sie einen Rechtsanwalt zu Rate ziehen sollten. Sie werden sich auf jeden Fall eine Nutzungspauschale, die abhängig ist von der genutzten Laufleistung des Fahrzeugs, anrechnen lassen müssen. Eine Wandlung ist grundsätzlich nur dann möglich, wenn sich das Fahrzeug noch im Originalzustand befindet.

Der Kulanzantrag

Nach Ablauf der Gewähleistungszeit und gegebenenfalls der Garantiezeit bleibt Ihnen immer noch die Möglichkeit der Kulanzregelung beim Händler. Die Kulanz bezeichnet im allgemeinen ein Entgegenkommen zwischen den Vertragspartnern nach Vertragsabschluss. Sie regelt den Ablauf der freiwilligen Reparatur- und Serviceleistungen nach Ablauf der gesetzlichen oder individualvertraglichen Gewährleistungsverpflichtungen. Die Kulanzregelung wird in der Regel als Maßnahme zur Kundenbindung dargestellt.

Hinweis: Dieses Kapitel soll nur erste Hinweise geben und erlaubt daher keinen Anspruch auf Vollständigkeit. Obwohl es mit größtmöglicher Sorgfalt erstellt wurde, kann eine Haftung für inhaltliche Richtigkeit nicht übernommen werden.

In der Werkstatt

Was braucht die Werkstatt?

Aufgrund der vielen Ausstattungsvarianten und verfügbaren Extras moderner Autos ist eine genaue Bestimmung des Fahrzeugtyps nicht immer nur anhand der Fahgestellnummer möglich. Wenn Sie also eine neue Werkstatt aufsuchen die ihren Wagen noch nicht kennt sollten Sie lieber alle Unterlagen die ihre Fahrzeugdaten enthalten mitnehmen (Serviceheft, Radiocode, ABEs und Zubehörunterlagen). Berücksichtigen Sie auch vorhandenes Zubehör wie Sonderfelgen mit Schloss. Bei Arbeiten an der Wegfahrsperre oder dem Schließsystem werden in der Regel alle Fahrzeugschlüssel benötigt. Ansonsten räumen Sie Ihr Fahrzeug aus und entfernen alle private Sachen (z. B. auch die Musik-CDs). So gibt es hinterher keine Diskussion, ob Dinge fehlen oder nicht.

Diese Angaben braucht die Werksatt:

- Schlüsselnummer (Hersteller)
- Schlüsselnummer (Typ)
- Zulassungsdatum
- Motorisierung
- Fahrgestellnummer

Das müssen Sie dabei haben:

- Fahrzeugschein
- Serviceheft
- Adapter oder Schlüssel für Felgenschlösser
- Radiocode
- alle Schlüssel (bei Arbeiten am Schließsystem)

Eine klare Auftragserteilung

Um nicht mit einer Reparaturrechnung konfrontiert zu werden, die weit über dem Erwarteten liegt sollten Sie der Werkstatt ihres Vertrauens ein Kostenlimit angeben und darauf bestehen, Sie zu kontaktieren falls es zu unerwarteten Mehrarbeiten kommt. Erteilen Sie ihren Arbeitsauftrag immer schriftlich denn mündliche Absprachen sind nur schwer einklagbar und beweisbar. Die Kopie des schriftlichen Arbeitsauftrags in ihrer Tasche gibt ihnen die Rechtssicherheit. Dank moderner EDV Anlagen ist es auch oft kein Problem auf die Schnelle einen schriftlichen Kostenvoranschlag zu erhalten. Dieser ist ebenfalls verbindlich und in der Regel noch detaillierter als der Arbeitsauftrag. Beachten Sie bitte: Der tatsächliche Rechnungsbetrag darf bis zu 10% über den geschätzten Kosten liegen ohne dass es einer erneuten Zustimmung ihrerseits bedarf. Eine termingerechte Fertigstellung einer Standardreparatur ist heute üblich. Oberste Voraussetzung für ein gutes Arbeitsergebnis in der Werkstatt ist eine exakte Fehlerbeschreibung mit Angabe des gewünschten Ergebnises.

Die Fehlerbeschreibung

Nehmen wir einmal an ihr Auto klappert hin und wieder und Sie möchten dieses in einer Werkstatt beseitigen lassen. Bei unserem jetzigen Beispiel spielt es keine Rolle ob Sie selbst bezahlen oder andere Ansprüche stellen. Denn im Vordergrund steht erst einmal ein nicht funktionierendes Auto, das repariert werden soll und dem Schaden ist es schließlich egal, wer die Rechnung trägt.

Problemschilderung: Je mehr Informationen Sie bei der Problembeschreibung dem Servicetechniker schildern...

...desto leichter tut er sich später in der Werkstatt beim Auffinden der Fehlerursache(n) sowie auch der Reparatur!

Damit also der Werkstattmeister nicht viele Stunden und Kilometer in ihrem Auto zurücklegen muss um ein Klappern zu lokalisieren, das evtl. gar nicht das ist das Sie meinen, sollten Sie ihm möglichts präzise Angaben machen. Der vorhandene Fehler muss reproduzierbar sein. Das heißt, Sie sollten genau beschreiben können, wann der Wagen klappert.
Eine gute Hilfestellung bieten hier die **W-Fragen**:

Wann tritt das Problem immer auf? „Beim Befahren von Unebenheiten, wie zum Beispiel über die Brücke xy in Richtung zx. Bei Temperaturen unter null Grad ist das Klappern am deutlichsten zu hören, die Motortemperatur spielt dabei keine Rolle."

Wie kann man das Geräusch verstärken oder abschwächen? „Die Geschwindigkeit mit der man über die Brücke fährt ist egal aber man darf kein Gas geben um das Klappern zu hören."

Wo kommt das Geräusch her? „Es scheint von vorn rechts zu kommen, wenn ich meine Hand auf das Armaturenbrett lege kann ich es sogar fühlen."

Wieso sind Sie nicht schon früher damit gekommen? „Weil das Klappern erst seit ein paar Wochen vorhanden ist."

Wer hat zuletzt an dem Wagen Hand angelgt? „Sie haben hier den letzten Kundendienst gemacht, ich habe nur die Winterräder montiert."

Was haben Sie schon dagegen unternommen? „Ich habe schon alle losen Gegenstände aus dem Wageninneren entfert aber es hat sich nichts geändert."

Bei einer so präzisen Fehlerbeschreibung können Sie sicher sein, dass der Mechaniker den Fehler schneller eingrenzen kann und auch das Reparaturergebnis ist einfach und schnell überprüfbar. Diese W-Fragen sind mit leichten Abwandlungen auf nahezu alle Mängel anwendbar. Sie können diese auch nutzen um selbst die Fehlerquelle einzugrenzen und möglicherweise finden auch Sie auf diese Weise schon das Problem. Denn niemand kennt ihren Wagen besser als Sie selbst. Oftmals sind es Kleinigkeiten, die Sie nebenher erwähnen, welche aber letzlich dem Mechaniker den richtigen Weg zur Behebung der vorhandenen Fehlerquelle weisen.

Der Ton macht die Musik

Oft treten Probleme auf, wenn es um Leistungen der Gewährleistung oder Garantie geht. Auch wenn Sie sich im Recht fühlen und vielleicht auch Recht haben, beachten Sie bitte, dass Sie meistens nur mit einem Angestellten sprechen, dessen Motivation in der Regel über die Art und Dauer ihrer Auftragsabwicklung entscheidet.
Damit Ihr Anliegen zur vollsten Zufriedenheit bearbeitet wird, sollten Sie daher die üblichen zwischenmenschlichen Verhaltensregeln einhalten – auch wenn Sie schon eine halbe Stunde in der Warteschlange gestanden sind. Auch ist nicht jeder Zeitpunkt für einen Werkstattbesuch gleich gut geeignet: Der Freitag vor einem langem Wochenende oder Ferienbeginn ist beispielsweise kein idealer Tag. Wir empfehlen sich vorher anzumelden und dem Mitarbeiter eine kurze Schilderung Ihres Anliegens zu geben. Oft kann dieser schon im Vorfeld wichtige Informationen bereitstellen oder auf etwas hinweisen, das Sie nicht vergessen sollten mitzubringen.

Wenn es doch zu Differenzen kommt

Versuchen Sie den Vorgang noch einmal mit dem Verantwortlichen sachlich durchzugehen, eventuell auch unter Beteiligung des Mechanikers oder Meisters. Dieses Gespräch sollte in einem separaten Raum stattfinden und nicht vor weiteren Kunden. Für das Unternehmen kann es sehr schädlich sein, wenn laute Streitereien vor der Kundschaft ausgetragen werden, entsprechend wird die Reaktion ausfallen. Nehmen Sie ruhig sachkundige Verstärkung mit, Ihr Gegenüber wird auch nicht alleine sein. Ein Zeuge kann später sehr wichtig sein. Sollte das nicht das gewünschte Ergebnis bringen, haben Sie noch die Möglichkeit ein Schlichtungsverfahren einzuleiten. Ein solches Verfahren wird unter der Regie der jeweils zuständigen Handwerkskammer durchgeführt und stellt ein Angebot sowohl an das Mitgliedsunternehmen der Handwerkskammer, wie auch dessen Auftraggeber dar, sich außergerichtlich zu einigen. Schlichtungsverfahrens können Streitigkeiten zwischen dem Handwerker und dessen Auftraggeber schnell und unbürokratisch, möglichst durch eine gütliche Einigung, beilegen. Sollte dies nicht funktionieren können Sie immer noch den teilweise langwierigen und möglicherweise auch kostspieligen, juristischen Weg einschlagen. Soweit sollten Sie es aber nicht kommen lassen.

Investition in die Zukunft

Ohne das richtige Werkzeug geht nichts. Wenn Sie vorhaben, sich intensiv um Ihr Auto zu kümmern, müssen Sie sich zunächst Gedanken um das nötige Handwerkszeug machen. Was Sie dazu unbedingt brauchen und wie Sie alles in der heimischen Garage unterbringen können, wollen wir Ihnen in diesem Kapitel zeigen.

Egal, ob Sie nun häufig oder eher selten, aus purer Lust am Basteln oder um Geld zu sparen am Auto schrauben: Sie müssen dafür zuerst die richtigen Voraussetzungen schaffen. Leider ist das mit Kosten verbunden. Doch wenn Sie bedenken was eine Arbeitsstunde in der Werkstatt kostet und das hochwertiges Werkzeug fast ein Leben lang hält, rechnet sich die Investition früher oder später.

Was muss ich als Erstes anschaffen?

Beginnen Sie mit einem Ordnungssystem, bestehend aus einer stabilen Werkbank mit Unterschränken und einem abschließbaren Schrankaufsatz. Ohne ein Ordnungssystem und eine stabile Werkbank sollten Sie nicht beginnen, denn Ordnung und Sauberkeit sind beim Schrauben oberstes Gebot. Das Schöne daran: Das Ganze passt problemlos in eine normale Einzelgarage und bietet Ihnen auf Jahre die nötige Sicherheit. Bei einer Markenfirma wie Gedore kostet eine solche Kombination rund 4200 Euro ohne Inhalt. Der läßt sich mit der Zeit ergänzen. Lassen Sie sich doch von nun an zum Geburtstag oder zu Weihnachten hochwertiges Werkzeug schenken, die Schränke werden sich schneller füllen als Sie denken.

Woran erkenne ich gutes Werkzeug?

Gutes Werkzeug kann in der Regel nicht billig sein. Ein Ring-/Maulschlüssel kostet je nach Größe zwischen fünf und 15 Euro, so dass ein Satz mit den zehn gebräuchlichsten Größen schon auf rund 80 Euro kommt. Noch größer sind die Qualitäts- und Preisunterschiede bei den Steckschlüsselsätzen – oft auch Umschaltknarren mit Nüssen genannt.

Ein solider Kasten mit 19 Teilen und Verlängerungen kostet an die 200 Euro, hält dafür aber auch höchste Belastungen aus. Auch das Gewicht ist ein gutes Indiz: Je schwerer das Werkzeug ist, um so stabiler ist der Stahl. Nehmen Sie zum Vergleich ein paar Schlüssel in die Hand und achten Sie auf Maßhaltigkeit und die Oberfläche.

Was tun, wenn ich keine Garage habe?

Der ideale Ort zum Schrauben ist natürlich eine in sich abgeschlossene Garage – je größer umso besser. Aber auch wenn Sie lediglich über einen Stellplatz verfügen oder gar im Freien arbeiten müssen, gibt es eine Lösung: Ein Werkstattwagen (links im Bild) lässt sich nach getaner Arbeit leicht wegräumen. Zum Beispiel in den Keller. Nur allzu schwer beladen sollte er dann nicht sein. Achten Sie beim Kauf auf die Lagerung der Schubladen. Ein Werkstattwagen in Profi-Qualität kann ohne Inhalt um die 1000 Euro kosten.

⚠ Schrauben ist gefährlich

GEFAHRENHINWEIS

Ob nun reines Hobby oder beruflich: Das Schrauben birgt gewisse Risiken. Vom kleinen Kratzer bis hin zurm tödlichen Unfall ist schon alles vorgekommen. Beachten Sie daher stets folgende Grundregeln:

- Benutzen Sie nur hochwertiges Werkzeug!
- Schrauben Sie möglichst immer von sich weg!
- Sichern Sie angehobene Lasten lieber doppelt!
- Sorgen Sie für ausreichende Belüftung!
- Tragen Sie wann immer möglich Schutzkleidung!
- Das gilt ganz besonders für die Augen!
- Wenden Sie niemals Gewalt an, meist gibt es eine andere, elegantere Lösung für das Problem!
- Sorgen Sie dafür, dass immer jemand in der Nähe ist!

Dass Essen, Trinken und offenes Licht sowie Zigaretten am Arbeitsplatz nichts verloren haben, setzen wir als selbstverständlich voraus. Lagern Sie aber auch keine Flüssigkeiten in Trinkflaschen. Selbst an destilliertem Wasser kann ein Mensch sterben! Und zu guter Letzt: Legen Sie sich zur Sicherheit einen Verbandskasten und einen Feuerlöscher bereit.

Was kostet mich das alles?

Zunächst einmal viel Geld und bitte sparen Sie dabei nicht zu sehr. Ansonsten kostet es nämlich auch noch Ihre Gesundheit. Natürlich müssen Sie nicht auf Anhieb 8000 Euro ausgeben, so viel kostet nämlich die Ausrüstung in unserer vollausgestatteten Garage im Bild links. Allerdings handelt es sich hier auch um einen kompletten Werkzeugsatz eines Markenherstellers in Profi-Qualität. Damit werden normalerweise Werkstätten ausgerüstet. Wir haben die Ausstattung zudem um einige pfiffige und günstige Hilfsmittel, z.B. aus dem Programm von Conrad Elektronik ergänzt, auf die wir später noch genauer eingehen.

Lohnt sich das denn?

Wir meinen: Ja! Wie viel Geld Sie letztendlich ausgeben wollen, bleibt Ihnen überlassen. Beachten Sie dabei aber immer den Grundsatz: Weniger (dafür aber von hoher Qualität) ist mehr als viel (und viel kaputt). Rechnen Sie einfach über die nächsten 15 Jahre...

Die Grundausstattung

Gutes Werkzeug kann billig sein, ist es in der Regel aber nicht. Ein Satz Ring-/Maulschlüssel kostet schon rund 80 Euro. Noch größer sind die Qualitäts und Preisunterschiede bei den Steckschlüsselsätzen – oft auch Knarrenkästen genannt. Das wichtigste Teil ist hierbei die Knarre selbst. Die Sperrklinken sollten austauschbar sein, gute Hersteller bieten dafür Ersatzteile und einen Service an. Besonders wichtig ist das bei einem Drehmomentschlüssel, der regelmäßig kalibriert werden sollte. Drehmomentschlüssel nach der Arbeit immer entspannen!
Sehr wichtig ist auch die Qualität von Schraubendrehern und Zangen. Damit werden hohe Kräfte übertragen, die das Werkzeug aushalten muss.

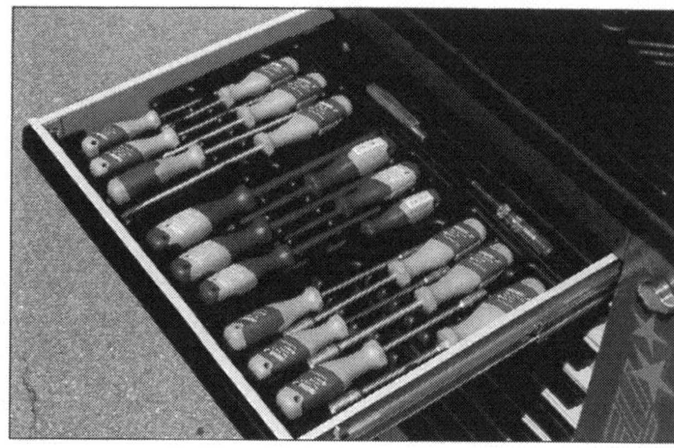

Schraubendreher: Entscheidend ist der Griff und die Qualität der Spitze. Je drei Größen von Schlitz- und Kreuzschlitz sollten für den Anfang genügen

Der Werkzeugwagen: Was sich in diesem Rollcontainer alles verbirgt, sehen Sie auf den Bildern rechts. Diese Luxusversion ist abschließbar und hat laufruhige Gummiräder

Ring-Maulschlüssel: Ein kompletter Satz dieser Kombinationsschlüssel von acht bis 22 Millimeter reicht in den meisten Fällen. Zusätzlich gibt es Spezialschlüssel

Steckschlüssel: Auch Nüsse und Knarre genannt. Ein guter Kompromiss ist ein Satz mit dem Verbindungsmaß 3/8 Zoll. Niemals an der Umschaltknarre sparen!

Zangen: Wichtig sind eine verstellbare Wasserpumpenzange, eine Flach- oder Spitzzange sowie eine Kombizange mit integriertem Seitenschneider

T-Griffe: Werden meist im Karosseriebereich eingesetzt. Das übertragbare Drehmoment ist nicht sehr hoch, dafür sind auch tief sitzende Schrauben gut zu ereichen

Torx-Abteilung: Immer mehr Schraubverbindungen haben Torx- oder Vielzahnköpfe. In diesem Fach ist alles versammelt, was beim Arbeiten an Torx Schrauben dienlich ist

Spezialaufgaben: Selten benötigte Werkzeuge wie Bremsleitungsschlüssel, Messschieber oder auch die verschiedenen Spezialbits sollten ein extra Fach bekommen

Gekröpfte Schlüssel: Manche Schrauben lassen sich überhaupt nur mit einem gekröpftem Schlüssel erreichen. Es gibt verschiedene Ausführungen, auch für Spezialfälle

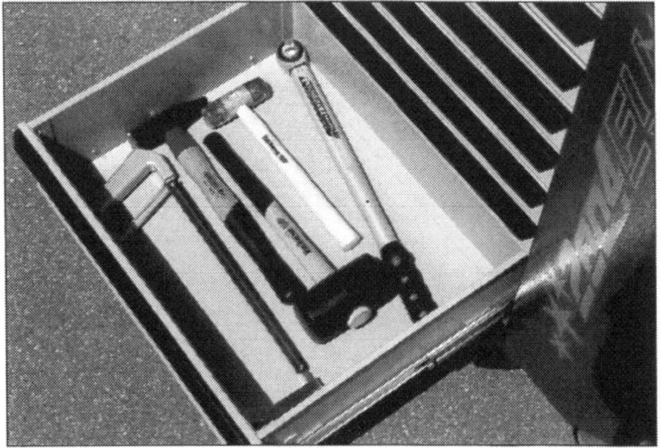

Hammer, Säge, Drehmoment: Die schweren Werzeuge sollten immer im untersten Schubfach ihren Platz finden. Meistens ist dieses Fach auch größer als die anderen

Nützliches Zubehör

Wenn Sie genügend Platz haben, können Sie das gesamte Werkzeug auch in einer Werkbank-/Werkzeugschrank-Kombination unterbringen. Lassen Sie aber noch etwas Platz übrig, denn neben gutem Werkzeug beherbergt die Schraubergarage auch immer einige nützliche Helfer.

Sicherer Stand: Stabile Auffahrrampen sind für die meisten Arbeiten unter dem Auto völlig ausreichend. Zwar können Sie die Räder nicht abnehmen, dafür steht das Auto sicher

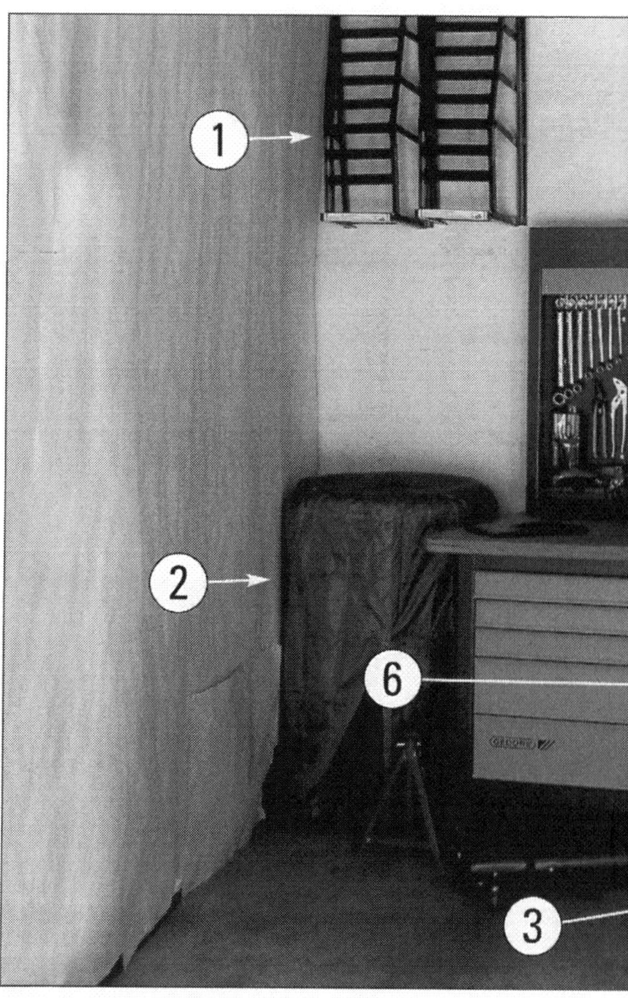

Des Schraubers Traum: Mit einem cleveren Werkstatt-System können Sie sich auch auf begrenztem Raum ein wahres Schrauberparadies schaffen. Tatsächlich steht

Beste Bedingungen: Auf einem solchen Reifenbaum sind nicht benötigte Räder perfekt untergebracht. Zwischen den Rädern bleibt etwas Luft, das Gewicht trägt die Felge

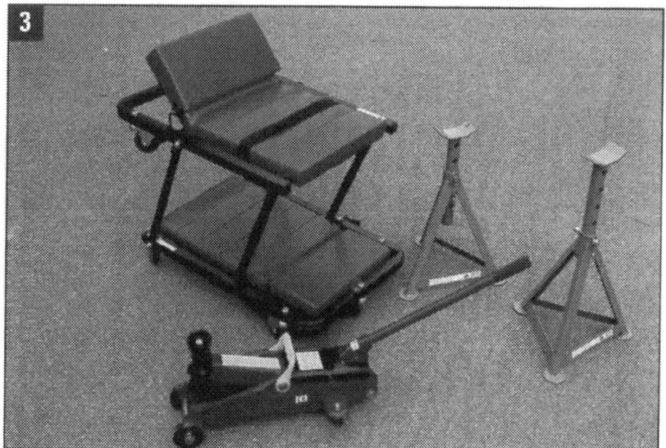

Helfer für unten: Unterstellböcke und ein hydraulischer Wagenheber sind ein Muss. Ein Rollbrett, das sich zum Hockerr falten lässt, ist dagegen schon fast Luxus

diese Einzelgarage, was die Ausrüstung angeht, einer Profi-Werkstatt kaum nach. Alles was jetzt noch fehlt ist eine Hebebühne, doch diese braucht leider vier Meter Raumhöhe

Werkstattapotheke: Auch ein kleines Sortiment von chemischen Produkten gehört zur Werkstatt. Unverzichtbar sind Teilereiniger und Sprühfett, aber auch die Kupferpaste werden wir noch brauchen

Ampellösung: Damit wir die kostbare Werkbank nicht mit dem wertvollen Blech rammen, haben wir einen Abstandswarner montiert. Gefunden bei Conrad-Elektronik

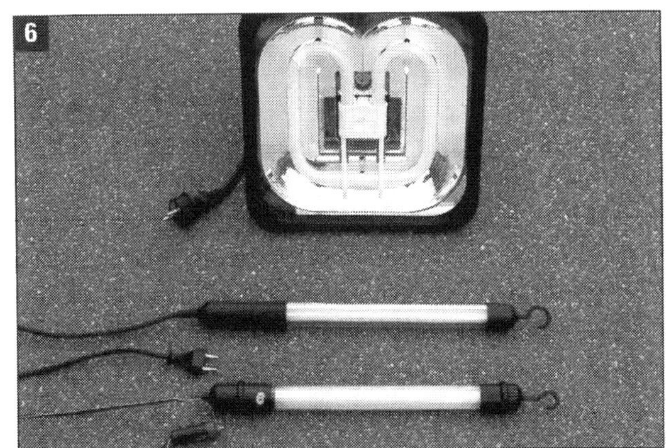

Es werde Licht: Wenn Sie nicht sehen, woran Sie schrauben, ist das Scheitern vorprogrammiert. Es gibt wirklich genug Möglichkeiten, für ordentliches Licht zu sorgen

Ölige Helfer: Für den Ölwechsel empfehlen wir eine solche Wanne und ein Trichterset. Wer absaugen will, braucht eine Pumpe, die für Öl geeignet ist

Richtig schrauben

So manchem Schrauber haben unlösbare oder abgerissene Schrauben die Laune schon gründlich vermasselt. Damit Sie nicht zu den Frustrierten gehören, verraten wir ihnen an dieser Stelle ein paar Tipps und Kniffe.

Drehmomente beachten

Um eine notwendige Verbindungs-Haltekraft ausüben zu können, muss eine Schraube (Mutter) in dem ihr zugeordneten Innengewinde (Außengewinde) mit einem bestimmten Anziehdrehmoment festgezogen werden. Nur damit ist garantiert, dass die durch die Schraube (Mutter) zueinander verspannten Bauteile ausreichend fest sind und sich die Schraubverbindung nicht von alleine löst.

■ Werden Schrauben/Muttern zu leicht angezogen, besteht die Gefahr, dass sich die Schraubverbindung lockert.
■ Werden Schrauben/Muttern zu fest angezogen, werden ihre Gegengewinde „weich"; gefühlt ist die Schraubverbindung „fest". Spätestens im Betrieb lockert sie sich und fällt ab.
■ Werden Schrauben/Muttern bei der Montage zu fest angezogen, reißen bzw. brechen dabei aber (noch) nicht, dann aber spätestens im Betrieb.

Schraube/Mutter M6	6 bis 10 Nm
Schraube/Mutter M8	15 bis 20 Nm
Schraube/Mutter M10	30 bis 40 Nm
Schraube/Mutter M12	55 bis 70 Nm
Schraube/Mutter M14	85 bis 100 Nm
Schraube/Mutter M16	120 bis 140 Nm

Profis zeichnen jede Schraube/Mutter, die sie mit dem vorgeschriebenen Drehmoment angezogen haben, mit einer Farbmarkierung. Sollte sich eine Schraubverbindung wider Erwarten öffnen, sieht man das an den zueinander verdrehten Farbstrichen!

Die richtige Länge

Stahlschrauben, die in Aluminium gedreht werden, müssen mindestens mit der Länge des doppelten Schraubendurchmessers in das Innengewinde eingeschraubt werden (M6 also 12 mm).
Noch besser ist die zweieinhalbfache Länge (bei M6 also 15 mm).

■ Wenn man keine Schrauben in der passenden Länge bekommt und nur solche, die 5 mm zu kurz oder 20 mm zu lang sind, dann lieber die zu langen kaufen und auf passende Länge zurechtsägen. Lohn der (Säge-)Arbeit ist ein nicht ausreißendes Gewinde!
Wenn Schmutz oder Reste von Schraubenkleber an der Schraube haften, diese mit einer Messingbürste reinigen. Eine scharfe Stahlbürste reißt die Oberflächen des Gewindes auf!

Bei jeder Schraube, die wieder montiert werden soll, ihr Gewinde begutachten: Ist das Gewinde defekt („überdreht"), ist es reif für die Mülltonne.

Verschiedene Muttern und Scheiben

■ Unterlag- oder Wellenscheiben sollen zwischen Stahlmuttern und Aluminium gelegt werden, das verbessert die Flächenpressung und schont das Alu.
■ Eine Federscheibe, auch „Sprengring" genannt, verhindert durch ihre beiden Zacken bis zu einem gewissen Maße das Lösen der Schraube/Muttter. Nur bei Stahl auf Stahl verbauen!
■ In die Stoppmutter ist ein Kunststoff-Sicherungsring eingesetzt, der die Mutter auf dem Schraubgewinde „verklemmt" und damit sichert. Stoppmuttern sollen nur einmal, höchstens zweimal verwendet werden.
■ Stahlmuttern mit fest angefügter Feinzahnscheibe sind eher selten, sie werden ohne zusätzliche Unterlegscheibe auf Alu oder Stahl verschraubt. Nach mehrmaliger Verwendung ist die Verzahnung „flach", sichert also nicht mehr richtig.

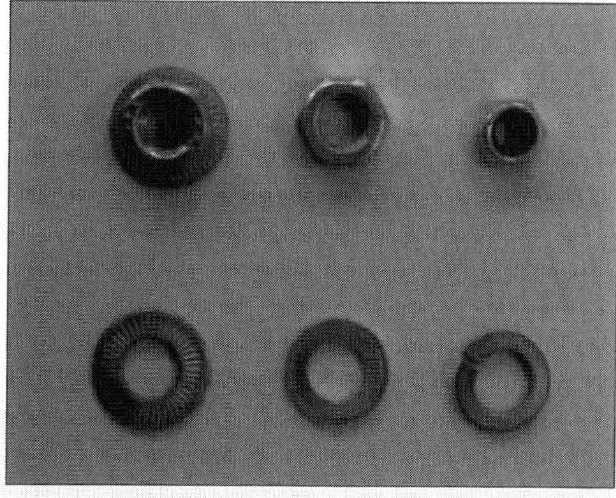

Kleine Auswahl: Für jede Befestigung gibt es die richtige Mutter und Unterlagscheibe

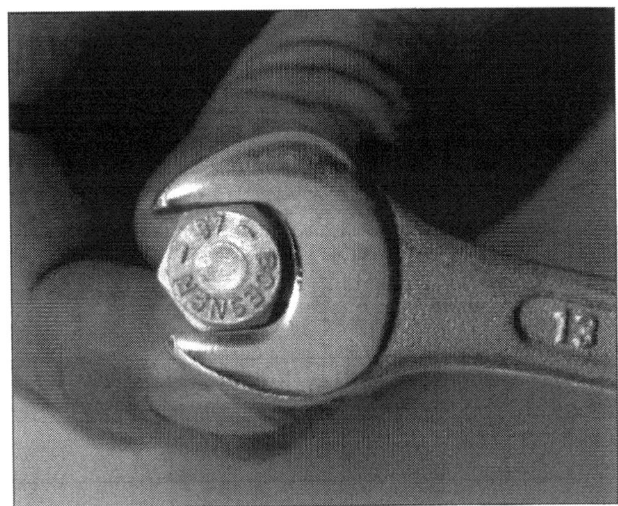

Das passt: Nur mit einem maßhaltigen Schlüssel kann eine Schraube erfolgreich gelöst werden

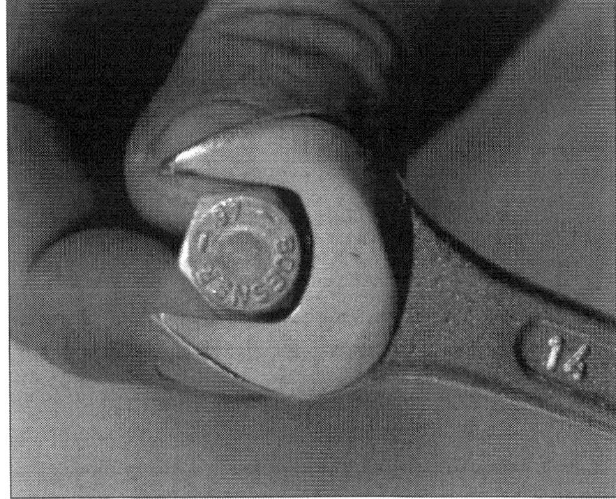

Das geht schief: Wer in Ermangelung des richtigen Schlüssels zum nächstgrößeren greift, hat anschließend Kummer

Verrostete Schraubverbindungen lösen

Bevor Sie eine fest gerostete Mutter bzw. Schraube lösen, befreien Sie die überstehenden Gewindegänge von Schmutz und Rost. Andernfalls wird nämlich die Reibung auf den Gewindeflanken so groß, dass Sie die Mutter regelrecht abwürgen müssen oder Ihnen kurzerhand der Gewindebolzen abschert.

- Säubern Sie das überstehende Gewinde mit einer Drahtbürste und sprühen es anschließend mit Rostlöser ein.
- Bei Schnellrostlösern drehen Sie die Mutter sofort los, ...
- ... andere Rostlöser (Öl, Petroleum, Diesel, Cola, etc.) lassen Sie erst einige Zeit einwirken.

Beschädigte Muttern lösen

- Wenn Sie mit dem Gabelschlüssel eine Sechskantmutter rund gedreht haben oder die Anlageflächen bereits vom Rost zerfressen sind, ist Gewalt häufig das letzte Mittel.
- Bei kleineren Muttern hilft ab und an noch eine stabile Gripzange. Häufig greifen Sie damit noch den angefressenen Sechskant und lösen die Mutter dann per Zange.
- Hilft das nicht weiter, sprengen Sie die Mutter mit einem scharfen Meißel. Werkstätten killen widerspenstige Exemplare häufig mit einem Muttern-sprenger.
- Gut zugängliche Muttern können Sie – entlang des Gewindes – mit einer Metallsäge aufsägen.
- Als letzte Möglichkeit bleibt der Trennschleifer.

Inbus- und Vielzahnschrauben

- Ehe Sie ein Werkzeug ansetzen, befreien Sie das Sackloch auf dem Schraubenkopf von Schmutz.
- Zum Lösen solcher Schrauben eignen sich am besten Steckeinsätze mit langem Sechskant bzw. Vielzahn.
- Im Gegensatz zu gebräuchlichen Winkelschlüsseln (bei denen die Kraft immer schräg ansetzt) vertragen Steckeinsätze auf der Adapterseite auch einen Hammerschlag. Der Schlag – im Notfall sogar direkt auf den Schraubenkopf – lockert meistens die Schraube ein wenig und erleichtert das Lösen.

Schlitz- und Kreuzschlitzschrauben

- Schon nach relativ kurzer Zeit können Schrauben so fest sitzen, dass Sie einen normalen Schraubendreher damit schlichtweg überfordern. Bei Kreuzschlitzschrauben kommt erschwerend hinzu, dass der Schraubendreher auch bei starkem Gegendruck aus dem Kreuzschlitz wandert. Folge: Schon nach wenigen Versuchen ist der Schraubenkopf vermurkst und die Schraube wird zum Problem.
- „Festgebackene" Schrauben versuchen Sie zunächst mit einem knackigen Hammerschlag auf den Schraubenkopf zu lösen. Dadurch trennen sich oft schon die Gewindegänge. Wenn Sie den Schraubenkopf nicht direkt mit dem Hammer erreichen, setzen Sie einen passenden Schraubendreher mit stabilem Griff an und traktieren die Verbindung mit Schlägen auf den Griff.
- Häufig reicht das schon und die oft nur am Kopf

korrodierte Schraube bricht los und lässt sich dann normal lösen.

■ Bleiben Sie erfolglos, versuchen Sie Ihr Glück mit einem Schlagschrauber und dem passenden Einsatz. Schlagschrauber setzen jeden Hammerschlag an der Schraube in eine Drehbewegung um – dem widersteht praktisch keine Schraube.

Stehbolzen lösen

■ Stehbolzen (Gewindestange) bieten einem Schraubenschlüssel meist keine Anlagefläche. Sollten Sie keinen Stehbolzenausdreher haben, schaffen Sie auf dem Stehbolzen eine provisorische Schraubmöglichkeit.

■ Schweißen Sie zum Lösen eine Mutter auf dem überstehenden Bolzengewinde fest oder Sie kontern zwei Muttern gegeneinander.

■ Zum Lösen gekonterter Muttern setzen Sie den Schraubenschlüssel immer an der unteren Mutter an. Zum Festziehen nutzen Sie grundsätzlich die obere Mutter.

Abgerissene Schrauben ausbohren

Ist die Schraube abgerissen, bleiben nicht mehr viele Möglichkeiten. Eine davon ist das Ausbohren, denn fest steht: Das verbliebene Teil muss raus. Die Gefahr, dabei das Gewinde zu beschädigen, ist groß. Lassen Sie sich also Zeit bei dieser Operation. Nur so können Sie das Gewinde schonen.

■ Geben Sie zunächst einen Körnerschlag exakt in die Mitte des Schraubenstumpfs.

■ Bohren Sie den Stumpf an: Bis Schraubengröße M 8 schafft das ein so genannter Kernlochbohrer. Als Kernloch wird der Durchmesser einer Schraube ohne Gewindeflanken bezeichnet. Bis zur Schraubengröße M 6 gilt die Faustregel: Gewindedurchmesser multipliziert mit 0,8. Beispiel: Verschraubung M 6 x 0,8 = Kernlochdurchmesser 4,8. Bei Schrauben, die größer sind als M 8, sollten Sie mit einem dünneren Bohrer vorbohren.

■ Die in den Gewindegängen verbliebenen Metallreste können Sie anschließend mit einer Reißnadel oder Stabmagneten entfernen. Falls nicht, schneiden Sie das Gewinde vorsichtig nach. Der Gewindeschneider entfernt dabei die Reste des alten Bolzens.

Gewinde schneiden

Leichtmetall hat eine geringere Festigkeit als etwa Stahl, demzufolge reißen Gewinde hier besonders leicht aus. Solange um das alte Gewinde herum noch genügend Materialsubstanz vorhanden ist, können Sie ein größeres Gewinde einschneiden. Andernfalls lassen Sie in der Fachwerkstatt eine Gewindebuchse (z.B. HeliCoil) einsetzen. Neue Gewinde schneiden Sie in drei Stufen. Die entsprechenden Gewindeschneider heißen daher Vorschneider (ein Ring am Schaft), Mittelschneider (zwei Ringe am Schaft) und Fertigschneider (ohne bzw. drei Ringe am Schaft).

Ein Fall für den Schrott: Verrostete oder beschädigte Schrauben sollten Sie niemals wieder verwenden

■ Drehen Sie die Gewindeschneider unter ständigem Ölen nacheinander in das vorgebohrte Kernloch ein und aus.

■ Um die Schneider nicht abzureißen, nehmen Sie immer nur kleine Vorwärtsdrehungen (max. 1/8 des Umfangs) vor. Drehen Sie danach den Schneider immer so weit zurück, bis die Schneidspäne abbrechen und der Schneider nicht mehr klemmt.

Gewindereparatur mit HeliCoil

Es gibt viele Gründe, warum ein Gewinde nicht mehr in der Lage ist, das vorgesehene Anzugsdrehmoment zu halten.

Grund 1: Häufiges Lösen und Anziehen führt zum Verschleiß im Gewinde, und, je nach Häufigkeit der Benutzung, zur Zerstörung.

Grund 2: Die zum Teil recht weichen Aluminiumguss-Legierungen sind in dieser Beziehung besonders problematisch und anfällig.

Grund 3: Schrauben oder Muttern werden mit zu großen Anziehdrehmomenten angezogen.

Grund 4: Durch Korrosion („Rost") zwischen Schraube und Bauteilwerkstoff kommt es zum „Festbacken der Schraube". Beim Versuch, die Schraube zu lösen, wird das Mutterngewinde zerstört.
Zerstörte Gewinde können mit geringem Aufwand und Kosten einfach und zuverlässig repariert werden, indem das defekte Innengewinde ausgebohrt und ein aus gewickeltem Draht bestehender Gewindeeinsatz eingedreht wird: „HeliCoil" nennt sich dieses Reparaturverfahren, das von der Firma Böllhoff Verbindungstechnik GmbH in Bielefeld hergestellt und weltweit vertrieben wird (www.helicoil.de).
HeliCoil bietet so genannte „Repairkits" in den Abmessungen von M2 bis M36 an. Ein HeliCoil-Repairkit kostet ca. 40 Euro, ist im Fachhandel erhältlich und enthält:

- Kernlochbohrer mit dem Kernloch-Gewindedurchmesser für das neue Gewinde.
- HeliCoil-Gewindebohrer.
- HeliCoil-Einbauwerkzeug, das ist eine Einbau-Gewindespindel mit einem kleinen Ansatz vorne.
- 20 HeliCoil-Drahtgewindeeinsätze aus hoch korrosionsbeständigem Stahl der Legierung 1.4301 (Festigkeit mehr als 1.400 N/mm^2).

Und so wird damit ein Gewinde repariert:
1. Schritt: Wenn der Rest einer abgebrochenen Schraube im alten Gewinde steckt: Sichtbaren Schraubenrest ankörnen, mit einem scharf geschliffenen Bohrer, der 0,5 mm kleiner ist als der alte Gewinde-Nenndurchmesser (Beispiel M6: Bohrer 5,5 mm), das abgebrochene Gewindestück vorsichtig ausbohren.

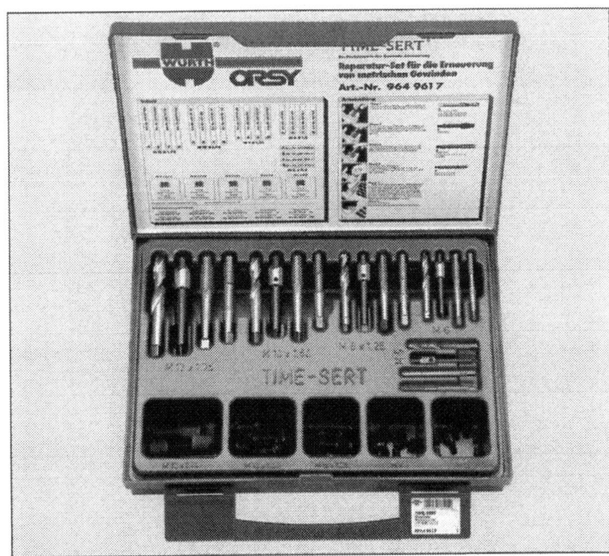

Helfer in der Not: Mit einem solchen Gewindereparaturset werden Gewinde besser als neu

2. Schritt: Mit dem im HeliCoil-Repairkit befindlichen Bohrer das beschädigte Gewinde komplett ausbohren. Der Bohrerdurchmesser entspricht dem Kerndurchmesser des neuen Aufnahmegewindes für den HeliCoil plus-Drahtgewindeeinsatz.

3. Schritt: Aufnahmegewinde für den HeliCoil- rahtgewindeeinsatz mit dem beiliegenden Gewindebohrer schneiden.
Wichtig: Damit keine Späne in Gewindebohrungen hineinfallen, den Gewindebohrer vor dem Gewindeschneiden in Fett eintauchen, dann bleiben die Späne am Gewindebohrer haften.

4. Schritt: Gewinde reinigen, z. B. mit Druckluft ausblasen. ALLE Späne entfernen!

5. Schritt: HeliCoil-Drahtgewindeeinsatz mit der Einbauspindel montieren. Dieses ist sehr einfach, der Drahtgewindeeinsatz wird mit der Spindel wie eine Schraube in das vorbereitete Aufnahmegewinde eingedreht.

6. Schritt: Nach der Montage des Drahtgewindeeinsatzes dessen Mitnehmerzapfen abbrechen

Tipp: Zapfenwerkzeug zuvor in etwas Fett tauchen, ganz in den Drahtgewindeeinsatz einführen, mit einem kleinen Hammer einen leichten Schlag auf das Zapfenwerkzeug geben und den abgebrochenen Mitnehmerzapfen aus dem Drahtgewindeeinsatz entfernen.
Wichtig: Bei der Reparatur von Durchgangsbohrungen muss Obacht gegeben werden, wo der abgebrochene Mitnehmerzapfen hinfällt, damit er z. B. nicht in den Motor zwischen empfindliche Motorenmechaniken gerät!

Eine solche Gewindereparatur ist innerhalb von zehn Minuten ohne Schweißaufwand erledigt. Nach der Reparatur mit HeliCoil ist das Gewinde um ein Vielfaches belastbarer als das Originalgewinde. Das Gewinde wurde nicht etwa „geflickt", sondern seine Qualität wurde deutlich verbessert: Der HeliCoil-Drahtgewindeeinsatz aus Edelstahl macht das Gewinde verschleißfester und korrosionsbeständiger. Zukünftige Wartungsarbeiten können diesem Gewinde nichts mehr anhaben.

Erfolg ohne Allüren

Was den Käfer zum Liebling einer Epoche machte, dem Passat ist es leider nie widerfahren: Nie hat er schwimmen können, nie ist er geflogen und nie haben sich 48 Studenten in ihn hineingequetscht. Und dennoch ist er weltweit zu Ansehen gekommen – als Inbegriff der Marke Volkswagen und der Zuverlässigkeit. Ein Musterknabe der Mittelklasse. Erfolgreich ohne Allüren – so titelte VW dann auch zum 25-jährigen Jubiläum des Passat.

Im Februar 2005 wird der neue Passat in Hamburg der Presse vorgestellt. Kurze Zeit später, am 12. März 2005, konnte die sechste Generation mit der Typbezeichnung „3C", im Volksmund auch gern „B6" genannt, bereits beim VW-Händler bestellt werden.
Das zum Start intern schon als überfällig bezeichnete Modell soll die Messlatte in vielen Bereichen erneut anheben. Der neu eingeführte Passat unterstreicht dabei viel stärker als seine fünf Vorgängermodelle den Premium-Anspruch.
Der Grund dafür ist einleuchtend: In der Mittelklasse misst sich der Passat mit einem hart umkämpften Wettbewerbsfeld, bei dem stärker als beispielsweise beim Golf, auch das Prestige, Image und Emotionen in die Kaufentscheidung einfließen. Das gesamte Erscheinungsbild wurde liebevoll runderneuert: Dazu zählen besonders die Haptik des Innenraums, eine glattflächige Außenhaut mit extrem geringen Spaltmaßen und das Design mit Anleihen an den hochwertigen Phaeton. Der Passat vertritt somit die Werte des VW-Konzerns wie Qualität, Innovation und Technologie, verpackt in einem modernen und ansprechenden Design-Blechkleid. Die pfeilförmige und in Chrom eingefasste Kühlermaske unterstreicht Familienzugehörigkeit und Dynamik und ist bis tief in die Frontschürze herunter gezogen. Von den aufwendigen Frontscheinwerfern führt eine schwungvolle Lichtkante zum Heck. Dort zeigen Heckleuchten mit LED-Technik die Verwandtschaft zum edlen Phaeton auf. Stabile Bügeltürgriffe unterstreichen den selbstbewussten Auftritt und erhöhen nicht nur nebenbei den Sicherheitsfaktor.
Doch damit nicht genug: Mit einer ganzen Reihe an Innovationen legte VW bei seiner Entwicklung diesmal ein besonderes Augenmerk auf Fahrdynamik, Komfort und Fahrfreude. Nicht zu kurz kam auch die aktive und passive Sicherheit, immer noch eines der wichtigsten Kaufargumente überhaupt.
Der Passat braucht daher den Vergleich zur süddeutschen Konkurrenz nicht zu scheuen: Bei den Zulassungszahlen bewegt sich der neue Passat auf selbem Niveau wie Audi A4, BMW 3er und die Mercedes C-Klasse. Mit einem großen Anteil am Gesamtverkauf zeigt hier besonders der Variant wahre Größe.

Designskizze: Die Wolfsburger Designschmiede wollte ihr braves Mittelklassemodell offensichtlich mit einer kräftigen Prise Dynamik würzen. Stärker betonte Radläufe und größere Lufteinlässe gehören dabei zum Standardrepertoire

Mehr Platz für Gepäck und Passagiere

Auch im dritten Jahrzehnt seiner Produktion hat der Passat bei seinen Ausmaßen weiter zugelegt. Bei einer Länge von 4,77 Meter (+6 cm), einer Breite von 1,82 Meter (+7 cm) und einer Höhe von 1,47 Meter (+1 cm) präsentiert sich der Wagen durchaus im klassenübergreifenden Format. Das Kofferraum-Volumen der Limousine mit 565 Litern (+90 Liter) ist in dieser Fahrzeugklasse ohne Konkurenz.

Der äußere Zuwachs im Vergleich zum Vorgängermodell sollte natürlich einhergehen mit einem deutlichen Plus an Raumgewinn im Innenraum. Einziges Manko in diesem Zusammenhang ist hier vielleicht der verhältnismäßig kleine Radstand von 2,71 Meter, der den Passagieren in der zweiten Reihe etwas knappen Beinraum beschert. Das erklärt in Verbindung mit den äußeren Ausmaßen auch warum der Passat so ein individuelles Auftreten mit relativ langen Überhängen an Bug und Heck hat.

Neues Markengesicht: Der verchromte Kühlergrill ist eines der Markenzeichen des Konzerns

Der Variant – Lademeister und Verkaufssschlager

Am 19. August 2005 erweiterte VW die Passat-Baureihe um den beliebten Kombi namens Variant. In der Außenlänge fast identisch mit der Limousine, beträgt sein maximales Stauvolumen rund 1730 Liter (VW Angabe gemäß ISO 3832) bei einer Zuladung von bis zu 630 kg. Auch wer sich nur auf das Abteil unterhalb der Laderaumabdeckung beschränkt, hat immer noch 603 Liter Stauraum zur freien Verfügung und damit mehr Platz als im Heckabteil der Limousine.

Die Designunterschiede zum Stufenheck werden erst ab der B-Säule deutlich, der Innenraum und die Cockpitgestaltung sind weitestgehend identisch. Erstmals kann die Heckklappe des Passat auch per Knopfdruck mittels elektrischen Hilfsmotoren geschlossen werden. Das dazu gleich ein ganzes Paket an Steuergeräten und Sensoren notwendig ist wird den VW-Kunden wohl weitaus weniger interessieren als die Frage, wie das Gepäck sinnvoll und sicher auf der großen Ladefläche untergebracht werden kann. Damit zählt die Zuziehhilfe wahrscheinlich eher zu den Sonderausstattungen, die weitaus weniger häufig geordert wird als zum Beispiel das variable Gepäckmanagement. Damit lassen sich Gegenstände verschiedenster Größe mit einer Teleskopstange (die auf Schienen im Laderaum verschiebbar ist) und einem daran befestigten Gurt sicher fixieren.

Aufwendige LED-Technik: Serienmäßig strahlen im Dunkeln und beim Bremsem nun viele Leuchtdioden

Dynamische Seitenlinie: Das coupeartige Dach unterstreicht zusammen mit der hohen Schulter die Sportlichkeit

Größer, aber nicht schwerer

Um so verwunderlicher mag es sein, dass die Karosserie des Passat trotz größeren Ausmaße und einer um mehr als 50 Prozent gestiegenen Torsionssteifigkeit nicht mehr wiegt als die des Vorgängermodells. Dies wurde hauptsächlich durch innovative Materialien und Produktionstechniken realisiert. Die Karosserie ist hochwertig, dies zeigt sich nicht nur bei den mittlerweile als VW-Prädikat geltenden kleinen Karosseriespaltmaßen.

Die inneren Werte überzeugen

Im Innenraum zeigt sich ein elegantes und frisches Styling, das mit hoher Funktionalität und ebenso hochwertigen Materialien glänzt. Im Vordergrund der Entwicklung stand eine optimale Ergonomie und Bedienung ohne die technische Weiterentwicklung zu vernachlässigen. Die Steuerung der Komponenten gibt keine Rätsel auf und selbst die High-Tech Dokking-Station zum Motorstart, anstatt des herkömmlichen Zündschlosses, fügt sich nahtlos in das Ambiente ein. Auf der Hinterbank steht jedem Insassen ein Dreipunktegurt sowie eine Kopfstütze zur Verfügung. Für die kleinen Passagiere ist der Passat serienmäßig mit einer Isofix-Vorrichtung ausgestattet, an deren Halteösen zwei Kindersitze auf der Rückbank angebracht werden können.

Die Ausstattungsmerkmale

Bereits in der Grundausstattung Trendline profitiert der Passatfahrer vom reichhaltigen Programm des serienmäßigen Ausstattungsumfangs. Da verwundert es auch nicht, dass mehr als die Hälfte aller Passatkunden diese Ausstattungsvariante für ihr Fahrzeug wählen. Zur weiteren Wahl stehen die komfortbetonte Variante Comfortline, die noch rund ein Viertel aller Käufer ordern. Daneben gibt es die Variante Sportline, sowie die Luxusausführung Highline, welche zusammen rund ein Fünftel des Passatbestands ausmachen. Wem diese Linien zu wenig Individualismus bieten, kann sich den Passat auch in der Individual-Version ordern. Edle Chromapplikation an der Außenhaut sowie ein mutigeres Farbkonzept für den Innenraum, garniert mit Nappaleder-Sportsitzen sind nur einige von vielen Optionen. Selbst ohne Sonderausstattung gelten nützliche oder innovative Annehmlichkeiten (zum Beispiel das Regenschirmfach in der Fahrertür) beim Passat als selbstverständlich.

Was auf den ersten Blick im Passat fehlt, ist der traditionelle Handbremshebel. Alle neuen Passat verfügen über eine elektromechanische Feststellbremse. Ein Knopfdruck reicht, um die Feststellbremse zu aktivieren. Auf den ersten Blick kein großer Vorteil, jedoch bietet die dazugehörige Elektromechanik in Verbindung mit weiteren Sensoren und Reglern weitere Funktionen. Zu diesen gehören eine Anfahrhilfe am Berg, eine Auto-Hold-Funktion für das Warten an der Ampel sowie ein dynamisches Notbremssystem.

Bei der Fahrerprobung: Kritische Situationen meistert der Passat dank des serienmäßig eingebauten ESP mühelos

Ausstattungspaket	Verkaufsanteile
Trendline	52,5%
Comfortline	25,8%
Sportline	10,4%
Highline	8,4%

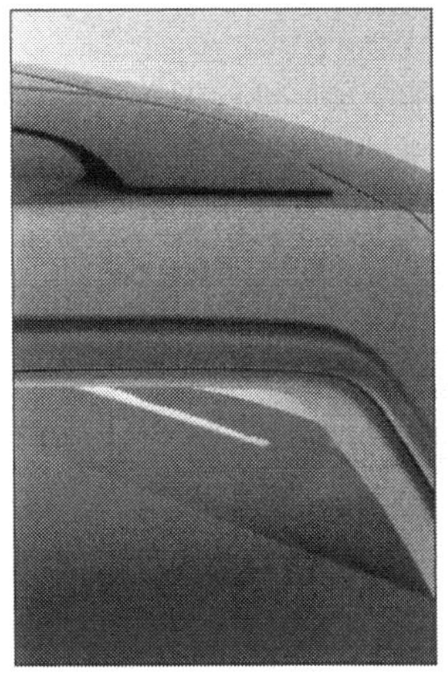

Ausstattung Trendline und Higline: Die Unterschiede (hier beim Variant) zeigen sich äußerlich am Chromzierrat

Sicherheit auf höchstem Niveau

Alle Modelle des Passat rollen auf mindestens 16-Zoll großen Rädern, die Bremsanlage der kleinsten Motorisierung steht jener der großvolumigen Antriebsvarianten in nichts nach und alle Fahrzeuge verfügen über Front-, Seiten- und Kopfairbags für Fahrer und Beifahrer. Dies macht klar: Bei allem Fahrspaß, den der Passat bereitet, werden bei der aktiven und passiven Sicherheit keine Kompromisse gemacht. Das serienmäßige ESP umfassst einen Komfort-Bremsassistenten der beispielsweise unterschiedliche Belagreibwerte erkennt (µ-Split) und in Notsituationen ein Ausbrechen verhindert sowie den Bremsweg minimiert.
Desweiteren sind ABS und ASR ebenso selbstverständlich wie die elektronische Differentialsperre EDS, die ein Durchdrehen der Räder beim Anfahren auf unterschiedlich griffiger Fahrbahn verhindert.

Überarbeitetes Fahrwerk

Die weiter verbesserte und noch aufwändigere Fahrwerkskonstruktion mit McPherson Vorderradaufhängung aus Alukomponenten und einer besonders geräuscharmen, weil entkoppelten Hinterachse ist im Grunde schon aus dem Phaeton bekannt.
Neben dem serienmäßig verbauten Feder-Dämpfer-Kombinationen kann der Passat auch mit der Schlechtwegeoption oder einem Sportfahrwerk ausgerüstet werden. Damit sollen sämtliche kundenspezifische Anforderungen erfüllt werden. Das Sportfahrwerk zeichnet sich durch straffere Dämpfer geänderte Stabilisatoren sowie einer Tieferlegung um 15 mm aus. Mit dem Schlechtwegefahrwerk steht der Passat 20

Das Gestühl des Passat: Die ausgeformten Wangen (hier in der Sportline-Ausstattung) bieten sehr guten Seitenhalt

Edles Interieur: Komfortbetont und dynamisch wie die Außenlinie zeigt sich auch das Interieur des Passat

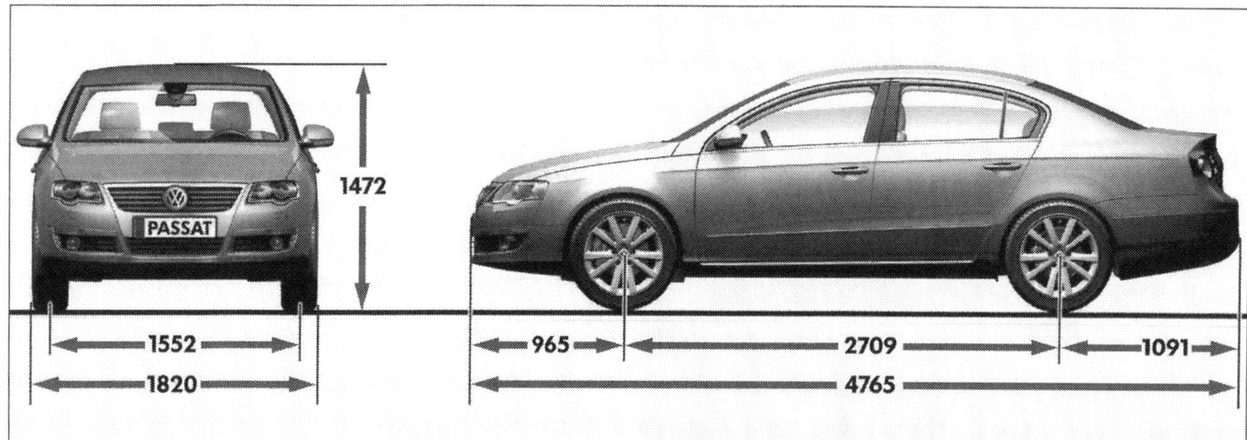

Dreidimensionaler Zuwachs: Neben dem Innenraum profitiert vor allem der um 90 Liter größere und mit 565 Liter Volumen nun ziemlich konkurrenzlose Kofferraum vom Größenwachstum der Passat Limousine

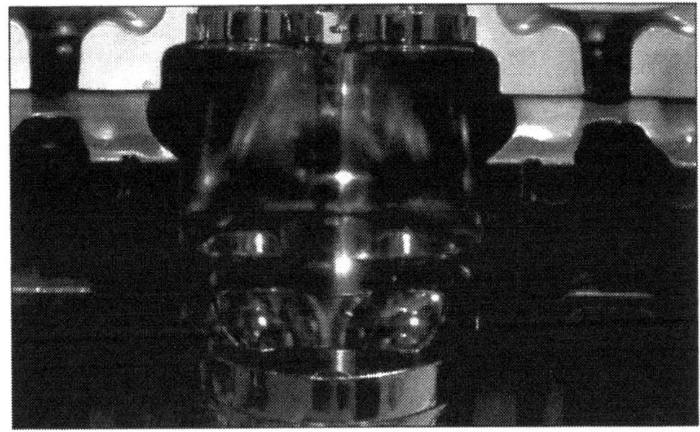

Einblick in den Motorraum: Das Zusammenspiel von Ventilen und Kolben ist an diesem Schnittmodell verdeutlicht

Sechsgang-Automatik-Getriebe: Trotz der sechs Gangstufen ist das Getriebe sehr kompakt und leicht geraten

mm höher und verfügt über eine größere Bodenfreiheit. Die Dämpfer sind den geänderten Anforderungen von losem und holperigen Untergrund angepasst, sie halten gleichzeitig auch einem höheren Temperaturniveau stand. Desweiteren werden die hinteren Achsteile vor Steinschlag durch Kunststoffverkleidungen geschützt.

Abschied vom Längseinbau

Was die Motoren angeht, hat sich unter der langen Haube eine kleine Revolution vollzogen: Die Aggregate sind nunmehr quer statt längs eingebaut. Damit lassen sich natürlich mehr Synergien mit anderen VW-Modellen nutzen.

Die Palette ist im Prinzip aus dem Golf bekannt. Vom ergonomischen 1,4 Liter Turbodirekteinspritzer mit 90 kW (122 PS) bis zum sportlichen V6-Aggregat mit 220kW (300 PS) lässt der Passat keinen Kundenwunsch offen. Selbstverständlich gehören auch die verbrauchsgünstigen und langstreckenfreundlichen Turbodiesel-Vierzylinder mit einer maximalen Leistung von 125 kW (170 PS) dazu. Es verwundert dabei nicht, dass die meistverkaufte Motorisierung der „mittlere" TDI mit 103 kW (140 PS) und Partikelfilter ist. Sein Durchschnittsverbrauch liegt bei ca. 6,7 Liter Diesel auf 100 km bei einem Spurtwert (0 –100 km/h) von knapp unter 10 Sekunden.

Der 4Motion Allradantrieb: Die Wirkung der Haldex-Kupplung zeigt sich bei unwegsamen Gelände oder im Winter

Innovativer Antriebsstrang

Der Kraftfluss zu den Rädern und damit auch auf die Straße kann sich beim Passat auf ganz unterschiedliche Weise vollziehen. Drei verschiedene Getriebevarianten stehen zur Wahl: Ein herkömmliches Schaltgetriebe mit fünf oder sechs Gängen, eine neue Sechsgangautomatik, sowie das hochmoderne Direktschaltgetriebe DSG.
Natürlich sind nicht alle Motoren mit allen Getriebevarianten kombinierbar, in der Summe ergeben sich aber immerhin rund 20 verschiedene Antriebsvarianten. Denn neben den Getrieben kann der Passat auch mit dem von anderen VW-Modellen bekannten 4Motion-Allradantrieb versehen werden. Herzstück ist dabei eine im Ölbad laufende elektronisch gesteuerte Haldex-Lamellenkupplung, die vor der Hinterachse platziert ist. Diese reagiert auf Drehzahlunterschiede zwischen Vorder- und Hinterachse und sorgt somit für eine optimale Kraftverteilung. Im Normalfall, beispielsweise bei einer Fahrt auf der Autobahn mit konstantem Tempo, gelangen 90 Prozent der Antriebskraft an die Vorderachse. Damit hält sich der Mehrverbrauch in Grenzen. Zehn Prozent des Antriebes werden jedoch durch die vorhandene Reibung innerhalb der Kupplung immer der Hinterachse zugewiesen. Nur im Extremfall, wenn beispielsweise die Vorderräder im Winter auf einer Eisplatte stehen, die Hinterräder aber noch auf haftfreudigem Untergrund, kommt es dazu, dass die gesamte Kraft zur Hinterachse durchgeleitet wird.

Nicht nur praktisch: Neben der Variabilität gefällt den Kunden meist auch die Optik des Kombis

Praktische Lösung: Das optionale Gepäckraum-Management-Systems fixiert lose Gepäckstücke

Sportlich-elegante Seitenansicht: Die ansteigende Seitenlinie zeigt sich auch bei der Kombivariante des Passat. In der Highline-Version, wie sie hier zu sehen ist, sind nicht nur die Fensterrahmungen sondern auch die Dachreling verchromt

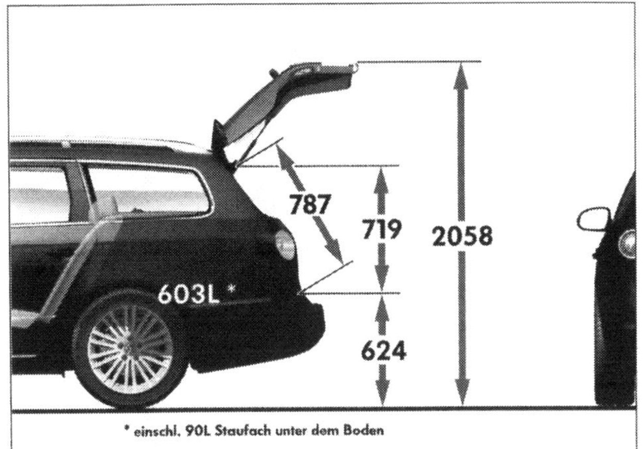

Geräumig unter dem Heckrollo: Vor neugierigen Blicken geschützt verstaut der Variant mehr als 600 Liter Gepäck

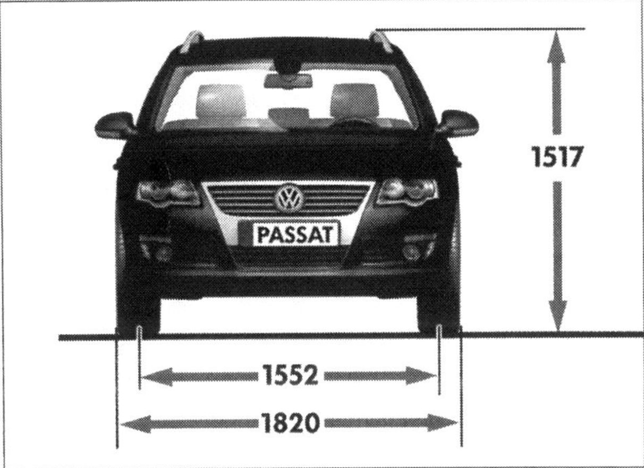

Höhenunterschied: Die Reling beschert dem Variant etwas mehr Höhe bei gleicher Spurweite und Gesamtbreite

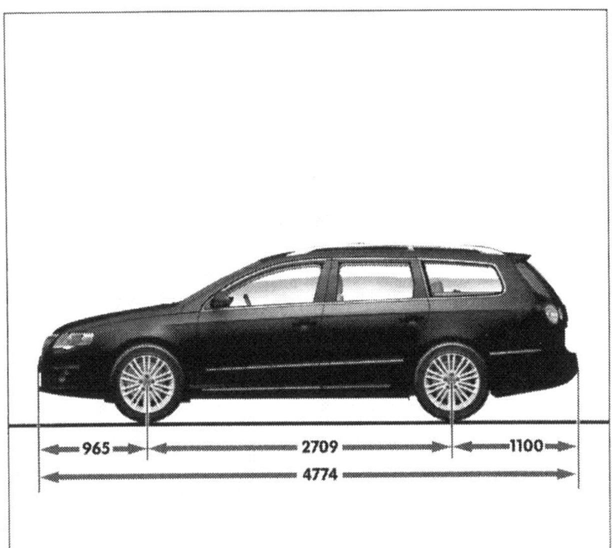

Längenwachstum: Hinten misst der Variant lediglich einen knappen Zentimeter mehr als die Passat-Limousine

Der Nivomat

WISSENSWERTES

Nach jüngsten Untersuchungen fahren die Deutschen am liebsten mit dem Auto in den Urlaub. Doch ob Sie für ein langes Wochenende, die Osterferien oder den großen Sommerurlaub verreisen – mit dabei ist stets auch ein randvoll gepackter Kofferraum, vielleicht eine Dachbox, ein Fahrradanhänger oder gar ein Wohnwagen. Durch das erhöhte Gewicht im Heck verändert sich dann Schwerpunkt und Fahrverhalten Ihres Passats und insbesondere der Federweg der hinteren Stoßdämpfer.

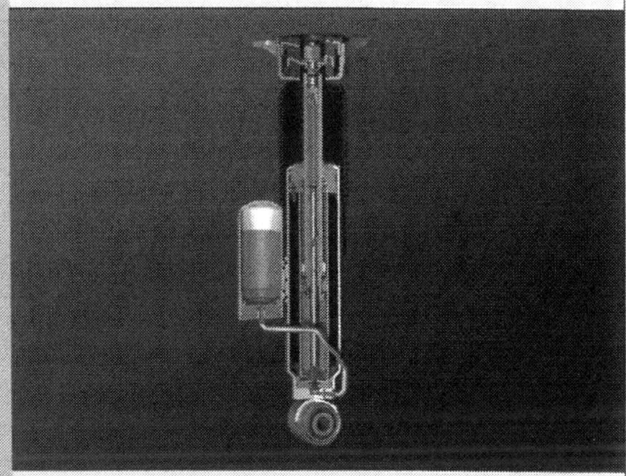

Niveauregulierung: Der aktive Stoßdämpfer verbessert die Straßenlage bei Beladung

Urlaubsfahrten mit diesem „Tiefgang" können zum Sicherheitsrisiko werden. Eine Lösung heißt Niveauregulierung – zum Beispiel mit dem Nivomat von ZF-Sachs. Seine Aufgabe ist es, die durch Zuladung veränderte Gewichstverteilung so auszugleichen, dass der volle Federweg vorhanden bleibt und das Absenken des Hecks unter der Last minimiert wird. Dies erspart nicht nur theoretisch eine Leuchtweitenregulierung sondern hat letztlich praktisch eine verbesserte Fahrdynamik auch unter Beladung zur Folge. Die spezielle Technik hält das Fahrzeug immer in der optimalen Höhe. Damit steht stets der volle Dämpferweg und ausreichend Dämpfkraft für alle Fahrmanöver zur Verfügung. Das System aus Stoßdämpfern und Federn funktioniert ganz ohne zusätzliche Energie oder Elektronik. Da der Nivomat in vielen Automodellen schon ab Werk verfügbar ist, ist eine Nachrüstung in der Regel problemlos möglich. So auch beim VW Passat.

Die Plattformstrategie

Da die technischen Standards und Normen der einzelnen Hersteller durch den Gesetzgeber, kaufmännische Zwänge sowie durch die spezialisierten Zulieferunternehmen, sich herstellerübergreifend immer mehr ähneln, ist es für jede Marke sehr wichtig ein Design zu präsentieren, das unverwechselbar und einmalig ist. VW greift hier mit der Plattformstrategie tief in die Technik-Trickkiste. Viele Gleichteile und ähnliche Komponenten werden für mehrere Fahrzeuge verwendet, die Karosserieform macht aber den entscheidenden Unterschied. So basiert beispielsweise das VW Eos Cabrio auf der gleichen Plattform (PQ46) wie der hier behandelte Passat. An diesem Beispiel lässt sich die Artenvielfalt verdeutlichen, die mit dem VW-typischen Baukastenprinzip realisiert wird. So ähnlich die Technik beider Fahrzeuge auch sein mag, äußerlich ist eine Verwechslung ausgeschlossen.

Sprössling: Der Eos ist VWs erstes Coupé-Cabrio und steht auf der selben Basis wie der Passat

Kleiner Bruder: Die Rückkehr zum Quereinbau der Aggregate ermöglicht wieder mehr Synergien mit dem Golf

Gleichteile der Plattformstrategie

Antriebsaggregate

Fahrwerk

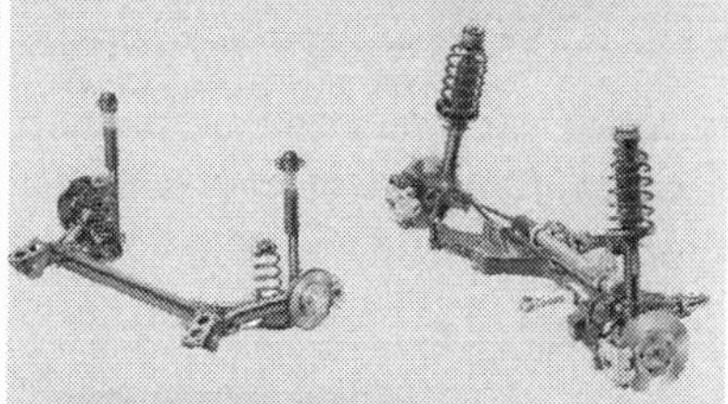

Bremsanlage

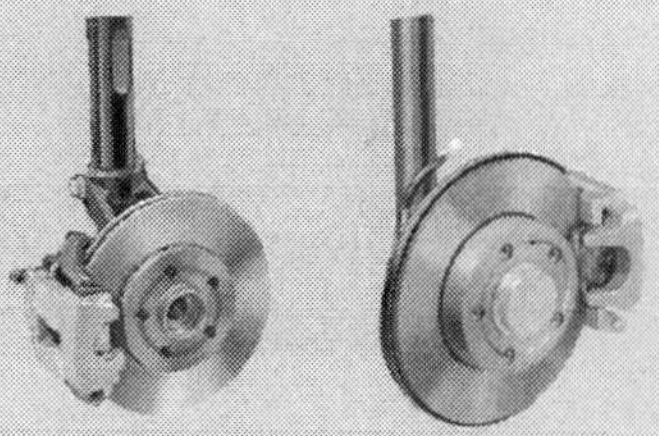

Elektrik

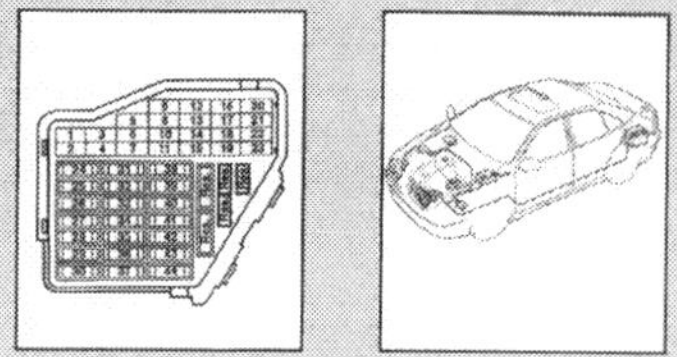

Heizung / Klimatisierung

Bedienelemente

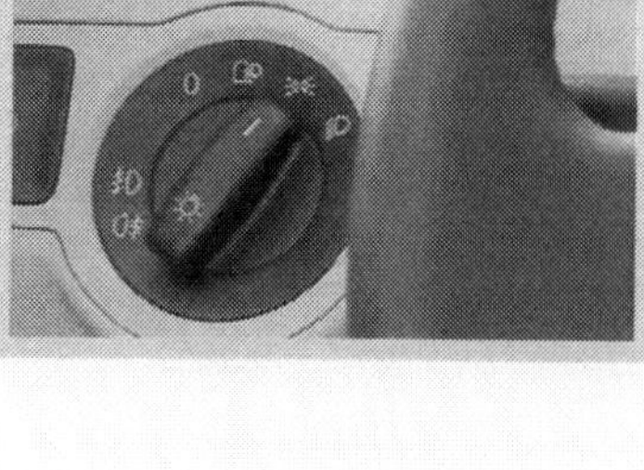

Die Sicherheit des Passat

Die Crashsicherheit des Passat belegen die fünf Sterne, welche er beim EuroNCAP-Crashtest erreichen konnte. Bereits zum vierten Mal in Folge nach Touran, Golf und Touareg erreicht damit ein VW die höchste Auszeichnung beim Insassenschutz gleichermaßen für Erwachsene wie auch für Kinder. Der neue Passat bietet also hervorragenden Schutz für kleine wie große Insassen. Zu verdanken ist dieses Ergebnis unter anderem der äußerst stabilen Fahrgastzelle, die durch den umfassenden Einsatz höchstfester, extrem belastbarer Stähle beim Front- und Seitenaufprall das Überleben sichern soll. Wie bereits schon erwähnt konnte die Karosseriesteifigkeit beim neuen Passat gegenüber dem Vorgängermodell um 57 Prozent erhöht werden. Die Fahrgastzelle erweist sich sogar als so stabil, dass die Frontscheibe nach einem Frontalzusammenstoß unversehrt bleibt. Die Türen lassen sich auch nach einem Aufprall mit 64 km/h auf ein fest stehendes Hindernis mühelos öffnen und schließen. Die Frontairbags sind als zweistufiges System ausgelegt, und blasen sich je nach Härte des Aufpralls unterschiedlich stark auf, um die Verletzungsgefahr zu minimieren.
Weitere Airbags decken den Fensterbereich komplett von der A- bis zur C- Säule ab und schützen somit die alle Insassen – sowohl auf den vorderen als auch den hinteren Sitzplätzen.

Frontalcrash: In diesem genormten Versuch blieb sogar die Frontscheibe unversehrt

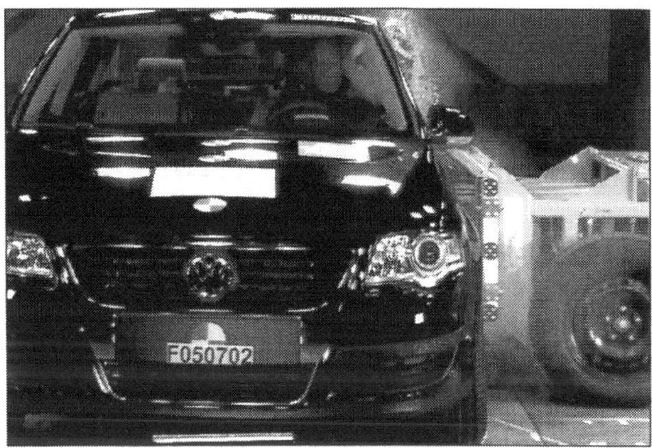

Seitencrash: Die stabile Fahrgastzelle beschert dem Passat volle Punktzahl beim Insassenschutz

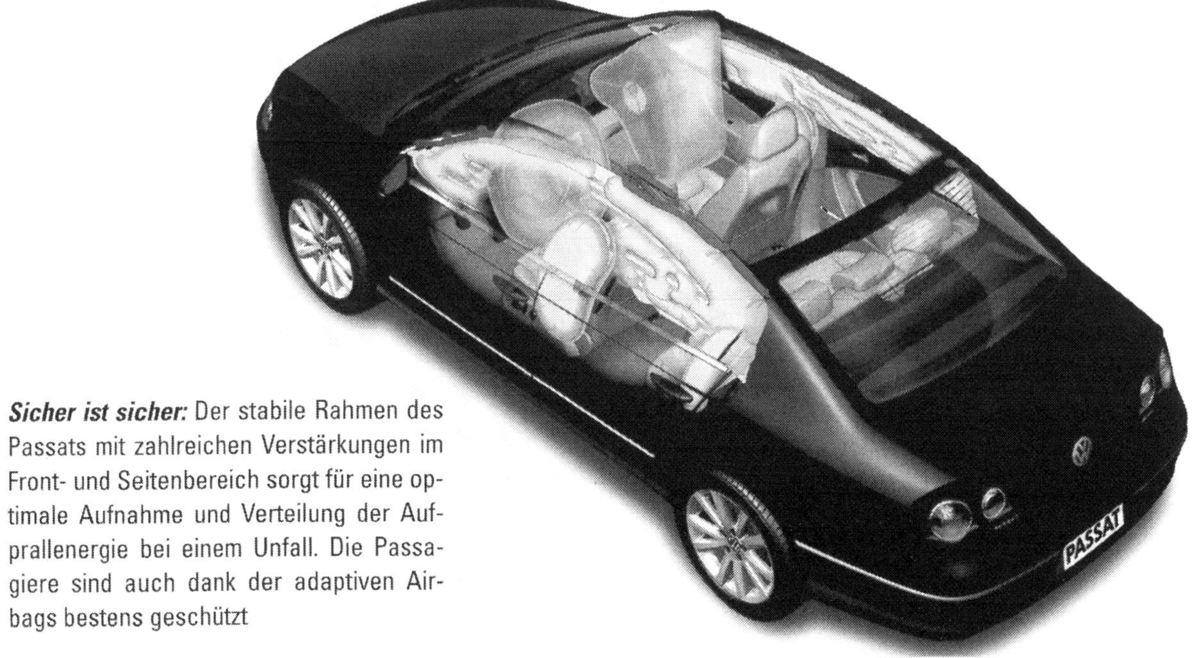

Sicher ist sicher: Der stabile Rahmen des Passats mit zahlreichen Verstärkungen im Front- und Seitenbereich sorgt für eine optimale Aufnahme und Verteilung der Aufprallenergie bei einem Unfall. Die Passagiere sind auch dank der adaptiven Airbags bestens geschützt

Blue Motion – ein Umweltsiegel?

BlueMotion steht bei VW für eine energieeffiziente weil verbrauchssenkende Technik, bei der ein Hauptaugenmerk auf der Minimierung des Schadstoffausstoßes liegt. Mittlerweile ist in fast allen Modellreihen eine Motorisierungsvariante mit dem blauen Schriftzug zu haben. Beim Passat BlueMotion kommt dabei der sparsame 1,9 Liter TDI mit Partikelfilter zum Einsatz. Seinen im Vergleich zum Serienmodell niedrigeren Verbrauch von lediglich 5,2 Litern je 100 km Fahrstrecke erzielt er durch verschiedene Maßnahmen: Das BlueMotion-Paket umfasst reibwiderstandsoptimierte Reifen, eine geänderte Getriebeübersetzung, eine Tieferlegung des Fahrzeugs vorne um 15 und hinten um acht Milimeter sowie die teilweise Verschließung des Chromgitterkühlers. Dazu kommem Spoilerlippen vor den Hinterrädern, am Unterboden sind die Bremsleitungen nun abgedeckt. Das alles zusammen reduziert den Luftwiderstand um satte 12 Prozent.

Im Innenraum wird der Fahrer per Schaltanzeige darauf hingewiesen, wann im jeweiligen Fahrzustand der verbrauchsoptimale Schaltpunkt anliegt. Für Konstantfahrt kann die Geschwindigkeitsregelanlage aktiviert werden, die schon ab 30 km/h zur Verfügung steht. Den Momentanverbrauch hat der Fahrer dank Multifunktionsdisplay stets im Blick. Selbst im Stand wird dank der abgesenkten Leerlaufdrehzahl gespart. Alles in Allem sind dies jedoch Modifikationen, die man dem Passat BlueMotion nicht einmal ansieht – der Alltagsnutzen bleibt uneingeschränkt bestehen.

In der Praxis erweist sich der 105 PS starke TDI als ausreichende Motorisierung und lässt auch auf Überlandetappen nicht die nötige Spritzigkeit missen. Auf Autobahnetappen fällt der zwölf Prozent länger übersetzte fünfte Gang durch die etwas höhere Endgeschwindigkeit sogar positiv auf.

Sicherlich wird nicht jeder den Normverbrauch treffen aber eine Ersparnis von zwei Litern Dieselkraftstoff auf 100 Kilometern ist ohne Weiteres und mühelos zu realisieren. Bleibt die Frage nach dem Preis. Der Aufschlag für das blaue Gütesiegel beträgt rund 500 Euro. Kalkuliert man nun die Spritersparnis hinzu, sind diese Mehrkosten bereits nach einer Fahrstrecke von rund 25.000 km egalisiert. Doch weniger die Kosten als das Wissen einen kleinen Beitrag zum Umweltschutz geleistet zu haben sind wohl die entscheidenden Beweggründe für Interessenten des BlueMotion-Passats.

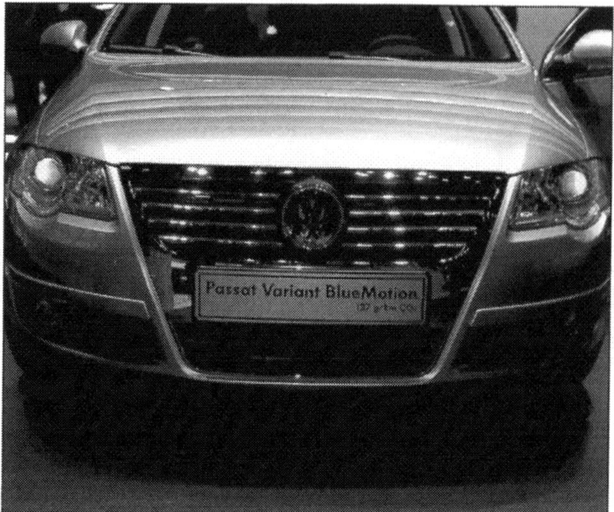

Da steckt was dahinter: Die Front wurde durch Abdeckungen hinter dem Grill strömungsoptimiert

Gütesiegel: Mit dem BlueMotion Logo an Front und Heck zeichnet VW seine Umweltmobile aus

Schaltanzeige: Ab ca. 2000 Touren ermahnt der Passat Bluemotion in der Anzeige zum Hochschalten

Sportambiente des R36: Profilierte Griffmulden am Lenkrad, optionales Ledergestühl und Sport-Pedalerie samt Aludekor

Supersportler - Passat R36

Natürlich darf bei allem Umweltbewusstsein keineswegs der Sportler im Programm fehlen. Über die serienmäßigen V6-Motoren gibt es zwar kaum Grund zur Klage aber die komfortable Abstimmung steht dabei eindeutig im Vordergrund. Das bereits seit dem Golf IV bekannte Raceline-Konzept wird daher auch beim Passat wieder umgesetzt. Dazu wird der V6-Motor in seinem Hubraum von 3,2 Liter auf 3,6 Liter erhöht, was die Leistung auf 300 PS steigert.

Der Allradantrieb sorgt dafür, dass soviel Power auch auf den Boden gebracht und in Vortrieb umgesetzt werden kann.

Die sportlichere Fahrwerksabstimmung mit Tieferlegung und strafferen Dämpfern lassen den Passat zwar präziser um die Ecken fegen, ein Rennsportler wird er dadurch aber nicht. Haupthinderniss: Das relativ hohe Gewicht von rund 1750 Kilo. Dennoch, die feinen Beigaben mit Nappa-Ledergestühl (Option), Alueinlagen und nichtzuletzt dem griffigen Lederlenkrad machen den besonderen Reiz des R36 aus.

Auch außen wird an den Kühlufteinlässen und den Doppelchromstreben dem Vordermann beim Blick in die Rückspiegel schnell verdeutlicht, dass hier kein gewöhnlicher Passat anrückt. Spätestens die R36-Initialien sowie zwei dicke Endrohre am Heck sollten dem Überholten jeglichen Zweifel nehmen.

Schnelltransporter: Mit dem 300-PS Sechszylindermotor erreicht der Passat R36 Variant eine Vmax von 250 km/h, der Spurt von 0-100 km/h dauert gerade 5,8 Sekunden

Die Passat-Story – Highlights seit 1973

Als Ersatz für den Heckmotor-1600 (Typ 3) konzipierte die Entwicklungsabteilung von Volkswagen Anfang der 70er Jahre das Frontantriebs-Konzept EA 272. Er trägt den Motor raumsparend in Queranordnung zwischen den Vorderrädern. Für das Design des EA 272 zeichnet der Italiener Giorgio Giugiaro verantwortlich. Die Dimensionen der Neuentwicklung orientierten sich an den Maßen des abzulösenden Typ 3: Bei gleicher Außenlänge ist der EA 272 nur ein wenig breiter und etwas niedriger. Sogar das Leergewicht geriet mit rund 920 Kilogramm nahezu identisch zu dem des 1600. Allerdings erlaubte der Quermotor üppige 2,6 Meter Radstand – 20 Zentimeter mehr als beim 1600 – und ein dementsprechend großzügigeres Raumangebot.

Prototyp EA 272: Zugunsten einer rationellen Fertigung innerhalb des Volkswagen-Konzerns entschied sich der Vorstand letztlich für die Übernahme des Audi 80-Konzeptes: Der daraus resultierende Passat erschien 1973 mit längs angeordnetem Motor als Typ 80-Parallelmodell, dem Giugiaro ein attraktives Fließheck modelliert hatte

Mai 1973 Die Geburtsstunde des Passat

Die ersten Passat vom Typ 32/33 (alternativ auch als B1 bezeichnet) wurden Ende Juli 1973 als zwei- und viertürige Schrägheck-Limousinen ausgeliefert. Das Styling hielt sich streng an die Handschrift des Entwurfs von Giugiaro, besonders prägnant waren die seitlichen Dreiecksfenster der Zweitürer, welche das Schrägheck stärker betonten.

Motorisierungen gab es von 55 bis 85 PS (1,3 Liter und 1,5 Liter Motor), die leistungsstärkeren Passat konnten mit einer Getriebeautomatik kombiniert werden. Es gab eine L-Ausstattung mit seitlichen Zierleisten, die TS-Ausstattung schmückten Gummileisten an den Stoßfängern – auch die Scheinwerferform gab Aufschluss über die Version: Runde Lampen kennzeichneten die Basis, ovale Leuchten die L und LS-Version und Doppelscheinwerfer die TS-Variante. Die Servobremsen zählten noch nicht zum Serienumfang und mussten extra geordert werden. Nach dreijähriger Bauzeit gab es eine erste Auffrischung der Ausstattung: Serienmäßig Dreipunktgurte mit Aufrollautomatik sowie Kopfstützen und Teppichboden. Die L- bzw. GL-Ausstattung (nun anstatt TS) umfasste unter anderem einen verschließbaren Tankdeckel als auch einen abblendbaren Innenspiegel. Der Einstiegspreis für die Basisvariante des zweitürigen Passat mit 55-PS-Benzinmotor betrug schlanke DM 8555,–

LS-Version: Die leistungsstärkere Ausführung war seitlich durch Zierleisten mit Chrom und Kunststoff gekennzeichnet

Die Passat-Story - Highlights seit 1973

Juni 1974 Der erste Passat Variant

Knapp ein Jahr nach der Einführung der Limousine erschien der erste Passat Variant. Dieser sicherte erstmals die Eigenständigkeit der Modellreihe, ein Audi 80 in Kombiausführung war bis dahin nicht erhältlich. Die Klientel verlangte nach einem Familienwagen, der auch zu Transportzwecken geeignet war. Seine Zuladung von 500 Kilo ist auch heute noch ein mehr als respektabler Wert. Der Kombi löste seinen Vorgänger den VW Typ 412 Variant ab und war ausschließlich als Fünftürer erhältlich. Von Beginn an glänzte der Passat Variant durch Variabilität: Die Ladekante war angenehm niedrig, die hintere Sitzreihe konnte umgeklappt werden wodurch ein vollkommen ebenflächiger Laderaumboden entstand. Die Ausstattungen deckten sich mit jener der Limousine ebenso die Sonderausstattungen und Änderungen im Laufe der Produktionszeit. Der Grundpreis ab Werk betrug mit 55-PS-Benzinmotor DM 9250,– Die LS-Version mit 75-PS-Benzinmotor war für einen Aufpreis von DM 900,– erhältlich.

Erster Passat-Variant: Der erste Kombi vertrug eine stattliche Zuladung von 500 kg bei gerade mal 920 kg Leergewicht. Viel Arbeit für die beiden 55 bzw. 75 PS-Benziner

August 1977 Modellpflege

Der Passat erhält eine neue Front- sowie Heckpartie mit größeren Rückleuchten. Die Stoßfänger sind massiver und fügen sich nun der Karosserieform bündig an. Dafür entfällt die kleine Klappe beim Schrägheck. Als Ausstattungsvarianten gibt es wieder die L und GL-Versionen. Auch der Innenraum wurde überarbeitet und erhielt beispielsweise Leuchtdioden als Kontrolllampen. Durch weichere Querlenkerlager und Dämpfer verbesserte sich zudem auch der Fahrkomfort.

Juli 1978 Der Passat mit Diesel

Im Sommer 1978 erscheint ein 1,5 Liter Diesel mit 50 PS. Der sparsame Wagen erfreute sich schnell großer Beliebtheit. Im selben Jahr führte VW außerdem ein Ausstell-Schiebedach sowie in der Höhe verstellbare Vordersitze ein.

Die Passat-Story – Highlights seit 1973

Oktober 1980 Der Passat 32B (B2)

Mit einem neuen Passat-Modell läutete VW die 80er Jahre ein. Die zweite Generation des Wolfsburger Mittelklassemodells hatte eine neue und um 145 mm in der Länge gewachsene Karosserie. Die große Heckklappe blieb genauso wie das markante hintere Seitenfenster. Neu hinzu kamen umlegbare Sitze, die eine Durchlademöglichkeit ergaben. Der Radstand betrug nun 2550 mm, rund 80 mm mehr als beim Vorgänger. Das Leergewicht stieg um rund 50 kg auf 930 bis 950 kg. Eine Servolenkung (Serie bei den größeren Motoren) war daher und auch aufgrund der nun größeren Reifen notwendig und half beim Rangieren des Passat. Die Motorisierung mit 1,6 Liter leistete 75 PS und beschleunigte den Passat auf maximal 164 km/h. Ebenfalls neu: Der Fünfzylinder (von Audi) dessen Leerlauf durch eine elektronische Zündung digital überwacht wurde. Die Ausstattungsvarianten lauteten fortan C, CL, GL und GL5 (ab 1982 mit 2,0 Liter). Der Zweitürer startete bei DM 12.850,–. Der Ökologie wurde erstmals mit der E-Reihe Rechnung getragen, die über einen länger übersetzten vierten bzw. fünften Gang (3+E und 4+E) sowie einer Start-Stop-Anlage verfügte. Alle Maßnahmen zusammen reduzierten den Kraftstoffverbrauch um rund 20 Prozent. Erstaunlich scheint diese Zahl auch im Vergleich zum relativ geringen Aufwand. Dies gilt auch im Vergleich mit den durchaus ähnlichen Maßnahmen bei der heutigen Ökovariante namens BlueMotion.

1980 Zweite Generation des Variant

Mit den für die flottere Gangart übernommenen Fünfzylinder aus dem Audi-Regal war auch der ebenfalls ab 1980 erhältliche neue Variant sehr gut motorisiert. Hiergegen sah die 1,3-Liter-Motorisierung eher schlecht aus. Der Passat war damit schlichtweg untermotorisiert, weswegen sie auch nur selten bestellt wurde. Die etwa 12 cm längere Karosserie kam ausschließlich dem Laderaum zugute.

Die Passat-Story - Highlights seit 1973

1981 Der Stufenheck Passat

Das zunächst unter dem Namen Santana (Fönwind in Kalifornien) eingeführte Stufenheck des Passat wurde später wieder in Passat umgetauft. Das Konzept ging hierzulande nicht auf, erfreut sich aber heute in China (mittlerweile als modifizierter Santana 3000) immer noch größter Beliebtheit und sorgt dafür, dass die Volksrepublik zu einer der größten Absatzmärkte im VW-Konzern zählt.

1985 Modellpflege

Fünf Jahre nach Einführung der zweiten Generation erhielt diese eine Produktaufwertung. Kennzeichen der neuen Passat-Modelle waren der neue Kühlergrill, die breiten, bis an die Radhäuser reichenden Stoßfänger, seitliche Rammschutzleisten sowie die neue Heckpartie mit nun geänderten und vergrößerten Heckleuchten. Die Schrägheckmodelle verfügten auch noch über einen schwarzen Kunststoffheckspoiler. Insgesamt liesen die Neuerungen den Passat nun wesentlicher stattlicher und wertiger wirken. Die Motorenpalette umfasste nun fünf verschiedene Ottomotoren, zwei Dieselaggregate sowie einen Benzinmotor mit geregeltem Katalysator. Dank der verbreiteten Einführung abgasreinigender Techniken wuchs die Motorenpalette auf insgesamt elf Benzinaggregate (davon zwei auch nach US-Norm). Leistungsstärkstes Modell war nach wie vor der 2,2 Liter Fünfzylinder, den es nun in drei unterschiedlichen Ausführungen mit 136 PS (ohne Kat), 115 PS (mit Kat) sowie 120 (mit Kat) gab. Letzterer blieb dem im Jahr 1984 eingeführten Allradler namens syncro vorbehalten. Die Ausstattungsvarianten hießen C, CL, GL und GT, wobei der 1,3 Liter nur als C und CL und nicht als Variant lieferbar war. Spitzenreiter der Preisliste war der allradgetriebene Passat Variant mit 2,2 Liter Motor und Katalysator. Sein Preis betrug stolze DM 37.190-. Die auch noch im heutigen Straßenbild vertreten Modelle zeugen von der Langzeitqualität dieses Passatmodells.

Syncro-Antrieb: Die ab 1984 erhältliche Allradtechnik sorgten auch auf schwierigem Terrain für ungehinderten Vortrieb

Die Passat-Story - Highlights seit 1973

März 1988 Der Passat Typ 35i (B3)

Auf dem Automobilsalon in Genf präsentierte VW die dritte Passat-Generation. Das Design des Blechkleids verfügte über mächtige Kunststoffbeplankungen. Am Bug entfiel der konventionelle Kühlergrill was als einer der Streitpunkte um die Gestaltung des Passat vom Typ 35i gilt. Unter der Haube setzte VW vermehrt auf die Katalysatortechnik bei den Benzinern. Der Einstieg begann bei DM 24.800 mit 1,6 Liter und 72 PS (Kat), der 1,8 Liter-Motor war in drei Leistungsstufen mit bis zu 107 PS erhältlich. Zwei Jahre nach Markteinführung ersetzte ihn ein 115 PS starker 2,0 Liter Motor. Der Audi-Fünfzylinder wurde gestrichen, er passte nicht mehr zum neuen Konzept mit quer eingebautem Motor. Die Ausstattungsvarianten bezeichnete VW mit CL, GL und dem GT mit dunkelgrau lakkierten, unteren Karosseriepartien und einem Heckspoiler. Die besonderen Reisequalitäten wurden durch den deutlich gestiegenen Komfort und vor allen Dingen durch das üppige Platzangebot sowohl vorne als auch im Fahrzeugfond unterstrichen. Der Kombi fasste bis zu 1700 Liter Ladevolumen, die schwarze Dachreling wurde ab jetzt salonfähig.

Quereinsteiger: Die Queranordnung des Antriebaggregats schaffte im Innenraum äußerst großzügige Platzverhältnisse

Oktober 1993 Ein neues Gesicht (B4)

Die Modellpflege dieser Generation verschaffte dem Passat wieder einen Kühlergrill und ein deutlich freundlicher dreinblickendes Gesicht. Die Scheinwerfer waren nun glattflächig in der Wagenfront integriert und setzten formal den Kühlereinlass fort. Die Blinker wanderten in die Stoßstange. Auch vom neu modellierten Passat gab es keine Schrägheckvariante. Am Heck waren die Leuchten nun größer und nicht mehr durch Kunststoff umrahmt. Topmodell war ab jetzt die Stufenheck Variante mit VR6-Motor und im Blech modelllierten Heckspoiler. Airbags waren nun serienmäßig erhältlich. Die Summe der Änderungen und Eingriffe verleitete VW dazu dieses Modell als neuen Wagen des Typ B4 – Vormodell B3 – zu bezeichnen.

Die Passat-Story – Highlights seit 1973

Oktober 1996 Der Passat Typ 3B (B5)

Nach rund sieben Millionen produzierten Passat rollte die vierte Generation 1997 an den Start. Die Formsprache gab deutlich die Kampfansage an das automobile Oberhaus bekannt. Die runde Dachkuppel und der mächtige Bug hätten ebenso auch von einem Vierringe-Emblem geziert werden können. Kein Wunder also, dass dieser Passat sich die Plattform mit dem Audi A4 teilte. Die Ausstattungsvarianten hatten fortan keinen Buchstabenkürzeln mehr sondern folgten unterschiedlichen Lines. Obwohl der Wagen nur wenige Zentimeter zugelegt hatte und trotz der nun wieder längsverbauten Motoren bot er Platz in Hülle und Fülle. Die Sicherheitsausstattung war nun auch mit ABS (alle vier Räder waren erstmals mit Scheibenbremsen ausgestattet) und Front- sowie Sidebags auf Höhe der Zeit. Besonders beliebt waren die mittlerweile etablierten TDI-Diesel. Spitzenreiter war ein V6 der 193 PS leistete und zu Spitzengeschwindigkeiten von 218 km/h verhalf.

August 2000 Facelift (B5 GP)

Vier Jahre nach seinem furiosen Debut erhielt der Passat 2001 ein Facelift. Feine Retuschen an Front und Heck passten den Passat dem modernen Zeitgeist an, Chromleisten verzierten ihn zusätzlich rundum. Auch die Fahrzeuglänge legte um drei Zentimeter zu, die Karosserie wurde nochmals um 10% steifer. Technisch profitierte vor allen Dingen die TDI-Fraktion, die sich nun über Pumpe-Düse Aggregate freuen durfte. Bestes Argument des Drehmomentwunders war der Verbrauch: Ein 1,4 Tonnen-Variant war mühelos mit nur 5,6 Litern Dieselkraftstoff 100 km weit fortzubewegen. An seinen Kerntugenden und der gerühmten Qualität hatte sich indes nichts geändert: Platzangebot, Fahrverhalten, Funktionalität und Verarbeitung zählten nach wie vor zum Besten, was man in der automobilen Mittelklasse für Geld kaufen konnte. Der kurzzeitige Ausritt in das 8-Zylinder-Segmen (W8) blieb aber von bescheidenem Erfolg.

Richtig Reinemachen

Sein eigenes Auto zu pflegen macht Spaß. Sie sichern damit nicht nur den Wert, sondern lernen Ihr Auto auch bis in den letzten Winkel kennen. Das ist die ideale Vorraussetzung wenn wir später beginnen wollen Teile zu demontieren.

Ein Auto zu besitzen ist für die meisten Menschen weitaus mehr als nur eine bequeme Alternative zu Straßenbahn oder Fahrrad. So auch für Sie. Schließlich haben Sie sich bewußt für ein bestimmtes Modell entschieden, in Ihrer Lieblingfarbe und mit genau den Ausstattungmerkmalen die Sie mögen. Der Lack funkelt in der Sonne, der Innenraum riecht nach Frühling. Da stellt sich zu Recht ein gewisser Besitzerstolz ein, zumal ein Auto auch eine hübsche Stange Geld kostet. Diesen Wert gilt es zu erhalten, denn vielleicht kommt der Tag an dem Sie sich doch von Ihrem Schmuckstück trennen wollen oder müssen. Dann geht es um Bares und wie so oft im Leben zählt hier der erste Eindruck. Und stellen Sie sich einfach vor Sie müssten ein jahrelang vernachlässigtes Auto vor dem Verkauf in Form bringen. Eine Wahnsinns-Arbeit, nur für den Käufer! Also pflegen Sie Ihr Auto regelmäßig. Sie werden sehen das macht sogar Spass! Wie das am besten geht und was Sie dabei beachten müssen erfahren Sie hier.

Waschanlage oder Handwäsche?

Eine der wichtigsten Fragen, die ebenso heiß wie häufig diskutiert wird. Und leider können auch wir keine eindeutige Antwort darauf geben. Einerseits ist die Maschinenwäsche natürlich die bequemste Variante und auch in Sachen Umwelt erste Wahl (siehe auch Kasten rechts), andererseits haben die Vertreter der Handwasch-Fraktion natürlich recht, wenn Sie vor Kratzern und anderen Beschädigungen warnen. Denn natürlich gehen in Waschanlagen manchmal Außenspiegel zu Bruch oder die Bürsten hinterlassen auf dunklen Lacken leichte Kratzer. Das passiert allerdings nur bei schlecht gewarteten oder veralteten Anlagen aber auch genauso, wenn der Schwamm bei der Handwäsche nicht sauber ist. Wie die meisten Fahrzeuge hat auch die Karosserie Ihres Passats viele tückische Stellen. Dazu gehören zum Beispiel die Falze und Kanten an den Türinnenseiten oder auch am Kofferraum.. Die Reinigung in der Waschanlage allein kann also zu unbefriedigenden Resultaten führen und Sie müssen am Ende ein paar Stellen doch von Hand nachputzen.

Woran erkenne ich eine gute Waschanlage?

Zunächst einmal ist natürlich die neuere und weniger frequentierte Waschanlage die bessere Wahl. Moderne Anlagen steuern die Bürsten optisch und besitzen genügend Flexibilität um auch mit dem ungewöhnlichen Formaten moderner Autos zurecht zu kommen. Wenn Sie eine alte Anlage sehen, die noch mit Fühlern arbeitet, die über die Konturen der Karosserie schleifen, fahren Sie am besten gleich weiter. Auch gebogene oder ausgefranste Borsten sind kein gutes Zeichen. Dann wird diese Waschanlage sehr oft benutzt, ohne dass der Betreiber gerne Geld investiert. Die Folge ist eine Breitseite für den Lack, da die Borstenenden keine saubere Arbeit leisten können. Beobachten Sie einfach einen Waschgang eines anderen Kunden und achten Sie auch darauf, ob das Auto zu Beginn des Waschganges mit genügend Wasser benetzt wird. Denn auch hier wird manchmal gespart oder verstopfte Düsen erst gar nicht gereinigt.

⚠ Putzen gefährdet die Umwelt

GEFAHRENHINWEIS

Ausnahmsweise gilt dieser Gefahrenhinweis nicht Ihnen, sondern der Umwelt. Den Wagen vor der eigenen Haustür zu waschen ist längst nicht mehr überall erlaubt. Und das aus gutem Grund: Mit dem Abwasser können gefährliche Stoffe in das Grundwasser gelangen. So zum Beispiel Öl oder Chemikalien die Sie zum Reinigen verwenden. Auch der Trinkwasserverbrauch ist nicht zu unterschätzen. In Waschanlagen werden diese Stoffe durch Abscheider aufgefangen und das Wasser mehrmals aufbereitet und erneut verwendet. Auch die verschmutzten Lappen sind im Grunde genommen Sondermüll, besonders wenn Sie damit dicke Ölkrusten beseitigt haben. Wir raten Ihnen deshalb grundsätzlich einen ausgewiesenen Waschplatz aufzusuchen. Am Besten einen der überdacht ist, so müssen Sie auch nicht darauf achten, dass Ihnen die Sonne unter Umständen hässliche Wasserflecken in den Lack brennt. Und Sie sind unter Ihresgleichen: Autoliebhabern, die ihr Fahrzeug nicht nur als Fortbewegungsmittel sehen, sondern es mit Hingabe pflegen. Also ein guter Ort für Benzingespräche.

Schadet häufiges Waschen dem Lack?

Heutige Lacke sind außerordentlich resistent gegen Umwelteinflüsse. Sie müssen selbst bei relativ frisch lackierten Teilen (zum Beispiel nach einer Unfallreparatur) keine Angst haben. Die größere Gefahr geht von Vogelkot oder Planzensäften aus, die den Lack mit der Zeit angreifen. Also am besten gleich abwaschen!

Das Grundrüstzeug: Unterschiedliche Pflegesubstanzen und vor allem die richtige Auswahl an Tüchern, Schwämmen und Bürsten sind zur gründlichen Reinigung unerlässlich

Wichtige Hilfsmittel und Putzutensilien

Egal ob Sie nur von Hand waschen, oder Ihren Wagen zunächst durch eine Waschanlage jagen – Sie brauchen in jedem Fall noch ein paar Dinge um Ihr Schmuckstück perfekt in Form zu bringen. Denn auch die beste Waschanlage lässt manchmal ein paar Stellen aus. Am besten entfernen Sie mit einer gründlichen Vorbehandlung hartnäckige Verunreinigungen und warten dann mit Schwamm und Leder bewaffnet am Ausgang der Waschanlage um sofort nacharbeiten zu können. Und natürlich sollten Sie sich bei dieser Gelegenheit auch gleich den Stellen widmen, die eine Waschanlage niemals erreichen kann: Hierzu zählen z.B. die Innenseiten der Scheiben oder auch die Einstiegsleisten. Wir haben darum für Sie hier die wichtigsten Utensilien zusammengestellt, die Sie beim Waschgang unbedingt parat haben sollten.

Vorbehandlung

Vor einer gründlichen Reinigung sollten Sie Ihren Wagen auch einer gründlichen Vorbehandlung unterziehen. Widmen Sie sich akribisch den großen Flächen der Karosserie. Inspizieren Sie gleichzeitig die gesamte Karosserie auf Kratzer. Später gehen wir darauf ein, wie Sie diese Kleinschäden mit relativ geringem Auf-

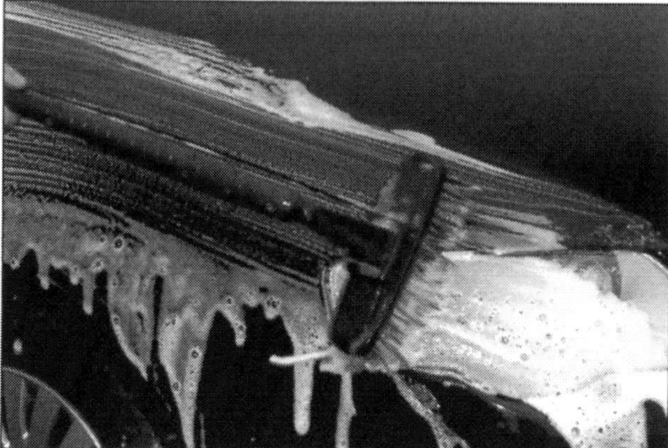

Grober Dreck an der Karosse: Die starken und hartnäckigen Verschmutzungen lösen Sie zunächst mit der Waschbürste. Vorsicht: Kontrollieren Sie den Bürstenkopf bevor Sie loslegen. Übriger Sand und Staub könnte Ihren Lack verkratzen

Bremsstaub an den Felgen: Der schwarze Abrieb an den Radzierblenden und Felgen sieht nicht nur häßlich aus, er greift auch das Material an. Daher immer gut einschäumen

Kleiner Schwamm und Bürste: Die Feinarbeit an den Felgen erledigen Sie am besten mit einem kleinen Haushaltsschwamm und einer Bürste an einem fexiblen Drahtstil

Gegen Insektenreste: Besonders hartnäckig können Insektenreste auf den Streuscheiben der Scheinwerfer anhaften. Rücken Sie dem Fliegendreck mit einem Zellstoffpapier und etwas Schaumreiniger oder Insektenlösemittel zu Leibe

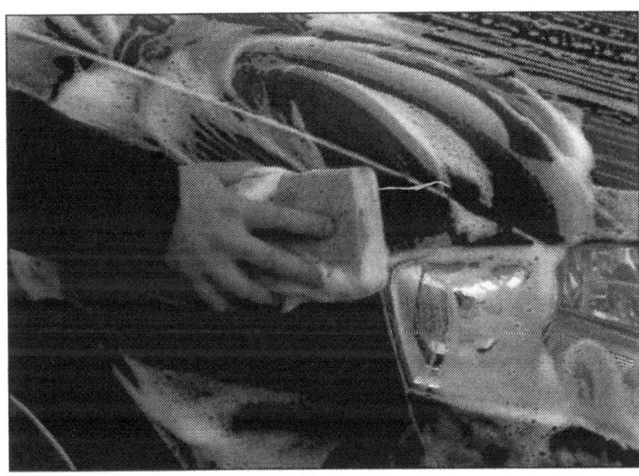

Der große Schwamm: Ein weicher Schwamm ist bei der Handwäsche das wichtigste Putzutensil. Er eignet sich aber auch gut zur Vorreinigung oder dem Nachputzen

Dampfstrahler marsch: Den Schaum mit dem Dampfstrahler von oben nach unten abwaschen. Dabei stets auf genügend Abstand, insbesondere von den Reifenflanken achten

⚠ Vorsicht beim Dampfstrahlen

GEFAHRENHINWEIS

Ein Dampfstrahler ist an sich eine tolle Erfindung: Heißes Wasser, das unter extrem hohen Druck aus einer Düse schießt, löst fast jede Schmutzkruste. Besonders gut natürlich dicke Ölkrusten an Motor und Getriebe. Hiervon raten wir aber dringend ab. Denn die im Motorraum verbauten Elektronikteile können durch die eindringende Feuchtigkeit erheblichen Schaden nehmen. Die Folge könnte z. B. ein kostspieliger Austausch des Motorsteuergerätes sein. Der Motorraum sollte daher nur mit geeigneten, sogenannten Kaltreinigern und in Handarbeit, oder noch besser vom Profi gesäubert werden. Auch für den Kühler ist ein Dampfstrahler Gift. Denn der scharfe Strahl dringt mit großem Druck durch die feinen Lamellen und kann diese deformieren. Bleiben noch die Felgen. Tatsächlich kann der Dampfstrahler hier im Kampf mit Bremsstaub und anderen Verschmutzungen viel bewirken. Meistens reflektieren die Speichen den Strahl jedoch in die Richtung in der Sie gerade stehen. Und wehe Sie kommen dem Reifen zu nah! Auch in der Seitenwand moderner Pneus kann der enorme Druck des Wasserstrahls schaden anrichten. Also wenigstens 50 cm Abstand halten!

wand und vor allen Dingen einem besseren Ergebnis als mit dem Lackstift alleine ausbessern können.

Arbeiten Sie von oben nach unten, fangen Sie mit dem Dach an und verteilen Sie von dort den Waschschaum auf die restliche Karosserie. Hilfreich ist die Waschbürste um alle Stellen am Dach zu erreichen, ohne auf Tuchfühlung mit der Fahrzeugflanke gehen zu müssen. Geben Sie aber acht, dass die Dreckreste Ihres Vorgängers nicht mehr im Bürstenkopf hängen und Ihre Lackoberfläche verkratzen.

Besonders die Felgen müssen Sie sich gesondert vornehmen. Denn an den Rädern setzt sich agressiver Bremsstaub fest und kann dort die Oberfläche angreifen. Reinigen Sie daher die Felgen mit der Bürste vor, um anschließend noch mit dem kleinen Haushaltsschwamm (Vorsicht im Umgang mit der Scheuerfläche) und einer Bürste nachzuarbeiten.

Für Insektenreste an der Front empfiehlt sich ein Insektenreiniger zur Vorbehandlung.

Zum Schluss waschen Sie den Wagen großzügig mit dem Dampfstrahler ab. Achten Sie aber unbedingt darauf, genügend Abstand zu halten.

Nachbehandlung der kritischen Stellen

Ein perfektes Finish macht den Unterschied. Also ist nach dem Waschgang nochmals Handarbeit angesagt. Nehmen Sie sich insbesondere der schwierigen Stellen an. Hierzu zählen wie bereits erwähnt die Einstiegsleisten aber auch die Innenseiten und Aussparungen der Türen und des Heckdeckels. Fahren Sie auf gar keinen Fall sofort nach der Wäsche los, denn sonst war die Arbeit bis dahin vergebens. Die noch feuchten Stellen, zum Beispiel an der Unterkante der seitlichen Schweller, nehmen sofort wieder Straßenschmutz auf, der durch die Räder und den Fahrtwind aufgewirbelt wird.

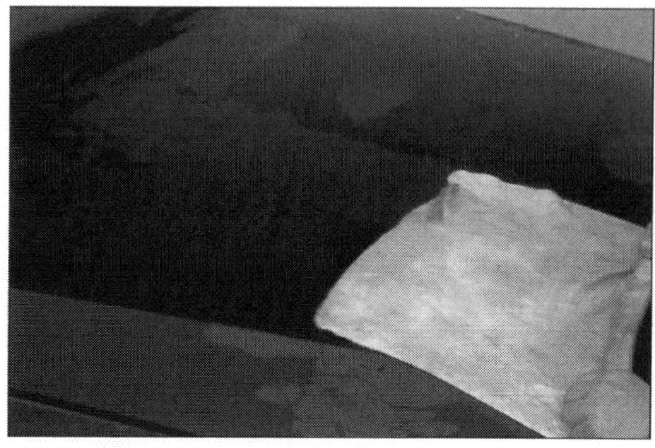

Große Flächen: Um die restlichen Wassertropfen zu entfernen ist das gute alte Leder immer noch unschlagbar. Aber Vorsicht: Niemals über noch schmutzige Stellen wischen!

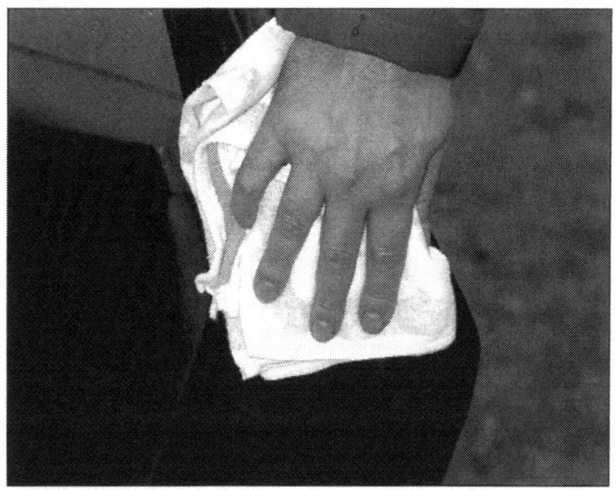

Türkanten: Jede Tür einzeln öffnen und mit dem Tuch nachfahren. Genauso die Einstiegsleisten und eventuell auch die Schwellerkanten behandeln

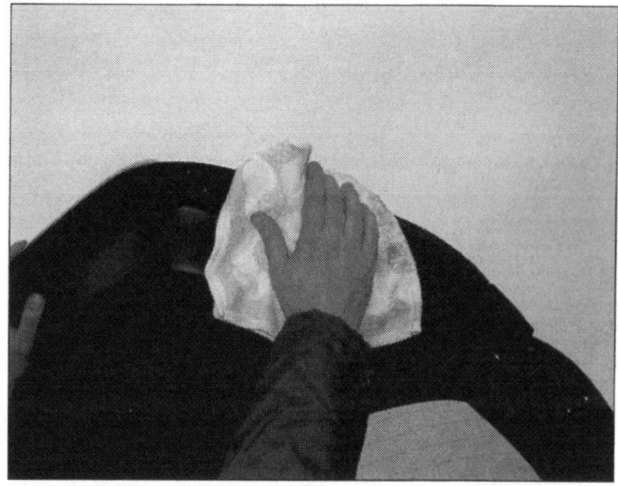

Heckdeckel innen: Kontrollieren Sie die Umlaufkante des Heckdeckels auf Restverschmutzungen. Reiben Sie die betreffenden Stellen gründlich aber vorsichtig sauber

Scheiben: Für den klaren Durchblick sorgt ein fusselfreies Tuch mit dem die Scheiben innen und außen abgewischt werden. Ohne Reiniger geht auch das Leder

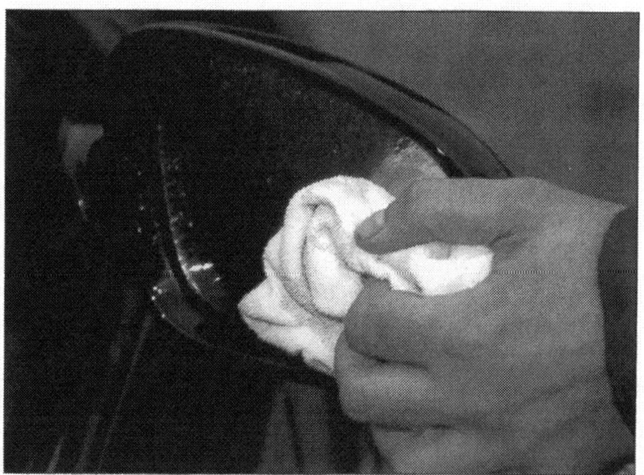

Spiegelgehäuse und Glas: Restfeuchtigkeit an den Seitenspiegeln mit dem Tuch vorsichtig abwischen. Dabei das Gehäuse mit dem Lappen von hinten festhalten und abreiben

Polieren und Konservieren

Dem Lackkleid sollten Sie von Zeit zu Zeit eine Politur gönnen. Dadurch kann der Schmutz nicht so leicht anhaften und auch das Wasser perlt einfach ab. Das ist übrigens ein guter Indikator für den richtigen Zeitpunkt: Bildet das Wasser größere Pfützen auf der Karoserie sollten Sie die Oberfläche neu versiegeln. Im Handel sind zahllose Produkte zu finden, vom leichten Mittel bis zum schleifenden Reiniger für stark verwitterte Lacke. Lesen Sie also die Beschreibung aufmerksam durch und verwenden Sie im Zweifelsfall stets das weniger agressive Produkt.

Etwas anders sieht es unter dem Passat aus. Obwohl hier ab Werk ausreichend Korrosionsschutz vorhanden ist, sollten Sie bei Gelegenheit nochmals nacharbeiten. Die Falze und Hohlräume freuen sich über eine Extraportion Wachs die das Eindringen von Feuchtigkeit und den daraus resultierenden Kantenrost um Jahre verzögert. Dazu muss allerdings der Unterboden zuerst von allen Verkleidungen befreit werden. Behalten Sie diese Spezialbehandlung also im Kopf, wenn Sie weiter hinten im Buch beginnen Teile des Unterbodens zu demontieren.

Langfristiger Schutz können auch die Versiegelung mit Wachs vom Fachmann bieten. Sie kostet summiert auf die Wirkdauer, etwa soviel wie die Wagenwäschen die man sich dadurch ersparen kann und hält bis zu einem ganzen Jahr. Neuerdings bieten manche Pflegefachbetriebe auch die Versiegelung mittels Nanotechnologie (s. Kasten) an. Diese Art das Fahrzeugäußere zu versiegeln kostet zwar mehr, hält dafür aber auch mitunter bis zu drei Jahren.

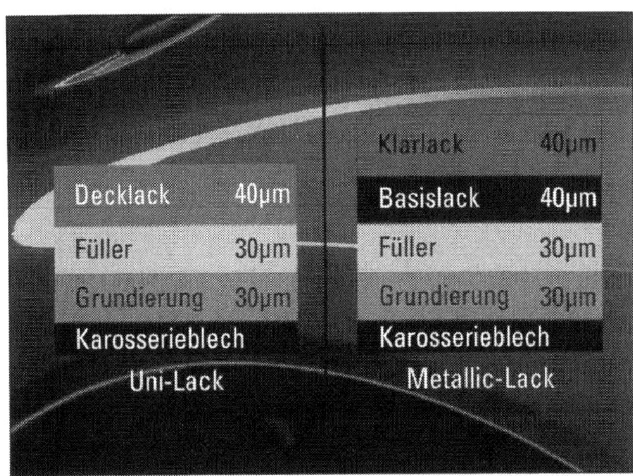

Lackschichten: Durch unterschiedlich dicke Schichten ist die Lackoberfläche aufgebaut und schützt das Blech darunter vor Korrosion

WISSENSWERTES

Nanotechnologie

Als Forschungsfeld mit Zukunftspotential bietet die Nanotechnologie schon heute viele Anwendungen im und rund ums Fahrzeug. Beispiele sind blendungsfreie Tachoverglasungen oder auch Verbundglas, dass Infrarotstrahlung absorbiert und so die Wärmeeinwirkung aufs Fahrzeuginnnere reduziert. Der berühmteste Nanoeffekt ist aber der Lotusblüteneffekt, der selbstreinigende Oberflächen ermöglicht. Zur längerfristigen Versiegelung der Lackoberfläche bieten nun auch einige Pflegefachbetriebe diesen Lack-

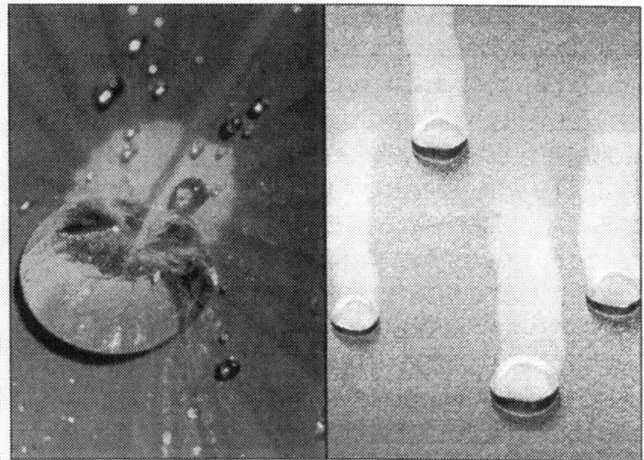

Nach dem Vorbild der Natur: Nanopartikel reduzieren die Benetzbarkeit und verhindern dadurch Schmutzanhaftungen an der Oberflächen

schutz an. Was für den Oberflächenschutz durch Anstreichfarben an Häuserfassaden oder auch Dachziegeln gut funktioniert, birgt beim bewegten Fahrzeug noch gewisse Schwierigkeiten. Die Rauigkeit der mikroskopisch kleinen Strukturen, welche eine geringe Benetzbarkeit und damit auch ein hohes Maß an Selbstreinigung bewirken, könnten nämlich schnell beispielsweise durch Insekten verkrustet werden. Dennoch bieten immer mehr Pflegefachbetriebe Nanotechnologie als Langzeitschutz an. Im Unterschied zu einer Wachsversiegelung hält der Nanoschutz mitunter bis zu drei Jahre und das bei vergleichbaren Kosten. Wenige Fahrzeughersteller bieten mittlerweile auch den Nanoschutz ab Werk. Eine Nanoschicht im Klarlack sorgt für höhere Resistenz gegen mechanische Beanspruchung und Korrosion. Was in der Praxis z.B. eine höhere Kratzfestigkeit bedeutet. Die Forschung arbeitet derzeit an weiteren praktischen Anwendungen. Selbstreinigende Felgen oder auf Knopfdruck wechselnde Farbe sind so vielleicht schon bald mehr als nur eine Vision.

Innenraumpflege

Natürlich gibt es unzählige Mittelchen für die Pflege unterschiedlichster Materialien. Und jede Woche kommt ein Neues hinzu. Wir können daher keine konkrete Produktempfehlung aussprechen, wollen Ihnen aber gerne erklären welche Art von Produkt an welcher Stelle angebracht ist.

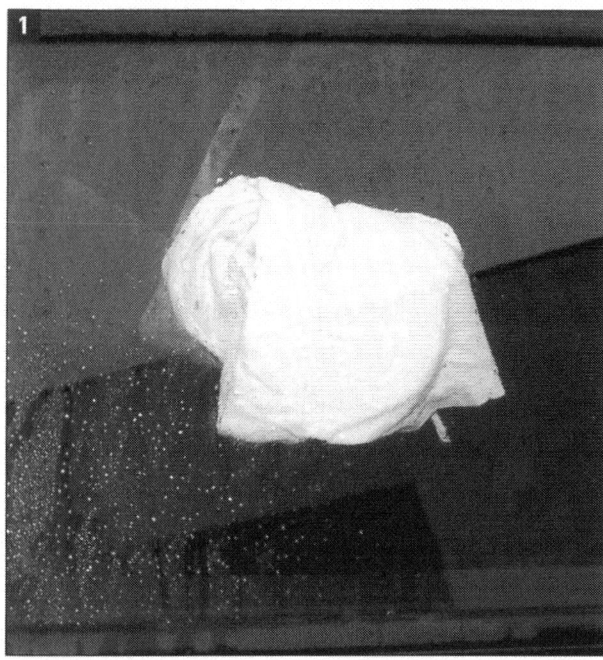

Glas: Für die Reinigung der Scheiben gibt es normale Haushaltsmittel. Wichtig ist ein nicht fusselnder Lappen. Sie können aber auch Spiritus nehmen und mit einer Tageszeitung nachreiben

Aufwändige Geschichte: Die Reinigung des Passat-Innenraumes nimmt viel Zeit in Anspruch und braucht eine Menge unterschiedlicher Mittel. Auf den ersten Blick erkennen wir in diesem Cockpit verschiedene Materialien

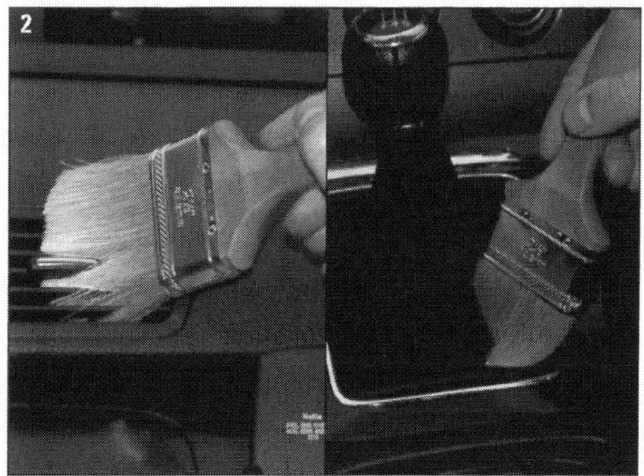

Lüftungsdüsen/Schaltsack: Zum Entfernen von Staub empfiehlt sich ein handelsüblicher Malerpinsel mit langen Borsten, der sich auch für schwer zugängliche Stellen eignet

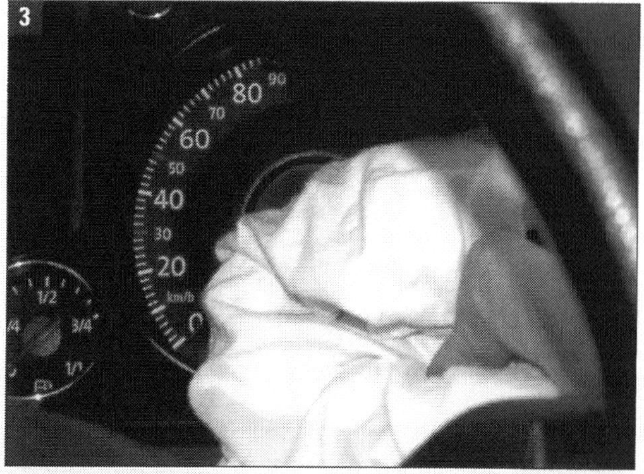

Gläser aus Kunststoff: Hier ist größte Vorsicht angebracht. Zu scharfe Mittel oder schmutzige Lappen verursachen sehr schnell Kratzer oder blinde Stellen

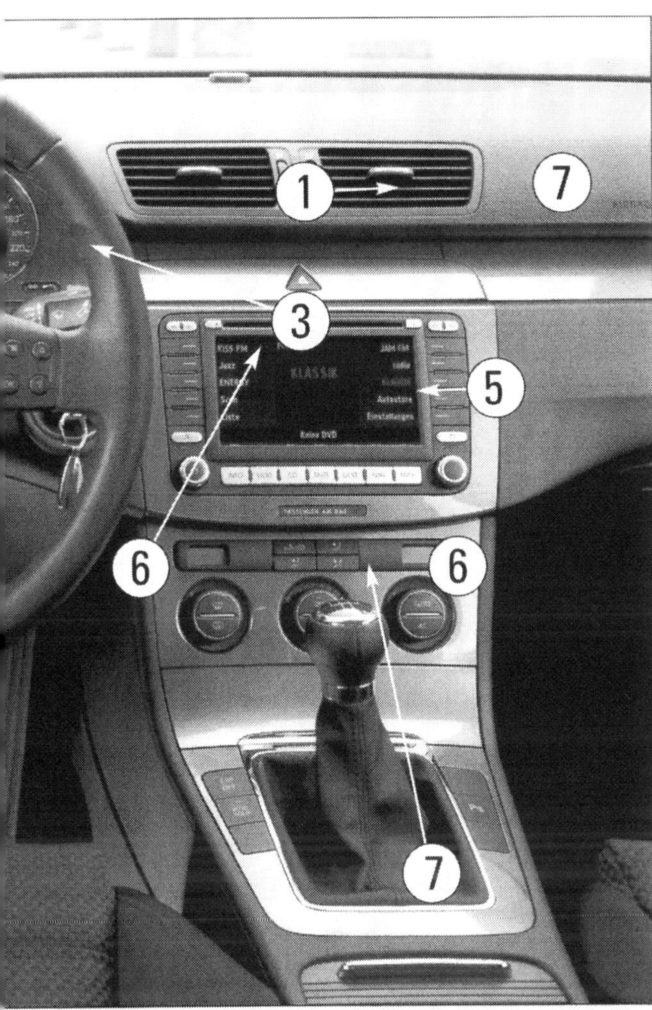

und Oberflächen. Fast jedes braucht eine andere Behandlung. Hier natürlich nicht im Bild: Die unangenehmen Gerüche. Aber auch dafür gibt es Lösungen: Eine Schale Essigwasser zum Beispiel

Knöpfe und Schalter: Etwas Cockpitspray auf einen Lappen sprühen und die Knöpfe gründlich säubern. Schon setzt sich kein Speck mehr darauf ab

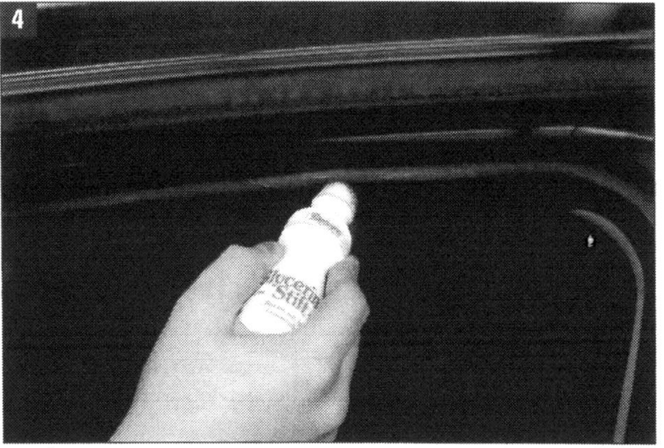

Gummidichtungen: Diese müssen innen wie außen geschmeidig bleiben. Spezielle Gummipflegemittel geben dem elastischen Material zusätzlich den Glanz zurück

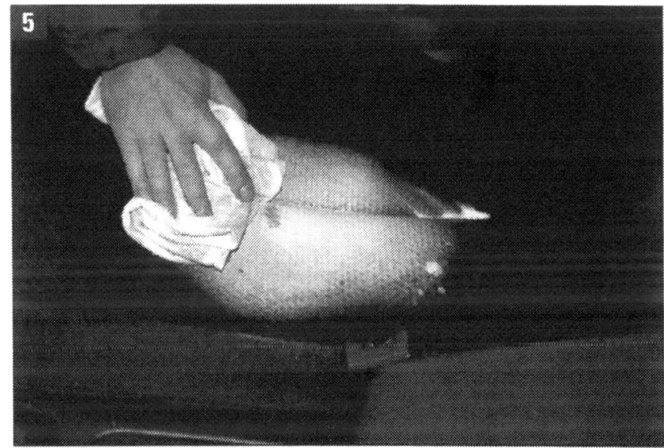

Textilien: Schwierig zu reinigen, da sich der Schmutz in den Fasern festkrallt. Probieren Sie Polsterreiniger, aber zunächst an einer unauffälligen Stelle um die Verträglichkeit zu testen

Kunststoffoberflächen: Bewährt haben sich antistatische Mittel (Cockpitspray) die verhindern, dass der Staub und Schmutz vom Kunststoff angezogen wird

Türscharniere und -feststeller schmieren

Überall wo sich Teile der Karosserie relativ zueinander bewegen entstehen Reibungskräfte, die nach und nach aber vor allen Dingen bei mangelnder Schmierung das Material der Kontaktflächen verschleißen. Türen, Schlösser und Scharniere müssen daher mit einem Spritzer Öl in Gang gehalten werden. Die Aufbringung der Schmiermittel macht Ihnen wenig Aufwand. Die meisten Spraydosen haben einen Sprühkopf, der als längliches und flexibles Röhrchen ausgeführt ist. Dadurch ersparen Sie sich zumindest aufwendige Demontagen. Der langfristige Effekt dieser Arbeit ist aber dennoch nicht zu unterschätzen.

Optimale Schmierung: Gelsprays

Empfehlenswert sind sogenannte Gelsprays. Sie haften aufgrund ihrer weniger flüchtigen Konsistenz besser als beispielsweise Öl und verteilen sich zugleich sehr weitläufig bis in den letzten Spalt.
Verwenden Sie zur Sicherheit aber immer einen Lappen, der überschüssiges Schmiermittel auffängt. Dort, wo das Öl an sichtbaren Stellen, wie beispielsweise dem Blechkleid langfristig und schlimmstenfalls auch noch unter intensiver Sonneneinstrahlung anhaften bleibt, können häßliche Flecken entstehen.

Türscharnier und Feststeller

Allgemein zählen die Tür- und Klappenmechanismen des Passat zu den harterprobten und standfesten Bauteilen. Dennoch benötigen auch diese Teile zur möglichst geringen Abnutzung regelmäßig einen Schuss Schmierung. Widmen Sie sich mit dem Schmiermittel insbesondere den Türscharnieren und dem Feststeller mit seinen Arretierungsrollen.

Bügelgriffe schmieren

Neben den oben genannten Stellen bedarf es beim Passat zusätzlich auch einer regelmäßigen Pflege der Bügelgriffe. Denn durch ungünstige Fertigungstoleranzen können die Türgriffe haken oder hängenbleiben. Dies tritt meist bei feuchter Witterung auf. Mit etwas Schmierung kann das Problem gemildert werden. Ist die Mechanik aber nach wie vor hakelig, muss der Bügelgriff-Steg nachgearbeitet werden.

Türscharnier: Gelegentlich ein paar Spritzer Öl halten die Scharniermechanik in Gang. Gelspray verteilt sich bis in den letzten Winkel und haftet länger als normales Öl

Türfeststeller: Quitschende Arretierungen sind nervig und außerdem der Beleg mangelnder Fürsorge

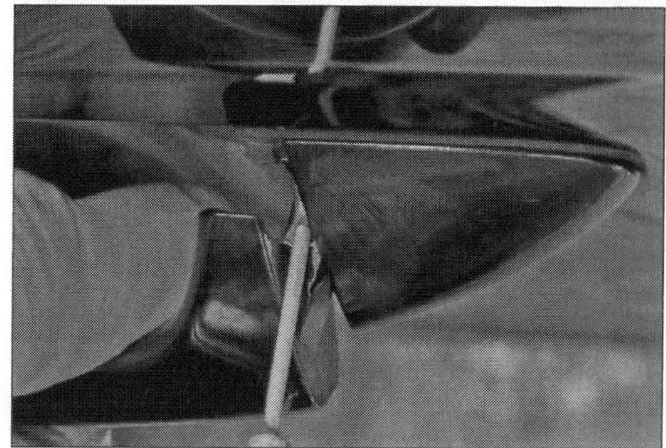

Bügelgriff: Die Mechanik der Bügelgriffe können Sie mit Sprayölen in Gang halten. Benutzen Sie bei der Anwendung ein Tuch um überschüssiges Öl aufzufangen

Wischerblätter kontrollieren und einstellen

Der einwandfreie Zustand der Waschanlage an Ihrem Passat ist ein wichtiges Sicherheitsmerkmal. Denn saubere Scheiben und eine klare Sicht sind Grundvoraussetzung für Ihre Sicherheit beim Fahren. Damit Sie unterwegs auch bei widrigsten Umständen wie Regen oder Schnee den Durchblick behalten, sollten Sie sich regelmäßig von der fehlerfreien Funktion Ihrer Wischanlage überzeugen. Die meisten Arbeiten sind leicht zu erledigen. Wir zeigen Ihnen auf den folgenden Seiten worauf Sie insbesondere zu achten haben und welche Arbeitschritte nötig sind.
Hierzu gehören zum Beispiel die Kontrolle der Wischergummis und gegebenenfalls deren Austausch.

Defekte Wischerblätter

Die Pflege der Wischergummis wird nur allzugerne vernachlässigt. Dies kann sich aber später bei einer langen Fahrt im Regen bitter rächen. Eingerissene und poröse Gummilippen ziehen Schlieren anstatt die Scheibe vom Wasser zu befreien. In der Dunkelheit laufen Sie dadurch Gefahr im Blindflug unterwegs sein zu müssen, da der Blendeffekt durch die Lichtbrechungen stark zunimmt. Wir empfehlen die Wischerblätter halbjährig zu wechseln.

Wischer kontrollieren:

- Heben Sie die Wischerarme von der Scheibe ab und fahren Sie mit der Fingerkuppe die Auflagefläche ab (s. Bild 1). Unebenheiten sind ein klares Indiz für den fälligen Austausch.

- Kontrollieren Sie auch die Wischermechanik. Sie darf nicht verbogen oder schwergängig sein.

Rubbelnde Scheibenwischer

Nicht immer muss die Ursache für nerviges Rubbeln der Wischerblätter ein defekter Wischergummi sein. Anstellwinkel und Einbaulage in welchem die Gummis auf der Scheibe aufliegen sind ein wichtiges Einstellkriterium. Kontrollieren Sie die Parallelität der Wischerarme zum unteren Scheibenrand. Kontrollieren Sie die Wischer auf die korrekten Abstandswerte zum Scheibenrahmen (Werte siehe Bilder 2 und 3) wie in den Bildern dargestellt.

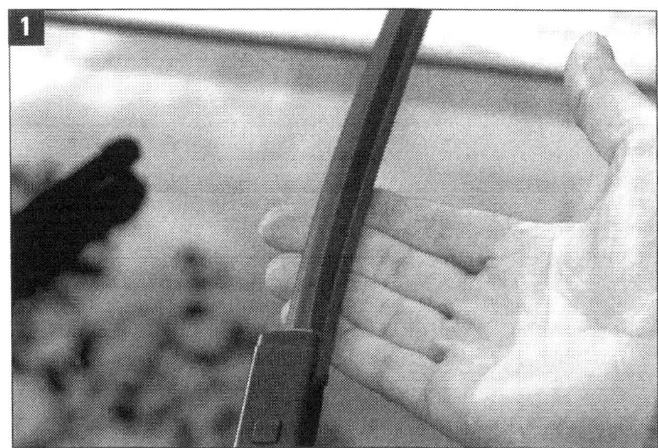

Wischerkontrolle: Inspizieren Sie die Gummilippe auf Rillen und Vertiefungen. Das Gelenk muss leichtgängig sein damit die Wischergummis satt auf der Scheibe aufliegen

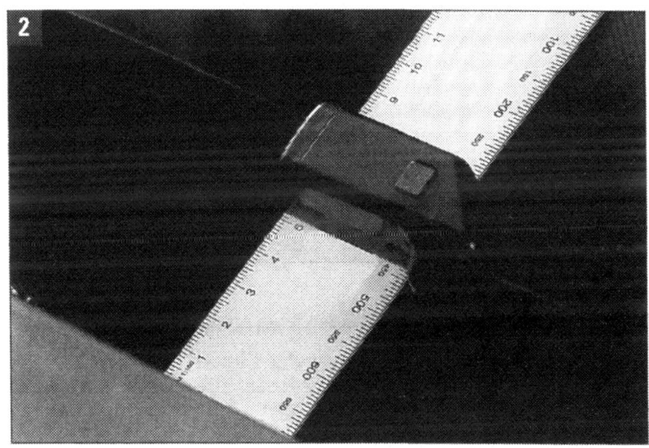

Abstandskontrolle vorne: Vom Clipscharnier bis zur Verkleidungskante soll der Abstand ca. 60 mm betragen

Abstandskontrolle hinten: In Endstellung des Wischerarms ist der korrekte Abstand zwischen Wischerende und dem unteren Scheibenrahmen wie im Bild dargestellt zu messen

Wischerblätter wechseln

Der Wechsel der Wischerblätter empfiehlt sich regelmäßig im Frühling und Herbst. Die am Passat in Serie verbauten Aero-Scheibenwischer gehören zum Feinsten, was der Markt zu bieten hat.
Ein Vorteil der AeroTwin-Scheibenwischer ist die Federschiene aus Spezialstahl. Diese ersetzt die sonst üblichen Gelenke und Bügel des Wischblattes, die das Gummi an die Scheibe pressen. Die Federschiene ist dazu exakt an die Krümmung der Windschutzscheibe angepasst. Dadurch wird die Wischqualität wesentlich verbessert.
Die gleichmäßig starke Anpresskraft reduziert den Verschleiß und erhöht dadurch die Lebensdauer. Auch die Montage konnte durch einen Quick-Clip-Adapter erheblich erleichtert werden.

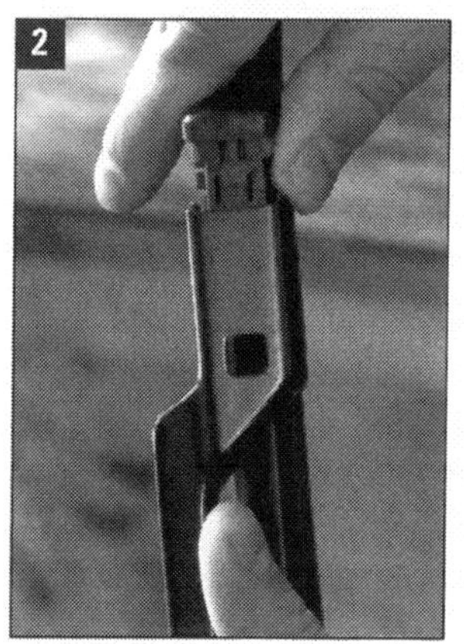

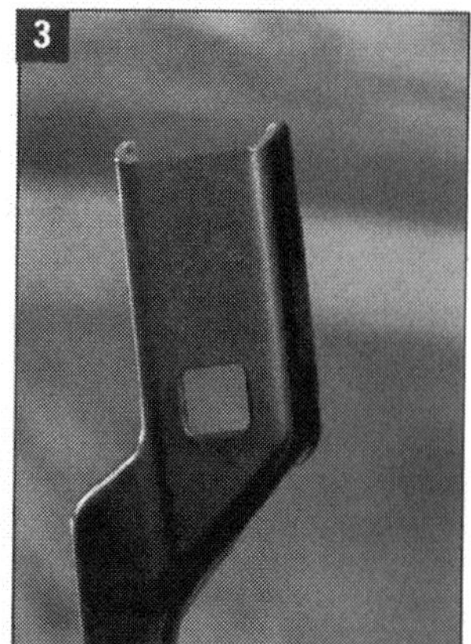

Wischerblatt wechseln:

- Bei hochgeklapptem Wischerarm den Clip öffnen durch Drücken an der Aussparung (Oberseite wie in Bild 1 dargestellt).
- Wischerblatt durch Ziehen vom Wischerarm lösen (2)
- Zum Einbau das neue AeroTwin Wischerblatt auf den Wischerarm (3) schieben bis der Clip eingerastet ist.

Wischwasser

Vergessen Sie nicht das Wischwasser aufzufüllen und achten Sie dabei auf den richtigen Wischwasserzusatz. VW empfiehlt das Scheibenreinigungskonzentrat G 052 164.
Die Verwendung eines falschen Waschmittelzusatzes kann zum Aufschäumen an den Spritzdüsen führen. Was ein Grund unzureichender Waschleistung sein kann.
VW proklamiert für das Scheibenreinigungskonzentrat eine optimale Strahlverteilung an den Düsen. Außerdem bietet es im Mischungsverhältnis ein Drittel Konzentrat zu zwei Drittel Wasser einen Frostschutz bis zu Temperaturen von -25 °C. Damit dürfte auch im Winter eine sichere Funktion der Waschdüsen gewährleistet sein.

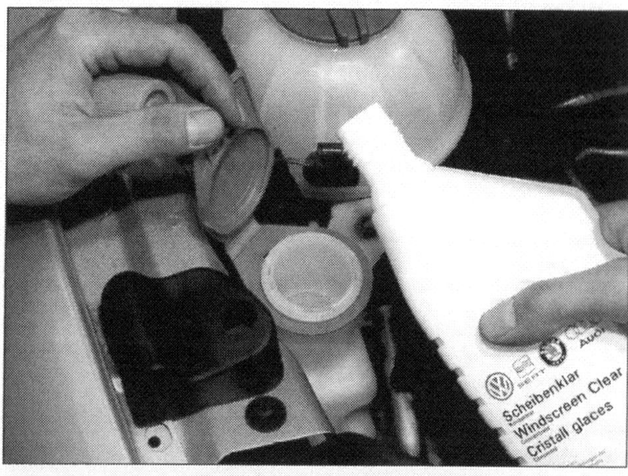

Die Mischung machts: Ein Drittel Zusatz auf zwei Drittel Wasser schützt vor Einfrieren des Wischwassers bis -25 °C

Waschdüsen prüfen und einstellen

Die Scheibenwaschdüsen vorne werden beim Passat nicht mehr mit einer Nadel als Dornwerkzeug justiert, da sie voreingestellt sind. Die Düsen können aber zumindest in der Höhe korrigiert werden. Dies ist dann erforderlich, wenn die beiden Spritzfelder an der Frontscheibe nicht auf gleicher Höhe liegen.
Die hintere Waschdüse des Variant kann dahingegen mit einer geeigneten Nadel justiert werden.

Gehen Sie zur Überprüfung wie folgt vor:

- Kontrollieren Sie, ob der Sprühstrahl beider Düsen gleichmäßig stark ist. Sollte dies nicht der Fall sein, dann bauen Sie die „schwächere“ Düse aus und blasen die Düse mit Druckluft aus. Sollte diese Maßnahme zu keinen Erfolg führen, prüfen Sie bitte, ob der betreffende Schlauch abgeklemmt oder undicht ist.

Waschdüsen einstellen vorne:

- Überprüfen Sie zunächst, ob das Strahlbild beider Düsen gleich stark ist, ansonsten kann das Verstopfen einer Düse vorliegen

- Der Sprühstrahl beider Düsen sollte ungefähr mittig auf die Scheibe auftreffen. Weicht ein Düsenstrahl nach oben oder unten ab, kann dies leicht mit einem flachen Schraubenzieher korrigiert werden. Dazu an den beiden Düsen (s. Bild 1) die Einstellschrauben mit dem Schraubenzieher in die gewünschte Richtung drehen.

Unzureichende Waschleistung der Spritzdüsen:

Unzureichende Waschleistung der Düsen kann mehrere Ursachen haben:

- Falsche Einstellung der Düsen: Nehmen Sie eine Korrektur der Höheneinstellung vorne bzw. mit der Nadel hinten wie beschrieben vor.

- Verstopfte Waschdüsen: Die betroffene Düse muss dann ausgebaut und mit Druckluft in beide Richtungen durchblasen werden.

- Abgeknickter oder undichter Schlauch: Mangelnder Wasserdurchsatz ist auch durch einen abgeknickten oder undichten Schlauch möglich. Kontrollieren Sie, ob am Düsenanschluss Wischwasser austritt. (Verkleidungsdemontage des Kofferraums s. Kap. „Der Innenraum“.)

Waschdüsen einstellen hinten (Variant):

- Die hintere Abdeckkappe an der Wischerbefestigung können Sie durch ziehen und abwinkeln (s. Bild 3) entfernen. Zum Einstellen der Düse reicht es aber auch die Kappe nur abzukippen, die Abdeckkappe bleibt dabei auf der Wischerbefestigung eingerastet (s. Bild 4).

- Mit einem geeigneten Dornwerkzeug (z.B. Nadel) vorsichtig in die Öffnung der Düse fahren (s. Bild 4) und diese so einstellen, dass der Sprühstrahl ungefähr auf das obere Drittel der Heckscheibe auftrifft.

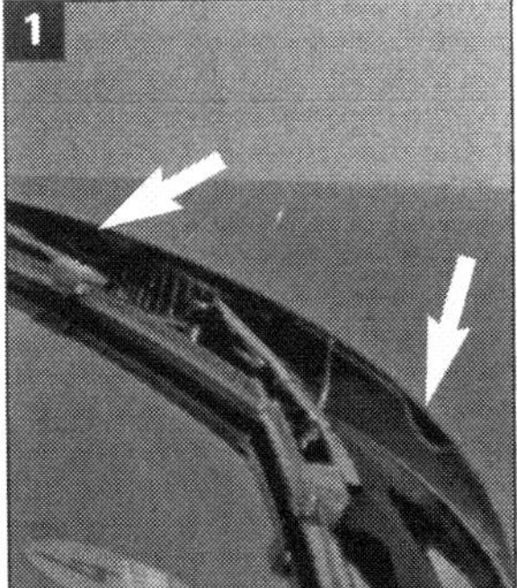

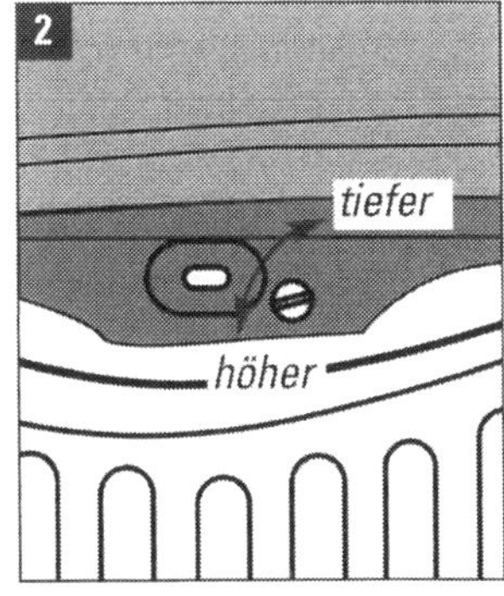

Waschdüse vorne: Die Verstellung der Waschdüsen (1) erfolgt über eine Kunststoffschraube (2)

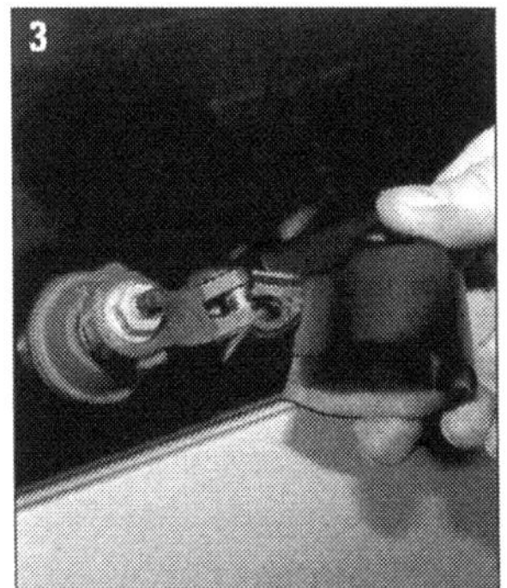

Waschdüse hinten: Mit einer geeigneten Nadel können Sie die Waschdüse hinten (nur beim Passat Variant) justieren

Wertsteigerung durch Aufbereitung

Vielleicht kommt irgendwann mal die Zeit und Sie müssen oder wollen sich von Ihrem Passat trennen. Möchten Sie nun zur Wertsteigerung beitragen um einen höheren Erlös zu erzielen, gibt es vor dem Verkauf verschiedene Dinge zu beachten. Erstens sollten Sie Ihren Passat dem Nachbesitzer in einem technisch einwandfreiem Zustand überlassen.
Der TÜV nimmt Wertgutachten vor und checkt das Fahrzeug auf etwaige Mängel. Verschiedene Prüfpunkte werden in einem detaillierten Bericht aufgelistet, dazu gehören Bremsen, Lenkung, Fahrwerk, Antrieb, Auspuffanlage, Elektrik und Beleuchtung, Karosserie und Lackierung sowie der Innenraum. Ein Gebrauchtwagenzertifikat sorgt zusätzlich für Vertrauen und dient als neutrale Verhandlungsbasis. Außerdem bleiben Sie und der Käufer vor bösen Überraschungen bewahrt, die unnötigen Ärger verursachen. Doch was kann man, außer dem technischen CheckUp und der obligatorischen Wagenreinigung innen und außen, noch tun?

Komplettsanierung Innen und Außen

Eine Möglichkeit den Wagenwert zu steigern, ist die professionelle Aufbereitung Ihres Fahrzeugs. Innenraum und Karosserie erhalten dabei eine Komplettsanierung, kleinere Mängel und Schönheitsfehler werden beseitigt oder zumindest retuschiert. Ihr Passat steht anschließend im frischen Glanz da und macht so gleich auf den ersten Blick einen guten Eindruck.
Ein Passat, der vor allem als urbanes Fortbewegunsmittel dem harten Autoalltag ausgesetzt war, trägt wahrscheinlich auch dementsprechende Spuren davon.
Kleine Kratzer oder Beulen außen, die Löcher der Handyhalter im Armaturenträger oder des Rauchers Unachtsamkeit, die sich im Sitzpolster als Brandloch verewigt hat. Die vielfältigen Methoden der Kleinreparaturen helfen diese Schönheitsfehler bei relativ geringem Aufwand zu beseitigen. Aller Euphorie vorangestellt sollten Sie sich aber im Klaren sein, dass die Aufbereitung keinen Neuwagen hervorzaubert. Machen Sie sich daher mit den Leistungen Ihres Profiaufbereiters vertraut und besprechen Sie ausführlich den erwünschten Umfang Ihrer Fahrzeugrenovierung. Machen Sie ihn auf kritische Stellen aufmerksam. So fällt eine sorgfältige Einschätzung, wie das erreichbare Ergebnis aussehen könnte, leichter.

PRAXISTIPP

Aufbereitung vom Profi

Die Abwägung, ob es sich für die vorhandenen Kleinschäden an Ihrem Fahrzeug lohnt einen Profi zu engagieren oder nicht, wird dann relevant, wenn Sie sich von Ihrem alten trennen wollen oder müssen. Denn auch bei der Fahrzeugwartung und -pflege hat sich leider die „Geiz-ist-geil"-Mentalität in letzter Zeit bemerkbar gemacht. Trotz des gestiegenen Anteils älterer Fahrzeuge in Deutschland, (das Durchschnittsalter des bundesweiten Fahrzeugbestandes beträgt mittlerweile acht Jahre) scheinen sich immer weniger Besitzer um den Allgemeinzustand ihres Fahrzeugs Gedanken zu machen. Wartung und Kundendienst werden vernachlässigt, die Motivation sinkt in das Fahrzeug und den fälligen Service Geld zu investieren. Die Folge sind sich anhäufende Kleinmängel, die in ihrer Summe das Gesamtbild und die Erscheinung eines Kfz schnell trüben. Dies ist eine Chance für Besitzer wie Sie, die pfleglich mit Ihrem Automobil umgehen. Sie können sich mit Ihrem ordentlich gepflegten Fahrzeug hervorheben und zusätzlich durch eine optische Generalüberholung den Wiederverkaufswert steigern. Praxistests haben gezeigt, dass professionell aufbereitete Fahrzeuge in aller Regel einen deutlich höheren Verkaufspreis erzielen als ohne vorherige Verschönerugnsmaßnahmen. Die Schönheitskur kann so eine Wertsteigerung von bis zu 1000 Euro erzielen. Rechnet man die ca. 400 bis 500 Euro Aufwendungen ein, bleibt immer noch ein schöner Überschuss von mehreren hundert Euro.

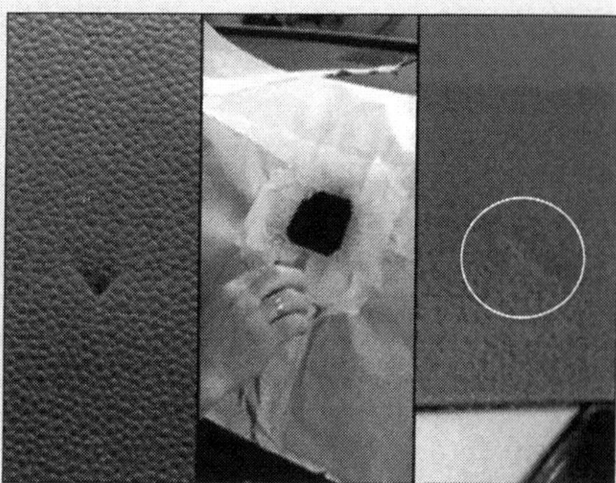

Befriedigendes Resultat: Ein Loch im Armaturenträger vor und nach der Reparatur

Mehr als ärgerlich: Beulen und Kratzer

Wie schon erwähnt: Die Karosserie des Passat ist sehr widerstandsfähig. Doch irgendwann ist es vielleicht doch passiert: Es fällt irgendein Gegenstand auf das Blech oder der Lack ist durch einen tiefen Kratzer verunziert. Im Prinzip bleibt Ihnen dann fast nichts anderes übrig als die Fahrt zum Lackierer beziehungsweise Karosseriebauer anzutreten.
Reparaturversuche zu Hause sind bei allem Aufwand meistens nicht von dauerhaftem Erfolg. Daher wollen wir Ihnen hier bildhaft zeigen, wie der Profi einer Beule in einem Karosserieblech zu Leibe rückt. Das Problem in diesem Fall ist: Die Beule ist von innen nicht zugänglich, muss also von außen Stück für Stück herausgezogen werden. Hierzu verwendet der Profi einen Zuganker, der an die betroffene Stelle angeschweißt wird. Mit dieser Behelfsvorrichtung kann der Profi durch Ziehen die Einwölbung wieder herausbekommen. Danach wird der Anker wieder entfernt und die Stelle geglättet sowie anschließend lackiert.

Zuganker anschweißen: Auf das normalerweise blanke Blech wird mit einem Starkstrom-Schweißgerät eine Art Unterlagscheibe in der Beule angeheftet

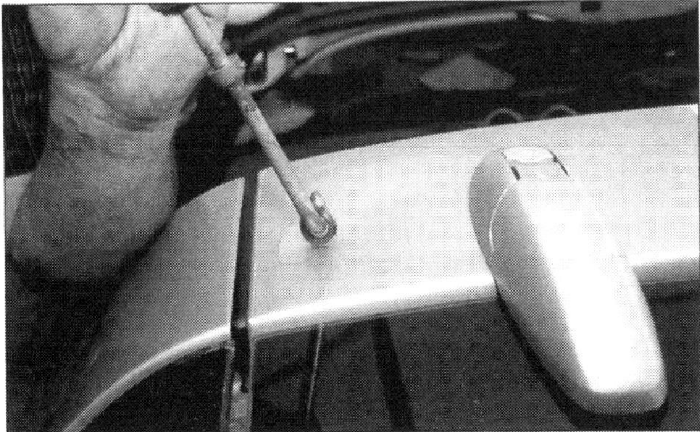

Ziehen des Blechs: Mit einem Schlaghammer, der an der Scheibe befestigt ist, wird die Beule vorsichtig herausgezogen. Meistens sind mehrere Durchgänge erforderlich

PRAXISTIPP

Frontscheiben reparieren

Noch ein empfindlicher Punkt an der Karosserie sind die Scheiben. Kratzer und Steinschläge sind im Sommer schon lästig, im Winter jedoch werden Beschädigungen zur echten Gefahr. Abgesehen von den Reflektionen sammelt sich in den Kratern Schmutz, den der Wischer über die Scheibe verteilt. Zudem wird die Scheibe im Winter zerbrechlicher. Wenn der zwischen den Schichten liegende Plastikfilm von +20 Grad auf -5 Grad abkühlt, verhärtet die Scheibe um 57 Prozent. Die Spannungen verteilen sich über die gesamte Scheibe, aus einem kleinen Sprung wird dann schnell ein Riss. Spätestens dann muss die ganze Scheibe getauscht werden. Wenn Sie jedoch rechtzeitig handeln, können Steinschläge noch repariert werden. Dazu wird die schadhafte Stelle mit einem speziellen Harz gefüllt. Vorraussetzung: Der Krater darf nicht ausgefranst oder weiter gerissen sein. Auch darf die Reparaturstelle nicht im direkten Sichtfeld des Fahrers liegen – so schreibt es zumindest der Gesetzgeber vor. Mit etwas Glück kommen Sie sogar an der Rechnung vorbei: Manche Versicherungen verzichten bei dieser Art der Reparatur auf den Einbehalt der Selbstbeteiligung. Denn das kommt die Assekuranzen immer noch billiger als der Austausch einer kompletten Scheibe. Pionierarbeit auf diesem Gebiet hat die Firma Carglass geleistet, die mit rund 1700 Filialen inzwischen zu den Marktführern im Bereich Autoglas gehört. Auf der gut gemachten Internetseite www.carglass.de finden Sie weitere Informationen und eine Filiale in Ihrer Nähe. Im Internet können Sie sogar schon direkt einen Termin vereinbaren.

Erstaunliches Ergebnis: *Ein Steinschlag vor und nach der Reparatur mit Kunstharz*

Ab in den Urlaub!

Der großzügige Stauraum des Variant unterstreicht seine Eignung als Familien- und Urlaubsauto. Aber auch die Limousine bietet genügend Platz für Insassen und Gepäck. Und die hervorragende Langstreckenqualität machen den Passat ohnehin zum komfortablen Reisewagen. Doch auch beim Passat sollte ein technischer Check-Up vor jeder großen Fahrt nicht vergessen werden. Wir zeigen Ihnen dazu alle notwendigen und wichtige Handgriffe.

Nichts wie weg!

Als treuer Weggefährte leistet Ihr Passat das ganze Jahr über seinen Dienst – beim täglichen Weg zur Arbeit, als Schulbusersatz für Ihre Kinder, beim Wocheneinkauf als kleiner Transporter und auch am Wochenende, um Abends eine gute Figur bei der Fahrt zur Oper oder dem Kino zu machen.
Alles Alltagsaufgaben, die Ihrem Passat in aller Regel nicht besondere Mühe bereiten. Doch Ihr Passat kann noch mehr. Und natürlich wollen Sie auch die Langsteckenqualität des Wagens, zum Beispiel bei der Fahrt in den Urlaub, genießen und auch solch Marathonaufgaben mit dem Passat problemlos bestreiten können.
Vor der Abfahrt gilt es aber einige kleine Wartungsarbeiten gewissenhaft durchzuführen, damit Sie gerade da keine Harverie erleiden müssen, wo man vielleicht zu den Ärgernissen eines Defekts auch noch mit Sprachschwierigkeiten zu kämpfen hat.

Was wann machen?

Je nach dem wo es hingeht, haben wir für Sie dieses Kapitel in die Teile Sommer und Winter gegliedert. Damit können Sie Ihrem Passat optimal auf die spezifischen Anforderungen vorbereiten.

Drucksache: Je nach Beladungszustand muss der Luftdruck in den Reifen zu Ihrer Sicherheit angepasst werden

Fit im Sommer

Im Sommer verreisen, das will gut vorbereitet sein. Nach dem Packen kommt ihr Passat dran. Passen Sie in jedem Fall den Reifendruck dem Beladungszustand an. Im Tankdeckel finden Sie dazu eine tabellarische Übersicht. Checken Sie alle wichtigen Betriebsstoffe. Dazu gehören vor allen Dingen der Kühlwasserstand, der Ölstand und auch die Scheibenwaschanlage. Vergewissern Sie sich, dass Ihre Sommerreifen noch genügend Profil haben. Gesetzlich vorgeschrieben sind zwar lediglich 1,6 mm Profiltiefe, wer jedoch mit die-

Zugmaschine: Der Passat kann gebremste Anhängelasten von bis zu 2,2 Tonnen bewegen. Das ist mehr als sein Eigengewicht

sen Slicks eine Vollbremsung hinlegen muss oder gar in den Regen kommt hat schlechte Karten. Denn schon bei ca. 4 mm, also rund der Hälfte des Profils neuer Reifen, verlängert sich der Bremsweg aus 100 km/h bereits um mehr als zwei Wagenlängen.

Bremsweg aus 100 km/h (regennasse Fahrbahn)

Profiltiefe	Bremsweg	Verlängerung (relativ)
8 mm	70 m	--
4 mm	82 m	17%
3 mm	87 m	24%
2 mm	97 m	39 %

Erschreckende Zahlen: Die Profiltiefe ist ein entscheidender Sicherheitsfaktor vor allem bei Nässe (Quelle: www.kfztech.de)

Profiltiefe korrekt bestimmen

Zur Ermittlung der Profiltiefe empfiehlt sich ein Profiltiefenmesser (2). Entscheidend sind die Hauptprofilrillen. Messen Sie nicht auf den Erhebungen des TWI (Tread Wear Indikator s. Pfeil in Bild 1- bedeutet: Profil-Abnutzungsanzeiger). Die Profiltiefe messen Sie in den Hauptprofilrillen an den am stärksten verschlissenen Stellen des Reifens. Die Positionen der TWI-Indikatoren sind an der Reifenschulter sichtbar und zeigen die gesetzliche Mindestvorgabe von 1,6 mm an.

1

2

WISSENSWERTES: Gesetzliche Regelungen

Seit 01. Januar 2006 ist es Gesetz, dass laut Straßenverkehrsordnung (§2 Abs. 3a) bei Kraftfahrzeugen die Ausrüstung an die Wetterverhältnisse anzupassen ist. Hierzu gehört insbesondere eine „geeignete Bereifung". Damit sollte es nun nicht mehr nur für Fachleute sondern auch für alle Autofahrer selbstverständlich sein, dass Sommer und Winter ihre eigenen Reifen hinsichtlich Profil und Gummimischung benötigen. Gerade auf der Fahrt in den Urlaub kommt es darauf an, der Bereifung besondere Aufmerksamkeit zu schenken. Wer weiß schon, dass ein moderner Reifen aus bis zu 16 verschiedenen Gummimischungen bestehen kann, die zum Beispiel folgende Anforderungen erfüllen müssen: Geringst möglicher Abrieb, Rissfestigkeit, Rutschwiderstand, geringer Rollwiderstand, dynamische Beständigkeit, Luftdichtigkeit, Laufruhe sowie Alterungsbeständigkeit. Allerdings bestimmen nicht nur Gummimischung und Auslegung des Profils – zum Beispiel das Lammellenprofil eines Winterreifens – die Leistung eines Reifens. Mindestens genau so wichtig sind nach Aussage der Kfz-Innungsexperten die unterschiedlichen Profiltiefen. Zwar schreibt der Gesetzgeber hier nur einen Mindestwert von 1,6 Millimetern vor, aber in der Praxis ergeben sich andere und realistischere Werte. Auf eine einfache Formel gebracht: Profiltiefe Sommerreifen: Minimum 3 Millimeter, Profiltiefe Winterreifen: Minimum 4 Millimeter. Die Gründe für diese Empfehlungen sind zahlreich und absolut sicherheitsrelevant. Mit dem Minimumprofil von 1,6 Millimeter verlängert sich bei Aquaplaning der Bremsweg bereits um das Doppelte. Wenn man weiter weiß, dass bei nasser Fahrbahn die Drainagerillen bei 80 km/h bis zu 25 Liter Wasser pro Sekunde und bei 140 km/h bis zu 43 Liter kanalisieren müssen, erübrigt sich wohl jede weitere Diskussion um falsche Sparsamkeit. Gerade vor der sommerlichen Urlaubsreise mit ihren erhöhten Anforderungen an Temperaturen, Fahrzeuggewicht und Geschwindigkeit raten die Fachleute der Kfz-Meisterbetriebe zu einer detaillierten Reifenkontrolle, bei der neben der Erhöhung des Luftdrucks speziell auf Beschädigungen an Lauffläche, Seitenwand und Ventilabdichtung sowie auf Profiltiefe geachtet werden muss. Gehen Sie also beim einzigen Bindeglied zwischen Ihnen und dem Straßenbelag keine unnötigen Risiken ein und kontrollieren Sie regelmäßig Ihre Fahrzeugbereifung.

Klimaanlage Wartung

Das Schrauben am Klimatisierungs-System scheitert weniger an Sicherheitsrisiken. Es ist vielmehr die komplizierte Technik, die dem Heimwerker das Leben schwer macht. Volkswagen unterscheidet zwischen Klimaanlage und Klimatisierungsautomatik (Climatronic). Die Climatronic hält vollautomatisch die gewählte Fahrzeuginnentemperatur. Die Temperatur der ausströmenden Luft sowie die Gebläsedrehzahl (Luftmenge) und Luftverteilung werden automatisch verändert. Die Anlage berücksichtigt auch starke Sonneneinstrahlung. Ein Nachregeln von Hand ist überflüssig.

Das Klima-Steuergerät verarbeitet vielfältige Informationen von Sensoren. Die gesamte Anlage wird über elektrische Stellmotoren gesteuert. Sämtliche Luftklappen bewegen sich vollautomatisch. Das Steuergerät hat ebenfalls die Magnetkupplung am Klimakompressor im Griff.

Automatikfunktion der Climatronic

Optimales Innenraumklima mit nur einem Knopfdruck, das kann die Climatronic in Ihrem Passat selbständig erledigen. Dank der automatischen Umluftschaltung mittels Luftgütesensor können auch bei einer Tunneldurchfahrt die Hände am Lenkrad blei-

Klimaanlage

GEFAHRENHINWEIS

Die Bauteile des Klimasystems sowie alle Kältemittelschläuche und -leitungen, finden Sie beim Passat vorn links halb neben und halb vor dem Motor, den sie fast ganz umgeben. Doch Vorsicht: Hier müssen Sie sich selbst als passionierter Schrauber bremsen! Denn bei den Komponenten der Klimaanlage bestehen sowohl gesundheitliche Risiken, als auch die Gefahr ihre Klimaanlage bei Reparaturversuchen zu beschädigen! So kann der Umgang mit Kältemitteln Erfrierungen bei Berührung verursachen oder gar zum Ersticken am Boden oder in unteren Räumen, wegen der Schwere des Mittels, führen. Klimaanlagen dürfen also nur von VW oder in Service-Stützpunktwerkstätten instand gesetzt bzw. ersetzt werden. Riskieren Sie hier keine gesundheitlichen Schäden oder teure Nachreparaturen. Im Klartext: Der Kältemittelkreislauf der Klimaanlage darf nicht geöffnet werden und das Neubefüllen ist Werkstatt-Sache. Zudem könnten Sie sich bei unsachgemäßer Handhabung auch strafbar machen: Das Ablassen von Kältemittel in die Umwelt ist eine strafbare Handlung. Sollte Ihre Klimaanlage also der Wartung bedürfen, fahren Sie am besten gleich in Ihren Servicebetrieb.

Wohlfühltemperatur: Als Idealeinstellung für alle Jahreszeiten gilt die Innenraumtemperatur von 22 °C

Individuell regelbar: Temperaturunterschiede von mehreren Grad werden Fahrer und Beifahrerempfinden gerecht

ben. Empfohlen wird, bei Umluftbetrieb im Fahrzeug nicht zu rauchen, da sich der aus dem Fahrzeuginnern angesaugte Rauch auf dem Verdampfer absetzt und zu dauerhafter Geruchsbelästigung führt.

Für alle Jahreszeiten sorgt die folgende Einstellung für bestes Wohlbefinden: Stellen Sie die Temperatur auf 22 °C und drücken die Taste AUTO. Bei dieser Einstellung wird am schnellsten ein behagliches Klima erreicht. Die Einstellung sollte nur verändert werden, wenn das persönliche Wohlbefinden es erfordert. Damit die Climatronic einwandfrei funktionieren kann, muss der Lufteinlass vor der Windschutzscheibe frei von Eis, Schnee und Blättern sein.

Wenn nach Einschalten der Zündung alle Symbole im Anzeigenfeld etwa 15 Sekunden blinken, liegt eine Störung vor, die nur in der Fachwerkstatt behoben werden kann. Sollte die Kühlanlage einmal nicht arbeiten, kann entweder die Außentemperatur niedriger als etwa +5 °C sein, der Kompressor der Kühlanlage wegen zu hoher Motor-Kühlmitteltemperatur vorübergehend abgeschaltet haben oder die Sicherung durchgebrannt sein.

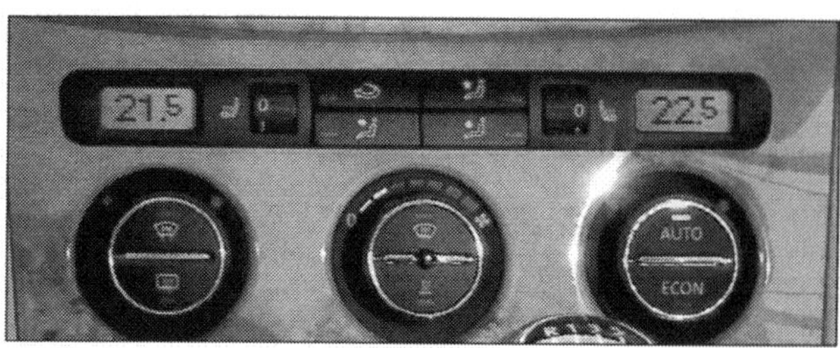

Automatik: In der Stellung Auto werden sämtliche Einstellungen, auch zum Entfrosten, durch die Climatronic übernommen

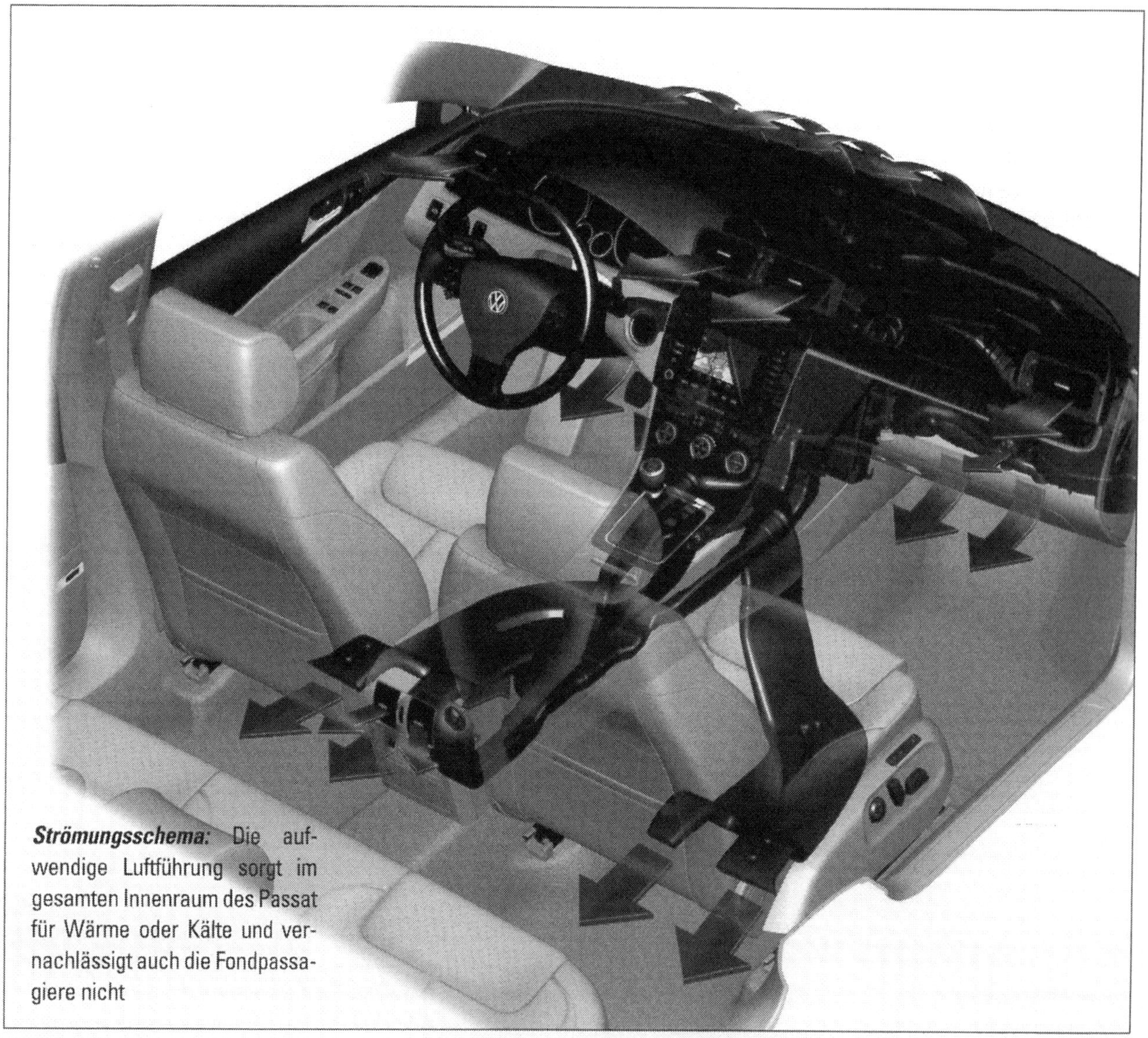

Strömungsschema: Die aufwendige Luftführung sorgt im gesamten Innenraum des Passat für Wärme oder Kälte und vernachlässigt auch die Fondpassagiere nicht

Wie funktioniert die Klimaanlage?

Eine Klimaanlage ist eine feine Sache, keine Frage, doch wie funktioniert der rollende Kühlschrank eigentlich? Das Funktionsprinzip ist tatsächlich vergleichbar mit dem des heimischen Kühlschranks. Ein vom Motor angetriebener Kompressor (1) verdichtet das dampfförmige Kältemittel, welches sich dabei erhitzt. Beim anschließenden Abkühlen im Kondensator (10) wird das Mittel wieder flüssig. Durch ein Ventil (12) wird diese abgekühlte Flüssigkeit nun in den Verdampfer (13) eingespritzt. Beim Verdampfungsprozess wird nun der außen an dem Waben- und Röhrensystem vorbeiströmenden Luft aus dem Fahrgastraum Wärme und Feuchtigkeit entzogen. Die Luft kühlt ab und wird zurück in den Innenraum geleitet. Die Intensität der Abkühlung hängt im Wesentlichen vom Luftdurchsatz und der eingestellten Temperatur ab. Das heißt je höher die Gebläsestufe und je niedriger die gewählte Temperatur desto kälter wird es. Intelligente Klimasysteme zeichnen heutzutage zusätzliche Sensoren und Steuereinheiten aus. Diese bestimmen nicht nur anhand der Gurtschlösser die Anzahl der klimabedürftigen Insassen, sondern können auch mittels Fotodioden die Sonneneinstrahlung berechnen und so den hitzegeplagtesten Passagier ausmachen und dementsprechend die Kälteverteilung koordinieren.

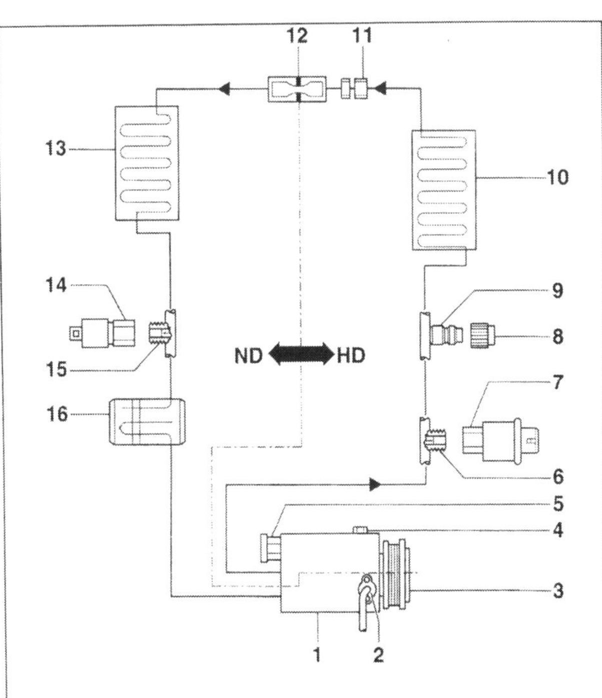

Prinzip der Klimaanlage: Der Kreislauf ist in einen Nieder- und einen Hochdruckkreis aufgeteilt

Gebrauch Klimaanlage

WISSENSWERTES

Beim ausgiebigen Sonnenbad Ihres Fahrzeugs heizt sich der Innenraum auf Temperaturen bis zu 60°C oder gar noch mehr auf. Sie sollten daher vor dem Losfahren zunächst alle Türen öffnen und die gröbste Hitze entweichen lassen. Danach erst die Fahrt antreten und zum zügigem Herunterkühlen zunächst volle Gebläsestufe wählen. Dann schnell kleiner drehen, um unnötige Zugluft zu vermeiden. Die automatische Klimaanlage regelt sensorgesteuert Tempera-

Einstellungssache: Die manuelle Klimaanlage „Climatic" erfordert häufiger Eingriffe bei der Belüftung

tur, Gebläsestufe und Luftverteilung selbsttätig. Bei manuell geregelten Klimageräten übernehmen Sie diese Aufgaben selbst. Die Wohlfühl-Temperatur liegt im Sommer bei etwa 22°C, bei extremer Hitze etwa drei bis vier Grad höher. Kurz vor dem Ziel die Klimaanlage abschalten, dann lässt sich ein Temperaturschock beim Aussteigen vermeiden. Im Winter ist die Temperatur auf etwa 21 °C eingestellt ideal. Apropos: Auch im Herbst und Winter sollten Sie gelegentlich die Klimaanlage aktivieren. Dies vermindert nicht nur durch die Aufnahme der Feuchtigkeit aus der Luft das Anlaufen der Scheiben, sondern dient auch dem Schutz des Klimasystems und seiner Aggregate vor Korrosion. Folgende Indizien deuten auf einen Defekt der Klimaanlage hin und erfordern einen sofortigen Werksattbesuch: Schlechte Gerüche aus den Lüftungsdüsen, verminderte oder gar keine Kälteleistung der Anlage, erhöhter Kraftstoffverbrauch oder eine ständig beschlagene Windschutzscheibe. Vermeiden Sie auch, dass Bakterien und Pollen sowie Sporen dem Innenraumfilter zusetzen. Das kann bei Allergikern Husten und Niesen und damit gefährliche Situationen beim Fahren hervorrufen.

Pannenset

Pannensets für die Reifen ersparen zum einen das Reserverad, zum anderen ermöglichen Sie dem Autofahrer nach einer Reifenpanne schnell und sicher seine Mobilität wiederzugewinnen

Die Anwendung ist nicht weiter schwer und geht in den meisten Fällen auch schneller als ein Radwechsel. Nach Verwendung des Kits kann das Fahrzeug dann sicher bis zur nächsten Werkstatt weitergefahren werden.
Im Zubehörhandel gibt es dutzende Varianten zu erwerben (s. Beispiel von Continental im Bild).

12V-Kühltasche für´s Auto

Getränke und ein Vesper für Unterwegs sind auf langen Reisen eine willkommene Erfrischung in den Pausen und stärken die Insassen für die Weiterfahrt. Zum Transport des Reiseproviants und dem Frischhalten, empfiehlt sich daher logischerweise eine Kühlbox. Darin lassen sich dank des ausreichenden Stauvolumen (bei ca. 20 Liter Fassungsvermögen, hält sich der Platzbedarf im Kofferraum noch in Grenzen) auch Lunchpakete und genügend Getränkeflaschen (bis zu 2 Liter große PET-Behälter) für die ganze Familie hervorragend transportieren und gekühlt aufbewahren. Den besten Kühleffekt erzielen Sie mit einer Kühltasche, die sich auch an die 12 Volt-Steckdose (Zigarettenanzünder bzw. zusätzliche Steckdose im Kofferraum) anschließen lässt. Besonders praktische Geräte können dann auch gleich, am Urlaubsziel angekommen, am normalen Stromnetz und an Steckdosen mit 230 Volt betrieben werden. Der Kostenpunkt dieser intelligenten Boxen liegt bei ca. 200 Euro. Die Bedienung erfolgt über ein Softtouch-Bedienpanel, dessen Elektronik über mehrere Thermostate die Regelung der Kühlboxtemperatur übernimmt. LEDs dienen zur Kontrolle der Funktionstüchtigkeit um den Inhalt auf bis zu 30° Grad unterhalb der Umgebungstemperatur zu kühlen. Zusätzliche Kühlakkus helfen eine konstante Kühlung auch über längere Zeit aufrecht zu erhalten. Für diesen Preis kann die Kühltasche für´s Auto aber noch mehr: Eine weitere Funktion erlaubt die Umschaltung von Kühl auf Heizbetrieb, was nicht nur Pizzataxis freuen dürfte. Übrigens: Der ADAC empfiehlt auf langen Fahrten ausgiebige Pausen zur Erholung insbesondere des oder der Fahrer. Dabei sollte auch auf den Wasserhaushalt acht gegegben werden! Also gilt es genügend Flüssigkeit (min 3 l/Tag), am besten Mineralwasser oder verdünnte Fruchsäfte zu sich zu nehmen damit die Konzentration und Ausdauer bei Hitze nicht auf der Strecke bleibt. Wer nun meint mit Klimaanlage gänzlich unbetroffen zu sein irrt: Denn die Umwelzung über den Verdampfer entzieht der Luft die Feuchtigkeit, was gleichermaßen zu einem Austrocknungseffekt führt.

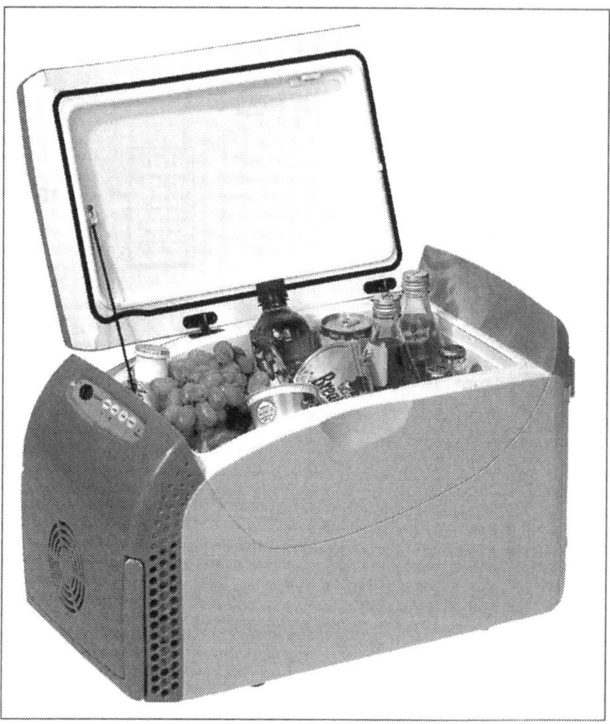

Frischhaltebox: Die Kühlbox im Auto versorgt die Insassen auf der langen Urlaubsreise mit Getränken und Snacks

CHECKLISTE

vor und nach jeder großen Fahrt

Bereich	worauf Sie achten sollten	was zu tun ist
A Motor	**1** Motorölstand	Wurde der Motor lange auf Kurzstrecken betrieben sammeln sich flüchtige Substanzen. Deshalb kann es sein, dass der Ölstand bei heißen Motor schlagartig absinkt. Nach den ersten 100 Kilometern nachmessen.
	2 Kühlmittelstand	Den Kühlmittelstand im kalten Zustand auf Maximum auffüllen.
	3 Zustand der Schläuche	Alle Wasserschläuche müssen dicht und elastisch sein. Schläuche kräftig kneten. Kalkablagerungen an den Anschlüssen und harte oder poröse Schläuche sind kein gutes Zeichen. Im Zweifel austauschen.
	4 Kühlerventilator prüfen	Lassen Sie den Motor im Leerlauf laufen, bis sich der Kühlerventilator ein- und später wieder ausschaltet. Sie werden Ihn brauchen wenn Sie im Stau stehen.
B Räder und Reifen	**1** Luftdruck	Der Luftdruck in den Reifen muss an die Beladung angepasst werden. Nach der Reise nicht vergessen den Luftdruck wieder abzusenken.
	2 Zustand	Die Reifen sollten natürlich auch am Ende der Reise noch genug Profil haben. Das sollten Sie besonders bei Winterreifen bedenken, die mindestens vier Millimeter Profiltiefe haben müssen.
C Fahrwerk	**1** Stoßdämpfer	Wird das Auto richtig vollgeladen sind die Stossdämpfer besonders gefordert. Fahnden Sie nach Ölspuren und lassen Sie beim kleinsten Verdacht einen Stossdämpfertest durchführen. Mit Wippen an der Karosserie lassen sich schwache Dämpfer jedenfalls kaum entlarven.
	2 Manschetten und Gelenke	Sind Achsmanschetten oder die Gummis der Gelenke rissig und porös werden die Teile bei hoher Belastung rasant verschleißen. Besser vorher austauschen.
D Sonstiges	**1** Beleuchtung	Schalten Sie alle Lichter durch und nehmen Sie Ersatzlampen für Scheinwerfer und Rückleuchten mit.
	2 Scheibenwaschanlage	Prüfen Sie die Einstellung der Spritzdüsen und füllen Sie den Vorratsbehälter mit geeignetem Gemisch bis zum Maximum auf.
	3 Zubehör	Ein Fünf-Liter-Reservekanister, ein Liter Motoröl und eine Rolle Textilklebeband mit auf die Reise nehmen.

Fit durch den Winter

Auto fahren macht auch im Winter Spaß, vorausgesetzt, Sie haben den Wagen fit für die kalte Jahreszeit gemacht. Auch Sie selber müssen sich natürlich auf den Winter und seine Tücken einstellen und sich rechtzeitig ein paar Gedanken machen.

Eine Frage der Traktion

Mit dem Frontantrieb hat der Passat im Schnee grundsätzlich gute Karten, als 4Motion sogar noch bessere. Die Antriebskraft wird vorne dank des Motorgewichts in Traktion umgesetzt, beim Allradler wird der Vortrieb auch auf besonders rutschigem Terrain und Bergauf durch die Verteilung auf alle vier Räder gewährleistet. Damit werden Steigungen im Express-Tempo genommen, doch Vorsicht: Bergab kann auch der allradgetriebene Passat nicht besser bremsen als der Fronttriebler! Deshalb sind auch beim 4Motion gute Winterreifen Pflicht. Auch von der Schneekettenpflicht auf manchen Passstraßen sind Sie trotz der überragenden Traktion nicht entbunden. Bei beiden Versionen sollten Schneeketten immer auf der Vorderachse montiert werden.

Die in allen Modellen serienmäßig vorhandenen elektronischen Regelsysteme wie ABS, ASR und ESP helfen natürlich auch im Winter. Damit übertrifft der Passat sogar die Selbstverpflichtung der europäischen Automobilindustrie (ACEA vom 1. Juli 2004), nach welcher alle Fahrzeuge unter 2,5 t zulässigem Gesamtgewicht serienmäßig zumindest mit ABS ausgestattet sein sollen. Höchstens beim Herausschaukeln aus Schneeverwehungen sollten diese Fahrhilfen kurzfristig abgeschaltet werden. Es kann in bestimmten Fällen passieren, das die Fahrdynamikregelung in das Notprogramm fällt und die Warnlampe leuchtet. Zum Beispiel wenn Sie die Vorderräder lange auf einer glatten Stelle durchdrehen lassen und dabei stark lenken, oder auch bei der Verwendung von Schneeketten aufgrund unterschiedlicher Abrollumfänge der Räder. Starten Sie in solchen Fällen den Motor neu um die Systeme zu reaktivieren.

Winterausrüstung mitnehmen

Damit Sie gut gerüstet sind, empfehlen wir Ihnen im Winter die folgenden Utensilien mitzuführen:
A Frostschutz für die Scheibenwaschanlage;
B damit der Sprit nicht ausgehen kann, einen Reservekanister;
C eine warme Decke, falls Sie festsitzen und der Sprit doch ausgeht;
D eine kleine Schaufel für eine Tiefschneeharverie. Damit kann der Schnee vor den Rädern weggeschaufelt werden;
E Eine Kopflampe bei der Sie im Dunklen die Hände frei haben;
F ein Seil oder besser noch einen langen Schwerlast-Spanngurt. Damit können Sie andere Autofahrer aus dem Graben ziehen oder selbst geborgen werden. Mit Hilfe der Rätsche und einem Baum können Sie sich sogar selbst helfen;
G ein Starthilfekabel

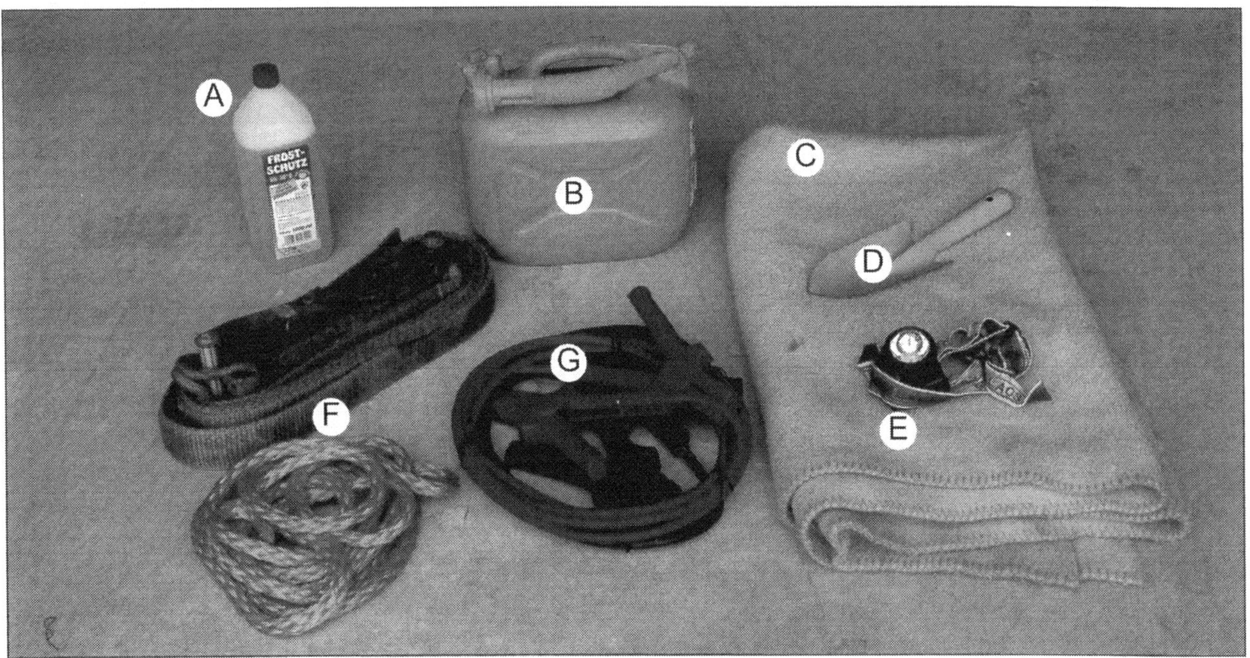

Winter-Grundausrüstung: (A) Frostschutz für die Scheibenwaschanlage, (B) Reservekanister, (C) Decke, (D) kleine Schaufel, (E) Kopflampe, (F) Abschleppseil oder Spanngurt, (G) Starthilfekabel

Startschwierigkeiten vermeiden

Der Motorstart wird unter winterlichen Bedingungen schnell mal zu einem Problemfall. Denn nicht nur das Motoröl wird bei niedrigen Temparaturen dickflüssiger, sondern auch die Batterie gibt bei Frost weniger Leistung ab. Zusammengenommen können dies im Winter K.O.-Kriterien für das Fortkommen sein. Denn gerade jetzt braucht der (Anlasser-)Motor mehr Leistung um die erhöhten Reibwiderstände zu überwinden.
Sie können es der Batterie aber so leicht wie möglich machen, indem Sie auf die Umgebungslichtfunktion verzichten, sofern vorhanden. Schalten Sie vor dem Start unnötige Verbraucher ab, hierzu zählen beispielsweise die Lüftung oder das Radio. Das Licht sollte beim Startvorgang aus sein, ebenso die Innenraumbeleuchtung oder Sitzheizung. Wenn Sie dies beachten, wird die Batterie am wenigsten in Anspruch genommen und kann die volle Leistung an den Anlasser liefern.

Winterreifen sind ein Muss

Grundvoraussetzung für sicheres Vorankommen bei Minusgraden sowie Eis und Schnee ist die richtige Bereifung. Denn die vier Handtellerflächen aus Gummi zwischen Ihnen und der Fahrbahnoberfläche stellen nun mal das wichtigste Bindeglied zur Straße dar. Seit 2006 schreibt selbst die Straßenverkehrsordnung eine „geeignete Bereifung" (§2 Abs.3a) für den Winter vor. Wie diese aber auszusehen hat, oder welche Spezifikationen sie erfüllen muss, ist nicht näher definiert. Ganzjahresreifen können für unkritsche Wetterlagen mit milden Temperaturen ausreichend sein. Bei plötzlichem Kälte- und Schneeeinbruch sind sie aber schlichtweg ungeeignet.
Weder die geübte Hand noch die Elektronik können dann bei unzureichender Bodenhaftung/Bereifung das Fahrzeug noch kontrollieren. Gehen Sie also auf Nummer sicher, was das sichere Vorankommen auf vier Rädern angeht – verwenden Sie einen vernünftigen Satz Winterreifen. Welche Winterreifen geeignet sind und vor allen Dingen passen, erfahren Sie auf den folgenden Seiten genauso, wie Sie ohne Risiko beim Winterreifenkauf auch Geld sparen können, indem Sie bespielsweise gebrauchte und damit auch günstigere Winterbereifung kaufen. Damit Sie keinen Fehlgriff machen, haben wir die wichtigen Prüfkriterien ebenfalls aufgeführt.

WISSENSWERTES

Das Schneeflockensymbol

Der großen Verunsicherung vieler Autofahrer, welche Reifen sich im Winter am besten eignen, soll durch das Schneeflockensymbol Einhalt geboten werden. Die Entstehungsgeschichte dieses Symbols auf der Flanke rührt auch aus dem zum Teil betriebenen Missbrauch mit der „M+S"-Kennung (engl.: Mud and Snow = Matsch und Schnee), die nicht als geschützte Kennzeichnung für unbeschränkte Wintertauglichkeit gilt. Denn nicht alle mit M+S gekennzeichneten Reifen weisen die La-

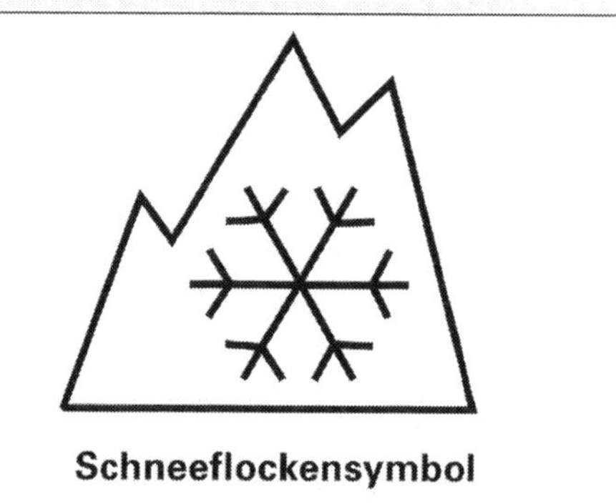

Schneeflockensymbol

Garant für Wintertauglichkeit: Reifen mit der Schneeflocke zusätzlich zur M+S Kennung

melleneinschnitte in den Profilblöcken auf, die für gute Traktion auf Schnee sorgen. Daher tragen etwa auch Reifen für den Geländeeinsatz dieses Symbol. Doch gerade gröbere Allradreifen sind für den Einsatz im Winter höchst ungeeignet. Für die Experten des Deutschen Verkehrssicherheitsrats ist der Winterreifen mit Schneeflockensymbol daher Favorit für die sichere Fahrt. Die auf der Reifenflanke dargestellte Schneeflocke hat sich im Jahr 2002 europaweit als freiwilliges Hersteller-Kennzeichen von Winterreifen zusätzlich zur M+S-Markierung durchgesetzt. Angebracht wird sie aber nur an Reifen, die auch streng den vorgegebenen Spezifikationen entsprechen. Dies gilt für Reifen, die im Vergleich mit einem Standard-Referenzreifen mindestens sieben Prozent mehr Traktion auf Schnee bieten und zudem über einen um ebenfalls sieben Prozent kürzeren Bremsweg verfügen. M+S-Reifen hingegen müssen per Definition nur ein besonders grobes Profil besitzen. Die M+S-Kennzeichnung auf der Reifenflanke allein fordert aber keine bestimmte Schnee-Performance.

Die 7-Grad-Empfehlung

Ob die sogenannte 7-Grad-Empfehlung als Marketingmaßnahme oder aufgrund früherer Reifenentwicklungen entstanden ist, lässt sich nicht mehr genau nachvollziehen. Ihre Kernaussage ist, dass Winterreifen bei Temperaturen bis 7 Grad Celsius bessere Eigenschaften als Sommerreifen hätten. Dem entgegen haben verschiedene Tests jedoch solche pauschale Aussagen widerlegt.

Denn auch bei Temperaturen knapp über dem Gefrierpunkt können mit Sommerreifen sowohl auf nasser als auch auf trockener Fahrbahn kürzere Bremswege erzielt werden als mit vergleichbaren Winterreifen. Winterreifen kommen jedoch noch mit wesentlich niedrigeren Temperaturen klar. Sie verfügen über eine kälteresistente Gummimischung, die bei Minustemperaturen weniger verhärtet und damit eine bessere Verzahnung und Kraftübertragung mit dem Untergrund ermöglicht. Winterreifen sind mit dem M&S-Symbol (englisch: Mud and Snow, deutsch: Matsch und Schnee) und einer stilisierten Schneeflocke gekennzeichnet (s. Kasten links). Anders als bei Sommerreifen ist es bei Winterreifen erlaubt, abweichend von den einzuhaltenden Angaben des Fahrzeugscheines, Reifen mit niedrigerem Geschwindigkeitsindex einzusetzen. In Deutschland ist in diesem Fall ein Aufkleber mit der jeweiligen Höchstgeschwindigkeit im Sichtbereich des Fahrers anzubringen.

Richtige Winterreifen für den Passat

Die Wahl der richtigen Winterreifen für den Passat fällt, angesichts der vielen Angebote auf dem Markt nicht leicht. Muss es ein teurer High-Performance-Pneu sein oder reicht auch das günstige Noname-Fabrikat? VW empfiehlt jedenfalls für die Erstausrüstung seinen Vertragswerkstätten die in der Tabelle aufgeführten Reifenmarken und-typen.

Darüberhinaus sind aber auch jede Saison neue Modelle verfügbar. Ausgiebige Tests, zum Beispiel vom ADAC, zeigen welche Winterreifen auch für die Passat-Dimensionen empfehlenswert und welche weniger geeignet sind. Die Tests gehen dabei detailiert auf unterschiedliche Eigenschaften der Pneus beispielsweise die Bremseigenschaften, auch bei trockener, Fahrbahn ein.

Sie können ihre Kaufentscheidung nach den für Sie relevanten Kriterien fällen, dabei sollte aber in jedem Fall die Fahrsicherheit vor der Sparsamkeit stehen.

Reifengröße	Hersteller	Profilbezeichnung
205/55 R 16 91H	Dunlop	SP Winter Sport M3
	Michelin	Pilot Alpin
	Pirelli	Winter 210
	Goodyear	Eagle UG GW3
205/55 R 16 94H	Dunlop	SP Winter Sport M3
235/45 R 17 94H	Dunlop	SP Winter Sport M3

Schneeketten anlegen üben

Spezielle Schneeketten für den Passat gibt es beim VW-Händler oder auch im Zubehörhandel. Ein gutes Set umfasst zwei Schneeketten im wasserfesten Transportbeutel, das problemlos im Kofferraum verstaubar ist und sich auch als Unterlage bei der Montage verwenden lässt. Schneeketten können aber auch beim ADAC ausgeliehen werden.

Trockenübung hilft: Ein paar Handschuhe schützen die Finger, Anleitung besser in einer Klarsichthülle verstauen

Der Trick mit den Lamellen

Durch Forschung und Entwicklung der Reifenhersteller kam man nicht nur darauf kälteressistente Gummimischungen zu verwenden, sondern auch die einzelnen Profilblöcke mit feinen Lamellen-Einschnitten und vielen Rillen zu versehen.

Diese dienen als scharfe Greifkanten beim Abrollen des Rades auf der Fahrbahn. Der dynamische Prozess an der Auflagefläche erhöht die Verzahnungskräfte besonders mit rutschigem Untergrund wie Schnee. Mit anderen Worten: Der lammellierte Reifen hat dadurch, dass er sich mit vielen scharfen Zähnen in den Untergrund verbeißt mehr Grip. Die Lamellen sind andererseits auch ein guter Verschleissindikator:Mit zunehmender Abnutzung verschwinden die unterschiedlich tief geschnittenen Lamellen. Ihre beschriebene Wirkung nimmt ab. Unter 4 mm Profildicke verlieren Winterreifen auf Schnee ihren Nutzen und sollten durch Neue ersetzt werden. Es spricht allerdings wenig dagegen, Winterreifen im Frühjahr noch bis auf eine Profiltiefe von rund 3 mm aufzubrauchen.

Besserer Grip: Spikes sind in Deutschland tabu, aber mit Lamellen wird ein ähnlich guter Kraftschluss erreicht

Geringer Geräuschpegel

Auch bei der Minderung der Geräuschemission ging man mit Cleverness vor: Die Lamellenprofile erlaubten zum einen eine geringere Höhe der einzelnen Profilblöcke, was sich insbesondere auf das geräuschverursachende Eigenschwingverhalten positiv auswirkte. Zum anderen konnten die Profilblöcke unterschiedlich groß gestaltet werden, so dass die nach dem Abrollen nachschwingende Blöcke unterschiedliche Eigenschwingfrequenzen aufweisen. Ein eigendynamisches und geräuschvolles Heulen bei einer bestimmten Geschwindigkeit wird so unterbunden.

PRAXISTIPP

Gebrauchte Winterreifen

Seit dem 01. Januar 2006 sind Autofahrer verpflichtet, im Winter ihr Fahrzeug mit „geeigneter Bereifung" auszurüsten. Damit gibt es für Autofahrer keine Ausrede mehr, auf Winterreifen zu verzichten. Wer dennoch ohne erwischt wird, riskiert ein Bußgeld und im Falle eines Unfalls sogar den Versicherungsschutz. Nicht selten ist der Erwerb von Winterrädern, also dem Komplettsatz von Reifen und Felgen, aber auch eine Kostenfrage. Bares Geld lässt sich beim Kauf gebrauchter Winterreifen sparen. Diese finden Sie zum Beispiel bei Winterreifen-Börsen, die vielerorts meist Anfang November stattfinden. Achten Sie auf Hinweise in Ihrer Tageszeitung oder informieren Sie sich im Internet z. B. auf den Seiten des ADAC. Notieren Sie sich vor dem Kauf unbedingt die für Ihr Fahrzeug passenden Reifengrößen. Sie sind im Fahrzeugschein hinterlegt. Der Reifenhersteller Continental schafft zudem auf seinen Internetseiten mit dem „Reifenkonfigurator" Klarheit. Nach Eingabe der Schlüsselnummer, (siehe Fahrzeugschein) werden auch alternative Reifengrößen aufgeführt. Haben Sie nun einen passenden Satz gefunden, inspizieren Sie ihn nach den Prüfkriterien: Profiltiefe, Reifenalter und Erscheinungsbild (Beschädigungen etc.).

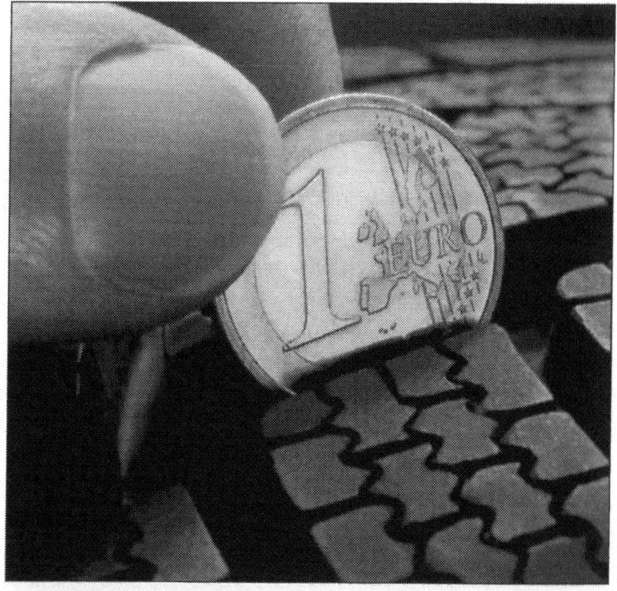

Schnelltest: Winterreifen bieten nur genug Traktion auf Schnee, wenn die Profiltiefe min. 4 mm beträgt. Das entspricht in etwa dem goldenen Rand einer Ein-Euro Münze

Dichtungsgummis pflegen

Die Dichtungsgummis sind bei Minustemperaturen besonderen Anforderungen ausgesetzt. Kaputte Gummidichtungen sind nicht nur optisch ein Problem sodern können im Extremfall zu Wassereinbruch und übermäßigem Scheibenbeschlag führen. Sparen Sie also nicht bei der Pflege, denn der Wechsel defekter Dichtungen ist aufwändig und insofern auch nicht billig. Verwenden Sie lieber regelmäßig einen Gummipflegestift. Dieser verhindert im Winter das Festkleben von Gummidichtungen an Türen, Scheiben und Kofferraumdeckeln. Zusätzlich wird das Gummi geschmeidig gehalten, was vor Alterungsrissen schützt.

Türschlossenteiser

Auch die Verwendung eines Türschlossenteisers kann nicht schaden, insbesondere wenn Sie an Ihrem Passat die Türen nicht per Funkschlüssel öffnen. Beachten Sie aber, dass der Enteiser nicht ins Fahrzeug gehört. Dort nutzt er im Fall der Fälle nämlich nichts. Generell gilt: Bei Fahrzeugen mit Schlüsselbart ist auch das keine Alternative. Denn durch die Erhitzung des Schlüssels riskieren Sie einen Schaden, an dem im Schlüssel integrierten Mikrochip der Wegfahrsperre. Haben Sie nämlich das Schloss auf diese Weise geöffnet, kommen Sie also aufgrund der streikenden Wegfahrsperre erst recht nicht vom Fleck.

Schmutz kostet Leuchtkraft

PRAXISTIPP

Waschen Sie, besonders in der schmuddeligen Jahreszeit, die Scheinwerfer häufiger als die Karosserie. Denn Schmutzpartikel auf den Abdeckgläsern schlucken die Lichtstrahlen oder leiten sie in die Irre. Folge: geringere Sichtweite, unkontrolliertes Streulicht, starke Blendung – vornehmlich bei Nebel. Schon nach einer etwa halbstündigen Fahrt auf feuchter Straße können die Scheinwerfer Ihres Autos zu über 60 Prozent verschmutzt sein. Entsprechend mager ist dann die Lichtausbeute – ein Gefahrenpotenzial für Sie und andere Verkehrsteilnehmer. Die Klarglasscheiben können Sie beim Tankstellenstopp mit den vorhandenen Mitteln schnell von der Schmutzschicht befreien. Eine Reinigung unterwegs mit Wasser und Schwamm wirkt Wunder und sichert die volle Leuchtkraft des Scheinwerfers. Allerdings sollten Sie dabei vorsichtig zu Werke gehen um die Abdeckungen nicht zu zerkratzen. Nehmen Sie einen weichen Schwamm und viel Wasser. Auf keinen Fall mit der rauen Seite eines Haushaltsschwamms versuchen, die Scheinwerfer freizuscheuern. Die unvermeidlichen Kratzer machen alles nur noch schlimmer. Vorsicht auch bei zu scharfen Scheibenreinigungsmitteln: Ist die optionale Scheinwerferreinigungsanlage an Bord, darf nur ein freigegebenes Mittel verwendet werden!

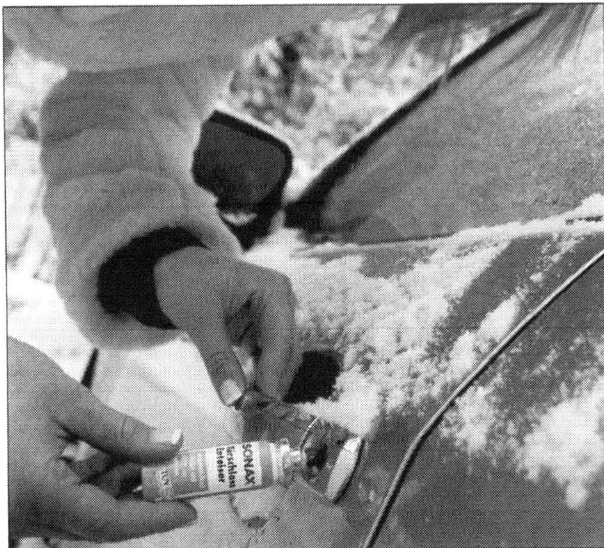

Am besten Griffbereit in der Tasche: Den Türschlossenteiser nicht im Fahrzeug vergessen. Ist das Schloss zugefroren bringt er Ihnen dort am allerwenigsten. Unterlassen Sie bitte den alten Trick mit dem Feuerzeug am Schlüssel

Schmieren und Pflegen: Den Gummidichtungen müssen Sie in der kalten Jahreszeit besondere Beachtung schenken. Verwenden Sie dazu am besten einen Glycerinstift. Er hält die Dichtungen geschmeidig

Frostschutz prüfen

Sowohl dem Kühlwasser als auch dem Scheibenwaschwasser wird ein Frostschutzmittel beigemischt. Während das Mittel für den Kühlwasserkreislauf zusätzlich für einen Korrosionsschutz im Motor sorgt und deshalb auch im Sommer im Kühlsystem verbleiben muss, gibt es für das Scheibenwaschwasser je nach Jahreszeit verschiedene Mittel. Bringen Sie die Mittel nicht durcheinander und kippen Sie niemals Frostschutzmittel für die Scheibe in den Kühlkreislauf oder umgekehrt. Das kann fatale Folgen haben!

■ Die Flüssigkeiten können mit einer Spindel geprüft werden. Ziehen Sie so viel Flüssigkeit in das Gerät, bis der Schwimmer frei schwebt. Sie können dann ablesen, bis wieviel Grad der Frostschutz gewährleistet ist. Mit minus 30 Grad sind Sie gut gerüstet. Füllen Sie am besten immer ein fertiges Gemisch nach.

■ Der Ausgleichsbehälter für das Kühlwasser befindet sich beim Passat in Fahrtrichtung gesehen rechts, nahe dem Kotflügel (kugelförmig; Aufschrift G12)

■ Der Vorratsbehälter fur das Waschwasser sitzt meist vor dem Kühlflüssigkeitsbehälter, also in Fahrtrichtung rechts, weiter vorne

PRAXISTIPP: Der sanfte Kaltstart

Jeder Kaltstart belastet einen Motor sehr stark. Eine frühere Faustregel besagte: Ein Kaltstart bringt so viel Verschleiß wie 300 Kilometer bei Vollgas auf der Autobahn. Ganz so schlimm ist das heute nicht mehr, aber auch die VW-Motoren wollen doch mit Sorgfalt behandelt werden. Nicht umsonst ist hochwertiges Synthetic-Öl vorgeschrieben. Die Viscositätsklasse 0 gewährleistet, dass das Öl auch bei strengen Minusgraden dünnflüssig genug bleibt, um schnell an die wichtigen Schmierstellen wie Nokkenwellen, Hydrostößel, Zylinderlaufbahnen und bei den Dieseln natürlich auch zum Turbolader zu kommen. Lassen Sie nach dem Anlassen den Motor zunächst ein paar Sekunden im Leerlauf schnurren, ohne Gas zu geben. Fahren Sie dann langsam los und versuchen Sie auf den ersten Kilometern, auf die Unterstützung des Turboladers zu verzichten. Ganz wichtig: Wählen Sie während der Warmlaufphase stets die Gänge so, dass die Drehzahl zwischen 2000 und 3500 Umdrehungen (vor allem nicht mehr!) bleibt. Auf diese Weise schonen Sie ihren Motor und verlängern seine Lebensdauer erheblich.

Vorsichtig Öffnen: Der Kühlmittelbehälter steht unter Druck. Die Prüfung der Kühlflüsigkeit sollten Sie regelmäßig durchführen

Scheibenwischer und Waschdüsen prüfen

Die Kontrollle der Scheibenwischer auf Rillen und Risse haben wir, ebenso wie den Austausch der Wischer selber, bereits im Kapitel Werterhalt beschrieben.
Gerade im Winter ist sie öfters durchzuführen, da vereiste Scheiben dem bei niedrigen Temperaturen härteren Gummi immens zusetzen können.
Für freie Sicht und gegen Beschlagen hilft ein Schuss Waschkonzentrat für den Winter im Behälter der Waschanlage.
Füllen Sie den Behälter vor langen Fahrten immer vollständig auf. Die widrigen Verhältnisse machen ein häufiges benutzen der Waschfunktion nötig.
Die Sicht nach hinten wird bei schnee- oder regennasser Fahrbahn, durch das aufgewirbelte Wasser sehr schnell beeinträchtigt. Daher auch die Kontrolle des Heckwischer nicht vernachlässigen.

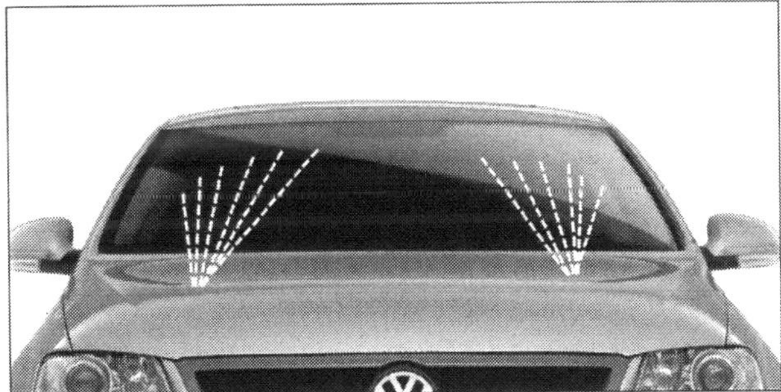

Einstellung der Wasschdüsen: Achten Sie auf die korrekte Höhe und Verteilung des Sprühstrahls. Sind die Düsen richtig eingestellt ergibt sich ein Strahlbild wie hier skizziert

Klare Sicht nach hinten: Bei Fahrten im Schneeregen darf der Heckwischer nicht schlieren, die Waschdüse muss funktionieren

PRAXISTIPP

Scheiben schonend enteisen

Für viele, die einen Garagenstellplatz nicht ihr Eigen nennen, gehören zugefrorene Scheiben im Winter zum alltäglichen Graus. Und wer hat schon Lust, am frühen Morgen oder späten Abend sich mit dem ungemütlichen Gekratze und Geschabe aufzuhalten? Wer jedoch, egal ob aus Faulheit oder Unvernunft, nur eine kleines Guckloch freilegt und dann losfährt begibt sich und andere beim anschließenden Blindflug in höchste Gefahr. Zudem nimmt man so das Risiko in Kauf, bei einem Unfall haftbar gemacht zu werden und ein saftiges Bußgeld zu kassieren. Der Gesetzgeber schreibt nämlich dem Fahrzeughalter vor, dass er laut §23 StVO dafür zu sorgen hat, dass die Sicht weder durch Beladung noch durch den Zustand des Fahrzeugs beeinträchtigt ist. Was also tun, will man sich und die durch die Kratzprozedur stark in Mitleidenschaft gezogene Scheibenoberfläche schonen? Eine Möglichkeit ist die Verwendung eines Scheiben-Enteisers, den es als Spray- oder Pumpdose zu kaufen gibt. Dieser sorgt mit einer konzentrierten alkoholischen Formel dafür, dass die Eisschicht wie von Geisterhand abtaut. Qualitätsunterschiede der Produkte lassen sich zum Beispiel am Sprühbild erkennen: Wird die Scheibe gleichmäßig benetzt ist die Wirkung effektiver. Besonders die kratzempfindlichen Stellen wie Außenspiegel oder Gummiteile profitieren durch kaum erforderliche mechanische Beanspruchung.

Schonende Prozedur: Enteisung per Spraydose

Standheizung nachrüsten

Eine Standheizung ist ein echter Zugewinn an Komfort und Sicherheit. Lästiges Scheibenkratzen entfällt und der bereits warme Motor läuft vom Start weg schadstoffarm und abgasreduziert. Den Einbau müssen Sie allerdings dem Fachmann überlassen. Besonders günstig kommen Besitzer eines TDI davon. Verfügt ihr Diesel-Direkteinspritzer über einen Zuheizer, muss er um nur wenige Module erweitert werden

Sinnvolle Aufrüstung: Der Zuheizer der TDI-Modelle lässt sich zur Standheizung mit Fernbedienung aufrüsten

und schon ist der Zuheizer eine vollwertige Standheizung. Aktiviert wird die Vorwärmung Ihres Passat entweder durch eine (programmierbare) Vorwahluhr oder über die komfortable Fernbedienung (s. Bild), die eine Reichweite von mehr als einem halben Kilometer hat. Die Heizzeit beträgt etwa eine Stunde. Übrigens kann eine Standheizung auch im Sommer sinnvolle Dienste leisten. Als wirkungsvolle Entlüftung des Innenraums in der Betriebsart Standlüftung wird die erhitzte Luft aus dem parkenden Wagen geblasen. Die übliche Hitzestauung kann dadurch erheblich abgemildert werden, so dass auch die Klimaanlage noch schneller für eine angenehme Temperatur für die Insassen sorgen kann.

Sitzheizung für kleines Geld

Wer seinen Passat mit einem Komfortmerkmal erweitern möchte, hat dazu reichlich Möglichkeiten. Eine dieser Möglichkeiten ist die Nachrüstung einer Sitzheizung. Die im Zubehör angebotenen Carbon-Heizmatten sind wesentlich bruchfester als die ab Werk verbauten Elemente, ohne deshalb wesentlich mehr

Clevere Alternative: Ein einfacher Nachrüstkit für die Sitzheizung ist schon für rund 100 Euro pro Sitz zu haben.

zu kosten. Der Einbau muss allerdings nach TÜV-Auflage durch einen Fachbetrieb erfolgen.

Starthilfebooster

Wollen Sie bei Fahrten in entlegene Wintergebiete auf Nummer sicher gehen, was das Starten des Motors betrifft, sollten Sie einen sogenannten Starthilfebooster mit an Bord haben. Dieser hilft Ihnen auch wenn die Autobatterie den Dienst, sei es wegen der Kälte oder des schlechten Ladezustands (oder schlimmstenfalls beidem) verweigert. Der Starthilfebooster agiert dann als kleines Kraftwerk, so dass auch die müdeste Batterie Ihnen nicht zum Verhängnis werden kann und Sie Ihren Passat starten können.

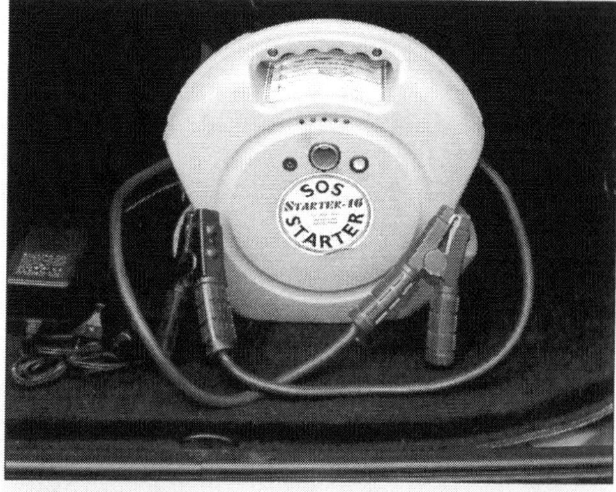

Völlig autonom: Mit einem Starthilfebooster haben Sie Ihr eigenes Kraftwerk immer dabei

Fit für den Winter

CHECKLISTE

Bereich	Worauf Sie achten sollten	Was zu tun ist
A Motor	**1** Motoröl	Das Motoröl wird durch extreme Kaltstarts und die großen Temperaturschwankungen stärker belastet als im Sommer.
	2 Kühlmittel	Vielleicht etwas kürzere Intervalle fahren und ein gutes Öl mit niedriger Viskosität spendieren. (Beachten Sie dazu unbedingt die Hinweise im Kap. Antrieb)
	3 Thermostat	Ist der Frostschutzgehalt zu niedrig und das Kühlwasser friert ein, kann das Eis den Motor sprengen. Also rechtzeitig messen und einen anstehenden Wechsel auf den Herbst legen Wenn im Winter der Thermostat nicht vollständig schließt, braucht der Motor lange, um warm zu werden. Beobachten und bei langer Warmlaufphase wechseln.
B Räder und Reifen	**1** Winterreifen	Winterreifen funktionieren auf Schnee nur gut, wenn noch mindestens 4 mm Profiltiefe übrig ist. Reifen im Oktober montieren. Falls Sie neue brauchen: Nicht erst auf die ersten Schneeflocken warten, denn dann hat der Reifenhändler garantiert keine Zeit.
C Licht und Sicht	**1** Beleuchtung	Kontrollieren Sie regelmäßig die Beleuchtungsanlage und reinigen Sie die Klarglasabdeckungen der Scheinwerfer. Im Winter sind einwandfrei funktionierende Scheinwerfer unentberlich.
	2 Verglasung und Scheibenwischer	Die Scheiben sollten frei von Kratzern und Steinschlägen sein. Spendieren Sie im Herbst neue Wischer und füllen Sie genügend Frostschutz in die Waschanlage.
D Karosserie	**1** Türen und Hauben	Sprühen Sie die Dichtungen großzügig mit Silikonspray ein. Das verhindert das Festfrieren.
	2 Schlösser und Scharnier	Die Gelenke freuen sich über eine Extraportion Öl bzw. Fett. Das verhindert nebenbei auch Korrosion.
	3 Lacke	Gönnen Sie dem Lack regelmäßige Wäschen. So setzt sich erst gar keine Salzkruste fest.
E Elektrik	**1** Batterie	Lassen Sie eine Batterie Kurzschlussprüfung durchführen um festzustellen, wie viel Kapazität noch vorhanden ist. Batterien leiden unter Kälte, das gilt übrigens auch für die Fernbedienung.
	2 Heizung und Lüftung	Vor dem Winter den Reinluftfilter wechseln.

Kleine Pannen

Sie gehören zu den Tücken des Alltags und machen einem das Autofahrerleben schwer - kleinere Pannen und Schäden. Dennoch können gerade diese Kleinigkeiten eine umso größere Wirkung haben. Denn manchmal ist es nur eine Nichtigkeit wie die Batterien der Autoschlüssel, die das Fortkommen verhindern. Wie Sie in solchen und ähnlichen Fällen Ihren Passat wieder flott kriegen, steht in diesem Kapitel

Womit muss ich immer rechnen?

Sie müssen zur Arbeit und sind spät dran. Es ist Winter, ungemütlich kalt und dunkel. Eine dicke Eisschicht überzieht die Scheiben. Schnell ein Guckloch kratzen und los, so denken Sie. Aber: Sie stecken den Schlüssel ins Zündschloss und nichts passiert! Vielleicht ist das auch besser so, denn nur ein Guckloch frei zu kratzen ist lebensgefährlich und wird mit Bußgeld geahndet.
Doch auch das Startproblem geht eventuell auf Ihr Konto. Oder es wäre mit etwas mehr Pflege und Aufmerksamkeit durchaus zu vermeiden gewesen. Die leere Batterie ist jedenfalls einer der Klassiker unter den kleinen Pannen und langweilige Routine für die gelben Engel vom ADAC.
Damit Sie die Herren nicht langweilen und vor allem nicht stundenlang warten müssen, verraten wir Ihnen, was in einem solchen Fall zu tun ist. Ärgerlich ist zum Beispiel auch wenn die Batterie im Schlüssel schwächelt und Ihnen eines Tages den Zugang zu Ihrem Passat verwehrt. Dann müssen Sie sich an die eigene Nase fassen, denn der regelmäßige Wechsel der Batterie ist kinderleicht und kostet nicht die Welt.

Was tun bei einer Reifenpanne?

Etwas anders sieht die Sache mit einem platten Reifen aus. Statistisch gesehen erlebt jeder Autofahrer nur etwa alle 70.000km dieses Malheur. Dann aber heißt es richtig reagieren und umsichtig handeln. Schätzen Sie die Situation hinsichtlich dem Gefahrenpotential ein. Können Sie an dieser Stelle einen Radwechsel durchführen, ohne sich zu gefährden?
Befinden Sie sich beispielsweise auf einer zweispurigen Autobahn ohne Standstreifen, unterlassen Sie zu Ihrer eigenen Sicherheit einen Radwechsel. Rufen Sie stattdessen sofort Hilfe per Handy oder versuchen Sie sich im Schritttempo zum nächsten Rastplatz zu retten.

Mit einer Panne weiterfahren oder lieber Stehenbleiben – ab wann wird es kritisch?

Abgesehen von dieser Panne, die bei jedem Auto auftreten kann, gilt der Passat als realtiv unkompliziert und robust. Entweder er fährt, oder er ist meist richtig kaputt. Dazwischen gibt es nur einige wenige Graubereiche, in denen Sie selber entscheiden müssen. In diesen Fällen können wir lediglich Ratschläge geben oder Empfehlungen aussprechen. Verlassen Sie sich daher stets auf Ihren gesunden Menschenverstand und verzichten Sie im Zweifelsfall lieber auf einen Reparaturversuch vor Ort.
Genauso wichtig ist es zu wissen, wann es besser ist, nicht mehr weiter zu fahren. Sie ersparen sich damit nicht nur teure Folgeschäden, sondern setzen auch nicht Ihre Gesundheit und die Ihrer Mitmenschen aufs Spiel. Wir haben darum in unseren Störungsbeiständen die wichtigsten Symptome aufgeführt, die auf einen schlimmen Schaden hindeuten. Oder auch auf Dinge hingewiesen, die einen schlimmen Schaden verursachen können. So reagieren alle direkteinspritzenden Diesel absolut allergisch auf eine Falschbetankung mit Benzin. Fatalerweise passt nämlich die dünnere Zapfpistole der Otto-Kraftstoffe immer in die große Öffnung der Dieselfahrzeuge, der große Rüssel der Diesel-Zapfsäule jedoch nicht in die kleinen Tankstutzen der Benziner. Sollten Sie Ihren falsch betankten Diesel dennoch starten, so werden Sie mit einiger Sicherheit aufgrund der Folgeschäden einen vierstelligen Euro-Betrag los.

Und wenn ich nun doch in die Werkstatt muss?

Lässt sich ein Abschleppen mit anschließendem Werkstattbesuch nicht vermeiden, sollten Sie unbedingt folgende Dinge beachten: Generell ist die Mitgliedschaft in einem Automobilclub und ein spezieller Schutzbrief immer von Vorteil, besonders fern der Heimat. Lesen Sie sich bei Zeiten in Ruhe das Kleingedruckte durch und legen Sie die entsprechende Notrufnummer in das Handschuhfach. Bestellen Sie einen Abschleppwagen nur über diese Nummer und lassen Sie sich vom Fahrer eine Bestätigung über seinen Auftraggeber zeigen. Es ist ja auch möglich, dass der Abschleppwagen rein zufällig des Weges kam...
Schildern Sie der Werkstatt dann ganz in Ruhe und chronologisch den Schadenshergang. Je mehr die Werkstatt weiß, umso kürzer ist die Zeit für die Fehlersuche. Wichtige Informationen sind zum Beispiel:
– In welchem Betriebszustand trat der Schaden auf? (Temperatur, Geschwindigkeit, Drehzahl)
– Haben Sie vorher ungewöhnliche Geräusche oder ein ungewöhnliches Fahrverhalten bemerkt?
– Wie ist die Vorgeschichte des Wagens (wurden vor kurzem Reparaturen oder Inspektionen durchgeführt)?
Bestehen Sie auf einen schriftlichen Auftrag und einen Kostenvoranschlag. Ziehen Sie vor Reparaturbeginn eine finanzielle Grenze, über der die Werkstatt ihr Einverständnis braucht.

Fahrzeug richtig aufbocken

Im Bordwerkzeug Ihres Passat finden Sie unter anderem auch den Spindelwagenheber. Damit lässt sich der Wagen für die meisten Arbeiten hoch genug anheben. Zur Vergrößerung der Hubhöhe, können Sie einen Holzklotz unterstellen. Ebenso sollten Sie stets ein kleines Brett mit etwa den Abmaßen 30cm x 30cm und 2cm Dicke zur Sicherheit unterstellen. Damit verringert sich die Gefahr, dass der Wagenheberfuß in den Boden einsinken kann.

Gehen Sie mit Unterstellböcken auf Nummer Sicher

Wenn Sie ernsthaft unter dem Fahrzeug arbeiten wollen, raten wir dringend zur Verwendung von Unterstellböcken. Nur so können Sie Ihren angehobenen Passat sichern. Begeben Sie sich niemals unter das angehobene Fahrzeug, wenn dieses nicht durch Unterstellböcke gesichert ist, Sie begeben sich sonst in Lebensgefahr!

Fahrzeug aufbocken:

Der Wagen muss auf festem, ebenem Untergrund stehen.

■ Feststellbremse aktivieren und zumindest eines der Räder gegenüber der Anhebestelle mit Holzkeilen, notfalls mit geeigneten Steinen gegen Wegrollen sichern. Nur auf die Feststellbremse dürfen Sie sich nicht verlassen.

■ Der Bordwagenheber ist zusammen mit anderem Bordwerkzeug leicht zugänglich unter der Abdeckung in der Reserveradmulde zu finden. Schwenken Sie die Kurbel durch Verdrehen heraus und öffnen Sie den Heber um etwa fünf Umdrehungen.

Nun den Wagenheber senkrecht zum gekennzeichneten Aufnahmepunkt am Schweller heben. Der Schlitz des Wagenheberkopfes muss waagerecht in den Schwelleraufnahmepunkt greifen.

Achtung! Fahrzeug nur an diesen vorgesehenen Aufnahmepunkten anheben! Die Schweller sind in diesem Bereich extra hierfür verstärkt!

Wagenheberkopf mit der linken Hand gegen den Aufnahmepunkt drücken, während man mit der rechten Hand die Kurbel im Uhrzeigersinn dreht und den Wagenheberfuß gegen den Boden drückt. Immer darauf achten, dass der Wagenheber senkrecht steht und nicht nach einer Seite abkippt!

■ Bevor der Wagenheber auf die Arbeitshöhe hochgekurbelt ist, nochmals vergewissern, dass ein Wegkippen des Hebers ausgeschlossen ist. Ist der senkrechte Stand nicht gewährleistet, den Wagenheber nochmals neu ansetzen. Ansonsten nun auf nötige Höhe kurbeln.

■ Der Unterstellbock darf nur an den Bodenverstärkungen angesetzt werden. Zwischen der Auflage des Bocks und den Fahrzeugboden sollten Sie einen Gummi oder Hartholzklotz legen, der die Last verteilt. Kontrollieren Sie vor dem Ansetzen des Bockes, ob eventuell ein Blechfalz im Weg ist, der eingedrückt oder deformiert werden könnte, oder gar die Bremsleitung eingeklemmt werden kann.

■ Der Dreibein-Unterstellbock steht am sichersten, wenn eines seiner Beine nach außen und zwei zur Wagenmitte hin zeigen. Achten Sie auf diese Stellung, wenn Sie das Fahrzeug aufbocken. Sonst kann es passieren, dass beim Anheben des Wagens der auf der anderen Seite bereits angesetzte Unterstellbock seitlich weggedrückt wird.

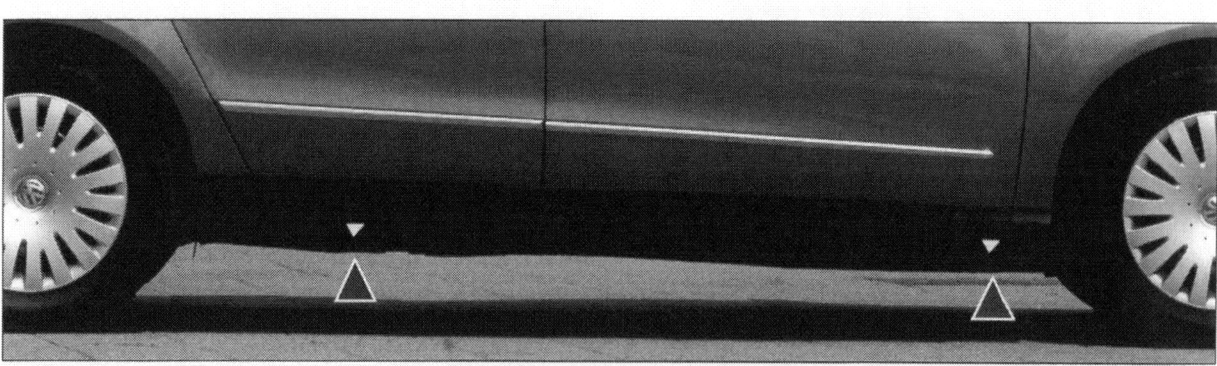

Fahrzeug abschleppen

Wenn sich Ihr Passat nicht mehr aus eigener Kraft fortbewegen lässt, müssen Sie ihn bis zur nächsten Werkstatt abschleppen. Aus optischen Gründen hat man die Aufnahme für den Abschlepphaken hinter die (von vorne betrachtet) linke unteren Plastikabdeckung versteckt. Den Abschlepphaken finden Sie in der Reserveradmulde beim restlichen Bordwerkzeug. Die Anbringung erledigen Sie am Besten wie hier beschrieben. Wichtig ist die Überprüfung auf festen Sitz, durch das Festziehen des Hakens mit Hilfe des Radschlüssels.

Beachten Sie beim Abschleppen aber folgende Grundsätzlichkeiten:

- nie den Wagen weiter als 50 km schleppen, ansonsten können Schäden am Getriebe entstehen.
- nicht schneller als mit 50 km/h schleppen

Abdeckung demontieren: Die Schraube mit welcher diese fixiert ist lösen Sie mit einem Kreuzschlitzschraubenzieher

Vorschriften beim Abschleppen

WISSENSWERTES

Beachten Sie nach einer Havarie beim Abschleppen die nach §15a der Straßenverkehrsordnung geltenden Grundsätze: Beim Abschleppen eines auf der Autobahn liegengebliebenen Fahrzeugs ist die Autobahn bei der nächsten Ausfahrt zu verlassen. Ist Ihr Fahrzeug außerhalb der Autobahn liegengeblieben dürfen Sie nicht auf die Autobahn auffahren. Während des Abschleppens müssen beide Fahrzeuge das Warnblinklicht einschalten. Zudem steht der Nothilfegedanke im Vordergrund, das heißt, ein abzuschleppendes Fahrzeug ist nicht über weite Strecken zu transportieren sondern nur bis zur nächstgelegenen oder nächstgeeigneten Werkstatt. Der Fahrzeugführer des abschleppenden Kfz benötigt eine Fahrerlaubnis der Klasse, die dem ziehenden Kfz zugehört. Der Lenker eines abzuschleppenden Kfz muss indes keinen Führerschein besitzen. Außerdem besteht kein gesetzliches Mindestalter zur Steuerung des abgeschleppten Fahrzeugs. Da derjenige allerdings für das Bremsen und Lenken verantwortlich und Sie für die Einweisung in diesen Vorgang, ist es ratsam sich im Zweifelsfall davon zu überzeugen, dass Ihr „Pannenhelfer" dies auch kann. Verwenden Sie eine starre Abschleppstange, damit auch das Bremsen ohne Pedalkraftverstärkung nicht zur bösen Überraschung wird.

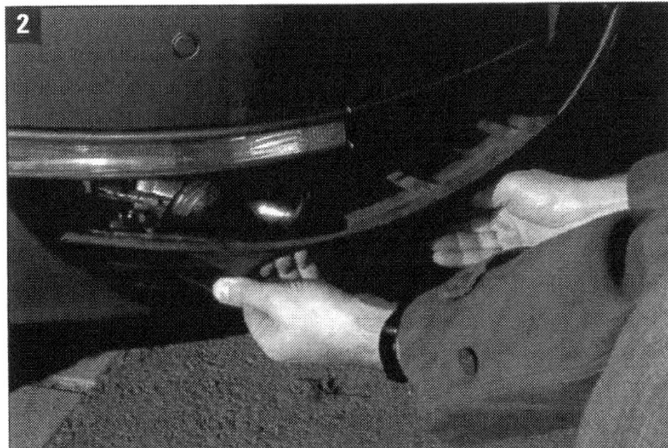

Abdeckung abnehmen: Die Abdeckung nach vorne wegziehen, dahinter verbirgt sich das Einschraubgewinde des Hakens

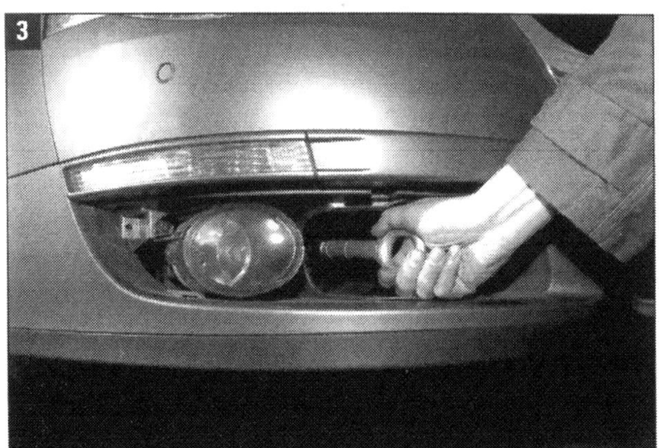

Festziehen: Den Abschlepphaken können Sie mit Hilfe des Radschlüssels als Hebel ordentlich festziehen

Überhitzung durch Wasserverlust

Wenn der Motor überhitzt, droht ein kapitaler Motorschaden. In den meisten Fällen fehlt dem Motor Kühlwasser. Bevor Sie jedoch nur fehlendes Kühlwasser auffüllen sollten Sie als Erstes versuchen, die Ursache des Wasserverlustes zu lokalisieren:

- Wenn der Ventilator streikt und der Motor nur im Stand heiß wird, können Sie die Fahrt bei freier Strecke fortsetzen. Im Stand und an roten Ampeln dann jeweils den Motor abstellen.
- Stellen Sie die Heizung auf maximale Wärme bei höchster Gebläsestufe um zusätzlich etwas Hitze aus dem Motor abzuführen.
- Ist ein Kühlerschlauch nur leicht undicht, zum Beispiel durch einen Marderbiss, können Sie den Schlauch provisorisch mit festem Gewebeklebeband umwickeln. Der Schlauch muss dazu fettfrei, trocken und am besten kalt sein. Wickeln Sie ein paar Lagen um die schadhafte Stelle, das hält locker bis nach Hause.

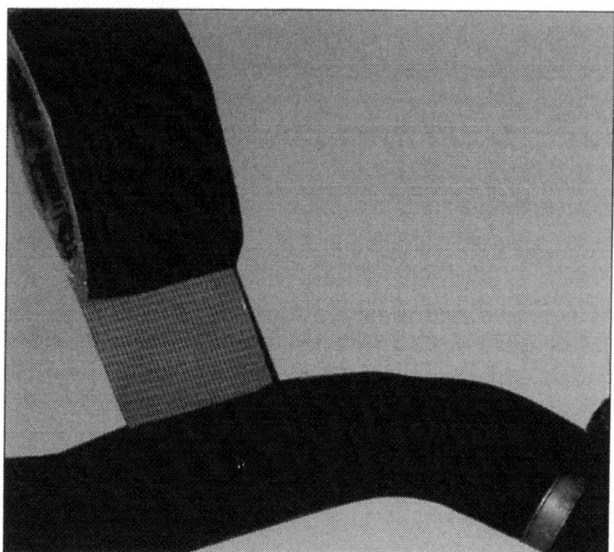

Möglichkeiten den Kühlerschlauch zu flicken: Bei kleinen Undichtigkeiten reicht es, den Schlauch mit Klebeband zu umwickeln

Wenn der Schlüssel streikt – Notentriegelung

Öffnet Ihr Passat nicht mehr wie gewohnt per Funkschlüssel, kann dies mehrere Ursachen haben. In der Regel ist die Batterie des Funkschlüssels leer. Haben Sie nun die Ersatzbatterien in Ihrem Passat liegen lassen, ist das noch kein Grund zur Verzweiflung. Wir zeigen Ihnen, wie Sie ganz ohne Elektronik Ihren Passat (per Notentriegelung) öffnen können. Auch wenn die Batterie des Fahrzeugs selbst leer ist (z.B. nach längeren Standzeiten), können Sie sich auf diese Weise Zugang zu Ihrem Passat verschaffen.

Notentriegelung:

- Entfernen Sie zunächst die Abdeckkappe am Bügelgriff der Fahrertür. Hierzu entnehmen Sie den Notschlüssel aus dem Funkcontainer. Führen Sie diesen senkrecht in die Kerbe unterhalb der Abdeckung ein und hebeln Sie diese wie in Bild 1 dargestellt (s. Pfeil) heraus.
- Danach können Sie Ihren Passat mit dem Notschlüssel mechanisch öffnen.

Hinweis: Der Wagen lässt sich nun aber nicht starten, da die Wegfahrsperre nicht deaktiviert wurde.

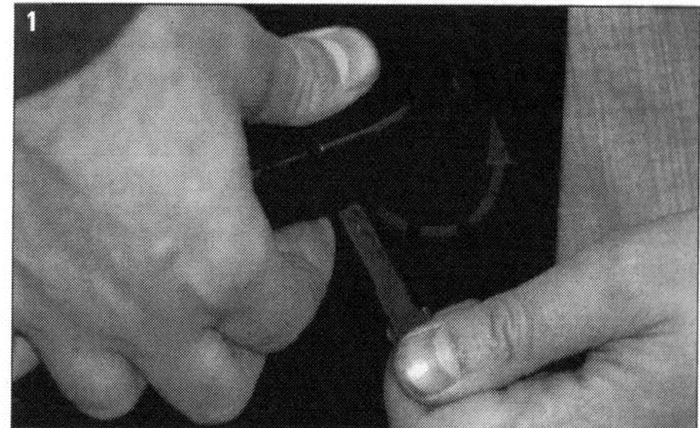

1

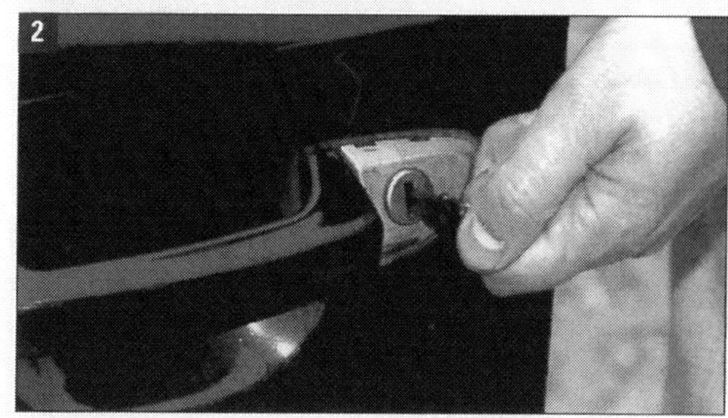

2

Wenn der Schlüssel streikt – Batteriewechsel

Wenn Sie mit dem Funkschlüssel (beziehungsweise KESSY-Sender) zum Öffnen oder Schließen Ihres Passats immer näher am Fahrzeug stehen müssen, zeigt dies, dass die Leistung der Schlüsselbatterie sehr schwach ist und diese bald ausgetauscht werden sollte. Unabhängig davon, ob Ihr Passat mit dem normalen Funkschlüssel oder dem Keyless Entry Start and Exit System KESSY ausgerüstet ist, geht der Batteriewechsel überall gleich von statten.
Um einer bösen Überraschung aus dem Wege zu gehen, sollten Sie die Schlüsselbatterie vorsorglich etwa alle zwei Jahre erneuern. Wir empfehlen Ihnen, Ersatzbatterien ins Wageninnere zu legen. Diese gibt es z. B. bei VW oder meist günstiger auch im freien Handel.

Batterie des Funkschlüssels erneuern

Sie brauchen dazu einen kleinen Schlitzschraubendreher und eine neue Batterie: CR 2032 – 3Volt.

- Entfernen Sie zunächst den Notschlüssel (A) aus dem Funkcontainer (1).

- Schieben Sie nun die obere Kappe (B) an der gezeigten Stelle herunter (2).

- Jetzt können Sie den Funkcontainer (C) mit Hilfe eines kleinen Schlitzschraubendrehers von der Deckelunterseite (D) trennen (3 und 4).

- Anschließend kann die Batterie aus dem Funkcontainer entnommen und gegen eine neue ausgetauscht werden (5). Auch hier tun Sie sich mit dem kleinen Schlitzschraubenzieher leichter.

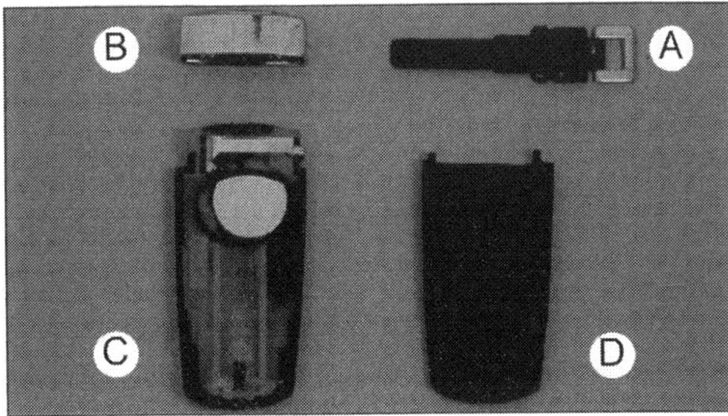

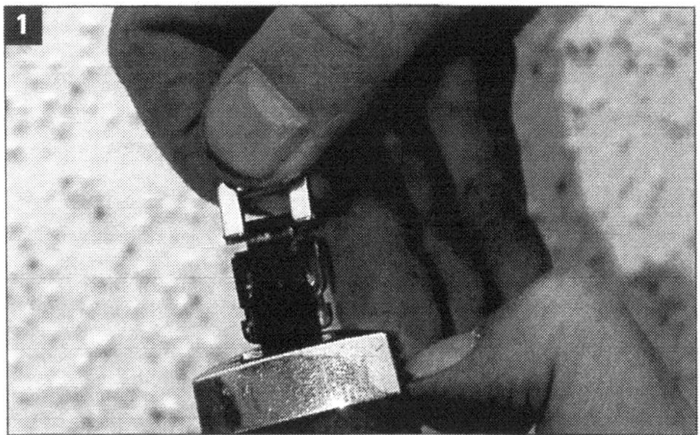

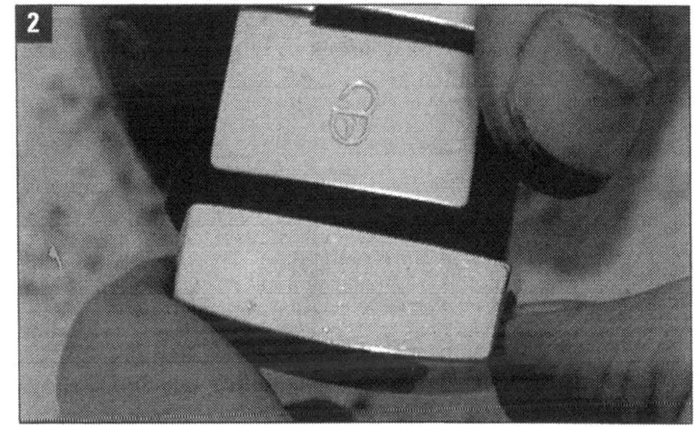

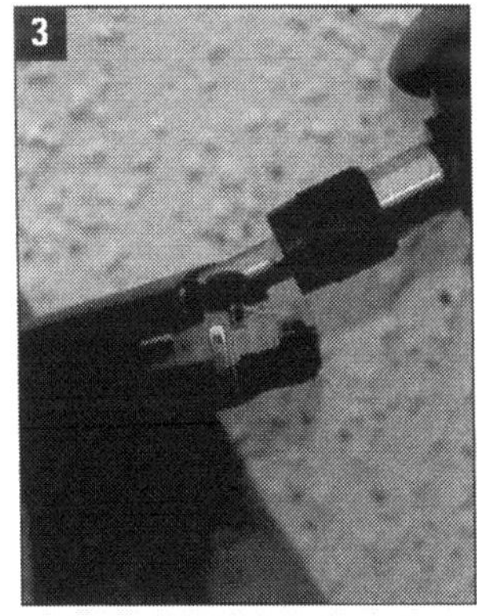

Falschbetankung beim Diesel

Lachen Sie jetzt bitte nicht: eine Falschbetankung kommt häufiger vor als Sie denken. Etwas Hektik, schlecht beschriftete Zapfpistolen und schon ist es passiert – der Passat TDI hat Benzin statt Diesel geschluckt. Wenn Sie es noch rechtzeitig merken, haben Sie Glück gehabt. Der Tank kann ausgepumpt werden. Wenn Sie aber den Motor starten und so langefahren, bis er ausgeht (und das wird er früher oder später), kann die Rechnung in die Tausende gehen. Fatalerweise schmiert nämlich der Dieselkraftstoff auch die Hochdruckpumpe und Benzin wäscht diesen Schmierfilm in Sekundenschnelle ab. Die Folge: Die Pumpe frisst und die Späne verteilen sich anschließend im kompletten Kraftstoffsystem. Starten Sie also auf keinen Fall den Motor und versuchen Sie auch nicht, die Falschbetankung mit Diesel aufzufüllen! Schon wenige Liter Benzin können zum kapitalen Schaden führen!

Wenn Sie dagegen einen Benziner fahren, brauchen Sie sich nicht allzu viel Sorgen machen. Das wesentlich dickere Einfüllrohr der Diesel-Pistolen passt erst gar nicht in den Einfüllstutzen. Und selbst wenn Sie sich innerhalb der Benzin-Palette vergriffen haben, ist das halb so schlimm. Der Klopfsensor der Motorsteuerung erkennt minderwertigen Kraftstoff und regelt entsprechend die Zündung in einen unkritischen Bereich.Trotzdem sollten Sie natürlich so bald als möglich den richtigen Kraftstoff nachtanken.

Elektronik im Notlaufprogramm

Wenn im Cockpit eine Warnleuchte leuchtet und der Motor nur noch mit halber Kraft läuft oder das Getriebe seltsam schaltet, befindet sich die Motorsteuerung im Notlaufprogramm. Dasselbe gilt für die Bremsen-Warnleuchte. Sie können damit noch einen sicheren Ort erreichen, dann sollten Sie allerdings der Sache auf den Grund gehen. Denn wenn Motor, Getriebe oder ABS / ESP in das Notlaufprogramm fallen, hat das meist einen schwerwiegenden Grund. In jedem dieser Systeme ist allerdings eine Rückfallebene hinterlegt, die dafür sorgt, dass ihr Auto weiter mobil bleibt. Wenn Sie keinen schwerwiegenden Schaden entdekken, kann es aber auch sein, dass die Elektronik nur in einem bestimmten Betriebszustand einen nicht plausiblen Vorfall registriert hat. Dieser Vorgang wird im Fehlerspeicher abgelegt und kann mit einem Diagnosegerät ausgelesen werden. Deshalb sollten Sie sich unbedingt merken, in welchem Betriebszustand der Fehler aufgetreten ist.

Sie können den Fehlerspeicher nämlich durch längeres Abklemmen der Batterie (zirka eine halbe Stunde) löschen und die Fahrt eventuell unter Vermeidung dieses Betriebszustandes fortsetzen. Oft ist nur ein Massepunkt, ein Stecker mit Kontaktschwierigkeiten oder ein undichter Unterdruckschlauch schuld. Finden Sie die Ursache nicht und tritt der Fehler nach kurzer Zeit erneut auf, sollten Sie so schnell wie möglich den Fehlerspeicher auslesen lassen.

Kleines Horrorkabinett: Eine Auswahl an Diesel-Bauteilen, die nach der Falschebtankung schaden nehmen können

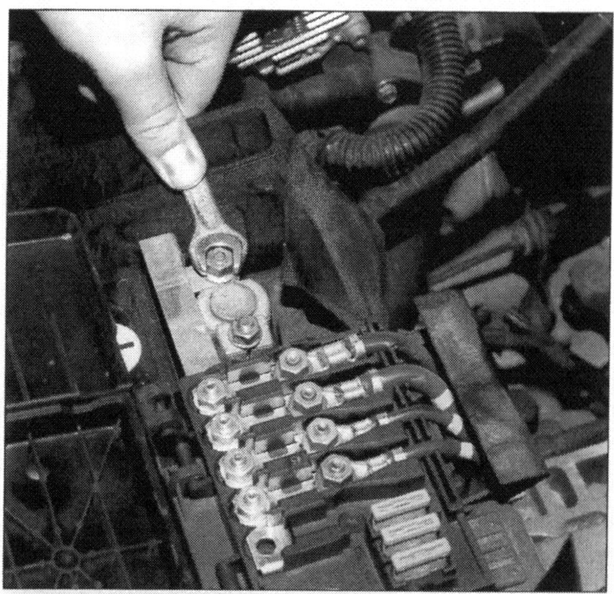

Elektrikfehler-Notlösung: Zum Löschen des Fehlerspeichers können Sie die Batterie längere Zeit abklemmen

Grundausstattung für kleine Pannen

Der serienmäßige Ausstattungsumfang im Passat ist, was den Pannenfall angeht, einigermaßen akzeptabel. Schraubendreher, Wagenheber, Reserverad (optional Notrad oder VW Mobilitätsset).

Wer mit seinem Passat eine Reifenpanne hat, kann sich meist mit dem Reserverad oder Notrad bzw. dem optionalen Mobilitätsset von VW mit Reifendichtmittel und Kompressor behelfen. Pech hat nur derjenige dessen Reserverad jahrelang ein Schattendasein geführt hat und nun platt ist.

Wenn Sie also auch folgende kleine Grundausrüstung mit sich führen, können Sie sich bei vielen anderen kleinen Pannen wahrscheinlich selber helfen oder zumindest das Fortkommen sichern. Denn nicht nur ein platter Reifen kann Sie erheblich aufhalten, sondern auch ein leerer Tank. Vielleicht verliert der Motor auch auf Grund eines porösen Schlauches Wasser. Oder weil ein hungriger Marder herzhaft in die Schläuche gebissen hat. Mit folgenden Dingen sind Sie schon recht gut ausgestattet:

- Reifendichtmittel: Dichtet kleinere Durchstiche im Reifen von innen ab. Vorsicht: nicht in praller Sonne liegen lassen: Explosionsgefahr!
- Kühlerabdichtmittel: Funktioniert ähnlich wie das Reifendichtmittel und hilft bei Marderbissen.
- Hochfestes Klebeband: Damit können Sie lose Karosserieteile befestigen (zum Beispiel nach einem Unfall) oder auch Kühlerschläuche flicken.
- Kabelbinder: Funktionieren bei guter Qualität sogar als Schlauchschellenersatz.
- Scheibenreinigungskonzentrat (auch pur anzuwenden) und Insektenlöser helfen Ihnen besonders in der Nacht oder wenn die Scheibe durch Öl oder Kühlwasser verschmiert ist
- Reservekanister: Sichert genügend Reichweite um bis zur nächsten offenen Tankstelle zu gelangen.

Das kleine Überlebensset: (A) Reifendichtmittel, (B) hochfestes Klebeband, (C) Kabelbinder, (D) Kühlerdichtmittel, (E9) Scheibenreinigungskonzentrat, (F) Insektenreiniger, (G) Reservekanister

Einsteigen und wohlfühlen!

Mit einem hochwertigen und gut verarbeiteten Cockpit empfängt der Passat seine Insassen. Praktisch ist der Innenraum des Passat ohnehin – mit umlegbarer Rückbank (Variant) und jeder Menge Stauraum. Auf Langstrecken stellen auch die Sitze ihre Qualität unter Beweis sowie die gute Bedienbarkeit. So lange alles funktioniert...

In diesem Kapitel erfahren Sie welche Arbeiten im Innenraum selbst erledigt werden können, aber auch wovon Sie besser Abstand nehmen sollten. Denn hinter den vielen Abdeckungen und Verkleidungen in Ihrem Passat lauern durchaus auch Gefahren, wie die pyrotechnischen Elemente des Rückhaltesystems in den Airbags und den Gurtstraffern. Aber wir wollen Sie keineswegs gleich zu Beginn entmutigen. Es gibt noch eine Reihe anderer Dinge, die Sie mit Hilfe der folgenden Abschnitte erledigen können. Dazu gehören zum Beispiel der Lampenwechsel der Innenraumbeleuchtung oder auch der Ausbau diverser Verkleidungen, zum Beispiel an der Türinnenseite. Gerade diese Arbeit kann für Sie früher oder später wichtig werden, wenn der Fensterheber streiken sollte.

An welchen Teilen sollte nicht gearbeitet werden?

Wie bereits erwähnt: Vor Arbeiten an Komponenten, die dem Insassenschutz dienen, müssen wir warnen. Wenn es an Kenntnis und Erfahrung mangelt, sollten Sitze und Lenkrad wegen der darin enthaltenen Airbags tabu sein. Denn selbst in den Werkstätten darf nur speziell geschultes Personal an diesen Teilen tätig werden. Das Risiko, bei Reparaturversuchen verletzt zu werden, ist ja nur die eine Seite. Ein bei einem Unfall nicht mehr ordnungsgemäß funktionierender Insassenschutz, stellt die weitaus schwerer wiegende andere Seite dar. Sogar bei einer Verschrottung des Fahrzeugs, etwa nach einem Unfall, müssen die Airbageinheiten und Gurtstraffer nach bestimmten Vorschriften sicher entsorgt werden. Auf keinen Fall dürfen Sie diese Komponenten wie üblichen Abfall behandeln. Das gilt auch für gezündete Einheiten und Gurtstraffer. Denn es ist nicht mit Sicherheit zu bestimmen, ob wirklich alle im Fahrzeug vorhandenen pyrotechnischen Ladungen, wozu übrigens auch die Gurtstraffereinheiten zählen, gezündet wurden.

GEFAHRENHINWEIS

Arbeiten am Rückhaltesystem

Bei Arbeiten an Airbag- oder Gurtstraffereinheiten gilt äußerste Vorsicht. Denn die Komponenten von Airbag und Gurtstraffer sind pyrotechnischer Herkunft, beinhalten also explosive Materialien, und können bei unsachgemäßer Behandlung schwerste Verletzungen hervorrufen, wie zum Beispiel Verbrennungen oder sonstige Verletzungen durch umherfliegende Teile. In der Werkstatt gelten folgende Sicherheitsmaßnahmen: Vor Arbeiten an Airbageinheiten müssen beide Batteriepole abgeklemmt werden. Nach einer kurzen Wartezeit kann die Arbeit an der Airbageinheit erfolgen. Ein Airbag wird durch das Signal des Crashsensors und einen geringen elektrischen Strom ausgelöst. Vor dem Berühren der Airbageinheit, (zum Beispiel bei der Entnahme aus der Verpackung) muss eine elektrostatische Entladung erfolgt sein.

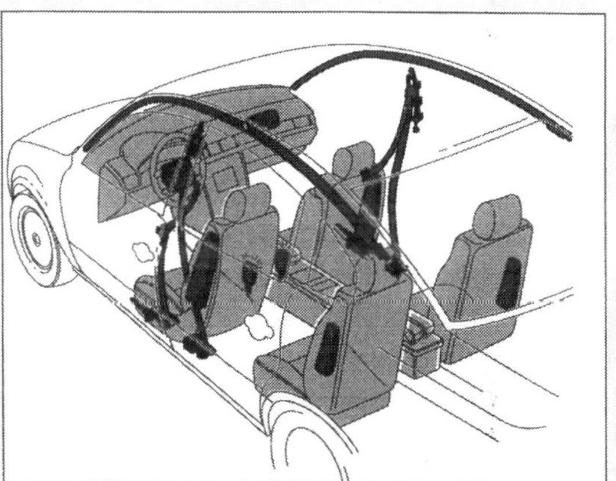

Sicherheits-Rückhaltesysteme: Die Dreipunkt-Automatik-Gurte sind vorne serienmäßig mit einem Gurstraffer ausgestattet, Airbags befinden sich vorne, in den Sitzen und in den Seiten des Dachhimmels . Hier darf nur der Fachmann dran!

Dies kann durch Anfassen der Fahrzeugkarosserie erledigt werden. Airbags dürfen nur mit der gepolsterten Seite nach oben und in dafür vorgesehene sowie sicher verschließbaren Extraräumen gelagert werden. Das unbeaufsichtigte Liegenlassen eines Airbags ist verboten. Airbags die auf den Boden gefallen sind oder Beschädigungen aufweisen, dürfen nicht mehr verbaut werden und sind fachgerecht zu entsorgen. Beim Wiederanschließen des Airbags an eine Spannungsquelle darf sich zur Sicherheit und dem Schutz vor einer ungewollten Auslösung keine Person im Fahrzeuginneren aufhalten.

Profitipp: Montagekeil für Verkleidungen

Die teilweise kratzempfindlichen Kunststoffe der Innenraumverkleidung verlangen einen äußerst sensiblen Umgang. Will man nicht gleich beim ersten Demontageversuch hässliche Spuren hinterlassen, empfiehlt sich die Verwendung eines Montagekeils für den Innenraum (VW-Nummer: 3409). Dieser ist aus weichem und elastischem Kunststoff und erlaubt es mit der flachen Seite auch in den meist sehr engen Spalten problemlos zu arbeiten.
Eine weitere Schutzmaßnahme ist das Abkleben der entsprechenden Stellen mit Klebeband oder das Unterlegen mit einem schützenden Stofftuch. Die Vielzahl der Verkleidungsteile ist mit Halteclips angebracht, die Sie mit einem Schraubenzieher schnell beschädigen oder gar abreissen werden. Ein Ärgernis, denn die Wiederanbringung des Verkleidungsteils kann dann zum Problem werden. Auch hier können Sie mit dem Keil sensibler vorgehen.

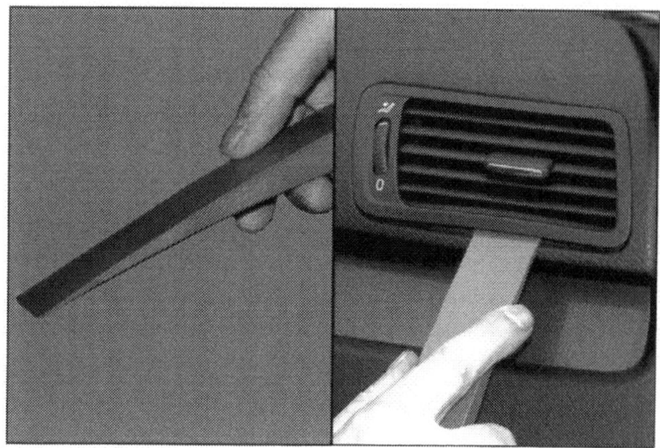

Schont die Oberflächen: Ein Montagekeil ist im Fachhandel für wenige Euro zu erhalten und spart Ihnen bei Innenraumarbeiten eine Menge Ärger und Kratzer

Ablagen und Verkleidungen

Sämtliche Bestandteile der Mechanik, Elektrik und Elektronik im Innenraum sind hinter Verkleidungen und Blenden im Passat versteckt. Sie verschönern zwar die optische Anmutung, aber bei Arbeiten an den Teilen dahinter sind sie im Weg. Bei der Demontage der einzelnen Verkleidungen gibt es jedoch kein Problem, so lange Sie wissen, an welchen Punkten Sie (am Besten mit Ihrem Kunststoffkeil) ansetzen müssen.
Achten Sie darauf, dass die Abdeckungen der Airbageinheiten nicht beklebt (z.B. Fotorahmen fürs Auto etc.) oder anderweitig verändert wurden. Auch universell anbringbare Handy- oder Navihalterungen können an der falschen Stelle angebracht durch eine Airbagauslösung zum Wurfgeschoss werden. Bei der Reinigung verwenden Sie bitte nur einen trockenen oder nur leicht angefeuchteten Lappen (s. auch Kapitel „Werterhalt").

Achtung bei Reboard-Sitzen: Der Warnhinweis an der B-Säule (Beifahrerseite) macht es deutlich: Die Anbringung von Reboard-Kindersitzen ist bei aktiviertem Airbag verboten!

Gestühl und Kindersitzlösungen

Sitzbezüge müssen speziell auf die Seitenairbags in dem Gestühl abgestimmt sein. Sogenannte Reboard-Kindersitze dürfen auf dem Beifahrersitz nur installiert werden, wenn der Beifahrerairbag deaktiviert wurde! Die Verwendung von geeigneten Kindersitzen mit der Isofix-Halterung ist daher einfacher und empfehlens-

Isofix-Vorrichtung: Zu den Sicherheitsmerkmalen der Innenausstattung gehört auch die Normbefestigung für Kindersitze

wert. Das Isofix-System verfügt über eine Verankerung unter der Rücksitzbank, in welche die Kindersitze befestigt werden. Vorteil: Der Airbag vorne rechts bleibt aktiviert und kann auch so bei einer Kollision für Ihren Beifahrer nützlich sein.
Zudem bleibt Ihnen auch die Auswahl der Sitzgröße passend zu Ihrem Nachwuchs und dessen Vorlieben.

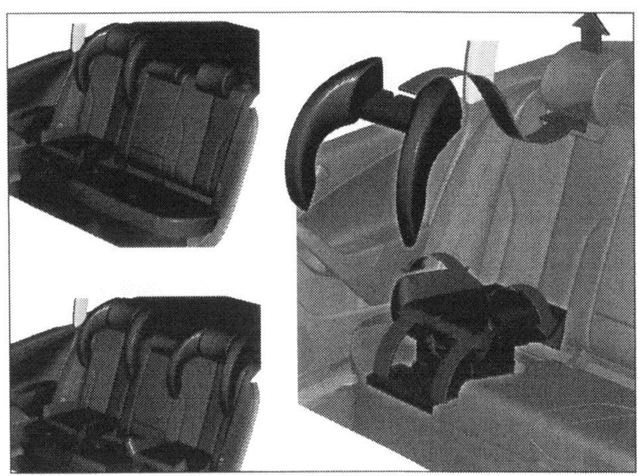

Schlaue Lösung: Die integrierten Kindersitze müssen leider schon mit dem Neuwagen bestellt werden

Nicht nur Praktisch sondern auch sicher: Integrierte Kindersitze

Unschlagbar in der praktischen Anwendung sind die vom Hersteller als Sonderausstattung erhältlichen und in die Rückbank integrierten Kindersitze. Sie sind für Kinder mit einem Gewicht zwischen 15 und 36 Kilogramm und einer maximalen Körpergröße von 1,50 Meter geeignet. Möglich ist der einseitige Einbau hinter dem Beifahrer oder beidseitig jeweils auf den äußeren Plätzen. Die integrierten Kindersitze werden lediglich ausgeklappt und sind ohne größere Umbauarbeiten sofort einsatzbereit.
Mit nur wenigen Handgriffen kann so die Rückbank zum Reiseabteil der Kleinen umfunktioniert werden. Zahlreiche Verstellmöglichkeiten erlauben beispielsweise die Anpassung der Sitzwangen um auch den kleinsten Passagieren optimalen Seitenhalt zu bieten. Zusätzlichen Schutz bieten die seitlichen Kopfstützen, die auch den Oberkörper bei einem Seitencrash schützen und auffangen. Werden diese gerade nicht gebraucht, kann man sie aber auch praktischerweise in der Reserveradmulde des Kofferraums verstauen.

Sitzgurte regelmäßig prüfen

Zum Thema Sicherheit im Innenraum gehört auch eine regelmäßige Gurtkontrolle. Achten Sie dabei auf Beschädigungen wie Einrisse oder Verfransungen. Solche Verschleisserscheinungen können im Ernstfall zur Achillesferse des Rückhaltesystems werden. Denn sollte der Gurt bei einem Unfall durch die hohe Beanspruchung versagen dann dort, wo er beschädigt ist. Rollen Sie daher bei der Sichtprüfung bei hellem Tageslicht die gesamte Gurtlänge ab.
Fahren Sie mit den Fingern über den gesamten Gurt, und fühlen Sie dabei ob es Beschädigungen wie oben beschrieben gibt. Nehmen Sie den Gurt auch genauestens in Augenschein. Die Behandlung mit irgendwelchen Mittelchen ist ebenfalls tabu! Denken Sie daran, dass im Falle eines Unfalls mehrere Tonnen am Gurt zerren.

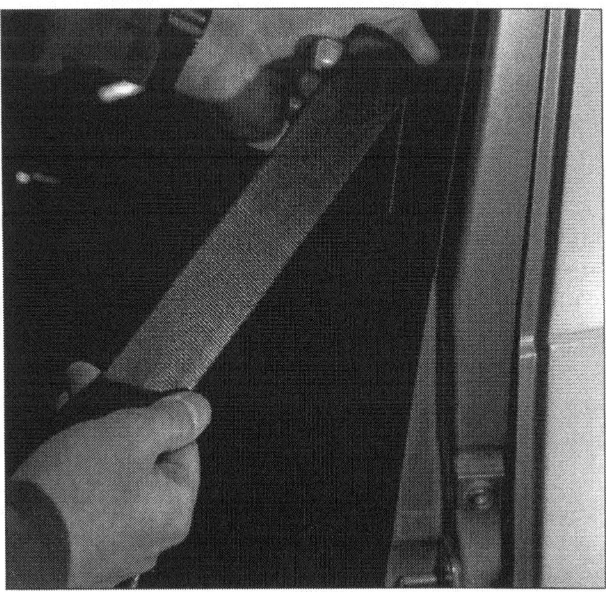

Sichtprüfung: Das Gurtband darf keine Beschädigungen aufweisen. Also nie in der Tür einklemmen!

Sitzbank hinten (Variant) aus- und einbauen

Die maximale Durchladelänge in Ihrem Passat-Variant bieten die als Sonderausstattung verbauten umklappbaren Beifahrersitze (s. Bild 1). Sie sind dafür aber nicht mit dem Soundpaket der hinteren Sitze oder den Vordersitzem mit elektrischer 12-Wege-Einstellung und Top-Komfortsitzen erhältlich.
Um auch ohne dieses Feature möglichst viel Stauraum zu erhalten, können Sie die hinter Sitzbank ausbauen. Sicherlich wäre auch der Ausbau der hinteren Sitzlehnen ein Zugewinn an Stauraum. Durch den verbauten Airbag sehen wir aber zu Ihrer Sicherheit von dieser Arbeit ab.
Achten Sie unbedingt bei einer vorhandenen Sitzheizung der Hinterbank darauf den Stecker vor der Entnahme auszustecken. Der Ausbau der geteilten Sitzbank ist auf beiden Seiten identisch und wird daher auch nur an einer Seite gezeigt.
Denken Sie daran, dass die Sitzbank während des Trasports großer Gegenstände verstaut werden muss. Am besten bauen Sie vor Fahrtantritt zu Ihrem Ladegut die Bank aus und verstauen sie sicher in der heimischen Garage.

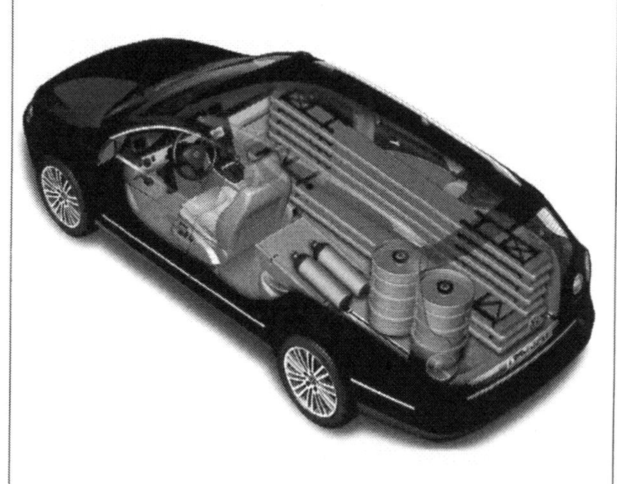

Auf zum Gartenfest: In den Genuss maximaler Stauraumausnutzung kommt man nur mit umklappbarem Beifahrersitz

Benötigtes Material und Werkzeug

– Torxschraubenzieher

Sitzbank ausbauen:

■ Klappen Sie zunächst die Sitzbank vor. Nun können Sie die Halteschrauben an dessen Laschen die Klappscharneire der Bank fixiert sind erkennen (s. Pfeile in Bild 2).

■ Bei vorhandener Sitzheizung müssen Sie nun den Stecker ausclipsen.

■ Nun können Sie die beiden Torx-Schrauben lösen.

■ Anschließend entnehmen Sie die nun lose Sitzbank aus dem Fahrzeug.

Sitzbank einbauen:

■ Der Einbau erfolgt in umgekehrter Reihenfolge. Beachten Sie dabei das Anzugsmoment von ca. 8 Nm der beiden Torx-Schrauben.

Innenraumleuchten / Leseleuchte – Lampen wechseln

Wenn Sie eine der Lampen an der vorderen Dachkonsole wechseln wollen, brauchen Sie nur die Streuscheibe mit den Fingern oder vorsichtig mit dem Montagekeil abzuhebeln.

Ausbau Streuscheibe Dachkonsole:

■ Die Streuscheibe ist an drei Halteclips in der Dachkonsole fixiert (s. Pfeile in Bild 2). Setzen Sie zum Entfernen mittig an und clipsen Sie die Streuscheibe entweder mit den Fingern oder unter Zuhilfenahme des Montagekeils aus.

■ Ziehen Sie zum Auswechseln die defekte Lampe aus ihrer Fassung (s. Bild 3).

■ Achten Sie beim Wiedereinbau der neuen Lampe auf festen Sitz und biegen Sie ggf. die Kontaktklammern ein wenig nach.

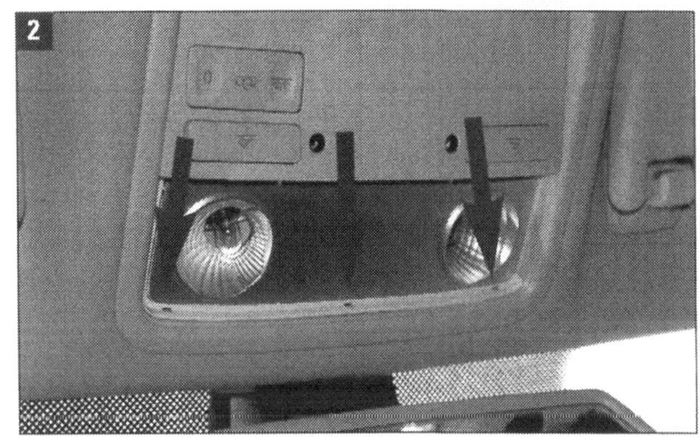

Einbau Streuscheibe Dachkonsole:

■ Zum Einbau clipsen Sie die Streuscheibe wieder ein.

Ausbau Blende Innenraumbeleuchtung:

■ Die Blende der hinteren Innenraumbeleuchtung (Variant) ist ebenfalls nur in den Dachhimmel eingeclipst und daher ebenso mühelos herauszubekommen. Setzen Sie zum Entfernen zunächst an einer dann an der anderen Seite an und clipsen Sie die Streuscheibe aus (s. Bild 4 u. 5).

Einbau Blende Innenraumbeleuchtung:

■ Zum Einbau clipsen Sie die Blende wieder ein.

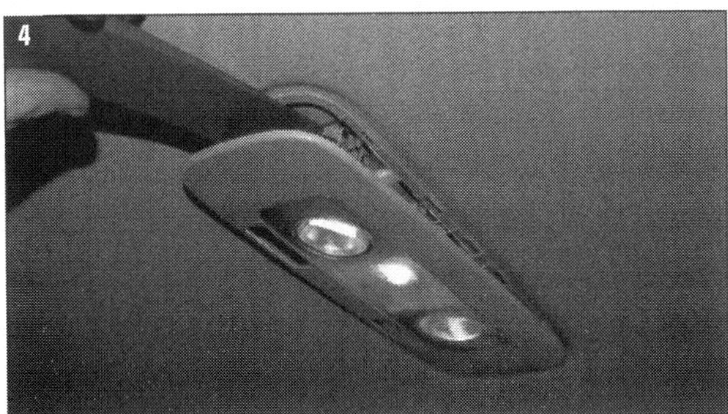

Pollenfilter kontrollieren / wechseln

Der Filter für den Innenraum befindet sich im Beifahrer-Fußraum. Er kann mühelos und ganz ohne Werkzeug ausgetauscht werden und sollte einmal im Jahr, am besten im Frühjahr vor Beginn des Pollenflugs, spätestens aber vor einer Urlaubsfahrt erneuert werden.

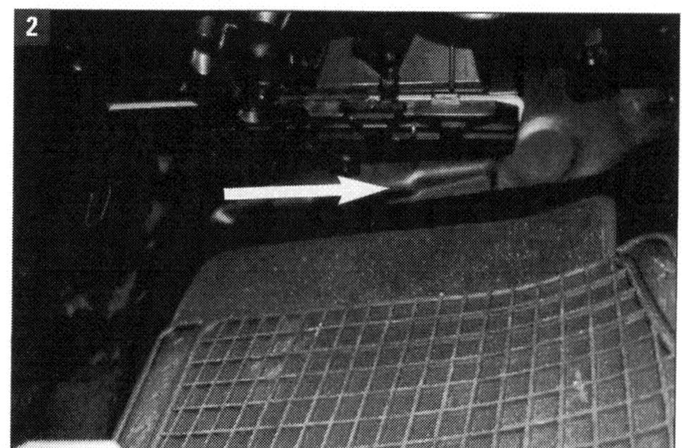

2

Benötigtes Material und Werkzeug:

– Austauschfilter

Ausbau alter Filter:

■ Lösen Sie zunächst die Schrauben (Drehen per Hand) der Schaumstoffdichtung im Beifahrerfussraum und entfernen Sie diese (Schrauben s. Bild 1)

3

■ Der Pollenfilter befindet sich unter einer rechteckigen Abdeckung, die Sie durch Schieben in Pfeilrichtung demontieren (s. Markierungen in Bild 2 und 3).

■ Den Luftfilter nach unten rausziehen (s. Pfeil in Bild 3).

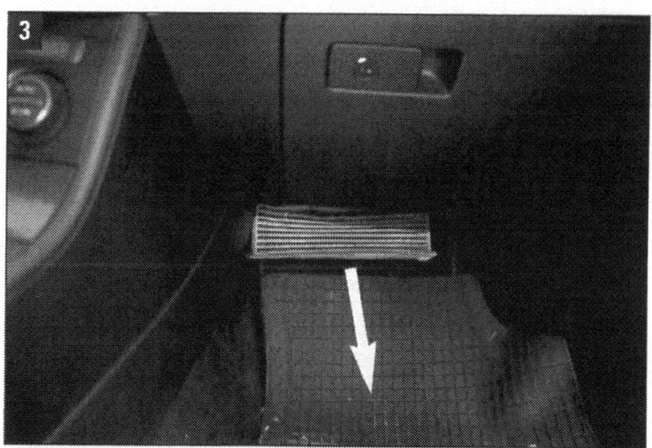

3

Kontrolle:

■ Den Luftfilter auf Verunreinigung inspizieren und ggf. gegen einen neuen Filter austauschen. Dazu die Lamellen auseinanderziehen und in den Zwischenräumen auf Dreck und Staubablagerungen überprüfen (s. Bild 4).

Neuen Filter einsetzen:

■ Der Einbau erfolgt in umgekehrter Reihenfolge.

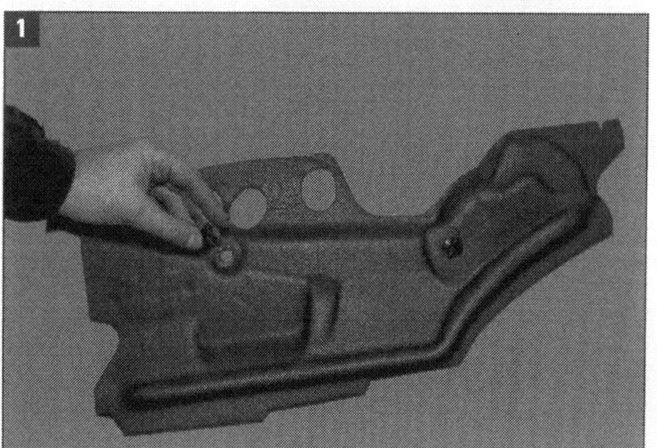

1

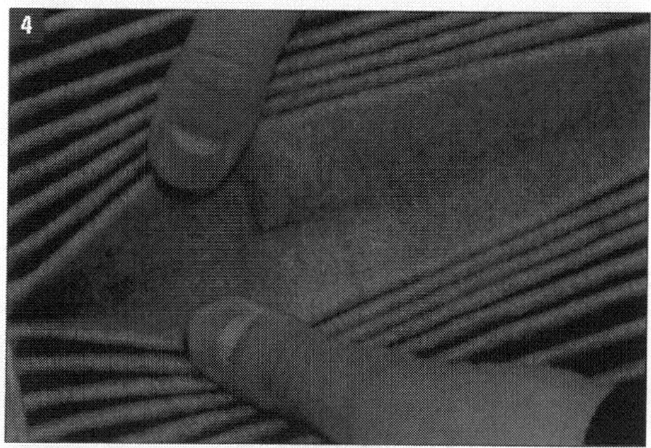

4

Lichtschalter aus- / einbauen

Durch die Steckbauweise sind viele Schalter und Knöpfe im Passat mit geringem Aufwand und ohne Werkzeug aus und wieder einzubauen. So verhält es sich auch mit dem Lichtschalter. Er kann durch einfaches Drücken und Drehen aus dem Armaturenbrett gelöst werden.

Lichtschalter ausbauen:

■ Drücken Sie wie dargestellt, den Schalter zunächst in den Schaft (Bild 1).

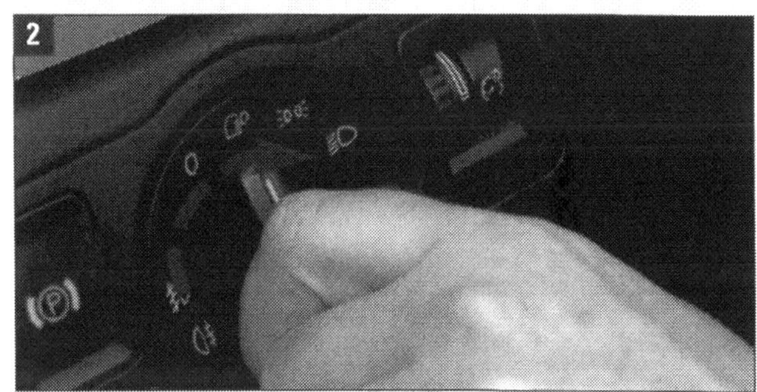

■ Mit einer Drehung bis zur Stellung „Lichtautomatik" (Drehschalter in senkrechter Stellung) ist er aus der Halterung gelöst (Bild 2) und kann nun herausgezogen werden (Bild 3).

■ Bevor Sie den Schalter ganz entnehmen können, lösen Sie die Steckverbindung am hinteren Ende (Pfeil Bild 4).

Lichtschalter einbauen:

Der Einbau erfolgt in umgekehrter Reihenfolge. Achten Sie auf ein sicheres Einrasten des Elektriksteckers. Zum Einbau muss der Schalter so eingeführt werden, dass die Stellung wieder auf „Lichtautomatik" (Drehschalter senkrecht) steht.

Türverkleidung ausbauen

Der Aus- und Einbau der Türverkleidung ist eine etwas knifflige Aufgabe. Aber Sie müssen sich daran wagen, wenn Sie beispielsweise an die Lautsprecher herankommen wollen oder den Fensterheber reparieren müssen.
Die in der Tür verbauten Elemente (Lautsprecher, Fensterheber und Türschloss) sind beim Passat an verschiedenen Stellen hinter der Verkleidung befestigt. Sie erreichen diese leider nur nach der Demontage der kompletten Türverkleidung.
Am meisten Elektrik und Mechanik verbirgt die Fahrertür unter der Verkleidung – von der Fensterheberbedienung aller vier Scheiben bis zur Einstellung der Außenspiegel.
Deshalb wird an dieser Tür das schrittweise Vorgehen demonstriert. Die etwas einfacher zu demontierende Beifahrertürverkleidung ist ähnlich aufgebaut wie die der beiden hinteren Türen. Die Unterschiede zeigen wir an den entsprechenden Schritten.

Benötigtes Werkzeug:

- Montagekeil
- flachen Schraubenzieher
- 20er Torxschraubenzieher
- Kreuzschlitzschraubenzieher

Ausbau:

■ Zunächst die Griffschale lösen. Dazu vorsichtig den Montagekeil an der seitlichen Trennfuge ansetzen (s. Bild 1 und 2).

■ Nach Entfernen der Griffschale werden dahinter drei Schrauben zugänglich (s. Pfeile in Bild 3) von denen die Verkleidung gehalten wird. Schrauben Sie diese heraus. (Beifahrer- und hintere Türen: zwei Schrauben unter der Griffblende).

■ Die Türverkleidungen werden unten von zwei (vordere Türen s. Bild 5) oder einer (hintere Türen) Innenmehrkantschrauben gehalten. Stellen Sie sicher, dass alle Schrauben (auch aus Bild 3) gelöst sind.

■ Schalter ausstecken (6) und Tür an den Seiten mit einem flachen Schraubenzieher abclipsen (s. Bild 7).

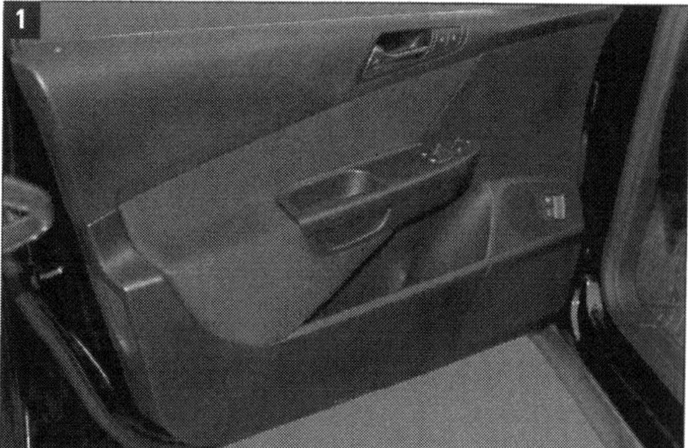

Türverkleidung Fahrerseite: Dahinter verbirgt sich am meisten Elektrik

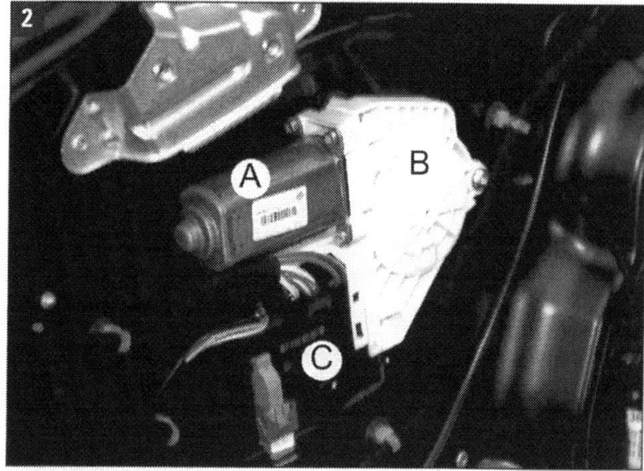

Fensterheber: Motor (A) und die Rolle des Heberseilzugs (B), darunter befindet sich das Türsteuergerät (C)

Tieftöner Fahrertür: Den Ausbau oder Wechsel können Sie nur durch Aufbohren der Nieten bewerkstelligen

Fahrerseite

Griffschale lösen: Die Griffschale nach oben aus der Türverkleidung ausclipsen

Griffschale abnehmen: Dahinter werden drei Halteschrauben (s. Auch Bild 3) sichtbar

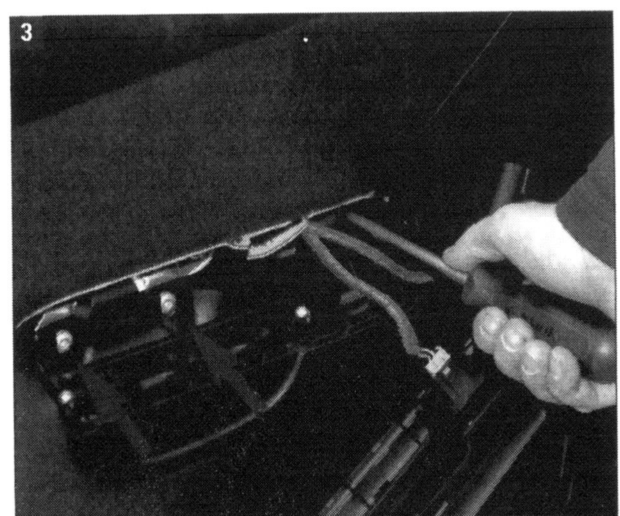

Beifahrerseite

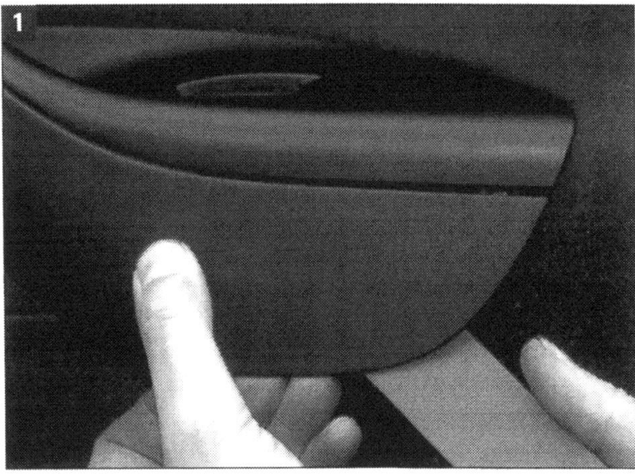

Beifahrerseite: Auf der Beifahrerseite sowie den restlichen Türen müssen Sie lediglich die Griffschale lösen

Griffschale abnehmen: Dahinter werden die zwei Halteschrauben (s. Bild 3) sichtbar

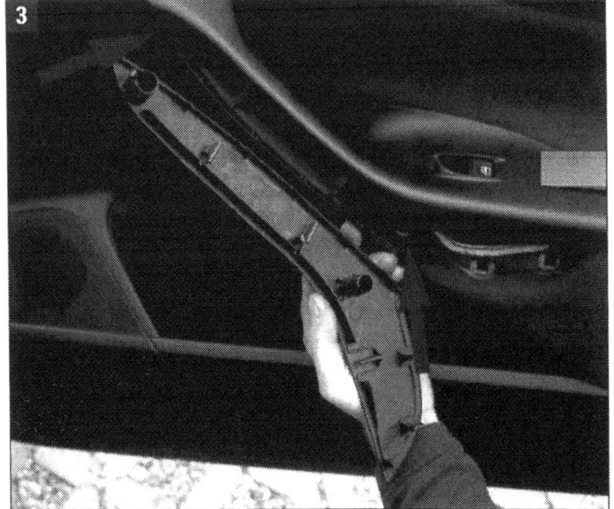

■ Die Verkleidung kann nun nach oben aus dem Fensterschacht gehoben werden (s. Bild 8).
Achtung: Nehmen Sie die Verkleidung nicht vollständig ab, solange noch die Stecker des Türsteuergeräts eingesteckt sind. Für manche Arbeiten reicht es die Verkleidung nur zu lösen, da durch das Ausstecken aller elektrischer Anschlüsse auch Fehler im Steuergerät verursacht werden können.

■ Hinter der Verkleidung werden nun der Lautsprecher, Fensterheber und Türsteuergerät sichtbar.

Einbau:

■ Den Einbau in umgekehrter Reihenfolge erledigen und defekte Halteclips ersetzen.

Die unteren Schrauben: Vergessen Sie nicht die Schrauben unten an der Verkleidung zu lösen

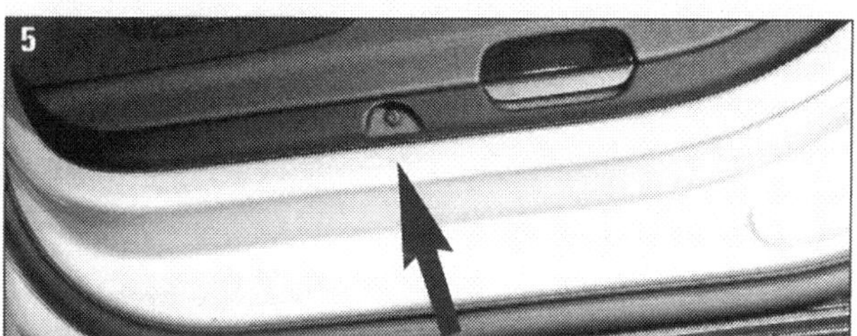

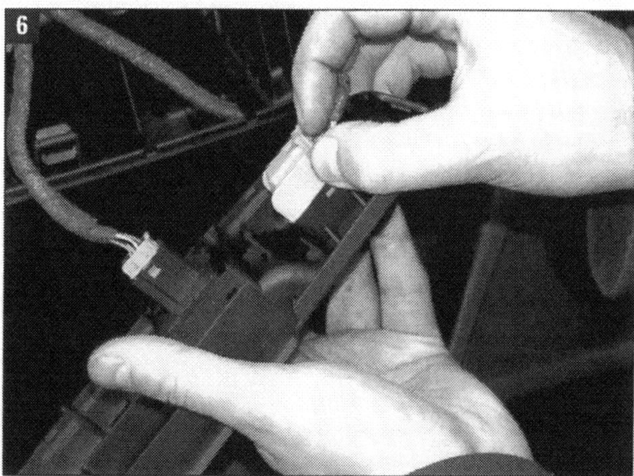

Schalter ausstecken: Den Stecker für die Schalterienheit durch Drücken an den seitlichen Clips ausstecken

Verkleidung aushebeln: Im Bild rechts finden Sie die Halteklammer an der unteren Türecke in großer Darstellung

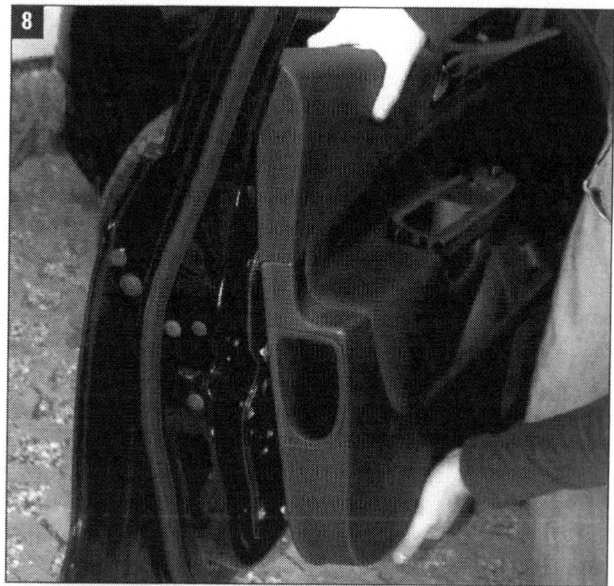

Seilzug aushängen: Der kleine Haken wird nach dem Lösen der Verkleidung zugänglich um dann ausgehängt zu werden

Lautsprecher aus- und einbauen

Grundsätzlich sind vor der Arbeit alle Verbraucher auszuschalten und der Zündschlüssel abzuziehen. Unabhängig davon welchen Lautsprecher Sie ausbauen wollen, kommen Sie an der Demontage der jeweiligen Türverkleidung leider nicht vorbei (s. vorhergehender Abschnitt). Alle Lautsprecherkabel sind mit lösbaren Steckverbindern an die Lautsprecher angeschlossen.

Lautsprecher ausbauen:

■ Die Lautsprecher in den Türen vorn wie hinten sind mit Nieten befestigt, diese müssen zum Ausbau der Lautsprecher ausgebohrt werden. Achten Sie hierbei darauf wenig Lackschäden zu verursachen. Evtl. entstandene Lackschäden sollten Sie zur Vermeidung von Folgeschäden umgehend ausbessern sowie alle Bohrspäne aus den Türen entfernen. Neue Lautsprecher wieder mit passenden Nieten oder geeigneten Blechschrauben befestigen.

■ Der vordere Hochtonlautsprecher ist im Spiegeldreieck rechts und links angebracht. Um ihn auszubauen muss vorher die entsprechende Türverkleidung ausgebaut werden. Ein defekter Lautsprecher wird mit der ganzen Dreiecksverkleidung (s. Bild 2) erneuert. Achten Sie bei der Montage darauf, alle Halteclips des Dreiecks wieder in den dafür vorgesehenen Platz in der Tür zu stecken und nicht in die alte Blende.

■ Der hintere Hochtonlautsprecher ist hinter der Blende des jeweiligen Türinnengriffs eingebaut und wird zusammen mit der Lautsprecherblende ersetzt. Um ihn ausbauen zu können muss die entsprechende Türverkleidung ausgebaut werden. Bauen Sie anschließend den inneren Türöffner aus indem Sie die Befestigungschraube an der Türverkleidung herausdrehen und die sechs Rastnasen entriegeln. Danach ist der Lautsprecher mitsamt Blende nur noch mit zwei Verriegelungen auf der Rückseite befestigt. Der neue Lautsprecher wird auf die drei Clips der neuen Lautsprecherblende aufgesteckt. Nach dem Aufstecken verformen Sie die Clips mit einem heißen Lötkolben um einen festen Sitz der Lautsprecher auf der Blende herzustellen.

Unbrauchbar nach dem Ausbau: Die Haltenieten sind nicht zerstörungsfrei zu lösen und werden beim Einbau ersetzt

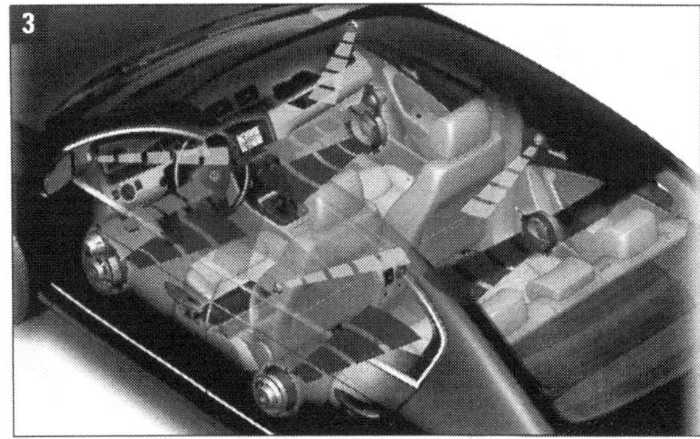

Einbauorte Lautsprecher: Die Grafik zeigt die alle Verbauorte der Lautsprecher der serienmäßigen Audioanlage

Verkleidungen für Heckklappe (Variant) aus- und einbauen

Die Verkleidung der Heckklappe beim Variant ist zweigeteilt. Der obere Teil ist eine U-förmige Einfassung des Fensterrahmens und läuft in einer abgeschrägten Kante nach unten aus. Hinter der unteren Verkleidungen der Heckklappe sitzt der Motor und die Waschwasserpumpe des Heckscheibenwischers sowie die für diesen Bereich zuständige Baueinheit der Zentralverriegelung.
Der Ausbau der oberen und unteren Verkleidung verlangt Fingerspitzengefühl beim Ab- und Einclipsen. Sie sollten die Arbeit bei Temperaturen von ca. 20° Celsius durchzuführen, um keinen Bruch oder Riss der Verkleidung zu riskieren.

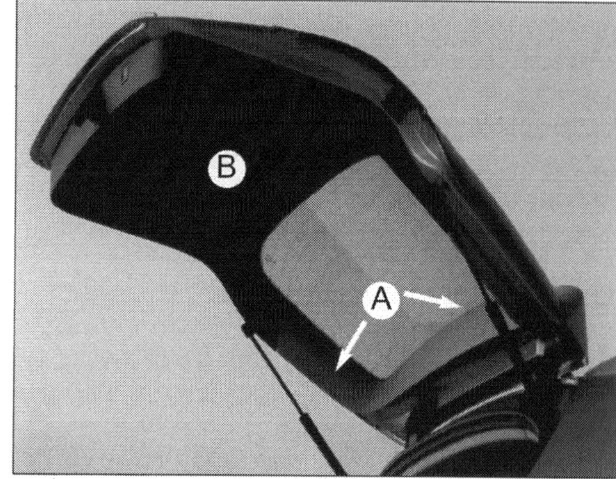

Zweiteiler: Die Verkleidung besteht aus der Fensterrahmeneinfassung (A) und dem unteren Teil (B)

Benötigtes Werkzeug:

- 15erTorx-Schraubenzieher
- Montagekeil

Ausbau untere Verkleidung:

■ Lösen Sie zuerst die Kreuzschlitz-Schrauben (je eine) in den beiden Griffmulden der unteren Verkleidung (s. Bilder 1 und 2).

■ Öffnen Sie nun die Klappe des Warndreiecks und entnehmen Sie dieses. Dahinter werden zwei Schrauben sichtbar (s. Bild 3). Diese beiden Schrauben herausdrehen.

■ Ziehen Sie jetzt die Verkleidung von der Heckklappe ab, indem Sie an den Griffmulden ziehen. Lösen Sie alle übrigen Halteklammern (insgesamt 10 Stück). Danach mit einem Keil die Verkleidung seitlich von der Verkleidung des Fensterrahmens lösen (Bild 4).

■ Bei der Ausstattungsvariante mit automatischem Heckdeckel nun die Steckverbindung lösen.

■ Anschließend können Sie die Verkleidung komplett von der Heckklappe abnehmen.

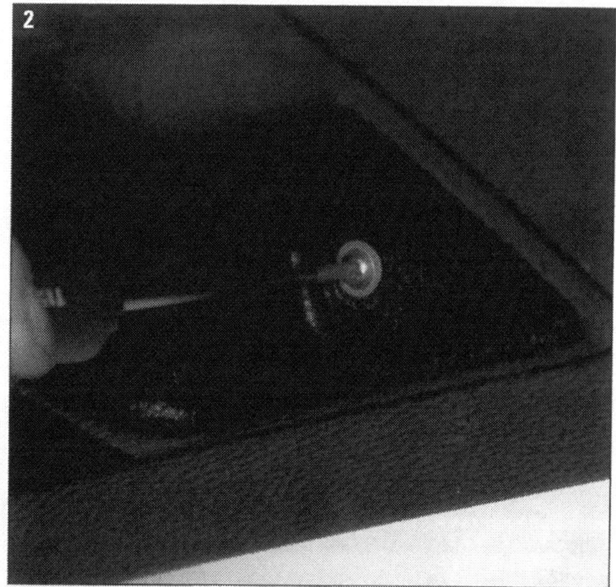

Einbau untere Verkleidung:

■ Der Einbau erfolgt in umgekehrter Reihenfolge. Die Klammern sind zuvor auf Beschädigung zu prüfen und ggf. zu erneuern. Achten Sie beim Einbau der unteren Verkleidung auf den richtigen Sitz der Halteklammern (s. Bild 5).

Ausbau obere Verkleidung des Fensterrahmens:

■ Zunächst untere Verkleidung wie vorhergehend beschrieben ausbauen.

■ Lösen Sie die Fensterrahmenverkleidung durch kräftiges Ziehen an den Seiten nach innen vom Fensterrahmen.

■ Entnehmen Sie die oberen Halteklammern aus den Aufnahmen im Fensterrahmen (herausziehen).

■ Nun können Sie die Fensterrahmenverkleidung von der Heckklappe abnehmen.

Einbau obere Verkleidung des Fensterrahmens:

■ Die Klammern sind vor dem Einbauen der Fensterrahmenverkleidung auf Beschädigungen zu prüfen und ggt. zu erneuern. Achten Sie auch beim Einbau der oberen Verkleidung auf den Sitz der Halteklammern (s. Bild 5).

■ Der restliche Einbau erfolgt dann in umgekehrter Reihenfolge.

3

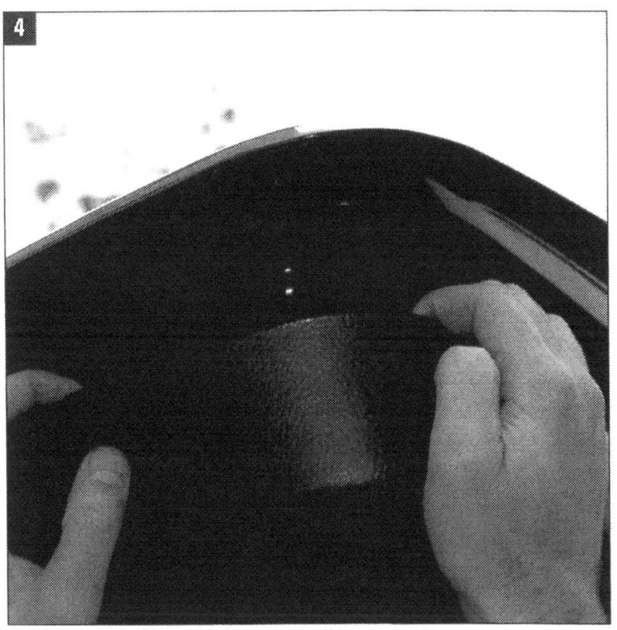
4

5

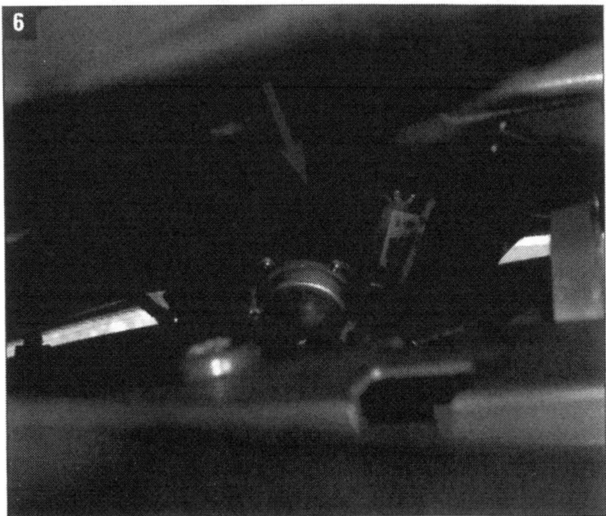
6

Heckscheibenwaschanlage: Der Motor und die Mechanik des Wischers finden Sie hinter der Abdeckung (s. Pfeil)

Mobiles Telefonieren im Passat

Selbstverständlich wollen Sie auch in Ihrem Passat immer und überall erreichbar sein. Denn auch die Zeit während der Fahrt will sinnvoll genutzt werden. Da bietet es sich an, Terminabsprachen und Privatgespräche von Unterwegs mit dem Handy zu führen. Aber Vorsicht: Telefonieren am Steuer lenkt ab und erhöht das Unfallrisiko! Nicht umsonst untersagt der Gesetzgeber daher die Handynutzung im Auto ohne eine Freisprecheinrichtung.

Welche Lösungen gibt es aber für den Passat, auch wenn beispielsweise die Mobiltelefonvorbereitung ab Werk nicht vorhanden ist oder das neue Handy nicht mehr in die Halterung passt? Zunächst einmal die schlechte Nachricht: Der Festeinbau, wie es ihn ab Werk gibt ist so gut wie nicht nachrüstbar. Denn der nachträgliche Einbau sowohl der einfachen Mobiltelefonvorbereitung als auch der Premium-Ausführung ist technisch sehr aufwendig und daher teuer. Diese Option wird somit in der Regel auch nicht angeboten.

Dennoch bieten auch VW-Händler **gleichwertige oder ähnliche Einbauten**, die aber auch mit einem vergleichbaren Preis von ca. 600–800 Euro aufwarten. Ihre beiden Hauptargumente sind die Außenantenne (meist an der Seitenscheibe angebracht) und die Anbindung des Handys zum Laden. Dadurch wird das Risiko der elektronischen Beeinflussung Ihres Bordnetzes minimiert.

Ist die **universelle Handyvorbereitung** zwar eingebaut **aber das Handy passt nicht** mehr (z.B. nach einem Handywechsel oder Halterwechsel des Passats) sieht die Sache schon anders aus: Haben Sie ein Handy mit Bluetooth und Handsfree-Profile (ab Stand 1.0) kann ein Bluetooth-Adapter in den Aufnahmehalter eingesetzt werden. Der Adapter ist für ca. 110 Euro bei VW erhältlich.

Nun muss nur noch die Initialisierung mit Ihrem Mobiltelefon erfolgen und schon kann dieses mit der Freisprecheinrichtung Kontakt aufnehmen. Vorteil: Das Handy kann in der Tasche bleiben. Dies ist zugleich aber auch der Hauptnachteil: Denn dort kann es nicht bedient werden und wird auch weder geladen noch ist es an eine externe Antenne angebunden. Eine passende Ersatzschale kostet etwa das gleiche, ist dafür aber nicht für jedes Handy erhältlich (aktuelle Infos dazu unter www.vw-zubehoer.de).

Wer die Kosten oder den Aufwand eines Festeinbaus (Verkabelung etc.) scheut und keine Mobilfunkvorbereitung in seinem Passat hat, dem bleibt noch die Al-

VWs Musterlösung: Bei der Mobiltelefonvorbereitung „Premium" (nur ab Werk) wird das Handy in der Mittelarmlehne verstaut und kann über die ausfahrbare Zifferntastatur bedient werden

Lösung nach Handywechsel: Ist die Mobiltelefonvorbereitung (auch im Businesspaket enthalten) eingebaut, muss die Handyhalterung (Schale) dennoch zum eigenen Mobiltelefon passen. Ist dies nicht der Fall kann dieser Bluetoothadapter anstatt des Handys eingesetzt werden, der Ihr Gerät mit der Freisprechanlage verbindet

Drahtloser Anschluss per Bluetooth: Die Anbringung an der Sonnenblende sorgt auch für gute Sprachverständigung

ternative **drahtlose Freisprecheinrichtung**. Diese werden bequem per Bluetooth ans Handy angeschlossen und sorgen mittels eingebautem Mikrofon und Lautsprecher für eine akzeptable Gesprächsqualität. Besonders empfehlenswert sind Geräte, die an der Sonnenblende des Fahrers befestigt werden. Ein ausklappbares Mikrofon nahe des Fahrerkopfes sorgt dafür, dass Störgeräusche minimiert werden. Ein integrierter Akku sorgt für mehrere hundert Stunden Standby und kann an der heimischen Steckdose aufgeladen werden. Empfehlenswerte Geräte gibt es bereits ab ca. 80 Euro.
Günstiger geht es nur noch mit einem passenden (schnurgebunden oder auch drahtlosen) **Headset**. Wichtig ist dabei der Rufannahmeknopf. Mit welchem meist auch die Spracheingabe des Handys aktiviert werden kann.
Fazit: Wer auf die Mobiltelfonie im Passat (ohne Mobiltelefonvorbereitung) nicht verzichten will oder kann, hat verschiedene Möglichkeiten zur Auswahl. Headsets sind günstig in der Anschaffung, einfach in der Handhabung und bieten dennoch eine gute Sprachqualität. Bluetooth-Freisprechanlagen aus dem Zubehör sind ebenfalls erschwinglich und ersparen Ihnen den Kabelsalat im Innenraum. Bei beiden wird aber weder das Handy geladen noch an eine Außenantenne angeschlossen. Etwas tiefer in die Tasche greifen müssen Sie bei der Nachrüstung einer fest installierten Freisprechanlage. Achten Sie darauf, dass Ihr Handy auch in einer vernünftigen Halterung mit Strom- und Antennenanschluss aufgehoben ist. Das Risiko elektronischer Wechselwirkung ist dadurch minimiert und Sie können ohne Probleme und bequem das Gerät auch während der Fahrt bedienen.

Mobiles Navi mieten

Der normale Berufspendler kennt seine täglichen Weg zur Arbeit nur allzu genau und bewegt sich in aller Regel auch nur selten in fremder Umgebung. Die Anschaffung eines Navis ist für ihn daher auch überflüssig. Anders sieht es bei der Fahrt ans Urlaubsziel aus. Dann kann das Navi zum Hinkommen und für alle Strecken vor Ort hilfreich sein. Lohnt es sich aber hierfür gleich ein Gerät teuer zu kaufen? Wohl kaum, hat man sich nun auch bei VW gedacht und bietet daher den Kunden nun auch die Möglichkeit ein mobiles Navi zu mieten. Erkundigen Sie sich einfach rechtzeitig vor Fahrtantritt bei Ihrem VW-Vertagshändler nach aktuellen Preisen und leihbaren Geräten.

Multimediabuchse nachrüsten

Zum Anschluss externer Audioquellen wie beispielsweise einem iPod eignet sich die für ca. 35 Euro (zzgl. Einbaukosten, Einbauzeit ca. 1 Stunde) bei VW nachrüstbare Multimediabuchse mit einem Aux-in Stecker als Anschlussbuchse. Das Abspielgerät (auch CD-Player oder Walkman) verschwindet unauffällig im Handschuhfach, was den Fahrer auch nicht dazu verleitet sich allzu sehr durch die Bedienung des Gerätes ablenken zu lassen. Die Ausgabe des Tons erfolgt dann selbstverständlich über die Lautsprecher Ihres Passats.

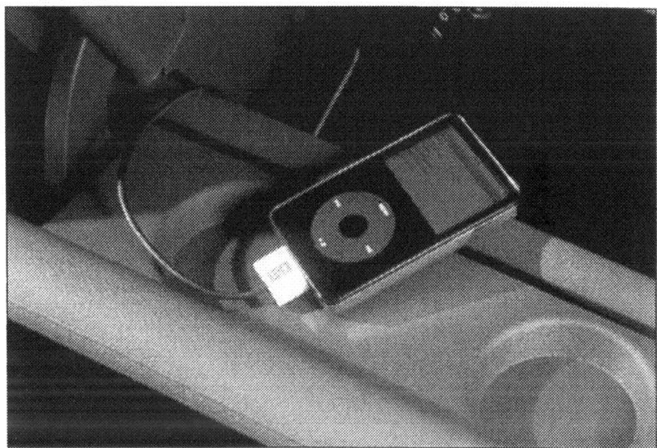

Aux-In für MP3-Player: Bei VW gibt es für vertretbare Kosten iPod-Hörgenuss auch in Ihrem Passat

Verstaumöglichkeiten

Das Ladegut im Kofferraum will sicher und unauffällig verstaut sein. Um in der Limousine auch den Raum unterhalb des Kofferraumbodens sinnvoll nutzen zu können, ist der Wanneneinsatz aus dem Zubehörprogramm von VW empfehlenswert. Dieser wird einfach anstelle des Ersatzrades eingesetzt. Lose Gepäckstükke beim Variant sichern Sie hingegen auch ohne Gepäckraummanagementsystem einfach mit dem Gepäkraumnetz. Dem Verrutschen kleiner Gegenstände auf der Ladefläche ist damit ein Ende gesetzt. Das Netz wird einfach in die vorhandenen Ösen eingespannt.

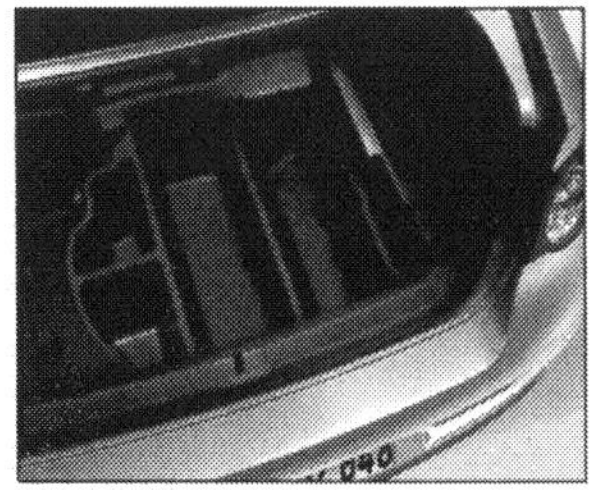

STÖRUNGSBEISTAND

Elektrische Fensterheber

Störung	was kann das sein?	was kann ich tun?
A Fensterscheibe wird nur in eine Richtung verstellt	**1** Schalter defekt	Schalter auswechseln
B Fensterscheibe wird in keine Richtung verstellt	**1** Fensterscheibe in den Führungen schwergängig, Sicherung wegen Überlastung des Motors durchgebrannt	Fensterscheibe in den Führungen gängig machen, Sicherung erneuern
	2 Motor läuft nicht, obwohl die Sicherung in Ordnung ist	Spannung direkt an die Motoranschlüsse legen. Wenn der Motor jetzt läuft liegt der Fehler in der Zuleitung. Läuft der Motor nicht, diesen auswechseln
C Fensterscheibe wird im ganzen Verstellbereich zu langsam verstellt	**1** Fensterscheibe in den Führungen verklemmt	Spiel der Scheibe prüfen, ggf. korrigieren
	2 zu hohe Reibung in der gesamten Mechanik	Mechanik ohne Scheibe auf Reibungsverluste überprüfen, ggf. erneuern (lassen)
	3 Kabelverbindungen defekt oder oxidiert	Überprüfen, reinigen, ggf. auswechseln
	4 Schalter defekt oder oxidiert	Überprüfen, ggf. auswechseln
D Fensterscheibe wird an der oberen Grenze des Verstellbereichs zu langsam verstellt	**1** Fensterscheibe in den Führungen verklemmt	Spiel der Scheibe prüfen, ggf. korrigieren

Zentralverriegelung

Störung	was kann das sein?	was kann ich tun?
A Verriegelung funktioniert nicht	**1** Sicherung durchgebrannt	Erneuern
	2 Motor der Fahrer oder Beifahrertür defekt	Funktion überprüfen, ggf. auswechseln
	3 Verkabelung unterbrochen	Überprüfen, ggf, erneuern lassen
B Schlösser werden entriegelt aber nicht verriegelt	**1** Mehrfachstecker an Motor und Türkasten locker oder oxidiert	Auf festen Sitz kontrollieren, ggf. reinigen
	2 Schalter in Servomotor defekt	Durchgangsprüfung an den entsprechenden Motorklemmen durchführen
C Schlösser verriegelt aber nicht entriegelt	**1** Mehrfachstecker an Motor und Türkasten locker oder oxidiert	Auf festen Sitz kontrollieren, ggf. reinigen
	2 Schalter in Servomotor defekt	Durchgangsprüfung an den entsprechenden Motorklemmen durchführen
D Eines der Schlösser funktioniert nicht	**1** Schalter in Servomotor defekt	Durchgangsprüfung durchführen
	2 Kabel- bzw Steckerverbindung am Servomotor oder Türkasten defekt	Überprüfen, ggf. instand setzen
	3 Mechanische Übertragungsteile klemmen	Teile auf Funktion überprüfen und festen Sitz kontrollieren. Ggf. Teile etwas fetten, verschlissene Teile auswechseln

Die Karosserie

Dank der geringen Spaltmaße und der soliden Verarbeitung der Karosserie haben Sie ein schön anzusehendes, sicheres und komfortables Fahrzeug. Das bringt allerdings auch den Nachteil, dass einige Arbeiten sehr umfangreich werden können.

Solider Rohbau

Die Karosserie des Passat verleiht ihm nicht nur ein elegantes Erscheinungsbild, sondern sorgt mittels der durchdachten Strukturbauweise auch für höchste passive Sicherheit.
Die hohe Fertigungsgüte zeigt sich auch an den geringen Spaltmaßen der Karosserieteile zueinander und ist zugleich Garant für die im Vergleich zum Vorgänger nochmals verbesserte Steifigkeit. Ermöglicht wird dies durch die clevere Kombination unterschiedlicher Fertigungsverfahren sowie dem Einsatz verschiedener Stahlarten. Die selbsttragende Karosserie des Passat beinhaltet die Bodengruppe, die Seitenteile, das Dach und die hinteren Kotflügel. Diese Baugruppen sind fest miteinander verschweißt und bilden einen sehr stabilen und verwindungssteifen Verbund bei gleichzeitig geringem Gewicht.
Die Verbesserungen im Vergleich zum Vorgänger sind beeindruckend und zugleich Folge des intelligenten Materialmixes mit unterschiedlichen Festigkeiten bei den Strukturelementen. Schwerpunkte der Optimierung sind die passive Sicherheit, der Leichtbau sowie der Fußgängerschutz. Erreicht wurde dies durch den Einsatz höchstfester und gleichzeitig warmumgeformter Stahlbleche. Durch deren Einsatz gelang es sogar das Gewicht der Karosserie ohne Einbußen der Festigkeit um ca. 20 kg zu verringern.
Aber auch bei der Rostvorsorge hat VW viel aus der Vergangenheit gelernt. Besonders die Karosserien aus den siebziger Jahren waren nämlich kaum gegen Langzeitschäden durch Korrosion geschützt und verrotteten regelrecht von innen nach außen. Später wur-

Roboter beim Rohbau: Die einzelnen Strukturteile des Unterbaus werden durch Schweißen zusammengefügt

Auf Tauchgang: Das Vollbad dient zur Grundierung der Rohkarosse und sorgt für den späteren Korossionsschutz

Materialmix: Die A-Säule, Außen-Schweller, Sitzkonsolen und der Längsträger hinten bestehen aus höchstfesten Stahlblechen. Warmumgeformte und damit noch festere Bleche finden sich am Stoßfängerquerträger, dem Querträger im Fußraum, am Schweller innen, am Mitteltunnel, im Bereich der A-Säule und des Dachrahmens und an der B-Säule

den die Unterseiten mit Unterbodenschutz behandelt und alle Hohlräume sehr großzügig mit Wachs geflutet. Aber erst die heute übliche Vollverzinkung wirkt zuverlässig gegen Korossion damit der Zahn der Zeit nicht allzu schnell häßliche Spuren im Blechkleid hinterlassen kann.

Basis ist eine gelungene Plattform

Die Strategie eine gemeinsame Plattform für viele verschiedene Fahrzeuge zu verwenden, haben wir bereits im Kapitel "Das Modell" erläutert. Selbstverständlich wird diese Modulbauweise auch beim Passat beispielhaft eingesetzt. Die hier verwendete Plattform namens PQ46 ist sogar so flexibel, dass VW sie beispielsweise auch beim eleganten Cabrio-Coupé VW Eos einsetzt.
Die Benennung der Plattform ist dabei nicht willkürlich sondern eine Codierung die wie folgt entschlüsselbar ist:
P = Plattform
Q = quer eingebauter Motor
(analog: L = längs eingebauter Motor)
4 = Fahrzeugklasse (4 entspricht der Passatklasse)
6 = 6. Generation (hier Passat B6)
Der Vorgänger (die fünfte Generation mit längs eingebauten Motor) nutzte also die Plattform PL45.

Aufbau und Struktur

Wie bei den meisten Pkw bildet auch beim Passat die Bodengruppe mit den Seitenteilen und dem Dachrahmen sowie den Längsträgern einen fest verschweißten Unterbau, an welchen die einzelnen Karosseriebleche wie Motorhaube, vordere Kotflügel, Türen und Heckdeckel angeschraubt sind.
Die Front- und Heckscheiben stabilisieren die Karosserie zusätzlich und verleihen der Karosserie erst nach ihrem Einsetzen die endgültige Steifigkeit. Aber auch die Verglasung trägt bei einem modernen Auto zu einem großen Teil zur Versteifung bei: Die Scheiben sind daher bei der Limousine vorne und hinten, beim Variant auch an den hinteren Seitenfenstern flächenbündig eingeklebt. Zum Tausch der Scheiben ist daher ein breites Werkzeugspektrum samt diverser Hilfsmittel erforderlich. Leider ist ein Scheibentausch somit kein Fall für die heimische Garage mehr. Doch kein Problem: Glasschäden sind aber in aller Regel über den Kaskoschutz Ihrer Versicherung abgedeckt, kleine Schäden lassen sich sogar reparieren.

WISSENSWERTES

Die Plattform-Strategie bei VW

Unter einer Plattform versteht man die technische Basis auf der verschiedene Modelle aufgebaut werden. Sie ist die Verbindung zwischen dem Radhaus sowie Chassis und hat so gut wie keinen Einfluß auf die Karosserieform (Außenhaut). Die Vorteile der Plattformbauweise sind vielfältig. VW nutzt Plattformen bei den unterschiedlichen Marken innerhalb des Konzernverbunds. Die daraus resultierenden Synergieeffekte führen sowohl in der Entwicklung als auch der Produktion zu einer enormen Kostenreduzierung. Ein wesentliches Merkmal der gemeinsamen Plattform sind das Fahrwerk und der Antrieb. Baugleiche Fahrzeuge beispielsweise, die sich nur durch das Kühlerlogo unterscheiden, können durch gemeinsame Crashtests Kosten sparen. Unterschiedliche Karosserie-Ausführungen wie Limousine, Kombi oder Schrägheck basieren meistens ebenfalls auf der gleichen Plattform, die sich oft nur in der Länge unterscheidet. Eine Einteilung, in wie weit sich Fahrzeuge der Plattformbauweise nach gleichen, ist recht komplex. Es kann aber nach folgenden Abstufungen unterschieden werden:

- Baugleichheit: Unterschied nur durch Logo, Kühlerblende und ggf. andere Scheinwerfer.
- Gleiche Plattform: Verschiedene Karossen haben die selben Fixpunkte, somit kann Motor, Getriebe und Radaufhängung ausgetauscht werden.
- Gleiche Bodengruppe: Der untere Abschnitt der Karosserie ist identisch.

Sicherheitshinweise für die Arbeiten an Karosserie- und Anbauteilen

Reparaturarbeiten an der Karosserie im größeren Umfang sowie am Schiebedach, empfehlen wir Ihnen in einer Fachwerkstatt ausführen zu lassen. Die Motorhaube, Heckklappe, Türen und die vorderen Kotflügel sind durch die Schraubverbindung relativ einfach auszuwechseln. Jedoch sind die nötigen und hochpräzisen Einstellarbeiten nach der Montage nicht zu vernachlässigen oder zu unterschätzen.
Es erfordert sehr viel Geschick und Erfahrung um die vorgegebenen Spaltmaße exakt einzuhalten. Ein nicht gleichmäßig verlaufender Luftspalt an der Tür kann beispielsweise zu erhöhten Windgeräuschen führen oder ein lästiges Klappergeräusch im Fahrbetrieb pro-

vozieren. Aus diesen Gründen sehen wir von einer Montage und Einstellanleitung dieser Bauteile in diesem Band ab.
Kleinere Beulen und Kratzer, beispielsweise nach einem harmlosen Rempler, lassen sich zumeist kostengünstiger mittels sogenannter Smart-Repair-Methoden wieder beseitigen. Dabei wird gezielt und mit vergleichsweise geringem Aufwand nur die entsprechende Schadstelle behandelt. Das Ergebnis ist meist ohne Tadel und braucht den Vergleich zur wesentlich teureren Reparatur in der Lackiererei nicht scheuen (näheres dazu auch im Kapitel „Werterhalt").
Für das Do-it-yourself gibt es Selbstreparatursets. Diese enthalten eine Airbrush-Lackpistole die entweder mittels Reifendruck (Ersatzrad) oder Treibgasflasche (Baumarkt) betrieben wird und mit welcher Sie kleine Lackmängel, besser als nur mit dem Lackstift ausbessern können. Zur Entnahme geringer Lackmengen eignet sich dann wiederum der Lackstift.
Doch Vorsicht sollte nach allzu heftigen Kollisionen geboten sein: Schäden am Rahmen können ohne Spezialkenntnisse und schon gar nicht in der heimischen Werkstatt gerichtet werden. Hierfür muss die Fachwerkstatt ran um bei Ihrem Passat auf einer sogenannten Richtbank wieder die ursprüngliche Maßhaltigkeit der Rahmen-Konstruktion herzustellen.
Schlecht reparierte Unfallschäden machen sich also gleich doppelt schlecht: Neben optischer (wertmindernden) Mängel, wie beispielsweise schräger Fugenverläufe, ist der Wagen bedingt durch einen verzogenen Rahmen meist auch erheblich in seinen Fahreigenschaften beinträchtigt.

Vorsicht bei Lackierarbeiten

Wird Ihr Passat nach Lackierarbeiten zum Aushärten des Lacks in den Trockenofen, muss sichergestellt sein, dass ihr Fahrzeug nicht über 80 °C hinaus erwärmt wird. Es besteht sonst die Gefahr, dass der Überdruck in der Klimaanlage zu Undichtigkeiten führen kann. Darüber hinaus kann es zu Beschädigung an elektrischen Komponenten kommen.

Arbeiten an Kunststoffteilen

Diverse Kunststoffteile, Verkleidungen und Deckel sind mit unterschiedlichen Halteclips und Spreiznieten gesichert. Verwenden sie vom Hersteller empfohlene Kunststoffkeile und Hebel um diese fachgerecht auszubauen und keine bleibenden Macken an der

⚠ Karosseriearbeiten

GEFAHRENHINWEIS

Gurtstraffer: Bei Fahrzeugausstattungen mit Gurtstraffern, die bei einem Crash die Sicherheitsgurte schlagartig anziehen, ist besondere Vorsicht geboten. Aktiviert werden die Gurtstraffer von elektrisch gezündeten Gasgeneratoren. Dieses Rückhaltesystem ist fürs Do-it-yourself tabu. Montage und Demontage der Gurtstraffer sind Sache der Werkstatt, die dabei strenge Sicherheitsvorschriften einhalten muss. Wenn Sie an der Karosserie arbeiten, dürfen Sie nicht ohne weiteres in der Umgebung der Gurtrolle mit Schlagschrauber oder Hammer arbeiten – die Gurtstraffer reagieren empfindlich auf Vibrationen und harte Schläge und können auslösen. Ziehen Sie zur Sicherheit vor allen Arbeiten unter dem Fahrzeug die Sicherung für die Gurtstraffer ab und warten Sie fünf Minuten, bis sich die Kondensatoren entladen haben.
Verzinkung: Die Karosserie ist außen elektrolytisch- und innen feuerverzinkt. Bei Schweißarbeiten entsteht giftiges Zinkoxid. Sorgen Sie für gute Belüftung am Arbeitsplatz.
Klimaanlage: Es dürfen keine Schweiß- oder Lötarbeiten durchgeführt werden, bei denen sich Teile der Klimaanlage erwärmen können. Der Kältemittelkreislauf darf nicht geöffnet werden.
Elektrische Anlage: Soweit Schweißarbeiten oder andere Funken erzeugende Arbeiten durchgeführt werden, müssen grundsätzlich die Batterie abgeklemmt und beide Batterieklemmen (+) und (-) sorgfältig isoliert werden.

Zierleiste vorn (unten): Nach dem Abschrauben der Nebellampenverkleidung kann die Leiste ausgeclipst werden

Oberfläche angrenzender Teile zu hinterlassen. Einen Kunststoffkeil können Sie zudem auch für die meisten Arbeiten im Innenraum (entsprechendes Kapitel) verwenden. Noch ein Wort zu den Kunststoffteilen: Wie spröde oder elastisch sich ein Kunststoffteil verhält ist in großem Maße von der Umgebungstemperatur abhängig. Seien Sie daher bei kalten Außentemperaturen besonders vorsichtig beim Hantieren mit Kunststoffteilen. Es besteht erhöhte Bruchgefahr!

Arbeiten an der elektrischen Anlage

Wenn Sie Arbeiten an der Karosserie durchführen werden Sie zwangsläufig mit elektrischen Komponenten konfrontiert. Bedenken Sie, dass bei Arbeiten an der elektrischen Anlage grundsätzlich die Batterie abzuklemmen ist. Seien Sie sich darüber im Klaren, dass das Lösen einer Steckverbindung bereits als Eingriff in die Elektronik gilt. Nähere Hinweise zum Thema Batterie ab- und anklemmen entnehmen Sie bitte dem Kapitel „Elektrik“.

Schläge und Erschütterungen

Während der Arbeiten an der Karosserie sind Hammerschläge und Erschütterungen teils unumgänglich. Um ein unbeabsichtigtes Auslösen von Sicherheitskomponenten wie Airbag oder Gurtstraffer zu verhindern unbedingt die Batterie abklemmen und Sicherheitshinweise der Airbagkomponenten beachten! Hinweise hierzu entnehmen Sie bitte auch dem Kapitel „Innenraum“.

Klimaanlage

Halten Sie sich bei Karosseriearbeiten fern von Komponenten der Klimaanlage. Der Kühlmittelkreislauf darf nicht geöffnet werden. Austretendes Kühlmittel kann bei Berührung schlimme Erfrierungen verursachen. Ebenfalls sollten Sie es dringend vermeiden den Klimakomponenten hohe Wärme zuzuführen. Das beinhaltet ein Verbot von sämtlichen Schweiß- und Lötarbeiten an Teilen der Klimaanlage sowie in deren Umfeld.

Schweißarbeiten

Sind Schweißarbeiten am Fahrzeug unumgänglich, ist das Widerstandspunktschweißen anzuwenden. Nur in zwingenden Ausnahmefällen sollten Sie nach Schutzgas-Verfahren arbeiten. Die Fahrzeugkarosserie ist verzinkt. Das bedeutet, dass bei Schweißarbeiten giftiges Zinkoxid entsteht! Sorgen Sie daher für gute Belüftung am Arbeitsplatz! Schweißen, Flexen und andere grobe Arbeiten die Funken bilden, erfordern ebenfalls das Abklemmen der Batterie und Sicherung der Batteriepole. Nähere Hinweise zum Thema Batterie ab- und anklemmen entnehmen Sie bitte dem Kapitel „Elektrik“.

Defekte Kunststoffteile der Karosserie

Beschädigte Kunststoffteile, wie die Stoßfänger, müssen nicht immer gleich ausgetauscht werden. Oftmals ist auch eine Reparatur möglich. Untersuchungen der Automobilhersteller, der Assekuranzen und der DEKRA haben gezeigt, dass fachgerecht reparierte Kunststoffteile den Neuteilen in Funktion, Stabilität und Optik gleichzustellen sind. Inzwischen haben nahezu alle Fahrzeughersteller Freigaben zur Reparatur von Kunststoffteilen erteilt. Eine Reparatur kann für Sie eine Kostenersparnis von bis zu 50% gegenüber einem Neuteil bedeuten. Wenn Sie die Instandsetzung auch noch selbst durchführen und nur die partiellen Lackierarbeiten dem Lackierbetrieb oder Lackdoktor überlassen, wird es noch schonender für ihren Geldbeutel.

Das Angebot an Kunststoffreparatursets ist groß. Bei der Auswahl des richtigen Produktes sollten Sie die Art des zu reparierenden Kunststoffs kennen. Angaben dazu finden sich meist in einem Prägestempel auf der Rückseite des jeweiligen Bauteils. Komplettsets mit vielfältigen Anwendungsmöglichkeiten können in der Erstanschaffung recht teuer werden. Seien Sie sich des Umfangs ihrer Reparaturarbeiten bewusst.

Karosse im Rohbau: In diesem Stadium muss bei Schweißarbeiten noch keine Elektrik geschützt werden

Wartungsarbeiten an der Karosserie

Eine sehr sinnvolle Wartungsarbeit ist die Untersuchung des Unterbodenschutzes sowie des Lackzustandes. Die frühe Entdeckung eines Schadens kann ihnen viel Geld sparen. Prüfen Sie den Unterboden auf Beschädigungen und fehlende Beschichtungen. Schauen Sie auch in den Radhäusern und allen Unterholmen nach! Fehlenden Unterbodenschutz können Sie ganz einfach mit handelsüblichen Produkten nach Herstellerangaben wieder in Ordnung bringen. Die Prüfung des Karosserielacks ist eine zeitaufwendige Sache, wenn Sie die Arbeit sorgfältig ausführen wollen. Im Zuge der Untersuchung sollten Sie jede Tür und jede Klappe geöffnet haben. Achten Sie ganz besonders auf Schäden im Bereich der Karosserieverbindungen.

Alle Bördel und Hilfsrahmen sind ebenfalls anfällige Strukturen. Diese finden Sie vermehrt an der Innenseite der Motorhaube, Heckklappe und den Türen. Haben Sie Mängel festgestellt, sollten Sie diese schnellstens beseitigen. Lackschäden an nicht (von außen) sichtbaren Bereichen lassen sich relativ einfach selbst ausbessern. Ihr VW Händler hat dazu ein breites Angebot an Lackstiften und Mittelchen die sich hierfür eignen. Bei Lackschäden an sichtbaren Stellen sollten Sie die Reparatur ausgebildeten Fachkräften überlassen.

Der kleine Schmierdienst

Grundsätzlich benötigen alle beweglichen Teile Schmierung. Heutzutage sind jedoch die meisten Scharniere und Gelenke selbstdichtend aufgebaut und oft mit einer lebenslangen Fettfüllung versehen. Trotzdem sollten Sie hin und wieder ein Auge auf diese Stellen werfen, den Schmutz äußerlich entfernen und mit einem geeigneten Mittel, wie z.B. ein teflonhaltiges Spray, etwas Schmierstoff an die Drehpunkte bringen. Bewegen Sie die zu schmierenden Teile beim Einsprühen um ein besseres Eindringen des Mittels zu ermöglichen. Zuviel Aufgetragenes sollten Sie am besten gleich wieder abwischen.

Um ein einwandfreies Gleiten der Türen und des Schiebedachs zu gewährleisten, sollten Sie auch diese Stellen hin und wieder etwas schmieren. Entfernen Sie zuerst altes Fett und Schmutz an den in Frage kommenden Stellen. Anschließend fetten Sie die Türfangbänder am besten mit dem Schmierfett VW-G 000 150 ein.

Zum Schmieren der Schiebedach-Führungsschienen benötigen sie ein anderes Mittel! Die genaue Bezeichnung lautet VW-G 000 450 02. Öffnen Sie das Schiebedach ganz und reinigen Sie die jetzt sichtbaren Führungsschienen im Bereich der Lauffläche mit einem Lappen, um sie anschließend mit dem Spezialfett dünn zu bestreichen.

Qualitätssicherung: Der frisch aufgetragene Lack wird hier kurz nach der Lackierstraße in Augenschein genommen. Insbesondere verwinkelte Stellen, wie sie an alle Klappen auftreten, müssen mit der schützenden Lackschicht überzogen sein

Spiegelglas aus- und einbauen

Benötigtes Werkzeug und Arbeitsmittel:

– Montagekeil
– Handschuhe

Vorsicht: Schützen Sie ihre Hände durch Handschuhe oder Lappen und tragen Sie eine Schutzbrille. Schützen Sie auch das Spiegelgehäuse vor Beschädigungen indem Sie es mit einem Textil-Klebeband abkleben!

Ausbau:

■ Drücken Sie das Spiegelglas unten in das Gehäuse hinein, als wollten Sie sich ihre Schuhe im Spiegel ansehen.

■ Führen sie den Montagekeil von oben wie gezeigt ein und hebeln Sie den Spiegel vorsichtig aus dem Halter.

■ Ziehen Sie die beiden Anschlusskabel der Spiegelheizung ab. Dabei auf die Kontakte achten!

Einbau:

■ Kabel der Spiegelheizung einstecken.

■ Spiegelglas mittig auf den Halter setzen und in der Spiegelmitte drücken bis dieser hörbar einrastet.

■ Überprüfen Sie den Sitz und die Einstellung.

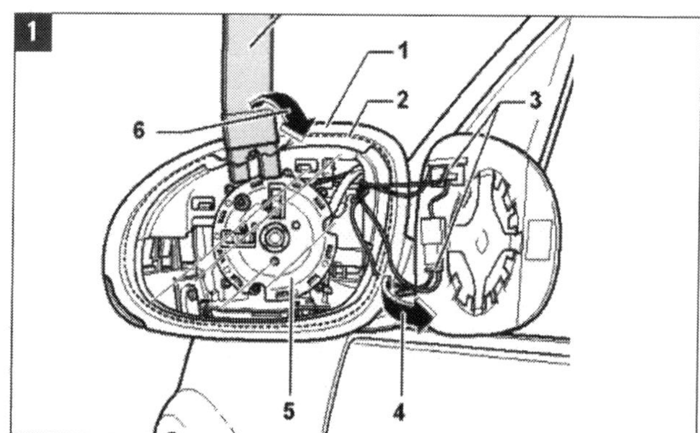

Spiegelgehäuse aus- und einbauen

Bei dieser Arbeit muss zuvor das Spiegelglas ausgebaut werden, wie vorhergehend beschrieben.

Benötigtes Werkzeug:

– kleinen Schlitz-Schraubendreher

Ausbau:

■ Klappen Sie den Spiegel nach vorne.

■ Schraubendreher unter die beiden Rasthaken führen und entriegeln.
Achtung! Der innere Rasthaken ist nur von außen entriegelbar! Führen Sie den Schraubendreher daher zwischen Spiegelgehäuse und Blinkleuchte ein um den Haken zu entriegeln. Dabei besonders vorsichtig vorgehen um die lackierte Fläche nicht zu beschädigen!

■ Das Spiegelgehäuse leicht in Richtung vorn ziehen und nach oben abnehmen.

Einbau:

■ Spiegelgehäuse von oben ansetzen und hörbar einrasten lassen.

■ Spiegelglas einbauen.

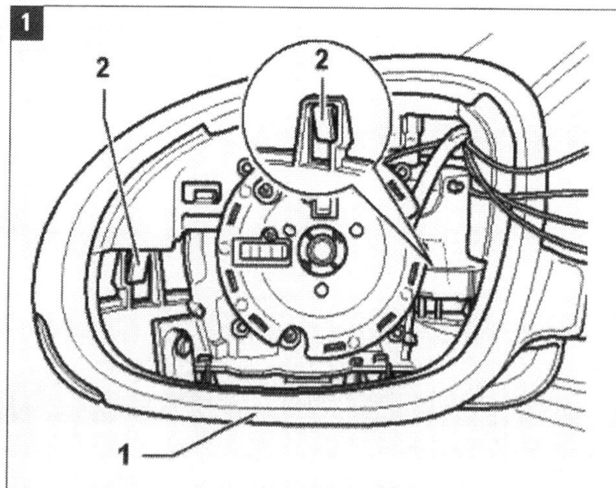

Radhausschalen aus- und einbauen

Die Radhausschalen sind vorn zweiteilig und hinten einteilig ausgelegt. Befestigt sind sie unter anderem mit Spreizmuttern und Schnappmuttern. Diese Teilchen gehen bekanntermaßen gern verloren oder kaputt.
Es ist daher kein Fehler sich schon im Vorfeld mit einigen dieser kleinen Clips einzudecken um für alle Fälle gerüstet zu sein.

Verschraubt und eingeclipst: Die Radhausschalen sind mit mehreren Schrauben und Clips in den Radläufen befestigt

Benötigtes Werkzeug:

– Clipwerkzeug und Schraubenzieher

Ausbau vorn (Zweiteilig):

■ Bocken Sie das Fahrzeug auf und demontieren Sie das Rad an dem Sie die Radhausschale ausbauen möchten.

■ Drehen Sie die 5 Schrauben heraus (Bild 1) und entfernen Sie die beiden Spreizmuttern des hinteren Teils.

■ Nehmen Sie den hinteren Teil heraus.

■ Nun müssen Sie noch 10 weitere Schrauben des vorderen Teils der Radhausschale ausbauen, bevor Sie diese auch herausnehmen können.

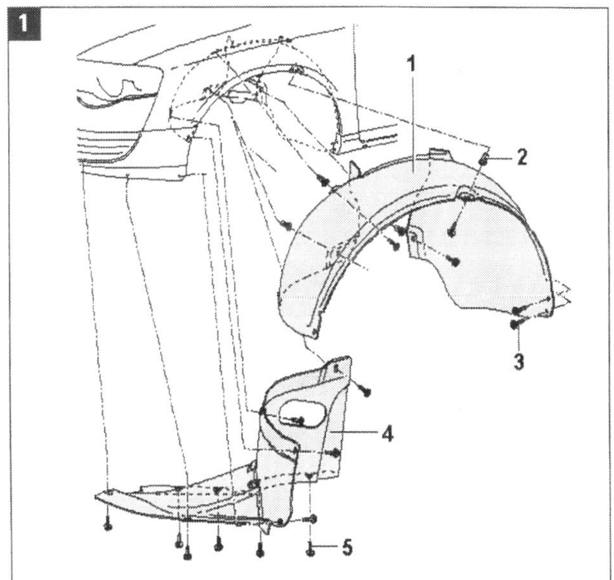

Einbau:

■ Einbau in umgekehrter Reihenfolge durchführen. Achten Sie auf konstruktiv vorgegebene Überlappungen und korrekte Einbaulage.

■ Montieren Sie das Rad und bocken Sie ihr Fahrzeug wieder ab.

Ausbau hinten (Einteilig):

■ Die hintere Radhausschale ist mit 5 Schrauben, 3 Spreizmuttern und 4 Schnappmuttern befestigt (Bild 2). Wenn Sie alle 12 Befestigungen entfernt haben können Sie die Schale hinten abziehen.

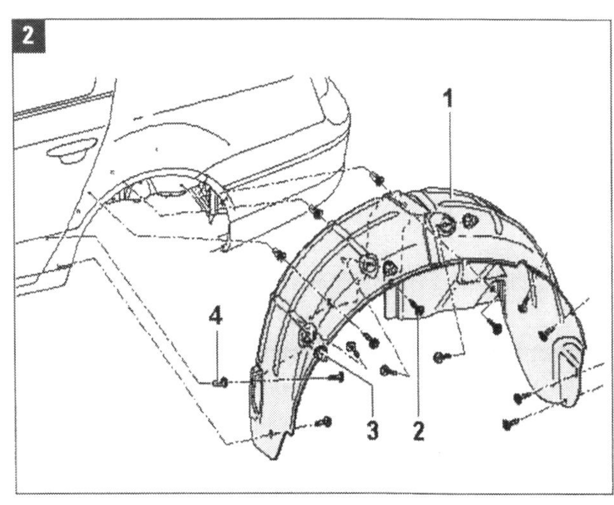

Einbau:

■ Einbau in umgekehrter Reihenfolge durchführen. Achten Sie auf korrekte Einbaulage!

Emblem im Kühlergrill aus- und einbauen

Für diese Arbeit brauchen Sie kein Werkzeug. Voraussetzung ist aber, dass der Kühlergrill bereits ausgebaut wurde.

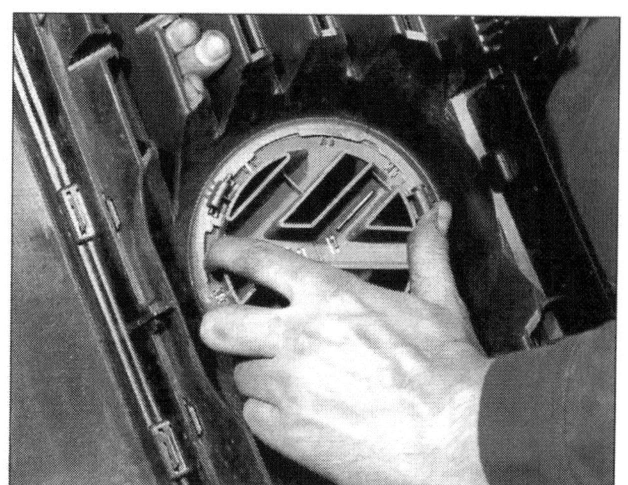

Ausbau:

- Entriegeln Sie die drei Rastnasen auf der Rückseite des Emblems und drehen Sie es erst etwas gegen den Uhrzeigersinn bevor Sie es nach vorn herausnehmen.

Einbau:

- Der Einbau erfolgt in umgekehrter Reihenfolge. Achten Sie auf ein deutliches Einrasten der Rastnasen!

Stoßfängerabdeckung vorne aus- und einbauen

Voraussetzung für diese Arbeit sind die bereits ausgebauten Radhausschalen vorn. Der Kühlergrill muss nicht ausgebaut werden!

Benötigtes Werkzeug:

- einen Helfer
- Ringschlüssel
- Torx
- Messwerkzeug für Spaltmaße

Ausbau:

- Obere 6 Schrauben von oben und untere 7 Schrauben von der Unterseite herausdrehen (Bild 1).

- Beide Schrauben (jeweils links und rechts) an der Innenseite des Stoßfängers herausdrehen.

- Je Seite sind jetzt noch zwei Muttern zu lösen.

- Jetzt können Sie die Stoßfängerabdeckung mit einem Helfer zusammen parallel nach vorne bewegen.

- Ziehen Sie nun alle Schläuche und Steckverbindungen ab.

Einbau:

- Der Einbau erfolgt in umgekehrter Reihenfolge, wobei Sie beim Ansetzen besonders vorsichtig im Bereich der Kotflügel sein sollten. Besser den Bereich abkleben. Achten Sie auf Parallelität und das vorgeschriebene Spaltmaß unterhalb der Scheinwerfer von 1,5 ± 1,0 mm.

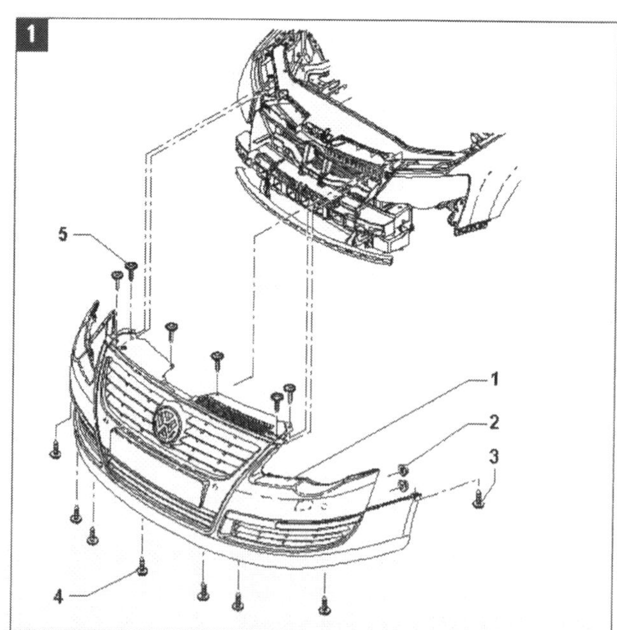

Kühlergrill aus- und einbauen

Benötigtes Werkzeug:

– einen Torx-Schraubendreher

Ausbau:

■ Öffnen Sie die Motorhaube und drehen Sie die 6 Schrauben von oben heraus (Bild 1 und 2).

■ Zwei weitere Schrauben befinden sich an der Unterseite (Bild 1 und 3).

■ Den Kühlergrill nach oben abnehmen (Bild 4).

■ Trennen Sie die vorhandenen Steckverbindungen der elektronischen Bauteile.

Einbau:

■ Den Einbau in umgekehrter Reihenfolge durchführen.

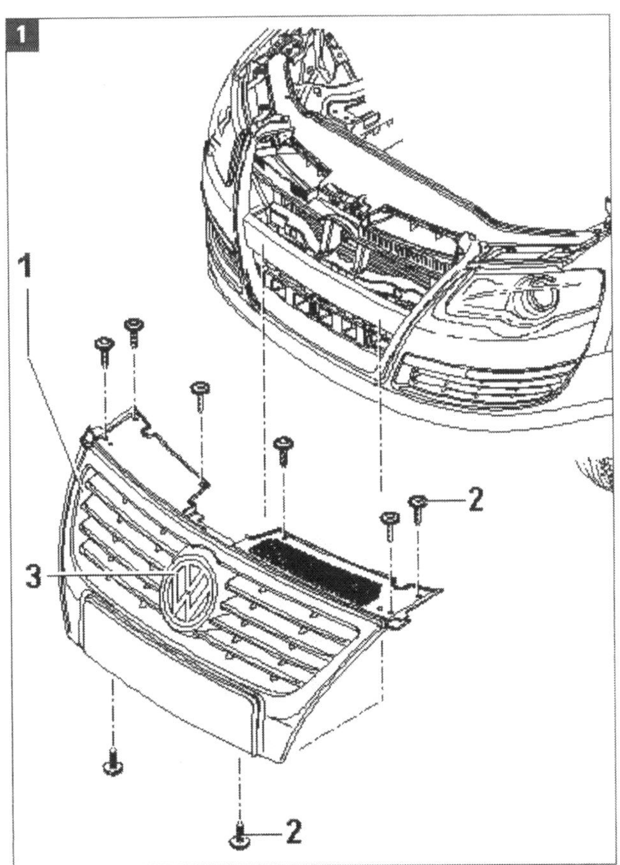

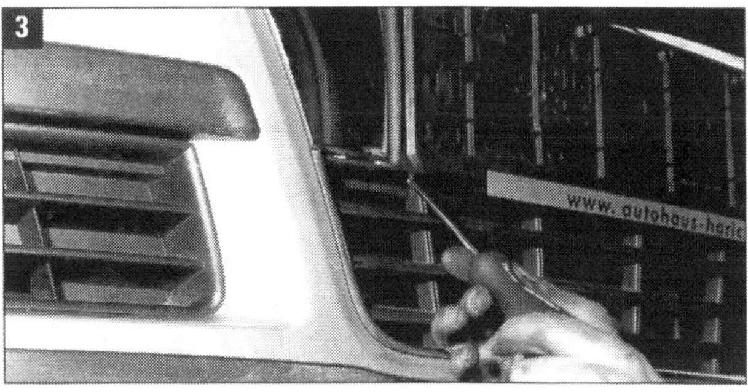

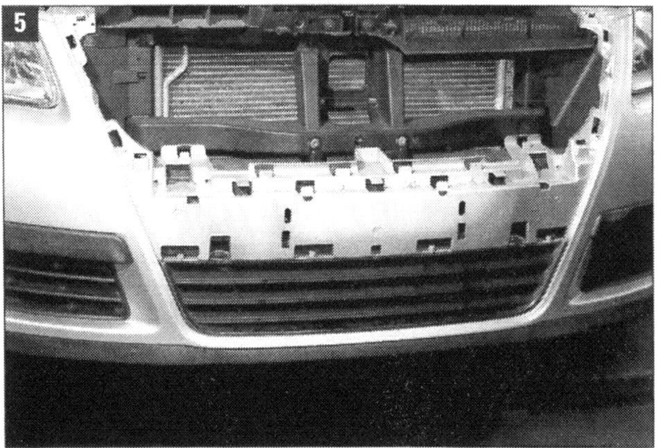

Schutzleiste im vorderen Stoßfänger aus- und einbauen

Benötigtes Werkzeug:

– Schraubenzieher
– Kunststoffkeil

Ausbau:

■ Die Schraube unterhalb des Blinkers lösen (Bild 1).

■ Mit dem Kunststoffkeil nun die Abdeckung vorsichtig ausclipsen (Bild 3 und 4).

■ Die Schutzleiste wird nun ebenfalls mit dem Kunststoffkeil aus der Halterung geclipst. (Bild 4).

Einbau:

■ Der Einbau erfolgt in umgekehrter Reihenfolge.

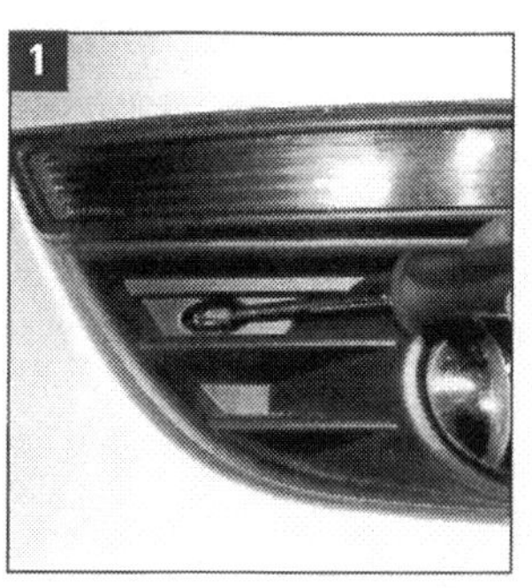
1

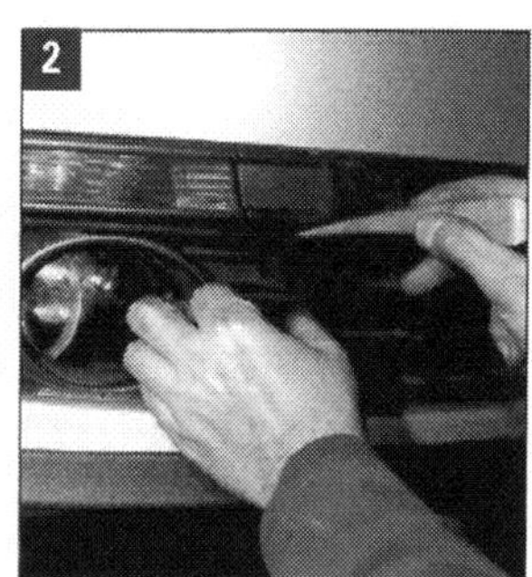
2

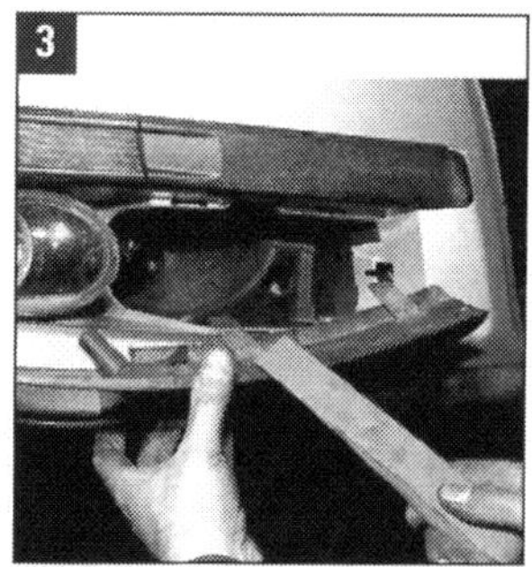
3

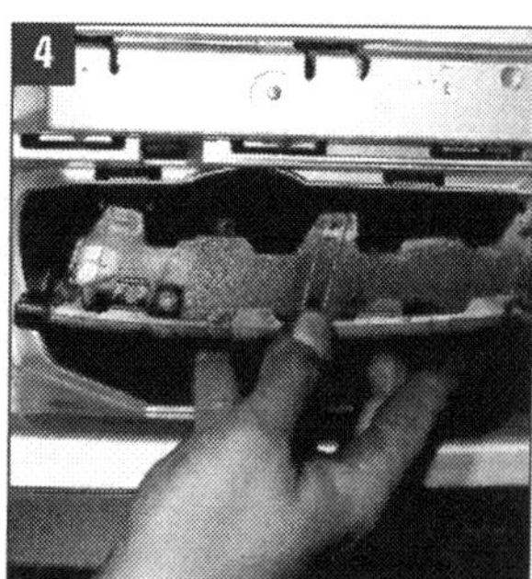
4

Seitenschutzleisten aus- und einbauen

Beim Ausbau der seitlichen Schutzleisten werden diese schnell beschädigt. Sie brauchen also stets neue Leisten zum Einbau. Achten Sie auf eine Mindesttemperatur von ca. 21° Celsius beim Einbau. So können die selbstklebenden Flächen der neuen Leisten optimal haften (Trocknungszeit ca. vier Stunden).

Benötigtes Werkzeug und Material:

– Heißluftfön
– Kunststoffkeil
– Reinigungsbenzin, Silikonentferner und Lappen
– Ersatzschutzleiste

Ausbau:

■ Schutzleiste etwa 10 cm von den Enden entfernt mit dem Heißluftfön erwärmen. (Bild 1)

■ Schutzleisten nun Stück für Stück abziehen und mit dem Kunststoffkeil unterstützend, die Zapfen aus den Bohrungen lösen.

Einbau:

■ Klebefläche entfetten, mit Silikonentferner nacharbeiten.

■ Schutzfolie der selbstklebenden Leiste abziehen, außen in die gebohrten Zapfenlöcher heften und fest andrücken.

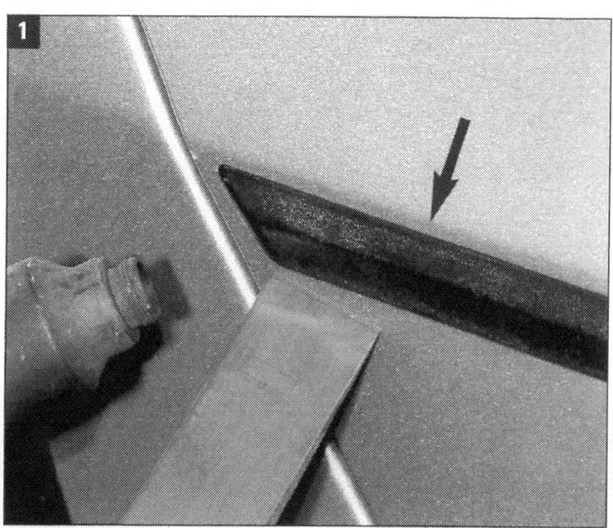
1

Gasdruckfeder aus- und einbauen

Öffnen Sie die Motorhaube bzw. Heckklappe an der Sie die Gasdruckfeder ausbauen möchten. Entweder haben Sie einen Helfer, der ihnen die entsprechende Klappe vor dem Herabfallen sichert oder Sie haben die Möglichkeit die Klappe sicher abzustützen oder hochzubinden. Denn sobald die Gasdruckfeder ausgebaut ist, fällt die entsprechende Klappe nach unten.

Benötigtes Werkzeug:

– kleinen Schlitz-Schraubendreher
– einen Helfer

Ausbau:

■ Zum Entriegeln des Kugelkopfes einen kleinen Schraubendreher, wie gezeigt, unter den Sicherungsbügel führen und leicht anheben. Sicherungsclip nicht ganz aushebeln! Bei ganz ausgehebelter Federklammer besteht die Gefahr die Klammer zu verbiegen, dadurch kann die Gasdruckfeder aus der Aufnahme springen!

■ In diesem Zustand die Gasdruckfeder vom Kugelzapfen abziehen.

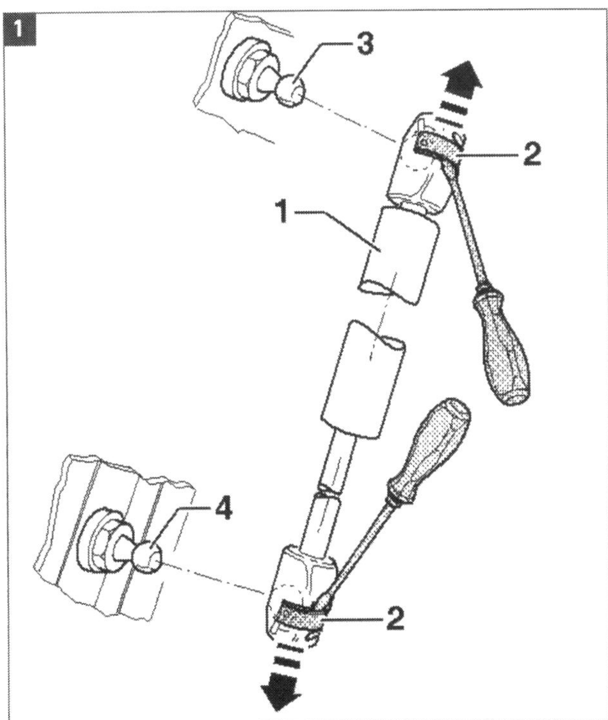

■ Die andere Seite der Gasdruckfeder lässt sich genauso ausbauen.

Einbau:

■ Der Einbau erfolgt in umgekehrter Reihenfolge, wobei Sie sicherstellen sollten, dass die Sicherungsbügel nach der Montage wieder richtig sitzen.

■ Die Kugelzapfen zur Aufnahme der Gasdruckfeder werden mit einem Drehmoment von 23 Nm eingeschraubt.

Noch ohne Hydraulkikstütze: Bei der Montage hilft man sich zur Abstützung der Haube mit einem Fixierstab aus

Stoßfänger hinten aus- und einbauen

Voraussetzung für diese Arbeit sind die bereits ausgebauten Schlussleuchten in den Seitenteilen. Aus- /Einbau siehe Kapitel Elektrik. Die Arbeitsabläufe gelten für das Variant Modell. Das Ab- und Anbauen des Stoßfängers hinten an der Limousine erfolgt ähnlich und ist etwas einfacher.

Sie brauchen dazu:

- einen Helfer
- kleinen Schraubendreher
- Torx-Einsätze
- ggf. Bohrmaschine und Bohrer
- ggf. Nieten und Einziehwerkzeug
- Messwerkzeug für Spaltmaße

Ausbau:

■ Drehen Sie jeweils 4 Schrauben an den Radhausschalen links und rechts heraus.

■ Unmittelbar daneben befindet sich jeweils ein Spreizniet, den Sie mit dem Schraubendreher heraushebeln müssen.

■ Vier weitere Schrauben müssen noch von unten ausgebaut werden, bevor Sie die beiden Verrastungen an der Unterseite lösen können.

■ Je nach Ausführung der Abgasanlage sind noch rechts und links Nieten auszubauen.

■ Drehen Sie die Schrauben unter den Schlussleuchten heraus (je zwei Stück).

■ Jetzt können Sie die Stoßfängerabdeckung mit einem Helfer zusammen parallel nach hinten aus den Führungsprofilen herausziehen.

■ Ziehen Sie nun alle Steckverbindungen ab.

Einbau:

■ Der Einbau erfolgt in umgekehrter Reihenfolge, wobei Sie beim Ansetzen besonders vorsichtig im Bereich der Kotflügel sein sollten. Eventuell den Bereich abkleben. Achten Sie auf Parallelität und das vorgeschriebene Spaltmaß zu den hinteren Kotflügeln von 0 bis 1,5mm.

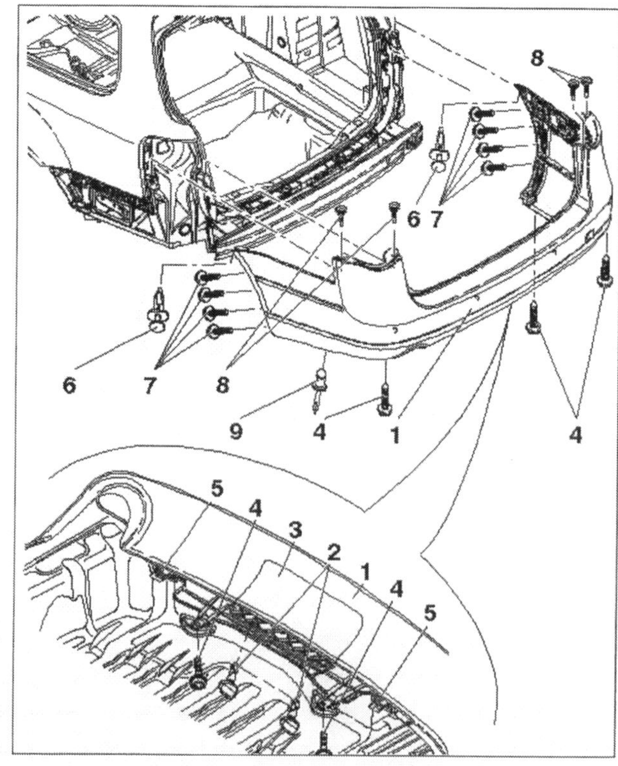

Dachreling aus- und einbauen

Sie brauchen dazu:

– einen Drehmomentschlüssel
– Umschaltknarre mit diversen Aufsätzen

Ausbau:

Um an die vorderen Muttern der Dachreling zu kommen, müssen Sie erst die Halterahmen für die Haltegriffe ausbauen.

■ Drehen Sie hierzu jeweils die beiden Schrauben heraus und entnehmen Sie den Halterahmen (s. Schrauben in Bild 1).

■ Schrauben Sie alle sechs Muttern von den Gewindebolzen ab (Bild 2) und nehmen Sie die Reling nach oben aus den Haltewinkeln heraus.

Einbau:

■ Setzen Sie die Dachreling vorsichtig, beginnend mit dem vordersten Gewindebolzen, auf das Dach.

■ Setzen Sie die Sechskantmuttern an und ziehen Sie diese mit einem Drehmoment von 23 Nm fest.

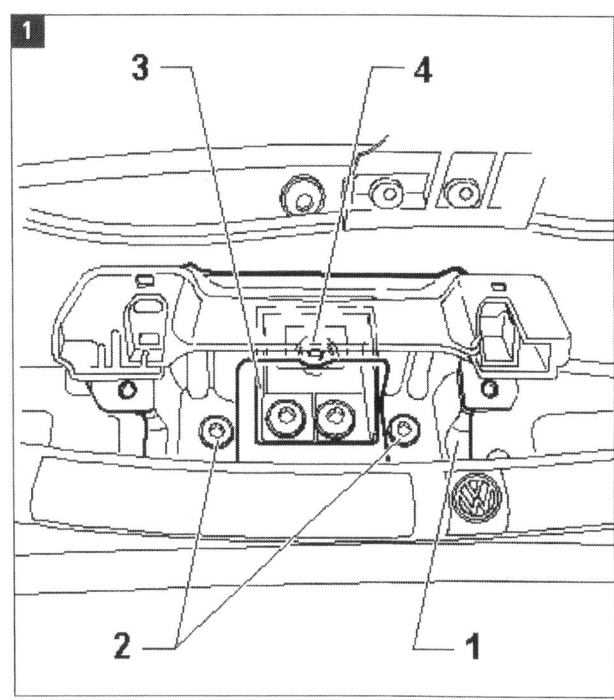

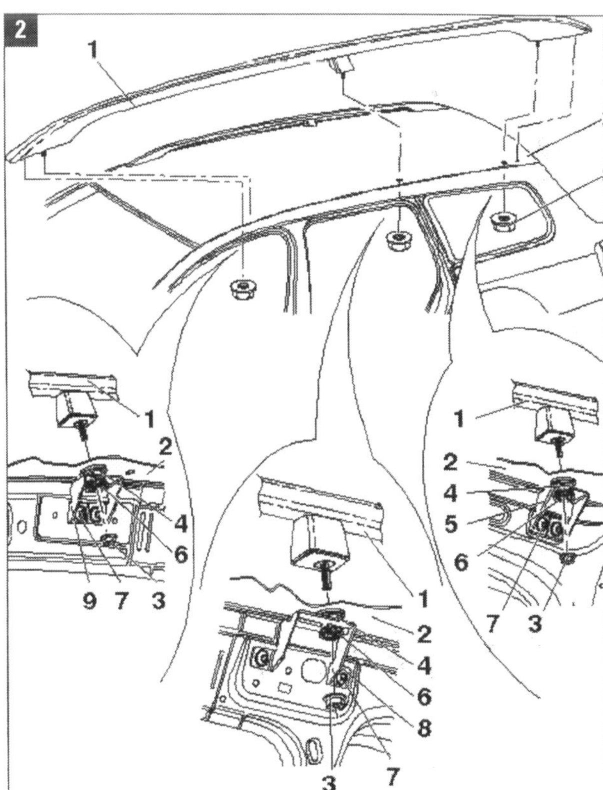

Wartung & Pflege

Damit Sie möglichst lange Freude an Ihrem Passat haben, finden Sie hier eine Übersicht der regelmäßig anfallenden Wartungsarbeiten und Prüfpunkte. Diese Inspektionen, falls durchgeführt, leisten einen erheblichen Beitrag dazu ihren Wagen eine lange Zeit in Schuss zu halten.

Service & Inspektion

Grundsätzlich gibt es für den Passat zwei unterschiedliche Wartungssysteme zur Durchführung der Inspektion. Beide Systeme werden eingesetzt und haben ihre Vor- und Nachteile. Einerseits sind die Wartungsintervalle festgelegt durch die Fahrzeuglaufleistung und das Alter des Fahrzeugs. Dies ist die traditionelle Herangehensweise, der sogenannte starre Wartungsintervall. Anderseits wurde Mitte 1999 erstmals im Golf das Longlife-Service-System bei Volkswagen eingeführt, wie der Name bereits suggeriert, handelt es sich hier um eine mögliche Verlängerung des Zeitraums zwischen den Serviceterminen.

Was versteht man unter Wartung?

Unter Wartung wird laut DIN 31051 eine Maßnahme verstanden die die immer existente Abnutzung Ihres Fahrzeugs verzögert. In regelmäßigen Intervallen wird die Wartung von Fachkundigen durchgeführt um eine möglichst lange und ausfallfreie Betriebsfähigkeit ihres Wagens zu erreichen.
Das Ersetzen und Nachfüllen von Betriebsmitteln wie Schmierstoffen und Wasser, der Austausch von Verschleissteilen wie Bremsbelägen und Filtern sowie das Nachstellen, Schmieren und Reinigen von Komponenten bezeichnet man als Wartung oder Inspektion. Es macht Sinn sich bei der Wartung an die Herstellerangaben zu halten, denn diesem sind Haltbarkeit der Betriebsmittel und der Verschleissteile bekannt. Entsprechend dieser Erfahrungswerte wurden auch die Wartungsintervalle und Prüfpunkte beim Passat festgelegt.

Welcher Service gilt für meinen Passat?

Ein Blick auf den Fahrzeugdatenträger bringt Sie in dieser Frage auf jeden Fall weiter. Den Fahrzeugdatenträger finden Sie in der Reserveradmulde des Wagens sowie im Service-Heft. Halten Sie Ausschau nach einem Code der mit „QG“ beginnt, diese Angabe enthält Informationen bezüglich des ab Werk vorgesehenen und programmierten Serviceintervalls.
Als Voraussetzung für flexible Serviceintervalle müssen eine Service-Intervall-Anzeige im Kombiinstrument, ein Motorölstandsensor und eine Bremsbelagverschleissanzeige verbaut sein. Desweiteren muss der jeweils verwendete Motor auch eine Freigabe für lange Ölwechselintervalle haben.

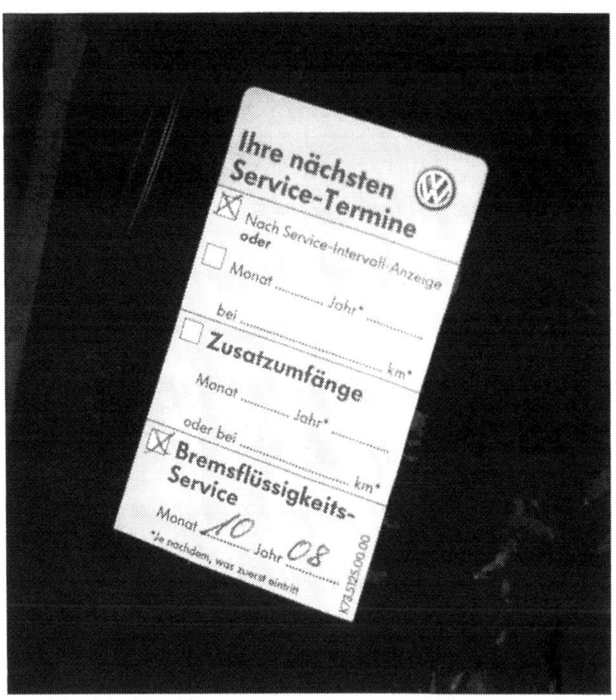

Merkzettel am Türholm: Termine und erforderlichen Wartungsumfänge des nächsten Service werden am Türholm Ihres Passats auf einem beschrifteten Aufkleber vermerkt

Der Datenträger kann folgende Einträge enthalten:

QG0 – Der Wagen ist nicht mit Komponenten ausgestattet, die eine flexible Wartung zulassen.
QG1 – Das Fahrzeug ist werksseitig mit Komponenten für flexible Wartung ausgestattet und der Longlife-Service ist aktiviert.
QG2 – Das Fahrzeug ist werksseitig mit Komponenten für flexible Wartung ausgestattet aber der Longlife-Service ist nicht aktiviert. Die Wartung erfolgt nach starren Service-Intervallen.
QG3 – Fahrzeug verfügt nicht über Komponenten die eine flexible Wartung ermöglichen. Service-Intervall-Anzeige ist auch nicht vorhanden.
Nur QG1 Fahrzeuge verfügen werksseitig über Longlife-Service und werden nach flexiblen Service-Intervallen gewartet. Die Codes QG0, QG2, QG3 bedeuten, dass eine Wartung nach starren Service-Intervallen erfolgt.

Longlife-Service (QG1)

Ziel des Longlife-Service ist es die Häufigkeit der Werkstattaufenthalte für Inspektionen auf das nötigste Mindestmaß zu reduzieren. Maximal 30.000 km oder 2 Jahre können Sie unter günstigen Bedingungen abspulen bevor ein Gong-Signal Sie umgehend in die

Fahrzeugdatenträger: Ist auf dem Bodenblech links neben der Reserveradmulde im Gepäckraum angeklebt und findet sich auch im Service-Heft bei den Fahrzeugunterlagen.

Werkstatt beordert. Die Art und der Zeitpunkt der fälligen Wartung wird Ihnen in der Service-Anzeige angezeigt, mit der Anzeige „Service" ist im Prinzip der Motorölwechsel gemeint und die Anzeige „Service-Inspektion" bedeutet, dass jetzt eine große Inspektion fällig ist. Den fälligen Service erhalten Sie bereits vorher im Kobiinstrument angezeigt. Die erste Meldung erfolgt 3000km vor dem fälligen Kundendienst in Verbindung mit den noch bis dahin verbleibenden Tagen. Der bereits überschrittene Wartungstermin wird durch ein Minuszeichen vor der Anzeige symbolisiert. Tipp: Sie können jederzeit die noch verbleibenden Kilometer oder Tage bis zur Wartung im Kombiinstrument sehen, indem Sie bei eingeschalteter Zündung kurz die Taste mit dem Schraubenschlüssel drücken.

Besonderheiten des LongLife-Services

Der Longlife Service zeichnet sich unter anderem durch die Verwendung eines speziellen, besonders langlebigen Motoröls aus. Die flexible Gestaltung der Kundendienstintervalle wird ermöglicht durch diverse Sensoren die mit dem Motorsteuergerät verbunden sind. Hierzu zählen zum Beispiel ein Motoröltemperaturfühler, ein Geber für Geschwindigkeit, Drehzahl, Bremsbelagverschleissanzeige und die wartungsarme Batterie. Unter Berücksichtigung dieser Eingangsmesswerte und der gefahrenen Strecke inklusive des erfassten Benzinverbrauchs wird der Motorölverschleiss berechnet. Dieser errechnete Motorölverschleiss ist das Hauptkriterium für die Berechnung der maximalen Laufleistung bis zum folgenden Service.

WISSENSWERTES

Serviceanzeige zurücksetzen

Grundsätzlich wird die Serviceanzeige mit dem VW-Diagnosegerät zurückgesetzt. Dies ist auch zwingend nötig wenn Sie den Longlife-Service aktiviert haben und das auch so bleiben soll. Denn die manuelle Rückstellung der Anzeige hat zur Folge, dass Ihr Passat auf starre Intervalle umprogrammiert wird.
Die Rückstellung in der Werkstatt hat zudem einen weiteren Vorteil: Wenn das Fahrzeug sowieso am Diagnoseanschluss (Stecker unter dem Armaturenbrett) hängt, können Sie bei dieser Gelegenheit gleich den Fehlerspeicher auslesen lassen. Das Auslesen des Fehlerspeichers ist übrigens Prüfpunkt bei jedem Kundendienst und sollte nicht vernachlässigt werden.

Zum manuellen Zurückstellen der Serviceanzeige (ohne Tester) führen Sie folgende Schritte durch:

- Zündung ausschalten und Fahrzeug nicht bewegen.
- Servicetaste rechts im Kombinstrument (Schraubenschlüssel) drücken und halten.
- Zündung einschalten und danach die Servicetaste wieder loslassen.
- Innerhalb von 20 Sekunden erneut die Servicetaste drücken.
- Nach kurzer Zeit ist das Display in die Normal anzeige zurückgekehrt. Dies bedeutet, dass die Serviceanzeige zurückgesetzt wurde.
- Zündung ausschalten.

Servictaste: Wollen Sie wissen wie lange es noch bis zu nächsten Kundendienst dauert oder die Service Anzeige zurückstellen? An der Taste mit dem Schlüsselsymbol kommen Sie nicht vorbei

Das speziell verwendete Motoröl für Longlife-Fahrzeuge entspricht den VW Normen 503.00 / 504.00 / 506.00 / 506.01 sowie 507.00 und eignet sich ausschließlich für Longlife-taugliche Motoren! Ihre Viskosität (Fließeigenschaft bei Temperaturänderung) liegt wesentlich niedriger als bei normal gebräuchlichen Ölen. Wird ein nicht Longlife-tauglicher Motor ausschließlich mit dem weniger viskosen Longlife-Öl befüllt, kann die Schmierung bei hohen Öltemparaturen und hoher Drehzahl nicht mehr ausreichen und der Motor erleidet einen kapitalen Schaden. Andersherum kann gewöhnliches (nach VW-Norm geeignetes) Motoröl durchaus in Longlife-taugliche Motoren eingefüllt werden. Dabei muss aber die Menge beachtet werden. Müssen Sie Öl nachfüllen und es findet sich kein speziell spezifiziertes Longlife-Öl, können maximal 0,5l gewöhnliches Öl nachgefüllt werden, ohne dass der Service seinen Longlife-Status verliert. Bei der Beimischung von mehr als einem halben Liter normalen Schmierstoffs verliert der Wagen seinen Longlife-Status und muss wieder auf starre Service-Intervalle umgestellt werden.

Starre Wartungsintervalle (QG0, QG2, QG3)

Die Wartungsintervalle für den Ölwechsel (Service) und die Inspektion (Service-Inspektion) hängen nur von der Laufleistung in Kilometern und der Zeitdauer seit dem letzten Kundendienst ab. Außerdem gibt es Servicetätigkeiten die nach einer festen Kilometerlaufleistung durchzuführen sind, wie etwa die Erneuerung des Zahnriemens nach einer bestimmten Laufleistung. Die Fahrzeuge die nach starren Wartungsintervallen gewartet werden, erhalten jährlich einen Ölwechsel mit kleinerer Durchsicht und alle zwei Jahre zusätzlich eine große Inspektion. Als Limit gilt hier die Grenze von 15.000 km. Das bedeutet, wenn Sie nur eine jährliche Laufleistung von 10.000 km haben, muss Ihr Passat trotzdem alle 12 Monate frisches Motoröl und einen neuen Ölfilter erhalten. Ebenso verhält es sich mit der Inspektion, spätestens alle 24 Monate ist diese fällig, unabhängig der gefahrenen Kilometer. Sind Sie ein Vielfahrer und haben die 15.000 km vor 12 Monaten gefahren, müssen Sie auch schon vorher zum Service. Genauso bedeutet es, dass bei 30.000 km die Inspektion fällig ist, egal wann der letzte Service stattgefunden hat. Zusammengefasst heißt das für Sie: Der Service ist fällig alle 15.000 km oder spätestens nach einem Jahr, je nachdem was zuerst eintrifft.

Der Wartungsplan

Auf den folgenden zwei Seiten finden Sie einen tabelarischen Wartungsplan für Fahrzeuge mit starren und flexiblen Wartungsintervallen. Diesen können Sie sich herauskopieren und als Arbeitsgrundlage für die Wartung verwenden.

Longlife Fahrzeuge:

Bei der Anzeige „Service" führen Sie nur die Arbeiten durch, die durch Fettdruck gekennzeichnet sind. Wird in der Anzeige „Service-Inspektion" angezeigt, sind alle Wartungspunkte abzuarbeiten, inclusive der eingefärbten Punkte. Achten Sie bei jeder Wartung darauf auch die kilometerabhängigen Arbeiten, wie die Erneuerung des Zahnriemens nach einer bestimmten Laufleistung, nicht zu vergessen.

Fahrzeuge mit starrem Wartungsintervall:

Die farbliche Kennzeichnung der Wartungspunkte ist hier nicht relevant. In den Spalten finden Sie den jeweils fälligen Wartungsdienst für Ihren Passat. Entweder die Kilometerlaufleistung oder die Dauer seit dem letzten Kundendienst, je nachdem was zuerst eintrifft. In der entsprechenden Spalte sind die angekreuzten Prüfpunkte oder Arbeitspositionen abzuarbeiten. Allgemeine Bemerkungen und Hinweise finden sich in der letzten Spalte.

Wieviel Öl darf mein Motor maximal verbrauchen?

VW hat hierzu klare Vorstellungen und gibt einen maximalen Motorölverbrauch von 1 Liter pro 1000 km an. Ist Ihr Motor technisch in Ordnung, verbraucht er so wenig Öl, dass zwischen den einzelnen Ölwechselintervallen nur eine geringe Menge nachgefüllt werden muss. Das gilt jedoch nur, wenn Sie regelmäßig das Öl wechseln und der Motor nicht übermäßig belastet wird. Genauso besorgniserregend wie der übermäßig hohe Ölverbrauch ist ein kaum abnehmender Ölstandspegel. Denn nimmt der Ölstand zwischen den Messungen nicht ab ist das Motoröl durch Kraftstoff und Kondenswasser verdünnt was seine Schmiereigenschaft verschlechtert. Das kann im Winter vorkommen, wenn Sie das Fahrzeug nur auf Kurzstrecken bewegen. In diesem Fall empfiehlt es sich das Öl auch mal zwischen den üblichen Intervallen zu wechseln.

Jahre oder Kilometer x 1000 (was zuerst eintritt)	1 15	2 30	3 45	4 60	5 75	6 90	7 105	8 120	9 135	10 150	11 165	12 180	...	16 240	Bemerkung
Antrieb															
Abgasanlage Sichtprüfung durchführen				x				x				x	usw	x	
Motorölwechsel mit Filter durchführen	**x**	**x**	**x**	**x**	**x**	**x**	**x**	**x**	**x**	**x**	**x**	**x**	**usw**	**x**	
Diesel-Kraftstofffilter erneuern						x						x	usw	x	
Frostschutz und Kühlmittelstand prüfen	x	x	x	x	x	x	x	x	x	x	x	x	usw	x	
Sichtprüfung von Motor, Getriebe, Achsantrieb,				x				x					usw	x	
Sichtprüfung Kühler und Lüfter		x		x		x		x		x		x	usw	x	
Kupplung Funktion und Zustand prüfen		x		x		x		x		x		x	usw	x	
DSG-Getriebeöl und Filter erneuern				x				x				x	usw	x	
Automatic Getriebeöl prüfen				x				x				x	usw	x	
Luftfilter erneuern						x						x	uaw		
Zündkerzen erneuern				x				x				x	usw	x	
Zündkerzen erneuern (2,0 l Turbo FSI)						x						x	usw		
Keilrippenriemenzustand prüfen				x				x				x	usw	x	
Zahnriemen für Nockenwellenantrieb prüfen						x		x		x		x	usw		
Zahnriemen für Nockenwellenantrieb erneuern								x						x	nur Diesel
Zahnriemen für Nockenwellenantrieb erneuern												x	usw		nur 2,0 l Benziner
Zahnriemenspannrolle erneuern														x	nur Diesel
Fahrwerk															
Sichtprüfung der Bremsanlage				x				x				x	usw	x	
Bremsflüssigkeitsstand prüfen	**x**	**x**	**x**	**x**	**x**	**x**	**x**	**x**	**x**	**x**	**x**	**x**	**usw**	**x**	
Bremsbelagdicke vorn und hinten prüfen	**x**	**x**	**x**	**x**	**x**	**x**	**x**	**x**	**x**	**x**	**x**	**x**	**usw**	**x**	
Bremsflüssigkeit erneuern		x		x		x		x		x		x	usw	x	
Reifendrucksensoren erneuern						x						x	usw	x	Diagnoseger.
Reifen: Zustand, Laufbild, Profiltiefe	**x**	**x**	**x**	**x**	**x**	**x**	**x**	**x**	**x**	**x**	**x**	**x**	**usw**	**x**	
Felgen und Radzierblenden auf Schäden prüfen	**x**	**x**	**x**	**x**	**x**	**x**	**x**	**x**	**x**	**x**	**x**	**x**	**usw**	**x**	**Halterung!**
Reifenluftdruck incl. Reserverad prüfen	**x**	**x**	**x**	**x**	**x**	**x**	**x**	**x**	**x**	**x**	**x**	**x**	**usw**	**x**	
Pannenset erneuern				**x**				**x**				**x**	**usw**	**x**	**falls vorhanden**
Reifen-Kontrollanzeige Grundeinstellung durchf.				x				x				x	usw	x	wenn verbaut
Spurstangenköpfe prüfen				x				x				x	usw	x	
Achsgelenke prüfen				x				x				x	usw	x	
Radlager prüfen		x		x		x		x		x		x	usw	x	

Jahre oder Kilometer x 1000 (was zuerst eintritt)	1 15	2 30	3 45	4 60	5 75	6 90	7 105	8 120	9 135	10 150	11 165	12 180	...	16 240	Bemerkung
Elektrik															
Batterie prüfen				**x**				**x**				**x**	**usw**	**x**	**auch Zweitbatt.**
Beleuchtungsanlage innen / aussen prüfen				x				x				x	usw	x	s. Kap. Elektrik
Funkschlüsselbatterie erneuern		x		x		x		x		x		x	usw	x	
Fahrzeugsystemtest / Fehlerspeicher auslesen	**x**	**x**	**x**	**x**	**x**	**x**	**x**	**x**	**x**	**x**	**x**	**x**	**usw**	**x**	**Diagnosegerät**
Karosserie															
Türfeststeller schmieren				x				x				x	usw	x	
Türgriff schmieren	x	x	x	x	x	x	x	x	x	x	x	x	usw	x	
Schiebedach prüfen. Schienen reinigen /schmieren				x				x				x	usw	x	
Scheibenwisch-/Waschanlage und Scheinwerfer-reinigungsanlage Funktion und Einstellung prüfen				x				x				x	usw	x	
Scheibenreinigungskonzentrat auffüllen	x	x	x	x	x	x	x	x	x	x	x	x	usw	x	
Scheibenwischblätter auf Beschädigung und Ruhestellung prüfen				x				x				x	usw	x	
Unterbodenschutz und -verkleidungen prüfen				x				x				x	usw	x	
Sichtprüfung aller Bauteile (von unten / Motor-raum / Türen / Deckel)				x				x				x	usw usw		
Scheinwerfereinstellung prüfen	x	x	x	x	x	x	x	x	x	x	x	x	usw	x	
Sicherheitsgurte und Schlösser prüfen		x		x		x		x		x		x	usw	x	
Pollenflter erneuern				x				x				x	usw	x	
Warndreieck / Warnweste vorhanden		x		x		x		x		x		x	usw	x	
Erste-Hilfe-Ausrüstung Verfallsdatum / Vollständigkeit prüfen		x		x		x		x		x		x	usw	x	
Hauptuntersuchung / Abgasuntersuchung Fälligkeit prüfen	x	x	x	x	x	x	x	x	x	x	x	x	usw		
Probefahrt / Endkontrolle durchführen	x	x	x	x	x	x	x	x	x	x	x	x	usw		
Allgemeines													**usw**		
Fahrzeug auf nötige Änderungs-/Rückrufe prüfen	x	x	x	x	x	x	x	x	x	x	x		usw		
Service Intervall Anzeige zurücksetzen	**x**	**x**	**x**	**x**	**x**	**x**	**x**	**x**	**x**	**x**	**x**	**x**	**usw**		
Kundendienst schriftlich festhalten	**x**	**x**	**x**	**x**	**x**	**x**	**x**	**x**	**x**	**x**	**x**	**x**	**usw**		
Longlife Service	**alle markierten Positionen abarbeiten**														
Longlife Service Inspektion	**gesamten Wartungsplan abarbeiten, einschließlich der markierten Service-Positionen**														

Kraftpakete

Mit einer breit gefächerten Auswahl an Otto- und Dieselmotoren lässt der Passat keine Wünsche offen. Die sehr effizienten und schadstoffarmen Diesel-Aggregate kommen auch mit einem Partikelfilter zum Einsatz. Bei den Benziner hat sich die innovative Benzindirekteinspritzung FSI mittlerweile etabliert und ist daher in fast allen Ottomotoren verbaut.

Bauart Motorkennbuchstabe		Hubraum (cm³)	Leistung (kW/PS)
Benziner / 4 Zylinder			
BSE / BSF	1,6	1595	75 / 102
BLF / BLP	1,6 FSI	1595	85 /115
BLR	2,0 FSI	1984	110 / 150
BLX	2,0 FSI	1984	110 / 150
BVX / BVY / BVZ	2,0 FSI	1984	110 / 150
BPY / AXX / BWA	2,0 FSI T	1984	147 / 200
Benziner / 6 Zylinder			
BFH / AXZ	3,2	3189	177/241
BLV	3,6	3580	206 / 280
Diesel / 4 Zylinder TDI			
BKC	1,9	1896	77 / 105
BLS	1,9 DPF	1896	77 / 105
BKP	2,0	1968	103 / 140
BMP	2,0 DPF	1968	103 / 140
BMR	2,0 DPF	1968	125 / 170

Der Passat wartet mit einer breiten Palette von Motoren auf. Erklärte Philosophie von VW ist es, dem Kunden ein genau auf seine Wünsche und Ansprüche zugeschnittenes Triebwerk zur Verfügung zu stellen - von hoch ökonomisch bis ausgesprochen sportlich.

Alle Motoren sind flüssigkeitsgekühlt und im Gegensatz zu den Vorgängeraggregaten quer zur Fahrtrichtung eingebaut. Sie sind oben links und rechts in Gummi-Metall-Lagern aufgehängt. Dadurch könnten sie theoretisch wie ein Pendel schwingen. Die Drehmomentkräfte werden aber von einer weit unten angeordneten Stütze abgefangen. Schwingungen werden nur geringfügig auf die Karosserie übertragen, wodurch sich der Fahrkomfort erhöht.

In der Regel werden die Vorderräder angetrieben. Doch keine Regel ohne Ausnahmen: Die Allradversion, bei VW besser bekannt unter der Bezeichnung 4Motion, bietet ein echtes Plus an Fahrfreude und Sicherheit, ist aber nur in Verbindung mit den Ottomotoren 2,0 Liter/150 PS FSI und dem 3,2 Liter / 250 PS FSI V6 zu haben – oder auch mit dem 140 PS starken 2,0 Liter TDI-Motor mit und ohne Dieselpartikelfilter.

Die Palette der Benziner beginnt mit dem 1,6 Liter-Vierzylinder mit 102 PS. Seine Ergonomie zeigt sich beim besonders niedrigen Durchschnittsverbrauch von lediglich 7,6 Litern Kraftstoff auf 100 Kilometer. Mit gleichem Hubraum aber gesteigerter Leistung ist dieser Motor auch als Direkteinspritzer mit 115 PS erhältlich. Die im Passat weiterentwickelte Benzindirekteinspritzung ist abermals ein Indiz für die Fortschrittlichkeit der VW-Technologie. Der Mehrverbrauch gegenüber dem Saugrohreinspritzer hält sich auch dank dem hier verbauten 6-Gang Schaltgetriebe mit durchschnittlich 0,1 l/100 km in engen Grenzen. Bereits diese Motorisierung kann auch mit der neuen 6-Gang Automatik kombiniert werden.

Die nächsthöhere Leistungsstufe stellt der 150 PS starke 2,0 Liter FSI Motor dar. Seine Kraft wird in Kombination mit dem 4Motion-Antrieb (beim 2,0 Liter FSI nur als 6-Gang-Handschalter) auf alle vier Räder verteilt. Das 2,0 Liter FSI-Turboaggregat stellt gar 200 PS an der Vorderachse zur Verfügung. Er tritt gegen das weit verbreitete Image von Turbomotoren an, denn erstaunlicherweise liegt sein Verbrauch sowohl als Handschalter als auch Automatikversion nicht höher als beim 50 PS schwächeren FSI ohne Aufladung.

Das Topaggregat des Passats, ist der 3,2 Liter V(R)6 Motor mit 250 PS Leistung. Ihn gibt es ausschließlich in Kombination mit dem 4Motion Allradantrieb, sowie dem Doppelkupplungsgetriebe DSG. Kaufinteressenten des R36 mit dem vom 3,2 Liter abgewandelten 3,6 Liter V6 Motor und 280 PS Leistung mussten sich indes am längsten gedulden. Die Kunden aus USA hingegegen konnten von Markteinführung an die Performance des bereits dort verbauten 3,6 Liter V6-Motor als Luxusausführung genießen.

Der Zylinderkopf für die Benzinmotoren arbeitet nach dem Querstromprinzip: Das frische Kraftstoff-Luft-Gemisch strömt auf der einen Seite ein, die verbrannten Gase werden auf der anderen Seite ausgestoßen. Ein schneller Gaswechsel über die Ein- und Auslassventile ist auf diese Art sichergestellt. Hydraulische Ausgleichselemente, sogenannte Hydrostößel, halten automatisch das Ventilspiel konstant. Entsprechende Einstellungen etwa im Rahmen der Wartung sind damit überflüssig.

Für Aufbereitung und Zündung des Kraftstoff-Luft-Gemisches sorgen wartungsfreie Motormanagement-Systeme. Das Einstellen des Zündzeitpunktes oder Leerlaufs im Rahmen der Wartung ist damit ebenfalls hinfällig. Nur die Zündkerzen und der Luftfiltereinsatz müssen regelmäßig erneuert werden.

Bei den Dieseln bietet auch der Passat die von VW bekannte und bei den Kunden beliebte TDI-Technologie. Nicht nur die extrem günstigen Verbrauchswerte zwischen 5,6 und 6,7 l/100km bei sehr hoher Durchzugskraft, sondern auch die ausschließlich bei VW eingesetzte Pumpe-Düse-Technologie bilden ein Alleinstellungsmerkmal. Der Umwelt zuliebe sind alle Leistungsstufen auch mit einem Rußpartikelfilter erhältlich. Einziges Manko: VW bietet den Partikelfilter vorerst nur für die mit Zweiventiltechnik ausgerüsteten Vorgängermotoren an. Und das auch noch ausgerechnet bei der am häufigsten gewählten 140 PS-Variante. Der Einstieg in die TDI-Welt beginnt mit einem knapp 1,9 Liter großen und 105 PS starken TDI-Vierzylinder. Egal ob mit oder ohne Dieselpartikelfilter ausgerüstet, überträgt dieser Motor seine Kraft ausschließlich über ein 5-Gang Schaltgetriebe.

Diese Einschränkung gibt es für den bereits erwähnten 140 PS starken und mit 2,0 Liter Hubraum noch durchzugsstärkeren TDI-Motor nicht: Er kann entweder mit einem 6-Gang-Schaltgetriebe oder dem Doppelkupplungsgetriebe DSG geordert werden. Gerade diese Kombination ist sehr reizvoll. Denn der Fahrer kann entweder sportlich ambitioniert die Gänge per Hand im Tiptronic Modus selber wechseln oder den Komfort eines Automatikgetriebes genießen. Eine weitere Konfiguration der 140 PS Variante ist die Verbindung mit dem 4Motion-Allradantrieb, der aber leider nicht mit dem DSG kombinierbar ist.

Auch der Top-Diesel mit 170 PS und ebenfalls 2,0 Liter Hubraum belegt eindrucksvoll, dass die gebotene Leistung noch lange nicht unvernünftig sein muss. Auch dank der innovativen Piezotechnologie der Einspritdüsen liegt sein Verbrauch mit DSG sogar unterhalb des 140-PS TDI Motors. Die TDI-Topmotorisierung verhilft dem Passat zu sehr dynamischen Fahrleistungen, berüchtigt ist aber der stramm einsetzende Anzug des Motors. Schließlich fällt die gesamte Kraft von 350 Nm schon bei 1800 Umdrehungen über die Vorderräder her.

Die Motordatenträger

Mit welchem Motor aus der umfangreichen Palette Ihr Fahrzeug ausgestattet ist, können Sie dem Fahrzeugdatenträger im Serviceplan, dem Motordatenträger (meist auf der Abdeckung des Zahnriemens bzw. der Steuerkette) oder natürlich den amtlichen Fahrzeugpapieren entnehmen. Ein weiterer Fahrzeugdatenträger ist ferner auf dem Bodenblech links neben der Reserveradmulde im Gepäckraum aufgeklebt. Er enthält die im Serviceplan verzeichneten Daten plus der Produktions-Steuerungsnummer. Volkswagen kennzeichnet jeden Motortyp mit drei Kennbuchstaben und einer sechsstelligen laufenden Nummer. Wurden von einem Motortyp mehr als 999.999 Triebwerke hergestellt, wird die erste der sechs Stellen durch einen Buchstaben ersetzt. Die Kennbuchstaben werden bei der Beschaffung der Ersatzteile relevant.

Motorkennung: Die Bezeichnung findet sich beispielsweise auf einer Plakette an der Zahnriemenabdeckung (hier: 2,0 l TDI „BMP" mit abgenommener Motorabdeckung)

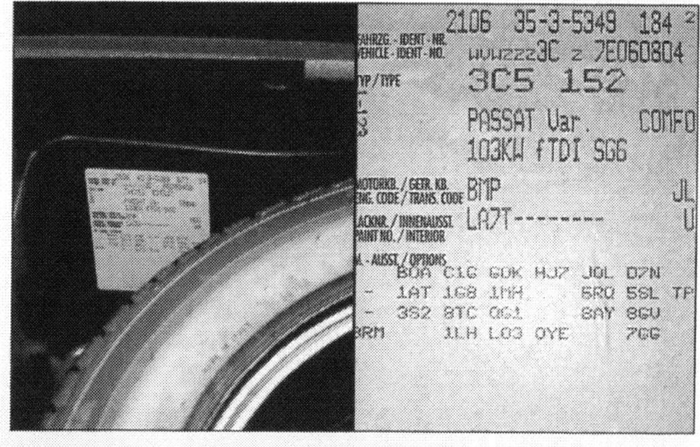

Alternative: Die Daten des Motors sind auch auf dem Datenträger im Kofferraum zu finden

Die Benziner

Mit einem ausgewogenen Angebot an Leistung und Hubraum, aber auch einer im Gegensatz zum Vorgängermodell gut sortierten Auswahl, wird der Passat bei der Ottomotorisierung jedem Anspruch gerecht. Insgesamt umfasst das Benziner-Programm sechs unterschiedliche Aggregate. Bis auf die Basismotorisierung verfügen alle Aggregate über Benzindirekteinspritzung. Natürlich erfüllt jeder Antrieb die EU4-Abgasnorm.

Der 1,6 Liter 8V-Motor (BSE)

Der 1,6 Liter-Motor mit zwei Ventilen pro Zylinder hat eine Leistung von 75 KW (102 PS) bei einer Drehzahl von 5600/min. Sein höchstes Drehmoment von 148 Nm entfaltet er bei 3800 Umdrehungen. Dieser Motor ist bereits aus dem Golf bekannt, in welchem er ebenfalls verbaut wird. Er verfügt über einen Aluminium-Motorblock mit gerippter Ölwanne, einem Schaltsaugrohr aus Kunststoff, dass den Ansaugweg für effizientere Leistungsausbeute bei hohen Drehzahlen verkürzt. Der Heißfilmluftmassenmesser wurde durch ein druksensorgeführtes System ersetzt. Auch findet die Kurbelgehäuseentlüftung nur noch über den Zylinderkopf statt. Auf ein Abgasrückführsystem wurde ebenfalls verzichtet. Das Siemens-Motorsteuergerät mit dem Motormanagement „Simos 7.2" kümmert sich um Einspritzung und Zündung. Damit erfüllt dieser Motor die Abgasgrenzwerte gemäß EU4-Norm.
Dieser Motor ist für den Betrieb mit Super bleifrei (95 Oktan) ausgelegt, kann aber auch ohne Bedenken mit Normalbenzin betrieben werden. Eine geringe Leistungseinbuße und ein etwas höherer Verbrauch müssen dann allerdings einkalkuliert werden.

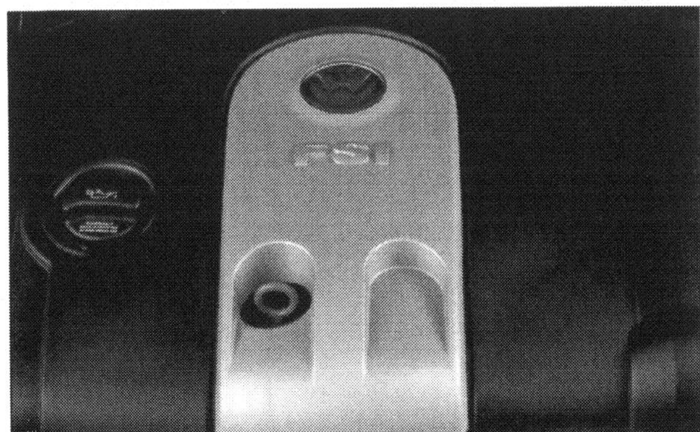

Blick in den Motorraum des 1,6 Liter FSI: Die Abdeckung sorgt für ein niedriges Geräuschniveau

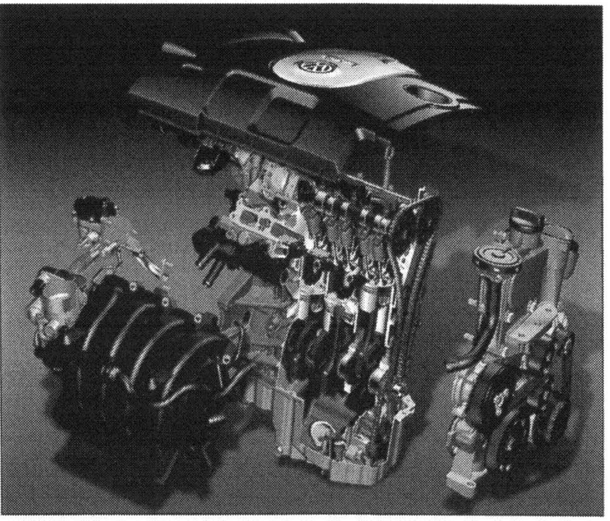

1,6 Liter FSI: Der Blick hinter die Kulissen zeigt bespielsweise den Nockenwellenantrieb per Steuerkette

Der 1,6 Liter-FSI-Motor (BLF)

Der 1,6 Liter-Motor mit Benzindirekteinspitzung wird, genauso wie ein konventioneller Ottomotor, nur mit homogenem Gemischverhältnis von Lambda = 1 betrieben. Die Nockenwelle wird über eine Steuerkette angetrieben, die für besonders lange Standhaftigkeit des Ventiltriebs sorgt. Desweiteren ist diese Motor mit einer kontinuierlichen Nockenwellenverstellung ausgerüstet. Mit einer Verdichtung von 12:1 zeichnet sich der Motor als Langhuber aus. Die Bosch Motronic MED 9.5.10 übernimmt zur komplexen Steuerung der Benzindirekteinspritzung auch eine bedarfsgerechte Regelung des Kraftstoffsystems und der regelbaren Ölpumpe. Der BLF arbeiten mit 16 Ventilen, die durch eine Steuerkette angetrieben werden und leistet 85 KW (115 PS) bei einer Drehzahl von 6000/min. Das maximale Drehmoment von 155 Nm wird bei 4000/min erreicht. Wegen der hohen Verdichtung verträgt der FSI kein Normalbenzin mit ROZ 91, VW schreibt daher mindestens Superbenzin mit Klopffestigkeit von ROZ 95 vor. Bei Verwendung von SuperPlus (ROZ 98) wird sogar eine Drehmomenterhöhung im mittleren Drehzahlbereich ermöglicht.

Der 1,4 Liter TSI-Motor

Der später auf dem Markt erschienene 1,4 Liter TSI Motor ist aus dem Golf GT abgeleitet, besitzt aber nicht die Registeraufladung mit einem Kompressor sondern lediglich einen Turbo. Er ist ein Musterbeispiel an geringem Verbrauch bei hoher Leistung, denn

***Der 2,0 Liter FSI*:** Die Direkteinspritzung bietet Vorteile beim Verbrauch und beim Ansprechverhalten

***Turboaufgeladener 2,0 Liter FSI*:** Ein noch breiteres nutzbares Drehzahlband bietet die Version mit Turbolader

laut Herstellerangaben konsumiert das immerhin 90 kW (122 PS) starke Aggregat mit 200 Nm (zwischen 1500 und 4000 U/min) lediglich 6,6 Liter Superbenzin auf 100 Kilometer (kombinierter Kraftstoffberbrauch nach 99/100/EG). Auch bei den Sprintwerten und dem Durchzug braucht sich der Motor mit dem geringen Hubraum von 1.390 ccm nicht zu verstecken. Selbstmit einer Zuladung von 200 kg überschreitet der TSI die 10 Sekunden-Marke nur um wenige Zehntel. Und selbst für ausgedehnte Autobahnetappen mit hoher Geschwindigkeit sind die 203 km/h als Höchstmaß mehr als genügend.

Der 2,0 Liter-FSI-Motor (BLR)

Zur Versorgung der Einspritzventile kommt eine Hochdruckpumpe des Herstellers Hitachi zum Einsatz. Sie stellt den nötigen Einspritzdruck bereit um den Kraftstoff fein verstäuben zu können. Das Ergebnis ist eine respektable Leistung von 110 kW (150PS) bei 6000/min und ein Drehmoment, das sich besonders gleichmäßig entfaltet und bei 3500/min ein Maximum von 200 Nm erreicht.

Das Vierventil-Aggregat wurde erstmals als Längseinbau im Audi A4 eingesetzt, später kam es als Queraggregat in den A3. Hier wie dort verfügt dieses Aggregat über einen Aluminium-Motorblock mit Graugussbuchsen und ein komfortsteigerndes Ausgleichswellengetriebe in der Ölwanne. Im Zylinderkopf rotieren zwei obenliegende Nockenwellen, wobei die Einlassnockenwelle um 42 Grad kontinuierlich verstellt werden kann. Die variablen Steuerzeiten an der Lufteinlassseite ermöglichen die exakte Anpassung der Sauerstoffmengen an den jeweiligen Betriebspunkt. Die Ventile werden durch Rollenschlepphebel mit integriertem hydraulischen Ventilspielausgleich betätigt. Die Aufgaben des Motormanagements übernimmt die Bosch Motronic MED 9.5.10. Für die Schonung der Umwelt werden in der Abgasanlage gleich zwei motornahe Vorkatalysatoren und ein lambdageregelter Drei-Wege-Katalysator eingesetzt.

Der 2,0 Liter-Turbo FSI Motor (AXX)

Dieser Motor basiert auf dem 2,0 Liter FSI und ist bereits seit 2004 aus dem Golf GTI aber auch dem Audi

A3 Sportback, zu dessen Serienstart auch er sein Debüt hatte, bekannt. Der 2,0 Liter Benzindirekteinspritzer FSI („Fuel Stratified Injection" = schichtgeladene Benzin-Direkteinspritzung) wird seiner Bezeichnung leider nicht ganz gerecht. Denn auf die verbrauchsgünstige Schichtladung mit Luftüberschuss in den Brennräumen wird bei diesem Aggregat verzichtet. Dadurch entfällt auch die aufwendige Abgasnachbehandlung der entstehenden Stickoxide, was auch die NOx Sensorik überflüssig macht.

Die Leistung von 147 kW (200 PS) ist in einem Drehzahlband zwischen 5100 und 6600/ min abrufbar, auch das Drehmoment hat ein Plateau mit 280 Nm zwischen 1800 und 4700/min. Dadurch zeichnet sich der aufgeladene FSI durch eine Durchzugskraft aus, in dessen Genuss sonst nur die Fahrer der TDI-Fraktion kommen. Allerdings kommt der FSI wie alle anderen leider nicht so günstig bei der Betankung davon, denn trotz des relativ kleinen Verbrauchs von 8,1 l/100km verlangt der Benzindirekteinspritzer nach teurem Super plus. Nur wer bereit ist, einen Teil der Motorleistung einzubüßen, kann auch Super-Benzin mit 95 Oktan verabreichen.

Der 3,2 Liter V6 FSI-Motor (AXZ)

Die vorläufig leistungsstarkste und zugleich einzige Sechszylinder im Passat entstammt aus einer grundlegenden Überarbeitung der VR-Aggregate bei VW mit dem Schwerpunkt auf der Einführung der Benzindirekteinspritzung. Das Potenzial der FSI-Technologie birgt erweiterte Möglichkeiten zur Einhaltung künftiger Abgasnormen sowie die weitere Reduzierung des Kraftstoffverbrauchs.

Der 3,2 Liter Motor hat ein maximales Drehmoment von 330 Nm zwischen 2750 und 3750/min und eine Leistungsspitze von 184 kW (250PS) bei 6250/min. Mit dieser Antriebskraft beschleunigt er die Passat-Limousine in gerade 6,9 Sekunden auf 100 km/h. Sein Verbrauch hält sich aber dennoch mit knapp unter 10 Liter in Grenzen.

Seine Konstruktion basiert zwar auf dem Vorgänger VR6 Motor, bietet aber dennoch einige grundsätzliche Neuerungen: So wurde der Vierventil-Zylinderkopf mit Rollenschlepphebel-Ventiltrieb etwas verlängert, das Überkopf-Schaltsaugrohr besteht nun aus einem einteiligen Kunststoffteil, das Grauguss-Zylinderkurbelgehäuse wurde um ganze acht Kilo leichter. Der Antrieb der Kraftstoffpumpe wurde in den getriebeseitigen Steuertrieb integriert, außerdem verfügt der Motor nun über eine stufenlose Verstellmöglichkeit der Ein- und Auslassnockenwellen.

Mit all diesen Maßnahmen und einem gezielten Einsatz von Berrechnungsmethoden wurde das Gewicht des Motors auf 173 kg (nach DIN 70020 GZ) reduziert. Dies ist auch in Anbetracht der zusätzlichen Komponenten der Benzindirekteinspritzung ein äußerst respektaber Wert, der deutlich unterhalb dem Gewicht des Vorgängermotors liegt. Die Gewichtseinsparung war aber nicht das Einzige, woran man bei der Entwicklung des Motors dachte: Ein weiteres Ziel war die Verbesserung der Festigkeitseigenschaften des gesamten Motors sowie der Reduzierung der Bauteilbeanspruchung. Dabei half den Entwicklungsingenieuren die moderne Methodik der finiten Elemente-Berechnung, mit welcher die Bauteile durch computergestützte Simulation gezielt verändert und virtuell überprüft werden können. Ergebnisse dieser Vorgehensweise waren die Reduzierung des Zylinderwinkels von 15,0° auf 10,6°, um an den kritischen Stellen eine ausreichende Restwandstärke zu erreichen. In Summe betrachtet bescheren diese Maßnahmen dem Aggregat im Vergleich zum Vorgänger eine teilweise doppelt so lange Dauerhaltbarkeit unter Schwingbelastung .

Schnittmodell: Trotz aufwendiger Benzindirekteinspritzung und gestiegener Material-Festigkeit wiegt der V6-Motor nur 178 kg

Die Direkteinspritzung im Detail

Zweifelsohne stellt die Direkteinspritzung eine Schlüsseltechnologie dar, die mitverantwortlich für den anhaltenden Verkaufserfolg der Dieselmotoren in ganz Europa ist. Während der vergangenen 15 Jahre stieg die Anzahl der in Europa zugelassenen Diesel-Pkw auf einen Marktanteil von rund 50%. Jedes zweite Auto wird also durch einen Dieselmotor angetrieben, dessen zielgenaue Hochdruckeinspritzung – egal ob als Commonrail CDI oder Pumpe-Düse TDI – den Verbrauch auf ein Minimum senkt und gleichzeitig die Leistungsausbeute steigert.

Warum sollte also diese Technologie nicht auch dem Ottomotor zu mehr Leistung bei weniger Verbrauch verhelfen? Diese fragte stellte man sich offensichtlich auch bei VW und brachte im Jahr 2000 den ersten Benzindirekteinspritzer Namens FSI (=Fuel Stratified Injection) als 1,4 Liter mit 77kW (105 PS) Leistung im VW Lupo auf den Markt.

Heute ist die FSI-Benzindirekteinspritzung in den meisten Ottomotoren von VW wiederzufinden, was auch die Motorpalette des Passat belegt. Der in ihm verbaute 2,0 Liter FSI kam erstmals 2003 im Passat sowie dem Audi A3 zum Einsatz, die Turbovariante feierte im Golf GTI 2004 Premiere.

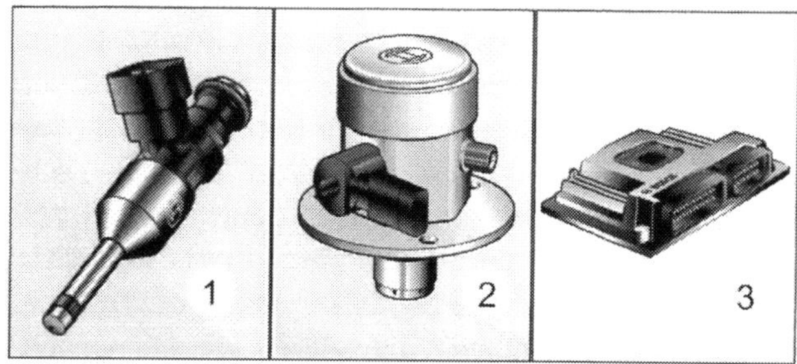

Hauptkomponenten der Benzindirekteinspritzung: Der Injektor(1), Die Hochdruckbenzinpumpe (2) und das Steuergerät (3)

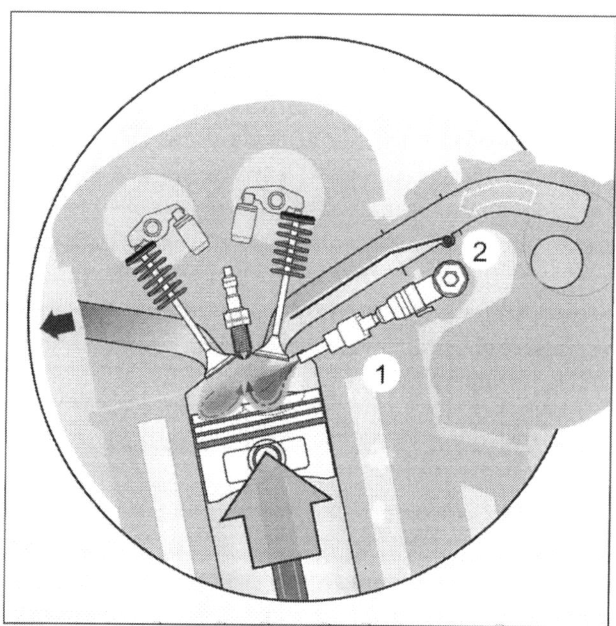

Schichtladebetrieb: Wichtig beim FSI sind der Injektor (1), der den Kraftstoff feinstzerstäubt in den Zylinder einspritzt, sowie die Tumbleklappe (2) die durch den Luftstrom die Benzinwolke zusammen mit dem speziell geformten Kolbenboden an die Zündkürze leitet

Arbeitsprinzip der FSI-Motoren

Das verbrauchssenkende Arbeitsprinzip der FSI-Technologie basiert auf der direkten Einspritzung feinst zerstäubter Kraftstoffmengen. Minimiert auf den zur Verbrennung nötigsten Anteil wird die eingespritzte Kraftstoffmenge extrem reduziert. Im Teillastbetrieb geschieht dies sogar soweit bis nur noch in Nähe der Zündkerze eine Kraftstoffwolke entflammt wird, während der restliche Brennraum mit Luft gefüllt ist. Diesen Betriebszustand nennt man auch Schichtladebetrieb. Im unteren Teillastbereich, wo durch Drosselverluste die Energieffizienz der herkömmlichen Ottomotoren am schlechtesten ist, kann so der Direkteinspritzer seine Stärken ausspielen.

Dies erfordert neben einer äußerst anspruchsvollen Steuerung durch die Motorelektronik auch weitreichende Modifikationen der Motorhardware. Da bei der inneren Gemischbildung nicht wie sonst üblich im Saugrohr sondern direkt im Zylinder das Gemisch aus Luft und Benzin zusammengesetzt wird, braucht der FSI spezielle Einspritzventile und eine Hochdruckpumpe, welche für eine Feinstzerstäubung des Kraft-

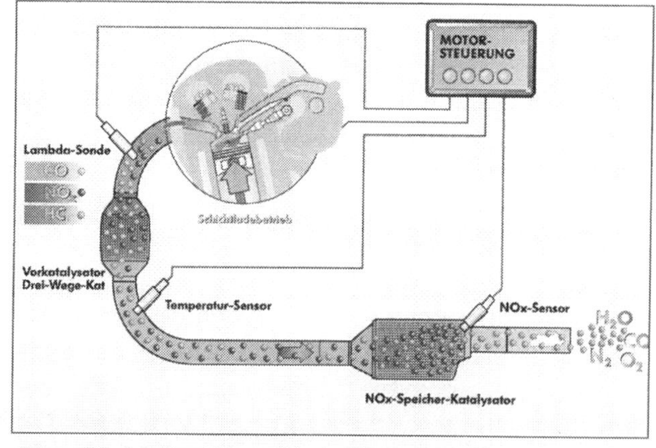

Abgasnachbehandlung: Die im Schichtladebetrieb entstehenden Abgase müssen gesondert nachbehandelt werden

stoffs sorgt. Außerdem besitzen die FSI-Motoren im Passat eine Saugrohrklappe, die den zweiflutigen Ansaugkanal steuert. Sie kann den Kanal entweder vollständig öffnen oder so verschließen, dass die Ansaugluft beschleunigt wird und dadurch den Ladungstransport zur Zündkerze hin unterstützt. Es entsteht eine über das Einlassventil eingeleitete Luftverwirbelung die walzenförmig in den Brennraum strömt. Aufgrund dieser Eigenart wird das Brennverfahren auch den luftgeführten Verfahren zugeordnet.

Neben dem sogenannten Schichtladebetrieb kann der FSI-Motor unter Volllast aber auch wie gewöhnliche Benzinmotoren betrieben werden. Anstatt des Luftüberschuss wird dann ein gleichmäßiges Gasgemisch im Zylinder gebildet. Dazu schaltet die Motorsteuerung die Betriebsart wieder auf ein homogenes Gemisch um. Der Zylinder füllt sich gleichmäßig mit stöchiometrischem Gasgemisch (ca. 14,6 Luftanteile zu einem Anteil Benzin entspricht der Lambda=1) und kann sein volles Leistungpotenzial abgegeben. Der Fachmann spricht aufgrund der gleichmäsigen Verteilung des Gemisches im Brennraum daher auch vom Homogenbetrieb. Die Kunst dabei ist, die Motorsteuerung so zu programieren, dass der Fahrer von all dem nichts mitbekommt.

Doch dieses Verbrennungsverfahren hat einen kleinen Haken: Die dabei entstehenden Abgase aus Stickoxiden (NOx), Kohlenwasserstoffen (HC) und Kohlenmonoxid (CO) bedürfen einer ebenfalls elektronisch gesteuerten Abgasnachbehandlung. Ein spezieller NOx-Speicherkat kommt für diese Aufgabe zum Einsatz. In der Summe seiner Eigenschaften bietet die FSI-Technologie dennoch das wohl effizienteste Verbrenungsverfahren von Ottokraftstoff, was sein Verbrauchsvorteil von circa 15% bei 10% Mehrleistung belegt.

Vorreiter: Das Ziel bis 2005 alle Motoren auf FSI-Technologie umzustellen ist beim Passat beinahe schon erreicht

WISSENSWERTES

Das Duell von Diesel und Otto

Als Ende des 19. Jahrhunderts die Herren Rudolf Diesel und Nikolaus August Otto ihre Erfindungen zum Patent anmeldeten, konnten beide nicht ahnen, dass ihr Duell um das beste Motorenkonzept bis heute nicht entschieden sein wird. Lange Zeit galt der Benziner als das Maß der Dinge, war er doch auch schon rund 30 Jahre früher erfunden worden. Die schweren, robusten Diesel kamen zunächst nur bei Schiffen, Lastkraftwagen und Taxis zum Zuge, also überall dort, wo Temperament und Spitzenleistung kein Thema waren. Denn im Gegensatz zum Benziner, bei dem das Gemisch durch einen Funken fremdgezündet wird, braucht der hochverdichtete Diesel mehr Zeit, bis sich das Gemisch auf Grund des Druck- und Temperaturanstieges entzündet. Durch diesen so genannten Zündverzug kann der Diesel bis heute keine hohen Drehzahlen erreichen, bei maximal 5500 U/min ist Schluss. Kraft war dagegen schon immer vorhanden: Dieselkraftstoff hat mit 35,3 MJ/L nämlich einen höheren Energiegehalt als Benzin (32 MJ/L). Der spezifische Verbrauch pro kW war deshalb von Anfang an niedriger, das Drehmoment höher. Ab den 70er Jahren machte der Turbolader den Dieseln zusätzlich Dampf. Das verfügbare Drehmoment hing bei hohem Luftüberschuss im Wesentlichen nur noch von der dazu eingespritzten Menge Diesel ab. Der Benziner ist dagegen in jedem Betriebszustand auf ein bestimmtes Gemisch (14,7 Teile Luft zu einem Teil Kraftstoff), abgesehen von den Beinzindirekteinspritzern FSI welche auch mit „Luftüberschuss" betrieben werden können, angewiesen. Alles Andere verbrennt nur unvollständig. Das konnten erst die elektronisch gesteuerten Einspritzsysteme wirklich gut, die Anfang der 80er Jahre zusammen mit dem geregelten Katalysator Einzug hielten. Die Diesel kamen erst später in den Genuss einer digitalen Motorsteuerung, dann aber zusammen mit der Hochdruck-Direkteinspritzung. Heute ist das Vorglühen eine Sache von Sekunden, Abgasrückführung und Rußfilter sorgen für eine weitgehend reine Weste. Aber: Das raue Laufgeräusch ist geblieben und längst nicht jedermanns Sache. Ebenfalls direkteinspritzende Benziner der neusten Generation versprechen weiteres Sparpotential und noch saubere Abgase. Die Technik von Diesel und Benziner wird dabei immer ähnlicher. Bereits heute laufen die ersten Diesotto-Motoren auf dem Prüfstand.

Die TDI-Diesel

Mit den drei im Passat eingesetzten TDI-Motoren beschreitet VW weiterhin konsequent den Weg der Pumpe-Düse Technologie. Die Drucksteigerung auf bis zu 2400 bar (bislang max. 2050 bar) ermöglicht eine noch feinere Zerstäubung des Dieselkraftstoffs bei der Einspritzung in den Brennraum. Alle Aggregate erfüllen durch innermotorische Maßnahmen die Euro 4-Abgasnorm. Zusätzlich können alle TDI-Motoren mit einem wartungsfreien Dieselpartikelfilter (DPF) ausgerüstet werden.

Der bewährte und auch im Golf eingesetzte 1,9 Liter Motor wurde für den Passat angepasst und grundlegend modifiziert. Ebenso wurde auch der aus dem Vorgänger bekannte 2,0 Liter TDI für den Quereinbau geändert. Der mit Abstand beliebteste TDI-Motor mit 103 kW (140 PS) verfügt zudem über eine neuartige Vorglühanlage, die den Startkomfort eines Benziners bietet.

Der 1,9 Liter TDI (BKC)

Der bekannte Diesel-Direkteinspritzer stellt mit Unterstützung eines Turboladers sein maximales Drehmoment von 250 Nm bereits bei 1900 U/min bereit. Die Leistungsspitze erreicht der Zweiventiler von 77 kW (105 PS) bei rund 4000/min. Dennoch kann auch dieser Motorisierung eine gute und harmonische Fahrdynamik bescheinigt werden. Der Basis-TDI bietet im Passat vor allen Dingen ein ausgewogenes Verhältnis zwischen guten Fahrleistungen und hoher Wirtschaftlichkeit. Optional ist der Motor auch mit einem motornahen Dieselpartikelfilter lieferbar. Speziell für die Ausrüstung mit dem Partikelfiltersatz wurden eine Reihe von Baugruppen optimiert: Der Turbolader wurde verlegt und wich dem Partikelfilter, der damit möglichst nahe am Motor sitzen kann und dennoch ein maximales Füllvolumen aufweist. Bei der Einspritzung wurde der Druck auf 2400 bar erhöht, womit der Diesel noch feiner zerstäubt in die ebenfalls etwas modifizierte Zylinderbrennräume gelangt. Desweiteren ermöglicht eine geänderte Fördercharakteristik der Pumpe-Düse-Elemente zusätzliche Einspritzungsvorgänge, die beispielsweise der thermischen Regeneration dienen. Durch die neuentwickelte Zylinderhaube wird der Ascheeintrag in das Öl vermindert, da nun weniger Öl abgeschieden wird, womit der Motor insgesamt auch weniger Öl verbraucht.

WISSENSWERTES

Der Turbolader beim Diesel

Mehr Sauerstoff bedeutet mehr Verbrennungsenergie. Beim Diesel ist die Situation etwas anders als bei Benzinern: Ein Klopfproblem gibt es nicht. Und ihm fehlt die Drosselklappe - der Luftdurchsatz und damit die Abgasmenge hängen nur von der Drehzahl und nicht von der Gaspedalstellung ab. Die Leistung wird ausschließlich über die Einspritzmenge geregelt. So bleibt die Abgasmenge relativ konstant, der Lader braucht beim Beschleunigen nicht so große Drehzahlsprünge mitzumachen. Der Diesel-Turbo spricht also besser an. Das gilt im besonderen Maße für die TDI-Motoren.

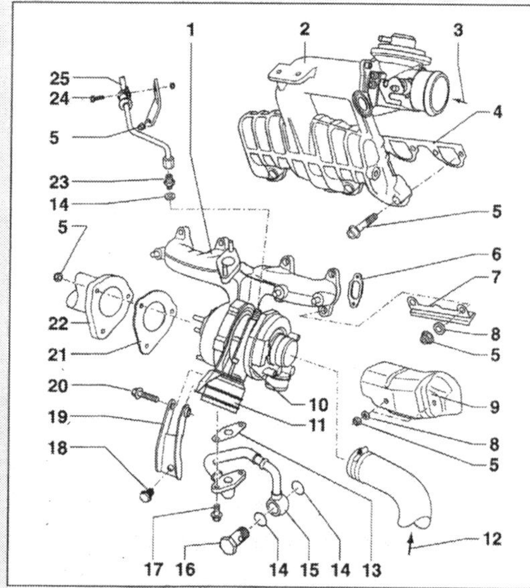

Um die einströmende Luftmenge bei hoher Drehzahl zu begrenzen und um zu vermeiden, dass sich der Druck im Ladesystem unzulässig erhöht, arbeitet das Sytem mit einem Ladedruckregler. Ein Ventil im Ladedruckregler sorgt dafür, dass nur ein Teil der Abgase an das Schaufelrad des Turboladers gelangen kann. Der Ladedruck wird verringert – es wird gewährleistet, dass er nur den konstruktiv festgelegten Wert erreicht. Überschreitet der Druck doch die Sicherheitstoleranz, oder ist der Ladedruckregler überlastet oder außer Betrieb, ermöglicht ein Sicherheitsventil im Ansaugkanal (Ablassventil) das Zurückströmen der Luft in den Luftfilter. Durch eine Ladedruckanreicherung in der Einspritzpumpe wird die zusätzlich einströmende Ansaugluft auch kraftstoffseitig reguliert. In Abhängigkeit vom Ladedruck wird mehr oder weniger Kraftstoff zugeordnet.

Der 2,0 Liter TDI (103 kW) mit DPF (BMP)

Der 2,0 Liter TDI mit Dieselpartikelfilter entstammt ebenfalls aus dem VW-Regal und ist eine Weiterentwicklung des bekannten 1,9 Liter-Aggregats mit 96 kW. Die Modifizierungs und Anpassungsarbeiten entsprechen im Wesentlichen denen des 1,9 Liter TDI-Motors.
Dennoch muss hier konsequenter zwischen der Variante mit Dieselpartikelfilter und Zweiventiltechnik und den Motoren ohne Rußabscheider dafür aber mit Vierventiltechnik unterschieden werden. In den Leistungsdaten sind beide Motoren zwar völlig identisch, (103 kW bzw. 140 PS bei 4000/min sowie 320 Nm zwischen 1750 und 2500/min), die DPF-Variante basiert allerdings auf der bereits seit 2001 aus dem Vorgänger bekannten Motorisierung mit Zweiventiltechnik, während die ungefilterte Version bereits die modernere Variante mit Vierventiltechnik darstellt.
Dennoch weist der Zweiventiler einige Innovationen gegenüber dem Vorgänger auf. Da wären zum Beispiel die geänderte Einbaulage des Turboladers die ein besseres Ansprechverhalten bei der Verminderung des Ladervolumens ermöglicht. Außerdem hat auch dieser Motor die komfortsteigernden Ausgleichswellen, die Vibrationen deutlich vermindert. Die moderne Startanlage mit den neuartigen Keramik-Glühkerzen sorgt für sichere und sanfte Kaltstarts. Hierfür ist unter anderem auch das Motormanagement aus dem Hause Bosch mit der Bezeichnung EDC 16 verantwortlich.

Kein seltener Anblick: Die sehr effizienten und drehmomentstarken TDI-Aggregate

Der 2,0 Liter TDI (103 kW) ohne DPF (BKP)

Der 2,0 Liter TDI kam zum ersten Mal im Golf 2004 und im Touran als 100 kW-Version zum Einsatz und

Der 2,0 Liter TDI mit 103 kW (140PS): Erst wenn die großflächige Kunststoff-Motorabdeckung abgenommen ist, werden der Motor und die dazugehörigen Bauteile der Motorsteuerung sichtbar

gilt als erster Vertreter der neuen TDI-Motorengeneration mit Vierventiltechnik bei VW.
Wesentliches Kennzeichen dieser Entwicklungsstufe sind die nun durch Piezo-Keramik gesteuerten Einspritzventile, die in einem Aluminium-Zylinderkopf verbaut sind. Diese sitzen genau in der Mitte des Brennraumes und injizieren den Dieselkraftstoff direkt Richtung Kolbenmulde. Die Pumpe-Düse-Elemente werden von der Auslassnockenwelle angetrieben.
Die Ein- und Auslassventile sind senkrecht im Zylinderkopf angeordnet.
Die Anordnung der Ein- und Auslassventile als Ventilstern mit 45° Verdrehung verbessert dabei die Ladungsbewegung im Zylinderraum.
Neu sind die Ventilbetätigungen auch hinsichtlich der Verwendung von Rollenschlepphebel. Diese stützen sich mit einer Seite auf einer Steckachse. Zum Ventilspielausgleich unter thermischer Belastung sind bei jedem Ventil Hydroelemente direkt über dem Ventilschaft angebracht. Dadurch werden unterschiedliche Geometrien für jeden einzelnen Rollenschlepphebel (Größe und Form) notwendig.
Der Antrieb der zwei oben liegenden Nockenwellen erfolgt über einen gemeinsamen Zahnriemen. Während die Auslassnockenwelle die Pumpe-Düse-Elemente in Bewegung setzt, bleibt auch die Rotation der Einlassnockenwelle nicht ungenutzt, da sie die Tandempumpe antreibt, welche zur Bremskraftunterstützung zuständig ist.

Der 2,0 Liter TDI (125 kW) mit DPF (BMR)

Der leistungsstärkste 2,0 Liter-Turbodiesel baut auf der 103 kW-Variante auf, markiert aber mit einer spezifischen Leistung von 63,5 kW/l die derzeitige Bestmarke bei Pkw-Dieselmotoren. Seine absoluten Werte lassen sich mit 125 kW (170 PS) bei 4200/min und 350 Nm zwischen 1800 und 2500/min beziffern.
Damit beschleunigt der stärkste aller Diesel-Passat in gerade 8,6 Sekunden von 0 auf 100 km/h (Limousine). Die Piezo-Pumpe-Düse sorgt zusammen mit dem schaltbaren Schaltsaugrohr für eine optimalen Gemischverteilung im Zylinder. Durch die Verwirbelung entsteht der gewollte Effekt einer Drallsteuerung. Der Fahrkomfort wird durch die sehr wirksame Maßnahme des Ausgleichswellenmoduls gesteigert. Zwei gegenläufig und mit doppelter Kurbelwellendrehzahl rotierende Ausgleichswellen minimieren dabei die Vibration um 80 Prozent.

Pumpe-Düse-Technik im Detail

Die Pumpe-Düse Technik ist ein elektronisches Einspritzsystem bei dem jeder Motorzylinder im Zylinderkopf jeweils eine Pumpe-Düse (PDE) hat. Eine PDE erzeugt Einspritzdrücke von bis zu 2400 bar.
Durch den gesteigerten Einspritzdruck gelang es zwar die Energiebilanz des ohnehin effizienten Dieselbrennverfahrens weiter zu steigern, doch erforderten die enormen Drücke auch weitere Maßnahmen: So muss der nicht benötigte Kraftstoff auf dem Rückweg in den Tank heruntergekühlt werden. Unter dem Wagenboden sitzt daher ein Wärmetauscher.
Auch andere Teile mussten modifiziert werden. Denn die Pumpenelemente werden von der Nockenwelle angetrieben, was den Zahnriemen enormen Belastungen aussetzt. Nach anfänglichen Schwierigkeiten mit gerissenen Riemen hat VW diese Technik längst im Griff. Ein regelmäßiger Wechsel des Riemens ist dennoch wichtig.
Den neuesten Stand der Dieseltechnologie bilden die in Zusammenarbeit mit Siemens entwickelten Pumpe-Düse-Motoren mit einzelnen Piezo-Pumpe-Düse-Einheiten. Eigens hierfür gründete VW zusammen mit Siemens die Volkswagen Mechatronik GmbH und Co KG in Stollberg (Sachsen), die derzeit rund 200 Mitarbeiter beschäftigt. Das bisherige Magnetventil wurden durch schnellere und präziser ansteuerbare Piezo-Ventile ersetzt. Die zirca viermal so schnell schaltenden Piezo-Injektoren erlauben eine präzisere und flexiblere Ansteuerung bei der Einspritzung.

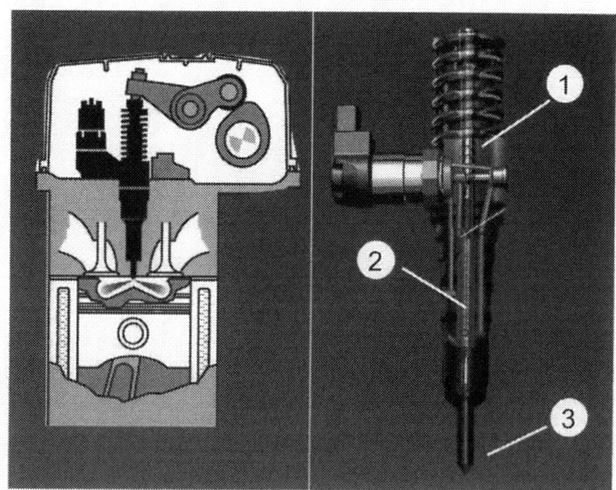

Pumpe-Düse Einheit: In einem Gehäuse vereinigt sind Hochdruck-Kolbenpumpenelement (1), der Piezoaktor zur Steuerung des Einspritzverlaufs (2) und die Einspritzdüse mit dem Einspritzventil an der unteren Injektorspitze (3)

Die Vorglühanlage

Da in der kalten Jahreszeit beim Startvorgang die Wärme der verdichteten Luft nicht zur Selbstzündung des Dieselkraftstoffs ausreicht, gibt es die Vorglühanlage. Ab einer Außentemperatur von unter 14 °C heizt sie mittels einer Glühkerze den Brennraum auf Selbstzündungs-Temperatur auf. Die modernen Keramik-Glühkerzen in Ihrem Passat ermöglichen einen problemlosen Kaltstart genauso schnell wie beim Benziner, selbst bis -30 °C Außentemperatur. Nach Einschalten der Zündung hat die Glühkerze in weniger als zwei Sekunden bereits eine Temperatur von 1000 °C erreicht, was genügt, um einen sicheren Kaltstart zu ermöglichen. Danach werden während dem Warmlaufen (Nachglühen) die Glühkerzen für maximal fünf Minuten weitergeglüht.

Dies hat gleich mehrere Vorteile: Zum einen werden die Emissionen reduziert. Dies liegt an der vollständigeren Verbrennung des Diesels. Zum anderen wird das typische Nagelgeräusch in dieser Phase minimiert. Als erfreulicher Langzeiteffekt verlängert sich durch den ruhigeren Motorlauf die Lebensdauer des Motors. Die dritte Betriebsart der Glühanlage ist das Zwischenglühen und dient der Regeneration des Rußpartikelfilters. Durch das Zwischenglühen werden die Betriebsbedingungen für den Regenerationsvorgang optimiert.

Die Glühkerze ist sehr standfest. Um die Funktion sicherzustellen empfehlen wir Ihnen die Glühkerzen regelmäßig zu prüfen. Ein Wechsel wird von VW nicht vorgesehen, bei sehr stark beanspruchten Motoren, beispielsweise durch häufigen Hängerbetrieb oder in überwiegend heißen Temperaturbereichen kann aber auch der Wechsel schon nach 30.000 km notwendig sein. Lesen Sie dazu im Arbeitsabschnitt die Seiten „Glühkerzen prüfen/austauschen".

Der Dieselpartikelfilter im Passat

Durch den optionalen Partikelfilter für die TDI-Aggregate können die bei der Dieselverbrennung entstehenden Rußpartikel reduziert werden. Neben den innermotorischen Maßnahmen wie der optimierten Einlass- und Auslasskanalgestaltung und hohen Einspritzdrücken stellt die Verwendung des DPF eine außermotorische Maßnahme dar.

Der katalytisch beschichtete Dieselpartikelfilter im Passat ist als sogenannter kombinierter Filter gebaut, bei dem Filter und Oxidationskat in einem Bauteil vereint sind. Trotz des Einbaus in die älteren Zweiventilaggregate, ist der DPF im Gegensatz zu dem im Vorgänger verbauten System, wartungsfrei. Nach dem der Filter die Partikel aufgefangen hat werden Sie in der sogenannten Regenerationsphase verbrannt. Durch die motornahe Einbaulage bei den Passatmotoren wird zur Rußverbrennung kein Additiv im Kraftstoff benötigt. Der Vorgang der Regeneration geschieht vorwiegend während längerer Autobahnetappen oder durch die Erhöhung der Abgastemperatur über die Motorsteuerung bei Stadtfahrten ohne dass der Fahrer etwas davon merkt.

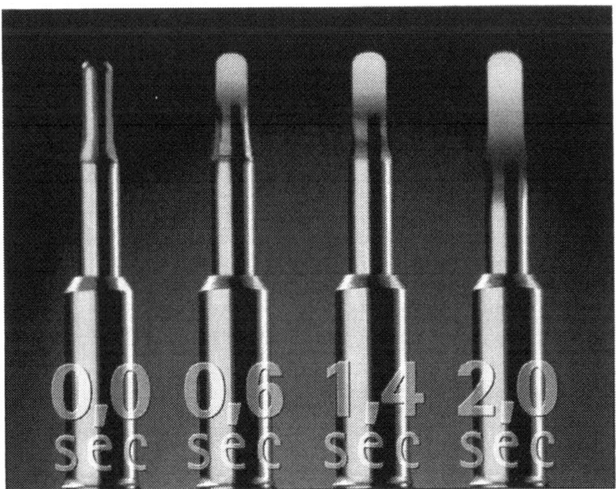

Zeitraffer: Bereits kurze Zeit nach der Ansteuerung durch das Vorglührelais erreicht die Glühstiftkerze eine Temperatur von mehr als 1000 Grad Celsius und ermöglicht dadurch ein ähnliches Kaltstartverhalten wie bei Benzinmotoren

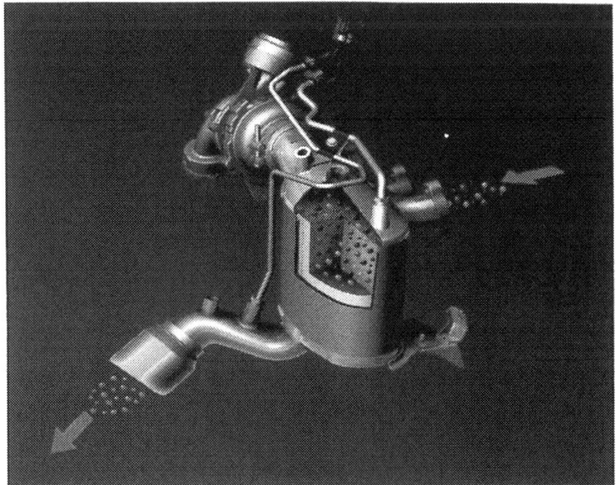

Filterwirkung: Durch die Verwendung des Rußpartikelfilters können feinste Partikel im Durchmesser von 0,05 Micrometer (menschl. Haar ca. 50 Micrometer) aus dem Abgas herausgefiltert werden

Die Kraftübertragung

Schalten oder schalten lassen, diese Frage darf sich ein Passat-Interessent angesichts vier unterschiedlicher Getriebevarianten durchaus stellen. Für die Grundmotorisierungen steht ausschließlich ein manuelles 5-Gang Getriebe zur Verfügung. Alle anderen Motoren sind bis auf den V6, der nur mit dem sechsstufigen Direktschaltgetriebe lieferbar ist, serienmäßig mit dem manuellen Sechsgang-Getriebe ausgerüstet. Eine Innovation ist das Sechsgang-Automatikgetriebe welches mit allen FSI-Motoren bis auf den allradangetriebenen 4Motion, kombinierbar ist.

Selbstbedienung: Die 5-Gang Schaltgetriebe gibt es nur mit den Basismotoren. Die 6-Gang Schaltung ist auch mit Allradantrieb kombinierbar. Das DSG gibt es serienmäßig nur in Verbindung mit dem V6-Benzinmotor

Die mechanischen Getriebe

Im Passat übernehmen bei den Handschaltern die Drehmoment- und Drehzahlwandlung äußerst kompakt gebaute 5- und 6-Gang Getriebe mit vollsynchronisierten Vorwärtsgängen. Die Zahnradpaarungen sind der jeweiligen Leistung angepasst und variieren von Motor zu Motor. Das Getriebe mit seinen Zahnrädern ist an sich äußerst standfest, fallen dennoch Reparaturen an, sind diese in der Werkstatt zu erledigen. Denn die Demontage der Zahnräder und Wellen erfordert neben einer Menge Erfahrung auch das nötige Spezialwerkzeug. Sogar in Werkstätten geht man dazu über Getriebe nicht mehr selbst zu zerlegen, sondern stattdessen ein Austauschgetriebe einzubauen. Zumindest bleibt für Sie aber die Kontrolle des Getrieböls! Denn obwohl die Getriebe mit einer Lebenszeitfüllung ausgestattet sind, kann durch ein Leck Öl verloren gehen. Dies ist aber leider auch nicht bei allen Getriebevarianten möglich, denn die beiden 5- und 6-Gang Schaltboxen mit der Bezeichnung 0A4 und 02S sind so schräg eingebaut, dass die Kontrollbohrung bei korrektem Füllstand stets überläuft.

Schnitt durch ein Getriebe: Neben dem großen Rad im Vordergrund sind die kleinen Kegelräder des Ausgleichsgetriebes (Differenzial) zu erkennen. Das Differenzial gleicht die unterschiedlichen Raddrehzahlen bei Kurvenfahrt aus

Die Kupplung

Das Verbindungsstück zwischen Motor und (mechanischem) Getriebe ist die Kupplung. Sie sorgt dafür, dass der Fahrer die Zahnradpaarungen bei laufendem Motor wechseln kann, ohne dass die gehärteten Flanken der Zahnräder Schaden nehmen. Tritt der Fahrer auf das Kupplungspedal wird der Ausrückhebel mit Unterstützung einer Hydraulik betätigt. Die Federkraft der Tellerfeder am Ausrücklager wird überwunden und die Druckplatte dadurch entlastet. Ist das Pedal

WISSENSWERTES

Funktionsweise Schaltgetriebe

Die Motorleistung wird über die Kupplung auf die Antriebswelle (Eingangswelle) des Schaltgetriebes geleitet. Auf dieser Welle sitzen fünf bzw. sechs Zahnräder (plus eines für den Rückwärtsgang). Diese Zahnräder stehen mit den dazu passenden Zahnrädern auf der Abtriebswelle ständig im Eingriff – allerdings nicht kraftschlüssig. Die Zahnräder auf beiden Wellen sind auf stiftartigen Rollen (Nadeln) gelagert – es besteht keine starre Verbindung zwischen Welle und Rad.

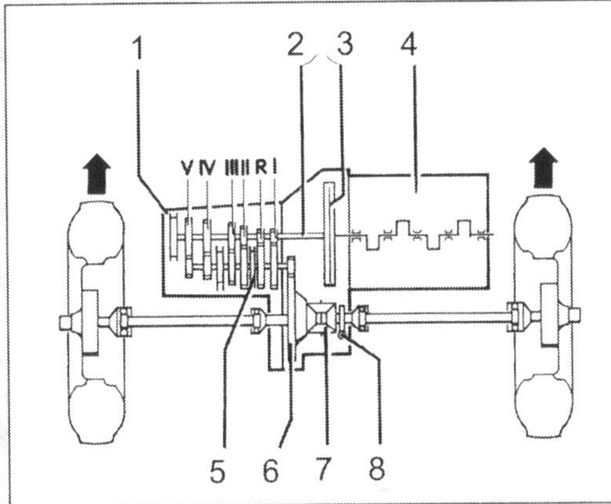

Zahnräder und Wellen
Ein Teil der Zahnräder laufen frei auf den Wellen, bis eines von ihnen durchs Schalten in einen Gang mit seinem festen Gegenpart auf der anderen Welle verbunden wird. Dazu wird eine starre Verbindung zwischen Zahnrad und Welle hergestellt – das Zahnrad sitzt dann fest auf der Welle und kann eine kraftübertragende Verbindung mit dem Gegenrad eingehen. Bevor aber die Zahnräder ineinandergreifen können, müssen zuerst die Drehzahlen der Wellen übereinstimmen. Zu diesem Zweck schleift ein Teil der Zahnrades über Reibelemente (Synchronring) gegen ein Teil der Welle. Durch die Reibung wird das schnellere Teil abgebremst, bis die Schaltverzahnung geräuschlos ineinander gleiten kann.

Vorwärtsgänge und Rückwärtsgang
Die ersten drei Gänge übersetzen die Drehzahl ins Langsamere. Der vierte Gang ist der so genannte direkte Gang, der die Motordrehzahl im Verhältnis 1:1 überträgt. Im fünften Gang ist die Drehzahl der Abtriebswelle größer als die Motordrehzahl. Die Endübersetzung sorgt dann für eine nochmalige Übersetzung ins Langsamere. Damit das Auto rückwärts fahren kann sitzt auf der Antriebswelle ein zusätzliches Zahnrad, das den Drehsinn der Antriebsräder umkehrt.

ganz durchgetreten, ist auch die Druckplatte vollkommen entlastet. Die Minehmerscheibe kann nun im Raum dazwischen völlig frei drehen.
Beim Einkuppeln drückt die Tellerfeder der Druckplatte die Mitnehmerscheibe langsam gegen das Motorschwungrad. Ist die Reibung groß genug ist der Einkupplungsvorgang vollzogen. Motorschwungrad und Mitnehmerscheibe bewegen sich mit derselben Drehzahl. Der Kraftschluss ist nun gegeben.
Der Geberzylinder der am Kupplungspedal sitzt, ist mit dem Nehmerzylinder durch eine hydraulische Leitung verbunden. Gefüllt ist das System mit der selben Hydraulikflüssigkeit, die auch für die Bremsanlage nötig ist. Der Kupplungsverschleiß wird vom System selbständig ausgeglichen weshalb die ganze Kupplung auch wartungsfrei ist.

Das Sechsgang-Automatikgetriebe (09G)

Das für den Passat entwickelte neue Sechsgang-Automatikgetriebe bildet nach der Einführung des weltweit ersten Direktschaltgetriebes 2002 und dem von VW bisher bekannten Automatikgetriebe (intern AQ250 bezeichnet) einen weiteren Meilenstein der Getriebeentwicklung. Seine Auslegung auf ein maximales Drehmoment von bis zu 500 Nm und das gerin-

Sechsgang-Automatik: Der Drehmomentwandler stellt den Kraftschluss zwischen dem Motor und dem Planetenradsatz her. Bei konstanter Fahrt (Autobahn) und unter Volllast wird der Wandler zur Minderung des Reibverlustes überbrückt

ge Gewicht von ca. 82 kg (bei Frontantrieb) ergeben einen Koeffizienten von 5,35 Nm übertragbarem Drehmoment pro Kilogramm Getriebegewicht (Gewicht ohne 7 Liter Getriebeöl G 052 025 A2 Lifetime). Ein Wert welcher die derzeitige Höchstmarke in seiner Klasse markiert. Dank des adaptiven Aufbaus aus identischen Komponenten, die sich auch im Audi A3, Audi TT oder den Touran, T5, EOS, New Beetle und Golf V Baureihen finden, greift auch hier das VW-Plattformkonzept mit vielen Gleichteilen. Ein weiterer Pluspunkt ist seine Adaptierbarkeit sowohl an Frontantrieb als auch allradgetriebene Fahrzeuge. Zur Erhöhung des Komforts ist die höchste Fahrstufe drehzahlsenkend ausgelegt. Dies schont das Gehör und gleichzeitig den Geldbeutel auf langen Autobahnetappen. Wie die von VW bekannten, typischen Schalthebelpositionen P-R-N-D-S ist auch in diesem Automatikgetriebe wieder der Eingriff in die Schaltvorgänge per Tiptronic in der Stellung S möglich. Aufbau und Arbeitsweise entsprechen den meisten Automatikgetrieben mit Drehmomentwandler und Wandlungsüberbrückung. Gesteuert werden die Planetenradsätze über die bewährte hydraulische und elektronische Getriebesteuerung.

Das Doppelkupplungsgetriebe DSG

Puristen und ambitionierte Autofahrer wissen, dass die hohe Effizienz und Sportlichkeit des Handschaltgetriebes mit einer komfortbetonten Automatik kaum zu erreichen ist. Der Drehmomentwandler, als Binde-

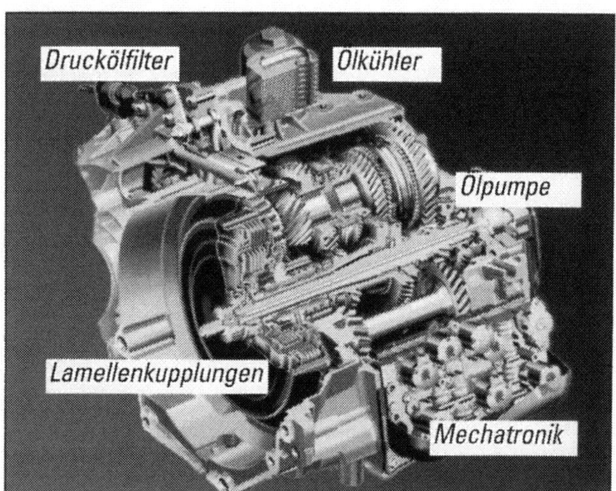

Schaltzentrale DSG: Zwei Lamellen-Kupplungen übernehmen die Gangwechsel. Ölpumpe samt Ölkühler sind für die Schmierung verantwortlich. Die Mechatronik regelt die Steuerung

Funktionsweise Automatik

WISSENSWERTES

Die Hauptkomponenten automatischer Getriebe sind ein Drehmomentwandler, das Planetengetriebe sowie eine hydraulische und/oder elektrische Getriebesteuerung. Durch die gesteuerten Vorgänge eines automatischen Getriebes gelten diese im Allgemeinen als sehr langlebig und verschleissarm.

Planetengetriebe

Kernstück der Getriebeautomatik sind die Planetenradsätze. Sie bestehen aus einem Zahnrad, um das drei weitere Zahnräder umlaufen. Über diese Anordnung ist ein Ringrad (Sonnenrad) mit Innenverzahnung gestülpt. Das Besondere dieser Getriebe ist die Art, wie die Radsätze geschaltet werden. Die Übersetzungsänderung erfolgt lediglich durch Festhalten oder Loslassen von Teilen des Planetenradsatzes. Geschaltet wird ohne Unterbrechung des Kraftflusses vom Motor zu den Rädern. Das Halten und Lösen besorgen hydraulisch gesteuerte Lamellenkupplungen und -bremsen. Das Viergang-Getriebe hat einen so genannten Ravigneux-Planetenradsatz, das Fünfgang-Getriebe zusätzlich einen nachgeschalteten Planetenradsatz.

Drehmomentwandler

Zwischen dem Planetengetriebe und dem Motor sitzt ein hydraulischer Drehmomentwandler, der mittels einer Wandlerflüssigkeit das eingeleitete Motor-Drehmoment ans Getriebe weitergibt. Dazu treibt der Motor im Drehmomentwandler ein Pumpenrad an – die ATF-Flüssigkeit wird über ein so genanntes Leitrad gegen das mit dem Getriebe verbundene Turbinenrad gedrückt, das sich dann in Bewegung setzt. Zwischen Pumpenrad und Turbinenrad geht natürlich ein Teil der Antriebsenergie durch Schlupf verloren. Darum liegt der Verbrauch der Automatikversionen gegenüber den handgeschalteten Ausführungen theoretisch etwas höher.

Um diesen Nachteil zu vermeiden, werden die Automatikgetriebe mit einer Wandlerüberbrükkungskupplung ausgestattet. Sie ist einer Kupplungsscheibe ähnlich: Bei geschlossener Überbrückungskupplung drückt ein Reibbelag auf den Wandlerdeckel, auf der anderen Seite ist die Kupplung über eine Verzahnung mit der Getriebeeingangswelle formschlüssig verbunden.

⚠ Vorsicht beim Abschleppen

GEFAHRENHINWEIS

Springt Ihr Passat mit Automatikgetriebe einmal nicht an, hilft Anschieben oder Anschleppen nicht weiter. Der hydraulische Drehmomentwandler kann bei stehendem Motor keine Verbindung zum Motor herstellen. Versuchen Sie es daher zunächst mit Starthilfekabeln. Wollen Sie Ihren Passat abschleppen lassen, dann nur in Vorwärtsrichtung bei Wählhebelstellung »N«. Dabei nicht schneller als 50 km/h fahren und höchstens 50 km weit schleppen – sonst reicht die Getriebeschmierung wegen Überhitzung nicht aus. Lassen Sie im Zweifelsfall das Auto lieber verladen.
Achtung: Ein Abschleppwagen muss das Fahrzeug natürlich vorn anheben und nicht hinten!

glied zwischen Motor und Antriebsstrang, sorgt zudem durch Schlupfverluste für erhöhte Verbrauchswerte gegenüber identisch motorisierten Handschaltern. In den USA und Japan legt man aber dennoch eher Wert auf den Komfort eines automatischen Getriebes, welche das linke Bein von der Kupplungsarbeit beim Anfahren und Schalten entlastet. Kein Wunder also, dass auf diesen Märkten das Automatikgetriebe eindeutig die Marktvorherrschaft besitzt.
Die Eigenschaften und damit die Vorteile beider Varianten sprechen gewissermaßen für sich. So kam es, dass man sich bei VW die Frage stellte, ob es technisch möglich wäre, die Vorzüge mechanischer und automatischer Schaltboxen in einem einzigen Getriebe zu vereinen.
Die Antwort folgte im Jahr 2003 zur Markteinführung des Direktschaltgetriebe, kurz DSG im ersten Golf R32. Erstmals war es gelungen, sowohl die kundenspezifischen Ansprüche als auch die technischen Vorteile der unterschiedlichen Getriebearten miteinander zu kombinieren.

Technische Genialität

Die Genialität der Konstruktion zeigt sich im Aufbau des DSG: Zwei unabhängige Teilgetriebe werden durch die Parallelschaltung zweier Kupplungen verbunden, was den Vorwärtsdrang ohne Zugkraftunterbrechung ermöglicht. Der Kunstgriff: Ist die eine Kupplung im Eingriff, stellt die andere bereits den nächsten Gang zur Verfügung. Gibt der Fahrer im manuellen Modus nun den Schaltbefehl wird sofort die Kupplung mit dem nächsten Gang "aktiviert". Ein Schaltvorgang kann so auf die Dauer von 30 bis 40 Millisekunden minimiert werden. Der ununterbrochene Kraftfluss wird durch die Verwendung zweier Ein- und Ausgangswellen ermöglicht. Für die ungeraden Gangstufen Eins, Drei und Fünf, sowie den Rükkwärtsgang ist die Kupplung Eins zuständig, für die geraden Gangstufen Zwei, Vier und Sechs die Kupplung Nummer Zwei. Trotz der aufwendigen Technik bringt es das DSG gerade einmal auf 94 kg Gewicht.

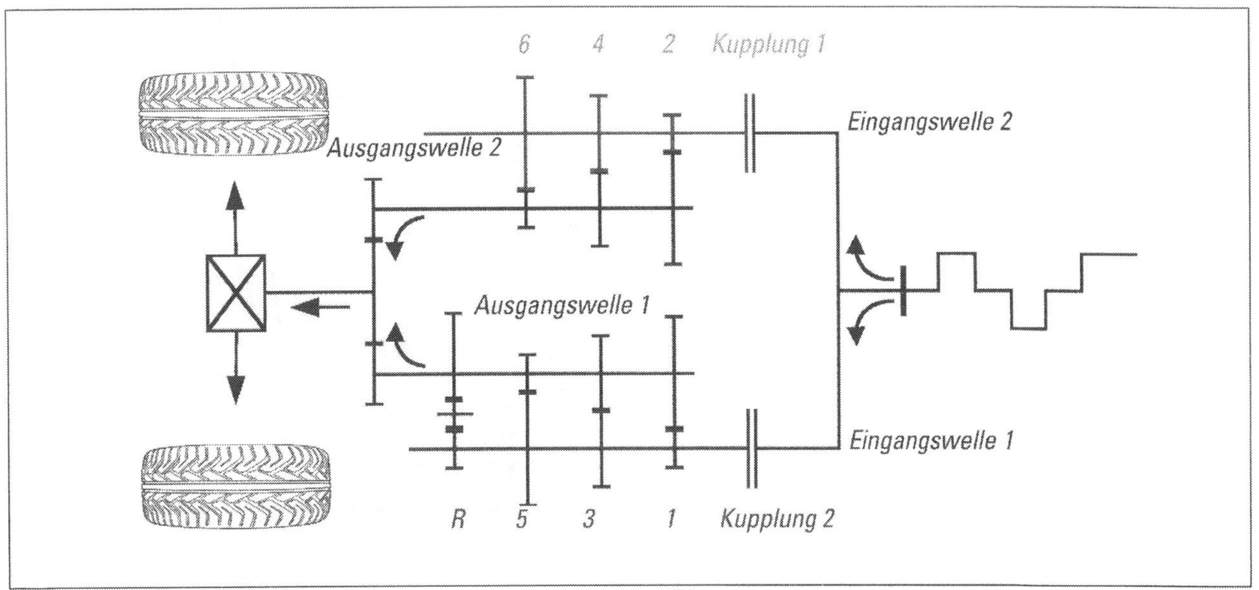

Prinzipskizze: Über die Kupplung 1 werden die Gänge Eins, Drei, Fünf sowie der Rückwärtsgang angesteuert. Kupplung 2 übernimmt Gang Zwei, Vier und Sechs. Über die beiden Ausgangswellen gelangt die Kraft an das Achsdifferential

Nebenaggregate und Ventiltrieb

Das Antriebsaggregat hat nicht nur die Aufgabe Ihren Passat fortzubewegen. Die durch die Verbrennung im Zylinder und die Kurbelwelle in Rotation umgesetzte Energie ist für die Funktion zahlreicher Nebenaggregate verantwortlich, wie der Wasserpumpe für die Kühlung des Motors oder auch dem Klimakompressor, der die Kühlung der Passagiere übernimmt.
Für die Nebenaggregate ist ein Keilrippenriemen zuständig, die Ventilsteuerung über die Nockenwelle wird vom einem Zahnriemen übernommen. Beide werden durch die Verbindung mit der Kurbelwelle angetrieben.

Der Keilrippenriemen

Der Antrieb von Nebenaggregaten wie der Wasserpumpe oder dem Klimakompressor, geschieht über einen Keilrippenriemen. Dieser wird selbst durch das Antriebsrad, welches auf der Kurbelwelle sitzt, angetrieben. Seine Längsrillen dienen der Führung an den Antriebsrädern der einzelnen Aggregate, die Breite ist so dimensioniert, dass sie dem Riemen eine hohe Stabilität verleiht. Der Verlauf des meterlangen Riemens unterscheidet sich je nach Motorvariante und Ausstattung. Der Riemen ist aber bei allen Passat in seiner Auslegung so standfest, dass er nur sehr selten erneuert werden muss. Dennoch kann natürlich ein prüfender Blick von Zeit zu Zeit nicht schaden. Wenn der Riemen deutliche Laufspuren zeigt oder an den Ränder ausgefranst ist, sollte er getauscht werden.

Vom Keilrippenriemen angetriebene Nebenaggregate: (1) Wasserpumpe, (2) Spannrolle, (3) Drehstromgenerator, (4) Klimakompressor, (5) Antriebsrad, (6) Umlenkrolle

Der Zahnriemen

Der Zahnriemen (häufig auch Steuerriemen genannt) hat die Hauptaufgabe die Nockenwelle(n) anzutreiben, welche über Rollenschlepphebel die Ventile öffnet und schließt. Der Zahnriemen ist im Passat 30 mm breit und mit einem verschleissmindernden Rückengewebe aus Polyamid versehen. Sein Grundmaterial ist aus Gummi, das mit Zugsträngen aus Glasfaser durchzogen und somit extrem reißfest ist. Durch die Fasern kann sich der Zahnriemen quasi nicht ausdehnen. Ein Deckgewebe aus Polyamid dient dem Schutz des Zahnriemens und reduziert außerdem die Geräuschemission. Der Riemen sitzt außerhalb des Kurbel-

Nichts zu machen: Dank der äußerst stabilen Auslegung des Zahnriemens steht nur selten ein Wechsel an, den Sie dann aber in der Werkstatt erledigen lassen sollten

gehäuses auf Zahnrädern an Nockenwelle und Kurbelwelle. Durch die Übersetzung der Zahnradpaarung Nockenwellen/Kurbelwellenrad im Verhältnis 2:1 treibt der Zahnriemen die Nockenwelle mit halber Umdrehungsgeschwindigkeit der Kurbelwelle an.
Im Gegensatz zum Keilriemen besitzt der Zahnriemen keine längsverlaufende Rillen sondern quer geschnittene Zähne. Die höhere Kräfteeinwirkung macht die vorhergehende Verstärkung notwendig.
Die Zähne dienen auch dazu eine genaue Position der Nockenwelle zur Kurbelwelle sicher zu stellen. Diese Steuerzeiten sind für den Motor elementar. Reißt der Riemen oder springt er nur um einen Zahn über, kann der Motor schweren Schaden nehmen. Im ungünstigsten Fall schlagen die Ventile auf den Kolben auf und der Motor ist nicht mehr zu retten.
Eine Schmierung oder das Nachspannen sind nicht nötig, im Gegenteil: Der Riemen sollte frei von Fetten und Ölen gehalten werden.
Auch der früher bei den TDI-Motoren häufige und streng einzuhaltende Wechselintervall der Zahnriemen hat sich mittlerweile etwas entschärft. Die heutigen Intervalle sind weniger vom Motortyp und der Bauzeit abhängig, als vom Einsatzgebiet und den Betriebsbedingungen.

Der Ventilspielausgleich

Hydraulische Elemente, sogenannte Hydrostößel, dienen dem Ausgleich des Ventilspiels, welches durch die thermische Ausdehnung der Bauteile unter Hitzeinwirkung entsteht. Ohne diese Maßnahme würde sich die Dichtwirkung der Ventile vom Brennraum zum Zylinderkopf hin verschlechtern. Frühere Motorkonstruktionen ohne Hydrostößel mussten noch von Zeit zu Zeit manuell nachjustiert werden. Dies entfällt bei den Motoren des Passat dank des automatischen Ventilspielausgleichs.
Die Funktionsweise ist recht einfach: Ist der Stößel nicht belastet (Ventil geschlossen), so drückt eine Feder den Kolben aus den Zylinder bis dieser am Ventilschaft anstößt. Das Ventilspiel ist quasi Null. Motoröl fließt, von der Ölpumpe unter Druck gesetzt, durch eine umlaufende Ölnut in den Ölvorratsbehälter und dann durch das Rückschlagventil in den kleinen Hochdruckraum. Beginnt nun der Nocken über den Rollenschlepphebel auf den Hydro zu drücken, schließt das Rückschlagventil und schottet somit den Hochdruckraum ab. Da man Öl nicht zusammenpressen kann, besteht jetzt zwischen Nocken und Ventilschaft eine kraftschlüssige Verbindung, und das Ventil öffnet sich unter dem Druck der Nockenwelle. Treten Defekte am Hydrostößel auf, macht sich das durch ein Klappergeräusch bemerkbar. Die Ursachen hierfür können unterschiedlich sein. Haben Sie Ihren Wagen für längere Zeit nicht mehr gefahren, kann kurz nach dem Start die Ölversorgung noch nicht ausreichend sein. Andersrum kann aber auch kurz nach einer hohen Belastung bei erhöhten Außentemperaturen oder bei extrem niedrigem Ölstand die Ölversorgung ebenfalls nicht ausreichend sein.
Ein schlechtes Zeichen ist ein anhaltendes Ventilgeräusch, das auch nach längerer Fahrt nicht verschwindet. Dann kommen Sie an einem Austausch der Stößel nicht vorbei. Dazu sind umfangreiche Demontagearbeiten nötig, Reparaturen wie diese finden Sie daher in unserer Reihe „Reparaturanleitung“.

Integrierte Hydrostößel: Die Rollenschlepphebel werden über einen Stichkanal mit Hydrauliköl versorgt

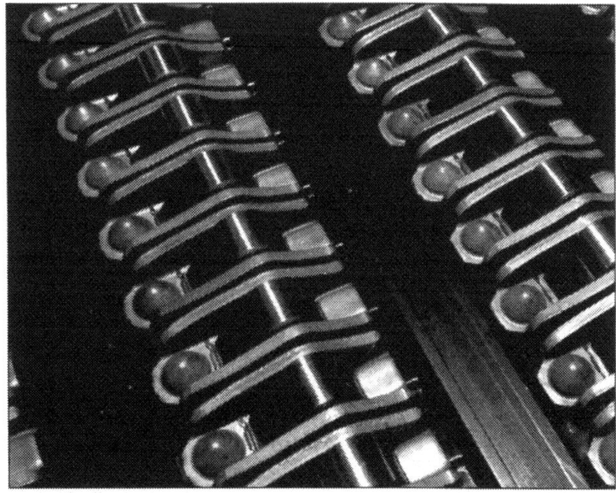

Hydroventile in der Produktion: Durch den Ventilspielausgleich, dichten die Ventilteller stets optimal den Brennraum ab

Die Motorschmierung

An allen Stellen, an denen Metallteile aneinander reiben braucht es eine Schmierung. Das Motoröl ist dafür zuständig, dass Teile wie der Kolben und seine Zylinderlaufbahn oder auch die Lager der Kurbel- und Nokkenwelle beim Verrichten ihrer Arbeit keiner Metallreibung ausgesetzt sind.

Die Durchströmung des Motors mit Öl wird durch ein komplexes Leitungssystem innerhalb des Motorblocks ermöglicht. Dabei versorgt die Ölpumpe die zahlreichen Bohrungen mit dem wichtigen Schmiermittel. Ihre Aufgabe ist es, das Öl aus der Ölwanne, die sich unten am Motorblock befindet, anzusaugen und über den Hauptstrom des Schmiersystems letztlich an alle Leitungen weiterzureichen. Dabei passiert das Öl auch den Ölfilter, der Verunreinigungen wie Ruß oder Staubablagerungen herausfiltert.

Steigt der Öldruck zu sehr an, kann ein Überdruckventil an der Öldruckpumpe geöffnet werden, damit überschüssige Ölmengen zurück zur Ölwanne fließen können. Einen zu niedrigem Öldruck erkennt der integrierte Öldruckschalter, die Warnlampe im Cockpit schlägt dann, begleitet von einem Signalton, Alarm. Dann heißt es sofort anhalten und Ölstand kontrollieren. Meist ist nämlich „nur" zu wenig Öl im System und die Ölpumpe hat Luft angesaugt. Tritt das Problem nach dem Nachfüllen jedoch weiterhin auf, muss von einem mechanischen Schaden an der Ölpumpe, einer Verstopfung des Ansaugsiebes oder einem kapitalem Lagerschaden ausgegangen werden.

Der Ölkreislauf

Der Ölkreislauf sorgt mit Hilfe der Öldruckpumpe dafür, dass immer genügend Schmierung an allen benötigten Stelle vorhanden ist. Dieses System wird deshalb auch als Druckumlaufschmierung bezeichnet. Das Motoröl wird dabei unter Druck in einen Kreislauf durch den gesamten Motor geleitet. Vom Ölfilter gelangt das Öl durch die Ölbohrungen und Kanäle in Richtung Motorblock bis zu den Schmierstellen der Kurbelwelle und der Pleuel.

Von den Gleitlagern der Kurbelwelle wird das Öl in den Zylinderkopf und zu den Lagerstellen der Nockenwelle sowie zur Kipphebelbrücke gedrückt. Von dort aus fließt das Öl über Rücklaufkanäle zurück in die Ölwanne, wo es wieder durch die Ölpumpe angesaugt wird und den Kreislauf von Neuem durchlaufen kann.

Der Ölfilter

Genauso wie das Öl nach einer gewissen Zeit gealtert ist und gewechselt werden muss, ist auch der Ölfilter auszutauschen. Er setzt sich mit den Verschmutzungen zu und wird im Extremfall über einen „Bypass" (durch den zu hohem Druck tritt ein Überdruckventil in Aktion) übergangen. Damit ist eine sichere Schmierung zwar stets gewährleistet, aber die notwendige Filterung wird umgangen, was zum Beispiel an den Lagerstellen einen erhöhten Verschleiss hervorruft.

Filterwechsel: Grundsätzlich muss der Ölfilter bei jedem Ölwechsel getauscht werden

Der Öldruckschalter

Ein wichtiges Bauteil an der Ölfiltereinheit des Passat ist der Öldruckschalter. Er ist drucklos geöffnet und wird bei Erreichen des Schaltdruckes geschlossen. Die externe Öldrucküberwachung wird zehn Sekunden nach dem Einschalten der Zündung aktiviert. Die Einschaltverzögerung der Warnung beträgt drei Sekunden, die Ausschaltverzögerung etwa fünf Sekunden. In der Praxis bedeutet das: Nach Einschalten der Zündung muss bei stehendem Motor die Öldruckkontrolllampe im Schalttafeleinsatz leuchten. Spätestens drei Sekunden nach dem Anlassen sollte die Leuchte verlöschen. Wenn bei eingeschalteter Zündung und stehendem Motor der Öldruckschalter geschlossen ist, oder aber bei Drehzahlen über 1500 U/min noch geöffnet ist, erfolgt eine Warnung durch Blinken der Leuchte und dreimaliges Ertönen des Summers – die Warnung hält dann bei richtigem Öldruck für fünf Sekunden an.

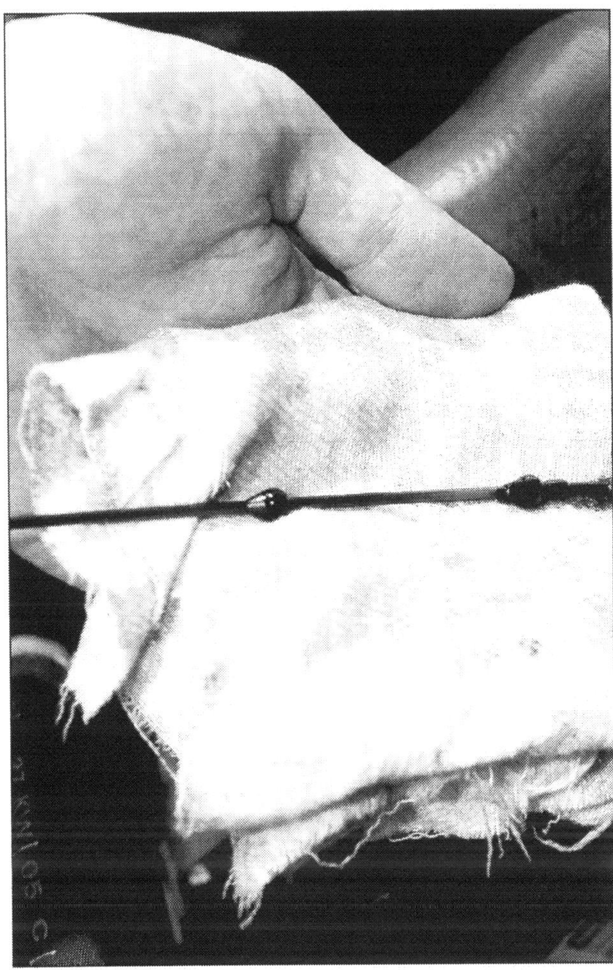

Regelmäßige Kontrolle: Den Ölstand Ihres Passats sollten Sie mindestens bei jeden zweiten Tankstopp überprüfen

Sind Leichtlauföle besser?

Auch Leichtlauföl (Synthetiköl) kommt nicht ohne Erdöl aus. Allerdings wird der Molekülaufbau des Rohöls in einem aufwändigen Verfahren (Cracken) aufgelöst und nach neuer Rezeptur mit speziellen Additiven neu zusammengesetzt. Synthetiköl ist im Prinzip nicht künstlicher als Mineralöl, aber teurer. Dafür versprechen die Hersteller einen geringeren Öl- und Kraftstoffverbrauch, eine größere Beständigkeit und langsamere Alterung. Das bedeutet theoretisch auch längere Ölwechselintervalle. Allerdings sieht Ihre Werkstatt für Leichtlauföle keine längeren Ölwechselintervalle vor. Wenn Sie sich den Luxus dieses Spitzenöls leisten, sollten Sie sich trotzdem an die vorgesehenen Intervalle halten.

Vorsicht: Motoröl, das ausschließlich für Dieselmotoren zugelassen ist, nie mit Öl für Benzinmotoren mischen. Sie riskieren sonst einen Motorschaden.

Ölnormen und Begriffe

WISSENSWERTES

Viskosität. Maß der Fließfähigkeit des Öls. Im Winter muss Motoröl so dünnflüssig sein, dass es nach dem Kaltstart sofort alle Schmierstellen versorgt. Im Sommer dagegen ist dickflüssiges Öl gefragt, das auch bei hohen Temperaturen den Schmierfilm nicht abreißen lässt.

SAE-Klasse (Society of Automotive Engineers). Bezeichnet die Klasse der Viskosität, zum Beispiel SAE 15W-40. Je kleiner die erste Zahl, um so dünner fließt das Öl bei Kälte (W = Winter). Ein Öl mit 0W schmiert noch bei minus 30 Grad, bei 5W steigt dieser Wert auf minus 25 Grad, bei 15W auf minus 15 Grad. Je höher die zweite Zahl, um so besser widersteht das Öl hohen Temperaturen.

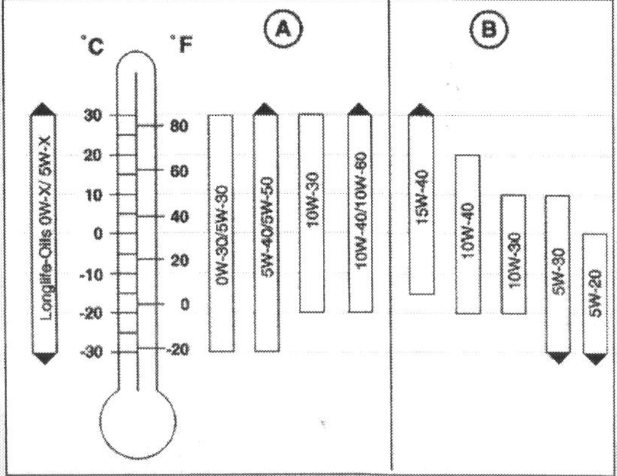

Die Ölviskositätsempfehlungen von VW:
In mitteleuropäischen Breitengraden genügt das ganze Jahr über ein Öl der Viskositätsklasse 15W-40.
A: Mehrbereichs-Leichtlauföle nach VW-Norm 500 00; für Benzinmotoren, nicht für Turbo-Diesel.
B: Mehrbereichsöle nach VW-Norm 505 00 (alle Motoren) oder nach VW-Norm 501 01 bzw. API-SF oder SG; für Benzinmotoren, nicht für Turbo-Diesel.

ACEA (Association des Constructeurs Européen d'Automobiles). 1996 eingeführte europäische Ölnorm. Löst die CCMC-Norm ab. Für Benziner gibt's die Gruppen A1 (spritsparendes Öl), A2 (gering belastetes Öl), A3 (Hochleistungs-Öl). Für Diesel gilt die Einteilung B1, B2 und B3.

CCMC (Comittée des Constructeurs d'Automobiles du Marché Commun). Die Spezifikation besteht aus den Buchstaben G (Benziner) und PD (Diesel) sowie einer Zahl. Je höher diese ist, um so besser ist die Qualität des Öls.

Die Motorkühlung

Das Kühlsystem sorgt für die richtige Betriebstemperatur des Motors. Es besteht aus einer Reihe von Bauteilen wie Kühler, Thermostat, Wasserleitungen und einem Netz aus genau bemessenen Kanälen in Motorblock und Zylinder, in denen die Kühlflüssigkeit zirkuliert. So entsteht ein Wassermantel, der die Verbrennungswärme über die Schläuche des Kühlsystems an den Kühler abführt. Welche Wege das Kühlmittel im Kühlsystem nimmt, hängt von der Temperatur des Motors ab.

Der Kurzschlusskreislauf

Beim Kaltstart zirkuliert das Kühlmittel zunächst im kleinen Kühlkreislauf, der sich auf Motor und Heizung beschränkt. In diesem so genannten Kurzschlusskreislauf hält der Thermostat den Durchfluss zum Kühler geschlossen. Das Kühlmittel gelangt auf direktem Weg zurück in den Motor. So werden die Kühlflüssigkeit und der Motor schneller warm. Der Kühler tritt erst in Aktion, wenn das Kühlmittel eine bestimmte Temperatur hat. Der Thermostat öffnet, kaltes Wasser wird aus dem Kühler mit bereits erwärmtem Wasser aus dem kleinen Kühlkreislauf vorgemischt.

Hitzetod ohne Wasser: Bei unzureichender Kühlung stirbt der Motor schnell den Hitzetod. Daher sollte der regelmäßige Check des Kühlmittelstands selbstverständlich sein

Kühlung bei Betriebstemperatur

Solange die Wassertemperatur steigt, öffnet der Thermostat den Kaltwasserzufluss aus dem Kühler immer weiter und schließt gleichzeitig den Kurzschlusskreislauf. Bei Betriebstemperatur zirkuliert die Kühlflüssigkeit vom unteren Kühlwasserschlauch zur Wasserpumpe, die sie in den Motorblock und Zylinderkopf drückt.

Der größte Teil der Flüssigkeit läuft dann über den geöffneten Thermostat zum Kühler, während der Rest zum Wärmetauscher der Heizung fließt. Das im Kühler unten abfließende kalte Wasser zieht heißes Kühlmittel oben in den Kühler nach. Dort wird es beim Zug durch die Kühlerlamellen abgekühlt. Sinkt während der Fahrt die Wassertemperatur unter die vorgeschriebene Betriebstemperatur sperrt der Thermostat den Kühlerdurchfluss erneut, bis sich das Kühlmittel wieder genügend erwärmt hat

Überdruck und Kühlerventilator

Das Kühlsystem steht unter einem Überdruck von etwa 1,4 bis 1,6 bar bei Betriebstemperatur. Dadurch und durch den Einsatz von Kühlmittelzusätzen erhöht sich der Siedepunkt der Kühlflüssigkeit von 100 °C auf rund

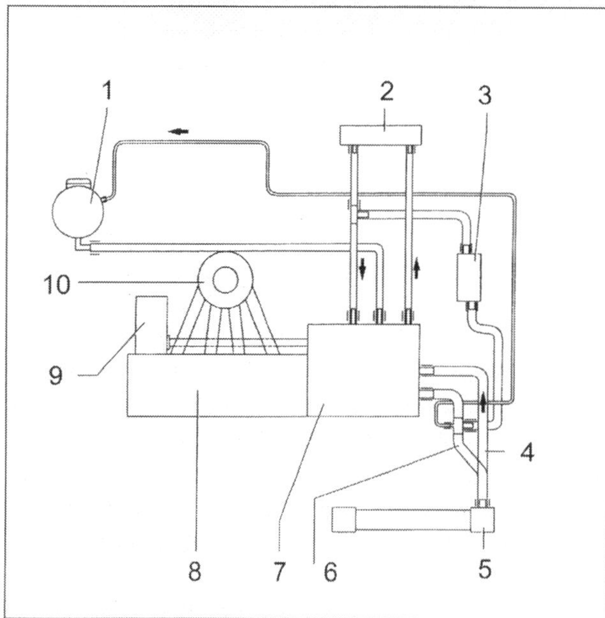

Der Kühlmittelkreislauf (exemplarisch): (1) Ausgleichsbehälter, (2) Wärmetauscher für Heizung, (3) Getriebeölkühler, (4) Kühlmittelschlauch unten, (5) Kühler, (6) Kühlmittelschlauch oben, (7) Kühlmittelregler-Gehäuse, (8) Zylinderblock, (9) Kühlmittelpumpe, (10) Ansaugrohr

120 °C. Die höhere Temperatur ermöglicht einen wirtschaftlicheren und damit Kraftstoff sparenden Motorbetrieb. Wenn bei einem heißen Motor der Kühlmitteldruck 1,5 bar übersteigt, tritt das Überdruckventil am Ausgleichsbehälter in Aktion. Es öffnet und lässt zum Druckausgleich etwas Wasserdampf entweichen. Trotzdem kann es zum Beispiel bei Fahrten in der Stadt vorkommen, dass das Kühlmittel im System überhitzt wird. Dann muss der Kühlerventilator den Kühler zusätzlich kühlen.

Der (oder die) Lüfter werden über einen zweistufigen Thermoschalter gesteuert, der links am Wasserkasten des Kühlers eingeschraubt ist. Bei einer Kühlmitteltemperatur von 92 bis 97 °C wird die erste Stufe (halbe Drehzahl) geschaltet. Steigt die Kühlmitteltemperatur auf 99 bis 105 °C, schaltet der Thermoschalter in der zweiten Stufe auf volle Drehzahl.

Durch den nicht ständig mitlaufenden Lüfter und die thermostatische Regelung des Kühlmittelstroms werden die Betriebstemperatur schneller erreicht und der Kraftstoffverbrauch reduziert.

Das Kühlmittel

Kühlflüssigkeit (Kühlmittel) besteht aus einer Mischung von Frost- und Korrosionsschutzmittel und gewöhnlichem Wasser. Der Korrosionsschutz im Kühlmittel verhindert, dass sich Kesselstein, Rost und andere aggressive Korrosionsstoffe bilden.

Allerdings verfliegt diese Schutzwirkung nach etwa vier Jahren und das Kühlmittel sollte dann erneuert werden. Die Volkswagen AG schreibt einen turnusmäßigen Wechsel jedoch nicht mehr vor. Der Wasseranteil des Kühlmittels beträgt je nach gewähltem Frostschutz bis zu 60 %. Weniger als 40 % dürfen es aber auch im Sommer nicht sein.

Nach dem Ersatz von Motorkomponenten wie Zylinderkopfdichtung oder Wasserpumpe sollte neuer Frostschutz benutzt werden um die neuen Teile mit der Schutzschicht zu versiegeln. Alle Motoren sind mit dem Mittel G 12 nach TL VW 774 D befüllt, das eine rosarote Färbung aufweist. Dieses Mittel darf auf keinen Fall mit dem früher eingesetzten Kühlmittelzusatz G 011 A8 C oder anderen Kühlmittelsorten gemischt werden. Eine braune Färbung des Kühlmittels deutet auf eine Vermischung der beiden Sorten G12 / G 011 hin. Dann muss unbedingt das Kühlmittel abgelassen werden. Den Motor mit Wasser durchspülen (Motor zwei Minuten laufen lassen) und anschließend mit neuem Kühlmittel befüllen!

WISSENSWERTES

Teile des Motorkühlsystems

Wasserpumpe: Sogenannte Schleuderpumpe, sorgt für stetigen Kreislauf des Kühlmittels. Wird je nach Motor vom Keilrippen- oder Zahnriemen angetrieben.

Kühler: Besteht auf der linken und rechten Seite aus einem Kunststoff-Wasserkasten. Dazwischen befinden sich dünnwandige Röhrchen, verbunden durch ein Gerüst von Lamellen. Die vom Luftstrom bestrichene Fläche ist viele Quadratmeter groß.

Thermostat: Hält die Wassertemperatur konstant. Öffnet bei etwa 87 °C und lässt Wasser zum Kühler oder zurück in den Motor strömen. Im Thermostat befinden sich eine wachsgefüllte Büchse und ein Ventilteller. Erwärmt sich das Kühlmittel, verflüssigt sich das Wachs und dehnt sich zunehmend aus. So öffnet es immer weiter das Ventil, das den Kaltwasserzufluss kontrolliert. Bei Betriebstemperatur ist das Ventil ganz geöffnet, der Kurzschlusskreislauf komplett zu. Kühlt das Wasser ab, drückt eine Feder auf den Ventilteller und sperrt den Kühlerdurchfluss so lange, bis sich das Kühlmittel wieder genügend erwärmt hat.

Ausgleichsbehälter: Lässt bei zu hohem Druck durch ein Überdruckventil im Deckel Wasserdampf entweichen. Bei allen Motoren wird ein getrennter Ausgleichsbehälter verwendet. Anzeige des Kühlmittelstandes an der Außenseite.

Kühlungsventilator: Der Kühler ist mit einem Kühlungsventilator (Kühlerlüfter) und je nach Ausstattungsversion mit einem Zusatzlüfter versehen.

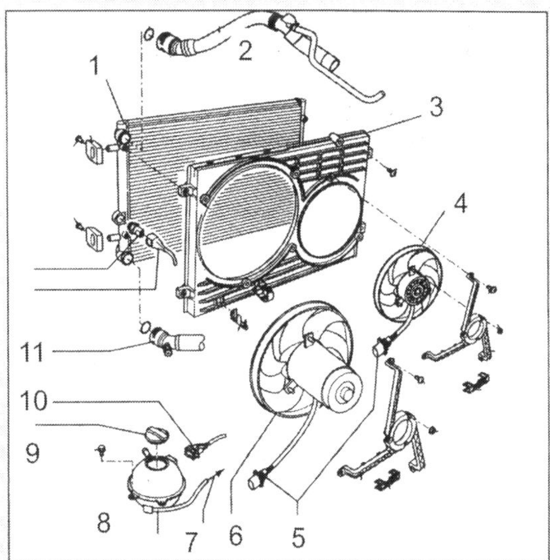

Teileauswahl des Kühlsystems: (1) Kühler, (2) Kühlmittelschlauch, (3) Luftführungshutze, (4) Zusatzlüfter, (5) Anschlusstecker, (6) Lüfter f. Kühler, (7) Kühlmittelrohr, (8) Ausgleichsbehälter, (9) Verschlussdeckel, (10) Kühlmittelschlauch, (11) Thermoschalter

Das Motormanagement

Die stetig komplexeren Anforderungen an die Motorsteuerung, auch bedingt durch die verschärften Abgasbestimmungen, machen eine effizientere Verbrennung sowie emissionsminimierte Verwertung des Kraftstoffs erforderlich. Hier kommt die Motorsteuerung ins Spiel, ohne deren Wirken die heutigen Abgasverordnungen nicht einzuhalten wären. In der zentralen Steuereinheit, egal ob Benziner oder Dieselmotor, laufen alle zur Verbrennungsoptimierung relevanten Informationen zusammen, werden dort blitzschnell ausgewertet und zur Steuerung, beispielsweise der optimalen Einspritzzeiten, verwertet.

Hierzu werden sowohl Sensoren (Fühler) als auch Aktoren (Stellglieder) benötigt. Sensoren erkennen den Fahrzustand und den Fahrwunsch, zum Beispiel am Gaspedalpotentiometer. Umgesetzt wird dieser Wunsch dann als Eingabegröße am Stellmotor der Drosselklappe, der diese je nach Rechenmodell öffnet und schließt.

Aber das Steuergerät kann noch weitaus mehr und übernimmt aufgrund der ihm zahlreich zur Verfügung stehenden Informationen auch noch gleich folgende Funktionen:

- Leerlaufdrehzahlregelung
- Lambdaregelung
- Steuerung des Kraftstoffrückhaltesystems
- Klopfregelung
- Abgasrückführung
- Steuerung des Turboladers
- Steuerung der Saugrohrumschaltung
- Regelung der Nockenwelllenverstellung

Bits und Bytes: Die Motorsteuerung ist für die Verbrennungsoptimierung und Emissionsverbesserung unerlässlich geworden

Wolfsburger Nostalgie: Bereits seit 40 Jahren werden, wie hier am VW Typ 3, Benzinmotoren durch Elektronik gesteuert

Elektronische Dieselkontrolle EDC

Auch der Selbstzünder läuft heutzutage nicht mehr ohne eine Ansteuerung durch ein Steuergerät. Im Passat bestimmt eine elektronische Dieselregelung kurz EDC (=Electronic Diesel Control) die Einspritzdauer sowie den Einspritzbeginn des Dieselkraftstoffs. Steuerzeiten von wenigen Hundertstelsekunden ermöglichen dabei eine äußerst präzise Kraftstoffmengenzumessung.

Die Regelung ist dabei so exakt, dass bei den Triebwerken während der kurzen Zeitdauer eines Taktspiels mehrere Einspritzintervalle möglich sind. Dadurch läuft ein Diesel wesentlich sanfter und umweltfreundlicher.

Druckregler der Automatik: Im Sinne des Fahrkomforts stimmt sich das Motorsteuergerät auch mit dem Automatikgetriebe ab. Druckregler bestimmen die Schaltvorgänge

Erfolgsgeschichte der TDI Technologie

1989 startete die Erfolgsgeschichte der TDI-Motoren (Turbocharged Direct Injection= Turbodieseltechnik mit Direkteinspritzung): VW Partner Audi stellte damals auf der IAA in Frankfurt den weltweit ersten Pkw-Dieselmotor mit Direkteinspritzung und elektronischer Regelung vor. In Serie zunächst im Audi 80 verbaut, sorgte der durchzugsstarke Turbodiesel auch oder vor allen Dingen wegen seiner gesitteten Trinkmanieren für Aufsehen bei der Fachpresse.
Der TDI-Erfolg ist mittlerweile auch im Rennsport unbestritten: Im Jahr 2006 sorgte ein TDI, abermals in einem Audi, für reichlich Aufsehen. Als Sieger des ruhmreichen 24 Stundenrennens von Le Mans. Der Verbrauchsvorteil der 650 PS-Boliden kam hier voll zum Tragen. Durch längere Etappen auf der Strecke und damit weniger Boxenstopps gegenüber den Ottoaggregaten der Konkurrenz, bescherte der TDI Audi auf dem Siegerpodium den ersten und dritten Platz.
Sie als Passat TDI-Fahrer müssen wir damit aber zuletzt beeindrucken. Denn auch ohne LeMans-Sieg wissen Sie die genannten Vorzüge Ihrer Motorisierung im täglichen Einsatz besser zu schätzen als wir es in Worten ausdrücken könnten.

Die Hochdruckeinspritzung

Erinnern Sie sich noch an die Zeit als Dieselautos als stinkig laut und lahm galten und außer dem geringeren Verbrauch wenig gute Argumente vorzuweisen hatten? Zu Recht fragen Sie sich daher vielleicht, wie aus dem ehemals stinkig-blauqaulmenden und vor allen Dingen trägen Dieselmotor das leistungsfähige und drehmomentstarke TDI-Sparwunder wurde. Hauptverantwortlich für diesen Fortschritt ist die Entwicklung der Hochdruck-Direkteinspritzung.
Der erste Schritt war die Verwendung einer zentralen Verteilereinspritzpumpe, die den Dieselkraftstoff allen Einspritzventilen zuteilt. Später folgte die Pumpe-Düse-Technologie, bei der jeder Zylinder seine eigene Hochdruckpumpe in Form eines Dieselinjektor direkt am Zylinder sitzen hat. Damit wurden Einspritzdrücke von über 2000 bar möglich. Gegenüber der Vorkammer- oder Wirbelkammerverfahren bietet die Direkteinspritzung einen deutlich gesteigerten Wirkungsgrad. Der im Brennraum als feiner Sprühnebel verteilte Dieselkraftstoff besitzt ein viel größeres Angriffsvolumen zur Entflammung und kann dadurch optimaler ausgenutzt werden.

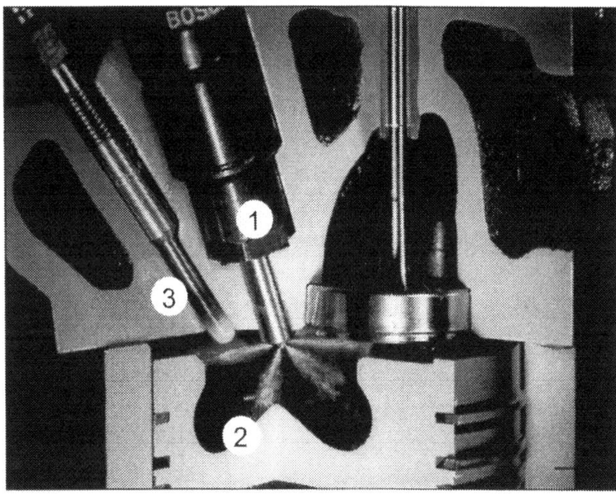

Arbeitstakt des Direkteinspritzers: Das Einspritzventil (1) zerstäubt den Diesel in die Kolbenmulde (2). Die Glühstiftkerze (3) minimiert den Schadstoffausstoss beim Kaltstart

Drucksache: Durch den enorm hohen Druck von bis zu 2400 bar kann Diesel heute sehr fein zerstäubt werden

Pumpe-Düse-Technik

Die Pumpe-Düse Technik gilt als eine VW-Eigenheit und Gegenpart der Common-Rail Technik, welche sich bei der Konkurrenz und selbst beim Konzernpartner Audi längstens als Standard etabliert hat. Sie rührt aus der guten Zusammenarbeit zwischen VW und Bosch her und wurde durch die in Zusammenarbeit mit Siemens entwickelten Piezo-Einspritzventile weiter verfeinert.
Das anfangs noch durch häufig gerissene Zahnriemen in Verruf geratene Pumpe-Düse Prinzip hat VW mittlerweile längst im Griff. Die Technik gilt als zuverlässig und standfest und ist nicht zuletzt deswegen auch ein Grund für den überproprtionalen Anteil an Dieselaggregaten im VW Passat.

Motorsteuerungskomponenten im Detail

Der Saugrohrdrucksensor

Liefert zusammen mit der Motordrehzahl eine der Hauptsteuergrößen für die Bestimmung der Einspritzgrundzeit. Er kann entweder im Saugrohr oder als Element der Motorsteuerung verbaut sein.

Das Drosselklappenpotentiometer

Der Zugkraftwunsch wird über diesen Sensor an die Motorsteuerung weitergegeben. Der Wert gibt an, wieviel Gas der Fahrer gibt.

Der Höhendrucksensor

Sitzt direkt im Steuergerät. Der Sensor erlaubt eine exakte Bestimmung der Dichte der Umgebungsluft. Diese Information findet in zahlreichen Diagnosefunktionen Anwendung.Beim Turbomotor kommt noch ein Ladedrucksensor zum Einsatz.

Der Drehzahlsensor

Seine Position an der Kurbelwelle gibt dem Steuergerät Anhaltspunkte über die Stellung der Kurbelwelle und damit über die Stellung jedes einzelnen Zylinders. Wichtig ist auch die Stellung der Nockenwelle, über die ein weiterer Sensor Auskunft gibt. Das Steuergerät kann durch ihn erkennen welche Zylinder sich gerade im Verdichtungstakt befinden und so jeder einzelnen Zündspule das Zündsignal geben.

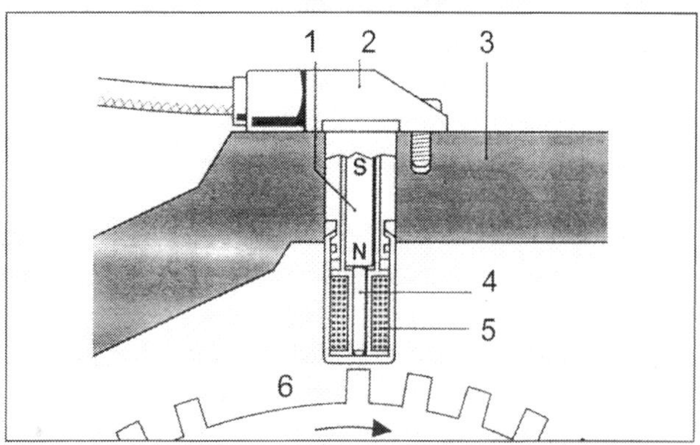

Das E-Gas und der Drosselklappen-Geber

Die Motoren des Passat verfügen allesamt über ein elektronisches Gaspedal. Die Drosselklappe wird nicht mehr durch einen Seilzug betätigt. Zwischen den beiden Teilen besteht keine mechanische Verbindung mehr. Am Gaspedal sitzen stattdessen zwei Geber, die das Steuergerät über die Gaspedalstellung informieren. Die Stellung des Gaspedals ("Fahrerwunsch") ist eine Haupteingangsgröße für das Motorsteuergerät. Entsprechend dieser Eingangsgröße betätigt das Steuergerät einen Elektromotor an der Drosselklappe. Das Steuergerät öffnet die Drosselklappe nun aber

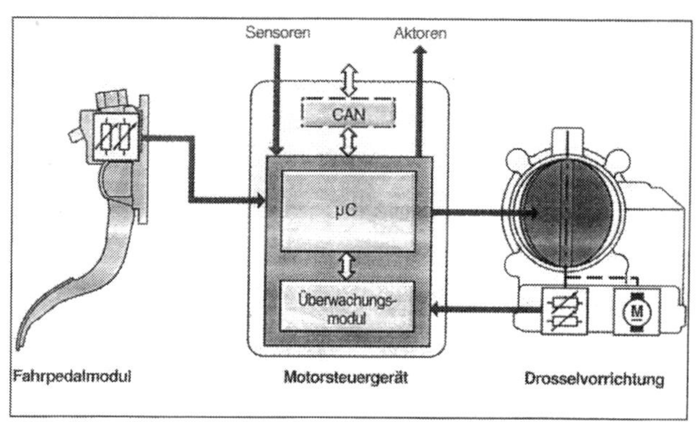

nicht immer so weit, wie vom Fahrer vorgeschlagen. Die Elektronik passt die Drosselklappenstellung statt dessen an den jeweiligen Betriebszustand an. So kann beim Beschleunigen die Drosselklappe schon ganz geöffnet sein, obwohl das Gaspedal erst halb durchgetreten ist. Dies hat den Vorteil, dass Drosselverluste an der Klappe vermieden werden. Das E-Gas greift auch bei der Antriebsschlupfregelung ein: Wenn der Fahrer zuviel Gas gibt, kann das Steuergerät das Gas so weit zurücknehmen, bis kein Rad mehr durchdreht.

Der Klopfsensor

Eine Piezokeramik-Bauteil, eingebaut in den Zylinderblock, registriert die bei klopfender Verbrennung entstehende Schwingung und wandelt sie in elektrische Signale um. Die Motorsteuerung reguliert danach den Zündzeitpunkt.

Der Motortemperatursensor

Sitzt im Kühlmittel-Kreislauf und gibt dessen Temperatur an das Steuergerät weiter.

Der Ansauglufttemperatursensor

Befindet sich im Ansaugkanal und gibt die Temperatur der Ansaugluft an das Steuergerät weiter.

Der Luftmassenmesser

Er befindet sich im Ansaugrohr zwischen Luftfilter und Drosselklappe und bestimmt die Menge der angesaugten Luft, die bekanntlich von Temperatur, Feuchtigkeit und Dichte abhängt.
Im Gegensatz zum früher verwendeten mechanischen Luftmengenmesser, der lediglich das Volumen der

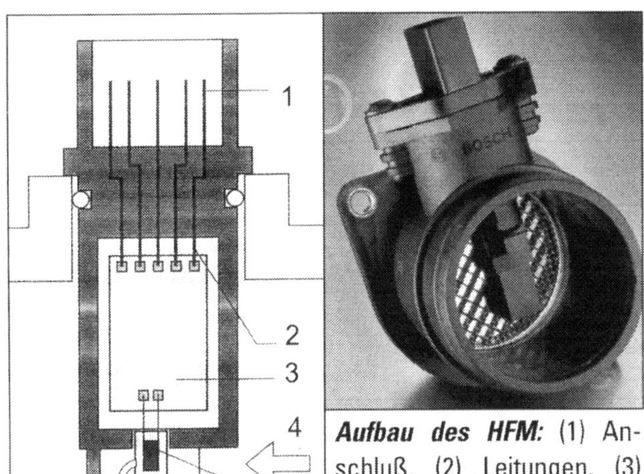

Aufbau des HFM: (1) Anschluß, (2) Leitungen, (3) Platine, (4) Lufteinlass, (5) Sensorlelement, (6) Luftauslass, (7) Gehäuse

durchgesetzten Luft im Ansaugtrakt bestimmen konnte, gibt der heute sowohl beim Diesel, als auch beim Benziner verwendete Heissfilmluftmassenmesser viel präzisere Signale zur Einspritzregelung ab.
Das Messprinzip basiert auf dem der „thermischen Lastsensoren": Die Oberfläche des Sensors ist ein unterschiedlich beschichteter Filmdraht und beinhaltet gleich drei verschiedene elektrische Widerstände. Sie funktionieren als Heiz-, Sensor- und Temparaturwiderstand. Durch den Luftstrom kühlt die Oberfläche des beheizten HFM-Sensors ab, die daraus resultierenden Werte kann das Steuergerät interpretieren.
Leider zählt der HFM zu den reparaturanfälligen Teilen. Ein Defekt äußert sich durch verminderte Leistungsabgabe des Motors, da ohne die Daten des HFM die Elektronik im Notprogramm läuft. Das heißt: Es wird anhand von Durchschnittswerten die durchströmende Luftmenge interpoliert und der Motor dementsprechend grob geregelt.
Defekte werden durch Verschmutzung, zum Beispiel von der Motorseite durch Öl oder durch Wassereinbruch von der Luftseite verursacht. Eine solche Verschmutzung bzw. Benetzung kann durch das ständige Nachheizen bis zur Überhitzung des empfindlichen Heißfilms führen. Leider kann man diesem Problem auch nicht mit einer Reinigung des Drahtes zu Leibe rücken, da dieser gut abgeschirmt ist. Es bleibt also nur der Austausch.

Die Einspritzdüsen

Das Steuergerät sorgt mit Hilfe eines elektrischen Impulses für das Öffnen der Einspritzdüsen. Die Öffnungsdauer, Art der Düsen und der anliegende Kraftstoffdruck entscheiden dann über die jeweils eingespritzte Kraftstoffmenge. In jedem Fall wird der Kraftstoff fein zerstäubt um sich mit der Luft zu mischen.

Die Lambdasonde

Die Lambdasonde hat die Aufgabe den Restluftanteil im Abgasstrom zu messen. Sie ist Bestandteil eines Regelkreises, der ständig die richtige Zusammensetzung des Luft-Kraftstoffgemisches sicherstellt. Das optimale Mischungsverhältnis der Luftmenge zu Kraftstoff, bei dem eine maximale Umsetzung der Schadstoffe im Katalysator erreicht wird, liegt bei Lambda=1. Es entspricht einem Anteil von Luft zu Kraftstoff im Verhältnis von etwa 14,7:1 (auch „stöchiometrisches Mittel" genannt). Änderungen dieser Zusammensetzung werden von der Lambdasonde, die im Abgasrohr sitzt, registriert und dienen dem Motormanagement zur Steuerung zahlreicher Funktionen. Übermäßige Abweichungen werden ebenfalls erkannt und gelten als erster Hinweis für mögliche Fehler.
Das Funktionsprinzip der Lambdasonde beruht auf der Umwandlung des gemessenen Luft-Kraftstoffverhältnisses in elektrische Spannung. Dies ermöglicht ein gasundurchlässiger Keramikkörper der von einer dünnen, mikroporösen Platinschicht ummantelt ist. Die Keramik erlaubt ab einer Temperatur von ca. 300°C die Leitung von Sauerstoffionen.
Der Unterschied an Sauerstoffanteilen im Abgasstrom zwischen Abgas- und Luftseite bewirkt dabei die Entstehung einer elektrischen Spannung. Der Regelwert nimmt bei Lambda=1 sprunghaft einen bestimmten Wert (z.B. 500mV) an. Bei Abweichungen dieser Größe (z.B. zwischen 100 mV = mageres Gemisch und 800mV = fettes Gemisch), leitet das Motorsteuergerät entsprechende Korrekturmaßnahmen ein.

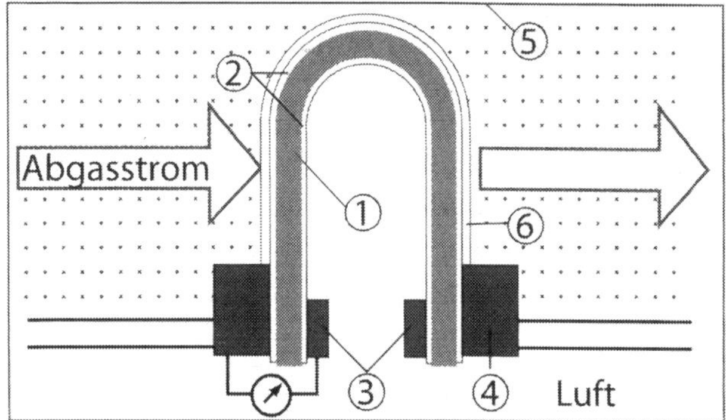

Aufbau der Lamdasonde: (1) Keramik, (2) Elektroden, (3) Kontakt, (4) Gehäusekontakt, (5) Abgasrohr, (6) Keramikschicht

Die Einspritzung und Zündung (Benziner)

Der Passat verfügt über eine der modernsten Einspritzanlagen. Diese ist gekennzeichnet durch vollelektronische Ansteuerung, welche über eine Einzeleinspritzung und Zündung verfügt. Der Basis Vierzylinder besitzt zwei Doppelfunkspulen mit zentralem Zündtrafo, während die restlichen FSI-Aggregate von Einzelfunkenspulen mit Leistungsendstufen an jedem Zylinder extra bedient werden. Alle Benzinmotoren sind mit den langlebigen LongLife-Zündkerzen ausgestattet. Diese sind besonders wartungsarm und können eine Laufleistung von maximal 60.000 km durchhalten.

Die Einzeleinspritzung

Die Einzeleinspritzung bildet die ideale Grundlage für ein hochleistungsfähiges Gemischaufbereitungssystem. Dabei verfügt jeder Zylinder über ein eigenes Einspritzventil, welches den Kraftstoff direkt vor das Einlassventil spritzt (beim 1,6 Liter Basistriebwerk mit 75 kW). Bei den FSI-Direkteinspritzern wird dagegen direkt in den Brennraum eingepritzt.
Die Betätigung der Einspritzventile erfolgt elektromechanisch, das heißt: durch die Ansteuerung können die Einspritzzeiten und damit auch die Einspritzmengen geregelt werden.
Durch die verkürzten Wege im Saugrohr ist die Gefahr, dass sich bei kaltem Motor das Benzin an der Saugrohrwand niederschlägt ebenfalls stark verringert.

Die Zündung

Aufgabe der Zündanlage im Benzinmotor ist die Entflammung des Benzin-Luftgemisches in den Brennräumen der Zylinder. Gezündet wird mit einem elektrischen Funken, der aus der Lichtbogenentladung einer Zündkerze herrührt. Das Luft-Benzin-Gemisch kann seine optimale Wirkung jedoch erzielen, wenn es exakt zum richtigen Zeitpunkt gezündet wird. Dazu bestimmt das Steuergerät den Zündzeitpunkt nach einem gespeicherten Zündkennfeld. Das Steuergerät verarbeitet dazu die zur Verfügung stehenden Informationen der Sensoren sowie die Daten der Motordrehzahl und Last. Zur Korrektur werden die Signale der Antiklopfregelung, der Motortemperatur oder auch die des Automatikgetriebes berücksichtigt.

Funkenlieferant: Zu einer der berühmtesten und bis heute noch wichtigsten Erfindungen aus dem Hause Bosch zählt die Zündkerze. Sie wurde bis heute milliardenfach produziert

Die Zündspule

Damit an der Zündkerze ein Funke überspringt, muss an deren Elektroden eine Hochspannung anliegen. Diese kann abhängig von der Zündanlage bis zu 30.000 Volt betragen. Um diesen Wert zu erreichen, müssen die mageren 12 Volt der Bordspannung transformiert und an die Zylinder verteilt werden. Dies übernimmt beim Passat die induktive Zündanlage mit ruhender Spannungsverteilung, die aus Zündspule und Zündungsendstufe besteht.
Lediglich der Basis 1,6 Liter-Motor (BSE) verfügt über eine zentrale Zündspule, von der aus die Zündkerzen aller Zylinder über Zündstecker versorgt werden. Beim leistungsstärkeren 1,6 Liter FSI (BLF) und dem 2,0 Liter FSI (BLR) ohne Turbo sowie mit Turbo (AXX) sitzt jeweils eine Endstufe auf jeder Zündkerze. Beim 3,2 Liter Sechszylinder FSI gibt es ein ganzes Zündspulenpaket. Je eine Zündspule inklusive Zündungsendstufe bedient jeden Zylinder einzeln. Die Bezeichnung lautet demnach wie auch Einzelfunken-Zündspule. Die korrekte Funktion der Zündung ist auch Voraussetzung für den einwandfreien Betrieb des Katalysators. Bei Zündaussetzern kann nicht verbrannter Treibstoff den Kat überhitzen oder gar zerstören.

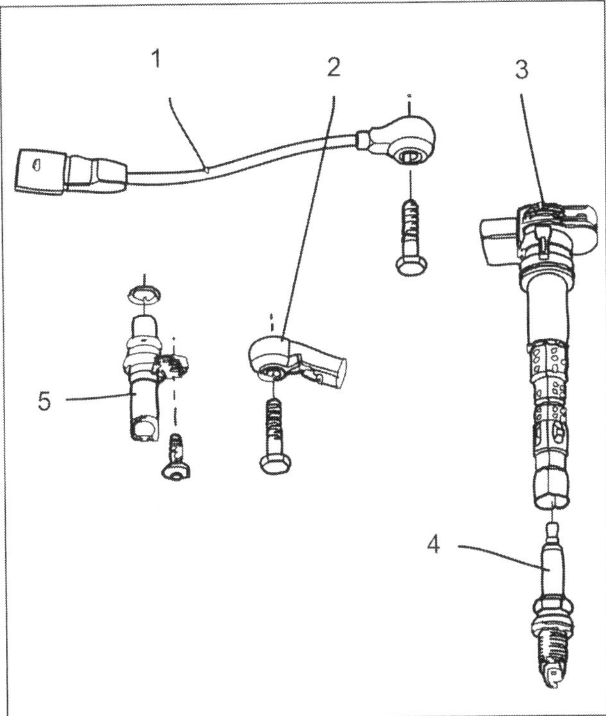

Zündanlage der 2,0 Liter-BLR-Motoren (Auswahl):
(1) Klopfsensor G61, (2) Klopfsensor G66, (3) Zündspule mit Leistungsendstufe (4) Zündkerze, (5) Hallgeber

Funktionsweise der Zündspule

Die Zündspule besteht aus einer Primärwicklung mit wenigen Windungen aus dickem Kupferdraht und der Sekundärwicklung mit einigen Tausend Windungen aus dünnem Draht. Beide Windungen liegen übereinander und umschließen einen lamellierten Eisenkern. Vom Steuergerät über die Zündungsendstufe gesteuert, erhält die Primärwicklung Strom von der Batterie (Niederspannung). Dadurch baut sich ein Magnetfeld auf, das durch den Eisenkern verstärkt wird. Unterbricht das Steuergerät diesen Stromkreis, bricht das Magnetfeld für Bruchteile von Sekunden schlagartig zusammen. Dabei entsteht eine Spannung von bis zu 400 Volt. Diese erzeugt in der Sekundärwicklung einen Hochspannungs-Stromstoß (Induktion), der zu den Zündkerzen geleitet wird.

Die Zündkerze

Die Zündkerzen haben die Aufgabe, das Kraftstoff-Luft-Gemisch im Brennraum zu entzünden. Dabei entstehen Temperaturen von rund 2500 Grad und Drücke bis zu 60 bar. Die Zündkerze zählt also zu den mit am höchsten belasteten Teilen im Auto.

WISSENSWERTES

Klopfende Verbrennung

In Ottomotoren können unter bestimmten Bedingungen anormale Verbrennungsvorgänge auftreten. Sie begrenzen die Steigerung von Leistung und Wirkungsgrad und können für den Motor sehr schädlich sein. Einer dieser unerwünschte Verbrennungsvorgang wird als "Klopfen" bezeichnet. Er spielt sich als stoßartige Verbrennung von Gemischteilen ab, die noch nicht von der Flammenfront erfasst sind. Dabei können Flammgeschwindigkeiten von 2000 Meter pro Sekunde auftreten –

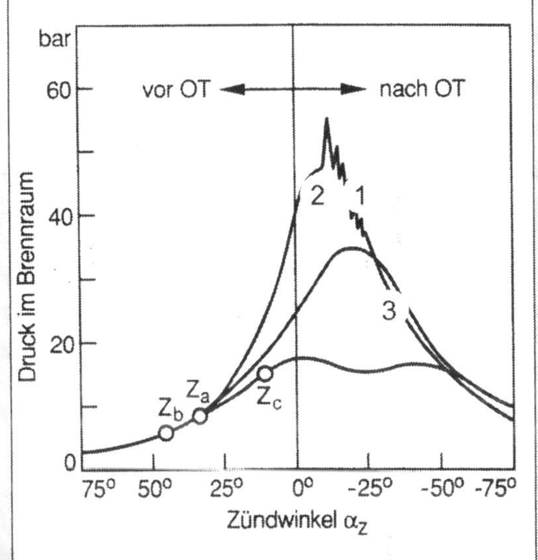

Druckverkauf im Brennraum:
Verlauf 1: Zündung Za im richtigen Zeitpunkt
Verlauf 2: Zündung Zb zu früh (klopfende Verbrennung),
Verlauf 3: Zündung Zc zu spät.

bei normalen Verbrennungen treten dagegen nur Geschwindigkeiten von 30 Meter pro Sekunde auf. Dauert die schlagartige Verbrennung mit zu starkem Druckanstieg länger an, können Zylinderkopf und Zylinderkopfdichtung, Kolben, Lager und Zündkerzen beschädigt werden.
Doch eine modernes Motormanagement hat auch dieses Problem im Griff: Die Klopfsensoren nehmen die Schwingungen der unregelmäßigen Verbrennung auf und veranlassen das Steuergerät, die Zündung etwas zurückzunehmen. Dank der Klopfregelung ist es auch möglich, einen für Superbenzin ausgelegten Motor vorübergehend mit Normalbenzin zu fahren.

Damit der Funke trotzdem zuverlässig zwischen den Elektroden und auch nur dort überspringt, ist der Anschlussbolzen der Kerze von einem keramischen Isolator umgeben.
Mittelelektrode und Anschlussbolzen stecken außerdem in einer elektrisch leitenden Glasschmelze, die für die Verankerung dieser Teile und die Abdichtung gegenüber dem Brennraum sorgt. Ist die erforderliche Zündspannung erreicht, springt der elektrische Funke von der Mittelelektrode zur Masseelektrode über und entzündet dabei die Kraftstoffteilchen im Brennraum.
Während das Zündsystem verschleiß- und wartungsfrei arbeitet, müssen die Zündkerzen regelmäßig erneuert werden.

Der Wärmewert

Damit eine Zündkerze exakt arbeitet, muss sie nach dem Motorstart schnell ihre Selbstreinigungstemperatur von etwa 400 Grad erreichen. Sonst setzen sich Verbrennungsrückstände am Isolatorfuß fest. Bei Volllast darf die Temperatur etwa 800 Grad nicht überschreiten. Allerdings sind die Arbeitsbedingungen für die Zündkerzen nicht in allen Motoren gleich. Erst der so genannte Wärmewert entscheidet, ob Zündkerze und Triebwerk zueinander passen.
Verwenden Sie zum Beispiel eine Zündkerze mit zu hohem Wärmewert, kann sich der Isolatorfuß stark erhitzen. Das hätte unkontrollierte Glühzündungen zur Folge, die den Motor sogar zerstören können. Wählen Sie dagegen eine Zündkerze mit zu niedrigem Wärmewert, erreicht diese nicht die nötige Temperatur zur Selbstreinigung – der Isolatorfuß verschmutzt. Der richtige Zündkerzen-Wärmewert wird durch die Entwicklung auf dem Motorprüfstand vom Automobilhersteller festgelegt.

Der Elektrodenabstand

Neben dem richtigen Wärmewert müssen die Zündkerzen für den Golf auch einen speziellen Abstand zwischen den Elektroden aufweisen. Er beträgt in der Regel zwischen 0,7 und 1,1 Millimeter. Dieser Abstand kann sich jedoch mit zunehmender Laufzeit der Zündkerzen verändern.
Durch die hohe Spannung beim Funkenüberschlag werden nämlich immer wieder kleine Metallpartikel von den Elektroden abgesprengt. Dadurch vergrößert sich der Funkenspalt, was eine höhere Zündspannung erforderlich macht. Wird der Abstand zu groß, kann es zu Zündaussetzern kommen, eventuell springt dann der Motor überhaupt nicht mehr an.

Was verrät das „Zündkerzengesicht"?

Am Zustand der Kerzenelektroden, oft auch als Zündkerzengesicht" bezeichnet können Sie die richtige Kerzenwahl, Betriebsbedingungen und den Zustand des Motors ablesen. Folgende Kerzengesichter können dabei auftreten:

■ Isolatorspitze hellgrau bis grau gefärbt
Gute Einstellung der Einspritzanlage, der Motor läuft wirtschaftlich. Der Elektrodenabstand stimmt und der Wärmewert wurde richtig gewählt.

■ Isolatorspitze weißlich gefärbt
Zündzeitpunkt stimmt nicht oder extrem mageres Gemisch, Sensor und/oder Steuergerät möglicherweise defekt.

■ Schwarze rußartige Ablagerungen

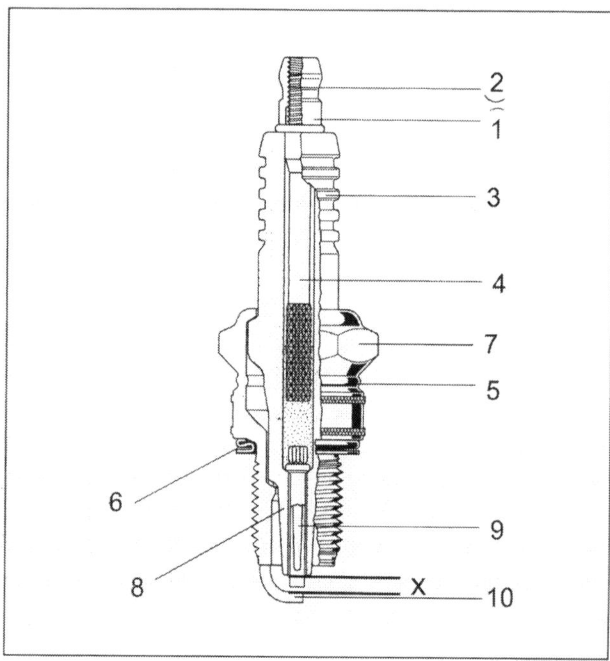

Die wichtigsten Teile der Zündkerze: (1) und (2) Zündkabel-Anschlussmutter mit Gewinde, (3) Keramikisolator mit Kriechstrombarriere, (4) Anschlussbolzen, (5) Stauch- und Warmschrumpfzone, (6) Dichtring, (7) Zündkerzenkörper, (8) Isolatorfuß, (9) Mittelelektrode, (10) Masseelektrode.
Der Elektrodenabstand x ist für die sichere Zündung des Benzin-Luftgemisches entscheidend.

Am Ende: Diese Zündkerze ist zweifellos reif für den Austausch. Der Elektrodenabstand ist zu groß und die Ablagerungen verheißen ebenfalls nichts Gutes

Zündkerze erreicht ihre Selbstreinigungs-Temperatur nicht (häufiger Kurzstreckenverkehr), falscher Wärmewert, CO-Gehalt zu hoch. Ebenfalls möglich sind ein stark verschmutzter Luftfilter, oder die Wahl des falschen Wärmewertes.

■ Ölschicht über Elektroden
Kolbenringe, Ventilführungen oder Abdichtungen der Ventilschäfte schadhaft. Möglicherweise haben Sie auch Motoröl oder Kraftstoff mit Zusätzen verwendet. Tauschen Sie die Zündkerzen aus, wechseln Sie Öl und Kraftstoffmarke und prüfen Sie erneut den Zustand der Kerzen.

■ Starke, weißliche Ablagerungen auf Elektroden
Die Elektroden weisen eine weißlich-gelbe Ablagerung auf, wenn Legierungsbestandteile des Öls Rückstände bilden. Der Wechsel der Zündkerze samt der Überprüfung der Motoreinstellung sollte in aller Regel Abhilfe schaffen. Erwägen Sie auch den Umstieg auf ein Markenöl.

■ An-/Abgeschmolzene Elektroden
Ein Schmelzen der Elektroden weist auf defekte Ventile, einen zu niedrigen Wärmewert oder auch eine nicht vorschriftsmäßig angezogene Zündkerze hin. Lassen Sie nach dem Wechsel der Zündkerzen mit dem korrekten Anzugsmoment die Motoreinstellung überprüfen.

Was bleibt da noch zu tun?

Zurecht fragen Sie sich vielleicht nach dieser ausführlichen Vorstellung der Antriebsaggregate mit all ihren technischen Finessen, ob und wenn ja was Sie an den hochmodernen Motoren noch in Eigenregie bewältigen können. Denn zweifelsohne handelt es sich bei den Passat-Motoren um aufwendige Konstruktionen, die mit entsprechender Sorgfalt behandelt werden müssen.
Im Rahmen der gesetzlichen Gewährleistungszeit ist es sicher ratsam eine VW-Werkstatt aufzusuchen, um beispielsweise aufgetretene Mängel inspizieren zu lassen. Ihre Ansprüche und die Regelung von Mängeln bis hin zum Fahrzeug-Wandel ist auch am Anfang dieses Buches ausführlich beschrieben.
Trotzdem können Sie Wartungsarbeiten und die regelmäßige Kontrolle der einzelnen Bauteile und Komponenten nach den hier beschriebenen Anleitungen in aller Regel selbst durchführen. Spezielle und besonders aufwendige Arbeiten, die Sie ohne fundiertes Werkstattwissen, viel Schraubererfahrung oder vielleicht auch nur unter Zuhilfenahme sehr teurer und selten gebräuchlicher Spezialwerkzeuge leisten können, haben wir deshalb bewusst ausgespart.
Außerdem gilt: Wenn Sie sich nicht sicher sind, ob Sie eine Arbeit an den Bestandteilen des Motors fachgerecht durchführen können: Verzichten Sie aufs Do it yourself!
Überlassen Sie Reparaturen an Zylinderkopfdichtung und Ventilen also besser der Fachwerkstatt, ebenso die Beseitigung eines Lagerschadens. Dort gibt es nicht nur das Fachwissen und die Erfahrung im Abschätzen der Schäden, sondern auch alle nötigen Spezialwerkzeuge, Prüf- oder Messgeräte und alle andere Hilfsmittel bis hin zum Hebewerkzeug zum Ausbau der kompletten Antriebseinheit.
Das gleiche gilt auch für den als kritisch einzustufenden Wechsel des Zahnriemens: Auf eine Beschreibungen dieser und ähnlich aufwendiger Reparaturen haben wir daher in diesem Band verzichtet.
Doch keine Sorge: Für die heimische Garage bleiben Ihnen trotzdem noch eine Reihe von Prüf- und Wartungsarbeiten, die Sie in Eigenregie durchführen können. Auf diese werden wir auch in den folgenden Arbeitsschritten ausführlich eingehen. Wichtig ist, dass Sie die Wartungsarbeiten regelmäßig durchführen und damit Ihren Motor in Schuss halten. Denn ein schlecht gewarteter Motor kann Ausgangspunkt einer fatalen Kette von Folgeschäden sein.

Sichtprüfungen am Motor und Getriebe

Ölflecken und andere Undichtigkeiten sind nicht nur umwelttechnisch ein Problem, sondern oft Vorboten eines Schadens. Zeitnah behoben müssen sich kleine Leckagen nicht gleich zu größeren Schäden ausweiten.

■ Sichtprüfung auf Ölverlust (1) und (2):
Um die undichte Stelle auszumachen, bei kaltem Motor den Generator mit einer Plastiktüte schützen, Kaltreiniger aufsprühen und den Motor mit Wasser in der Carwashbox abspülen. Dichtungen und Trennstellen nun zum Beispiel mit einem Kalkpuder bestäuben und anschließend eine mehrminütige Autobahnetappe abfahren. Danach den Motorraum erneut absuchen, Leckagen müssten nun lokalisiert werden können.

■ Sichtprüfung Abgasanlage (3):
Zur Überprüfung der Abgasanglage bocken Sie Ihren Passat auf. Nehmen Sie mit einer Taschenlampe alle Befestigungsschellen in Augenschein und suchen Sie nach Löchern oder Beulen in den Abgasrohren sowie an den Auspufftöpfen. Dabei auch kräftig an der Anlage rütteln - vorrausgesetzt das Auto steht stabil auf Böcken.

■ Sichtprüfung Kühlsystem:
Nehmen Sie sich dazu alle Kühlmittelschläuche vor. Kontrollieren Sie diese auf festen Sitz und ausreichende Elastizität. Neue Schläuche fühlen sich weich und elastisch an, alte Schläuche hart und widerspenstig. Haben Sie Zweifel an der Qualität, sollten Sie den Austausch in Betracht ziehen.

■ Sichtprüfung Kraftstoffleitungen (4):
Die Leitungen verlaufen an der Unterseite vom Tank aus bis nach vorne zum Motorraum. Untersuchen Sie die Kraftstoffleitungen vom Tank bis hin zum Motorraum auf Dichtheit und sauberen Sitz in den Führungen. Fahren Sie dazu mit den Fingern an den beiden Kunststoffschläuchen der Hin- und Rückleitung entlang und achten Sie auf feuchte Stellen, Risse oder Beschädigungen.

1

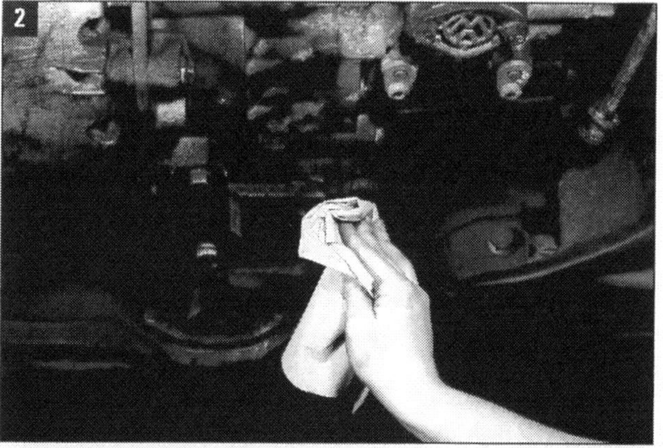
2

3

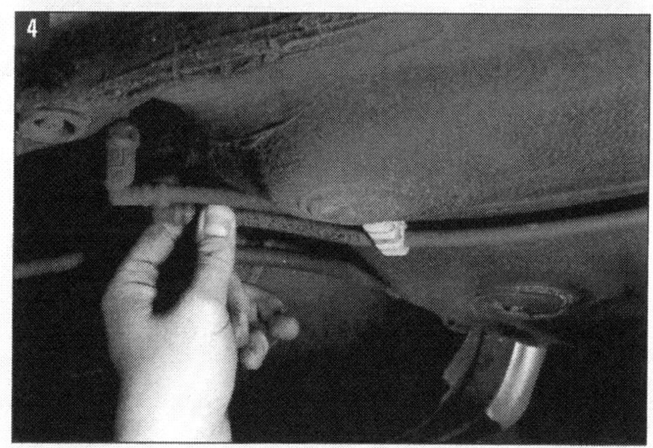
4

Motorverkleidung oben demontieren

Wer den Motorraum seines Passat begutachtet, sollte sich nicht blenden lassen: Über der eigentlichen Technik des Antriebaggregats sitzen großflächige Kunststoffabdeckungen. Vom Motor selbst ist also so gut wie nichts zu sehen. Zwar sind der Luftfilter, der Ölmessstab, der Öleinfüllstutzen sowie der Kühlmittelausgleichsbehälter gut zu erreichen, um aber weiterführende Wartungstätigkeiten durchführen zu können muss die Plastikhaube im Motorraum runter.

Beim Ablegen der demontierten Haube sollten Sie darauf achten, diese sicher auf eine weiche Unterlage zu legen um Beschädigungen zu vermeiden. Gleich noch ein Tip zur anschließenden Montage der Motorraumabdeckung: Die Haltenasen ganz leicht mit Fett bestreichen, dann rasten diese leichter und deutlicher in die dafür vorgesehenen Halter ein. Auf keinen Fall mit dem Hammer oder Gewalt versuchen die Motorabdeckung einzurasten. Auch die Temperatur bei der De-/Montage sollte wegen der Sprödigkeit von Kunststoff nicht zu niedrig sein.

Nur gesteckt: Die Abdeckhaube beim 2,0-Liter-TDI ist an den roten Punkten eingesteckt

Benötigtes Werkzeug:

Für die Hauben der Dieselmotoren und die der meisten Benzinmotoren benötigen Sie keine Werkzeuge. Die Verkleidungen sind an bestimmten Punkten, wie im Bild rot markiert zu sehen, festgeclipst.

Für den 1,6 FSI und 2,0 TFSI Motor brauchen Sie:
- flacher Schraubendreher
- Zange für Federklammer

Beim 1,9 TDI zu beachten:

Nur bei diesem Motor ist die Motorabdeckung zweiteilig ausgelegt. Sie besteht aus einem inneren und äußeren Teil. Zur Demonatge gehen Sie wie folgt vor:

- Zuerst den Ölmessstab herausnehmen. Achten Sie darauf das anhaftendes Öl nicht auf den Boden gelangen kann.
- Ziehen Sie den äußeren Teil zuerst nach oben ab, die Befestigungspunkte sind im Bild 1 rot gekennzeichnet.
- Danach kann die innere Abdeckung von den letzten beiden Befestigungspunkten in der Mitte nach oben abgezogen werden.
- Danach den Ölmessstab wieder einstecken.
- Den Einbau in umgekehrter Reihenfolge durchführen.

Beim 2,0 TDI, FSI und 1,6 Benziner (BSE) zu beachten:

- Zuerst den Ölmessstab herausnehmen. Achten Sie darauf das anhaftendes Öl nicht auf den Boden gelangen kann.
- Abdeckung rechts und links greifen, durch Ziehen nach oben Haltenasen ausrasten und anschließend nach vorn abnehmen.
- Ölmessstab wieder einstecken.
- Den Einbau in umgekehrter Reihenfolge durchführen.

Motorverkleidung oben demontieren

Beim 2,0 Turbo FSI zu beachten:

■ zunächst die Steckverbindung (A) des Luftmassenmessers trennen und seitlich ablegen (Bild 1).

■ beide Klammern (B) öffnen (Bild1).

■ Federbandschelle (C) mit geeignetem Werkzeug öffnen und mitsamt der Gummimanschette aus der Führung nach vorn ziehen.

■ Motorabdeckung nach oben ziehen und dabei an den vier Haltenasen ausrasten. Die Lage der Befestigungspunkte ist rot gekennzeichnet (Bild 1).

Beim 1,6 FSI zu beachten:

Bei diesem Motor ist zu beachten, dass das Luftfiltergehäuse (C) in der oberen Motorabdeckung integriert ist und der Ausbau deshalb etwas aufwändiger ist.

■ Ölmessstab (A) herausnehmen.

■ Federbandschelle (D) mit geeignetem Werkzeug öffnen und den Schlauch aus der Führung ziehen.

■ An den gerändelten Bögen kann der Unterdruckschlauch (E) entriegelt und abgezogen werden.

■ Steckverbindung (F) des Ansaugluft Temperaturfühlers trennen. Hier hilft ihnen der flache Schraubendreher beim Entriegeln der Rastnase weiter.

■ Motorabdeckung nach oben ziehen und dabei an den vier Haltenasen ausrasten. Befestigungspunkte sind mit (B) gekennzeichnet (Bild 2).

■ Achten Sie beim Ablegen der Abdeckung darauf, nicht den Führungsgummi für den Ölmessstab (A) zu verlieren.

■ Beim Einbau die Befestigungspunkte leicht einfetten.
■ Nach der Montage nicht vergessen den Ölmessstab wieder einzustecken.

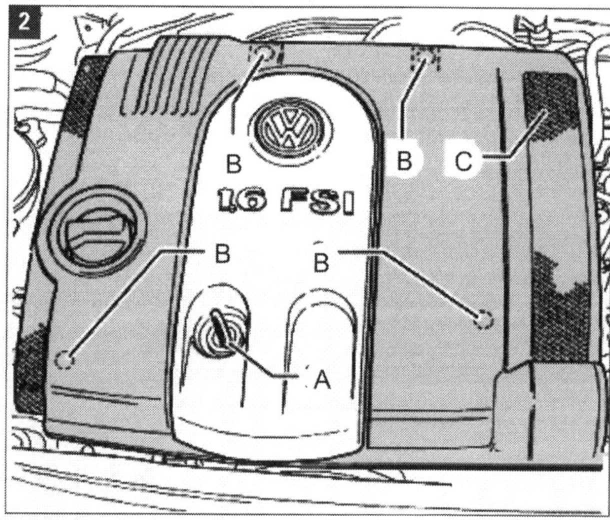

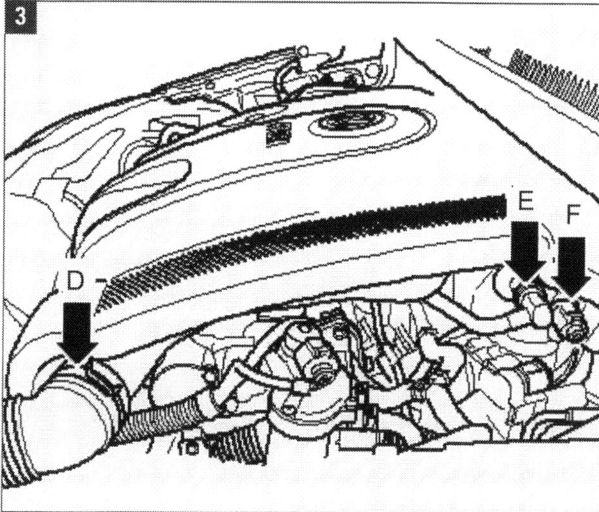

Unterbodenschutz aus- und einbauen

Der einteilig ausgelegte Unterbodenschutz des Passat schützt die Umwelt vor unangenehmen Geräuschemmisionen des Motors, hält bei Undichtigkeiten auslaufende Betriebsmittel und Schmierstoffe einigermaßen im Inneren und muss für die meisten Arbeiten am Motor, der Lenkung oder der Auspuffanlage demontiert werden.
Tipp: Unterbauen Sie den Unterbodenschutz vor der Demontage mit einem geeigneten Gegenstand um ihn in der montierten Lage zu halten. Sie tun sich leichter beim Herausdrehen der Schrauben und die Gefahr des plötzlichen Herunterfallens ist geringer.

Benötigtes Werkzeug:

– Torx T25 und T40

Beachten Sie beim Aufbocken des Fahrzeugs wegen der Unfallgefahr unbedingt die Sicherheitshinweise im Abschnitt „Fahrzeug richtig aufbocken"!

Ausbau:

- Fahrzeug mindestens vorn aufbocken.

- 9 x T25 Schrauben und 3 x T40 Schrauben herausdrehen.

- Unterbodenschutz ein Stück nach hinten ziehen (siehe Pfeil) und dann nach unten abnehmen.

Einbau

- Einbau in umgekehrter Reihenfolge durchführen.

Keilrippenriemen prüfen, aus- und einbauen

Bei dem hier in allen Passat verwendeten Riementrieb handelt es sich um eine Weiterentwicklung des Keilriemens. Der Keilrippenriemen zeichnet sich dadurch aus, dass er Längsrillen besitzt und mehrere Aggregate gleichzeitig antreiben kann (Serpentinentrieb). Für das Auswechseln des Keilrippenriemens gibt VW keinen festen Zeitpunkt an. Eine konstante Spannung unter allen Betriebsbedingungen vorausgesetzt kann der hier verwendete Riemen eine Laufleistung von 160.000km oder mehr erreichen. Die verbaute hochwertige automatische Spannvorrichtung des Riemens ist wartungsfrei. Im Rahmen der Wartungsarbeiten ist jedoch der Zustand des Riemens zu begutachten, achten Sie dabei auf folgende Schadensbilder:

- Unterbaurisse (Anrisse, Kernbrüche, Querschnittbrüche)
- Lagentrennung (Deckschicht, Zugstränge)
- Ausbruch am Unterbau
- Ausfransen der Zugstränge
- Flankenverschleiß (Materialabtrag, Ausfransungen, Flankenverhärtung, Oberflächenrisse)
- Öl- und Fettspuren

■ Um alle Stellen zu inspizieren lassen Sie den Motor zwischendurch kurz laufen. Setzen Sie sich eine Markierung um sicher zu stellen, dass Sie nicht per Zufall die gleiche Stelle wieder in Augenschein nehmen.

Tipp: Kennzeichnen Sie unbedingt die Laufrichtung des Keilrippenriemens vor dem Ausbau (Bild 1) und achten Sie, falls Sie den alten Riemen wiederverwenden wollen, bei der Montage auf eine identische Laufrichtung.

Benötigtes Werkzeug:

- Torx T25 und T40
- 17er Maulschlüssel, für 1,6 FSI 16er Ringschlüssel
- Zange für Federbandschellen
- Knarre mit Verlängerung und 10er Nuß
- 5 mm Haltedorn (zur Not auch 5mm Bohrer)

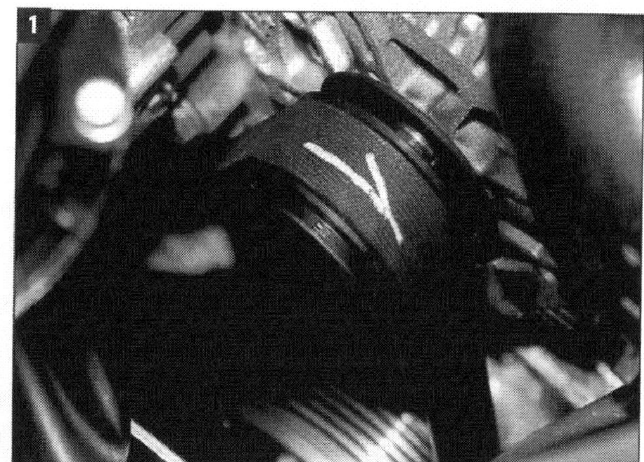

Ansicht TDI von unten: Um den Keilrippenriemen (Pfeil) der TDIs wieder verlässlich auf die Riemenscheiben zu bekommen, sollte auf jeden Fall der Unterbodenschutz demontiert werden

Unterschiedliche Motorenvarianten:

Im Prinzip ist das Entspannen und Sichern des Riemenspanners bei allen Motorenvarianten immer gleich, nur die Gehäuseform und die Arretierungsbohrungen unterscheiden sich leicht.

Ausbau (beim 2,0 Liter TDI):

- Unterbodenschutz ausbauen.

- Mit Hilfe der Zange für Federbandschellen den Luftladeschlauch über dem Generator ausbauen (Bild 3).

oder:

- Unterdruckschlauch am Unterdruckbehälter abziehen, zwei Befestigungsschrauben des Behälters herausdrehen und Unterdruckbehälter herausnehmen.

3

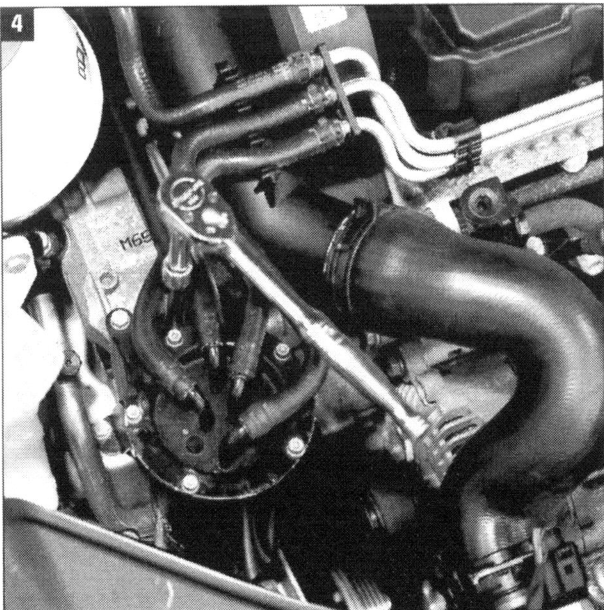
4

- Lösen Sie die drei Schraubverbindungen des Kraftstofffiltergehäuses (Bild 4), nehmen Sie das Gehäuse nach oben heraus und legen Sie es Richtung Windschutzscheibe ab. Alle Leitungen bleiben hierbei angeschlossen. Achten Sie aber darauf die Kraftstoffleitungen nicht zu verdrehen oder zu knicken!

- Entspannen Sie nun den Riemenspanner indem Sie ihn mit einem 17er Maulschlüssel wie im Bild (5) gezeigt greifen und dann den Schlüssel nach vorne bewegen. Schwenken Sie ihn soweit bis die Arretierungsbohrungen fluchten und stecken Sie dort nun den 5mm starken Haltedorn oder Bohrer hinein.

Achtung: Spannrolle langsam in die Arretierung einrasten lassen!

- Sie können den Keilrippenriemen jetzt herausnehmen. Merken Sie sich dabei den Verlauf.

Ausbau (beim 1,6 FSI)

- Abdeckung des Keilrippenriemens ausbauen.

- Der Spanner wird bei diesem Motor mit einem 16er Ringschlüssel entspannt indem man diesen zentral auf der Riemenrolle ansetzt und den Schlüssel gegen den Uhrzeigersinn bewegt.

- Spannrolle mit einem Haltedorn oder Bohrer arretieren und Riemen abnehmen.

5

Einbau:

Bei Wiederverwendung des alten Riemens unbedingt die Laufrichtung beachten. Einen beschädigten Keilrippenriemen nicht wieder Einbauen. Vor dem Einbau des Riemens sollten Sie sich vergewissern, dass alle Aggregate und Riemenscheiben fest und unbeschädigt sind.

■ Legen Sie den Keilrippenriemen zuerst über die Kurbelwellen-Riemenscheibe und dann über die Riemenscheiben der Nebenaggregate. Zuletzt den Riemen auf die Spannrolle schieben.

■ Bei den **Dieseln mit Klimaanlage** Keilriemen beim Einbau zuletzt am Klimakompressor auflegen.

■ Riemenspanner wieder leicht entspannen um die Arretierung zu entfernen und anschliessend den Spanner langsam in seine Arbeitsposition schwenken lassen.

■ Auf richtigen Sitz der Rippen in den Vertiefungen aller Riemenscheiben achten.

■ Kraftstofffiltergehäuse wieder montieren. Achten Sie auch jetzt darauf die Leitungen nicht zu verdrehen!

■ Beim 1,6 FSI Motor: Riemenabdeckung montieren.

■ Unterdruckbehälter bzw. Ladeluftschlauch montieren.

■ Unterbodenschutz montieren.

■ Motor starten. Riemenlauf betrachten und auf ungewöhnliche Geräusche achten.

Übersichtstabelle Einbaulage der Keilrippenriemen

Motorisierung	Keilrippenriemenverlauf
1,6 l Einspritzmotor 2,0 l FSI-Motor incl. Turbo alle TDI-Motoren	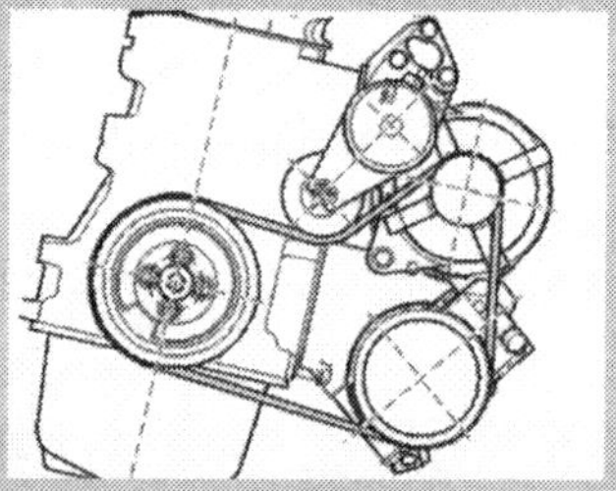
1,6 l FSI	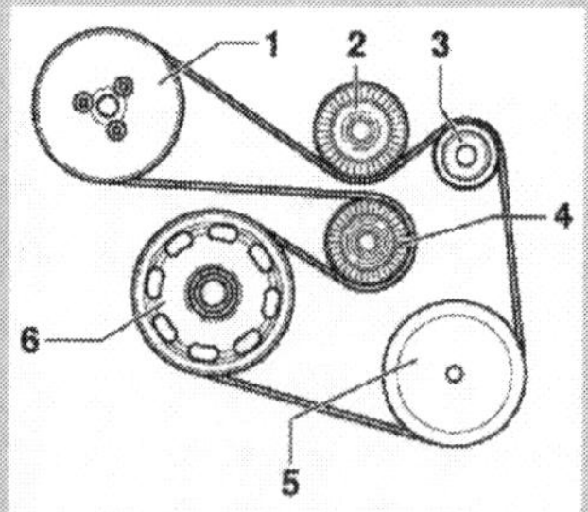
6-Zylinder Motoren	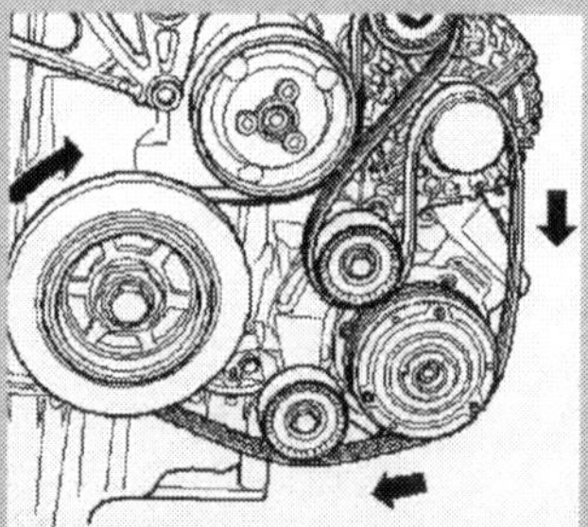

Motorölstandskontrolle

Prüfen Sie den Ölstand mindestens alle 1000 km und vor längeren Fahrten wie zum Beispiel der Urlaubsreise. Zur Ölstandskontrolle sollte der Motor Betriebstemperatur haben. Stellen Sie den Wagen auf einer ebenen Fläche ab und warten Sie zirka drei Minuten bevor Sie den Ölstand messen. Vorsicht beim Nachfüllen: Verschüttetes Öl kann sich am heißen Motor entzünden!

Wichtig: Nicht über die Maximum-Markierung auffüllen, denn ein zu hoher Ölstand kann Motor und Katalysatorschaden.

■ Je nach Modell finden Sie den Ölpeilstab links am Motor oder zentral in der Mitte vor dem Motorblock. Sie erkennen ihn an der orangefarbenen Grifflasche (Bild 2).

■ Ziehen Sie den Peilstab heraus und wischen Sie ihn zunächst ab, bevor Sie ihn wieder ganz zurückstecken (siehe Bild 3). Nach dem erneuten Herausziehen lesen Sie den Ölstand auf der Skala am unteren Ende ab (Bild 1).

■ Im roten Bereich muss unbedingt nachgefüllt werden! Der Motorölstand sollte irgendwo zwischen der grünen und roten Markierung sein, tendenziell eher im grünen Bereich. Keinesfalls über die Max-Markierung füllen! Der Bereich zwischen Min und Max entspricht einem Volumen von einem halben Liter. Kleine Mengen nachfüllen!

Hinweis: Die im Bild 1 erkennbaren Farben sind von uns zum Verständnis eingefügt worden. Min und Max Kennzeichnungen sind aber an jedem Ölpeilstab vorhanden.

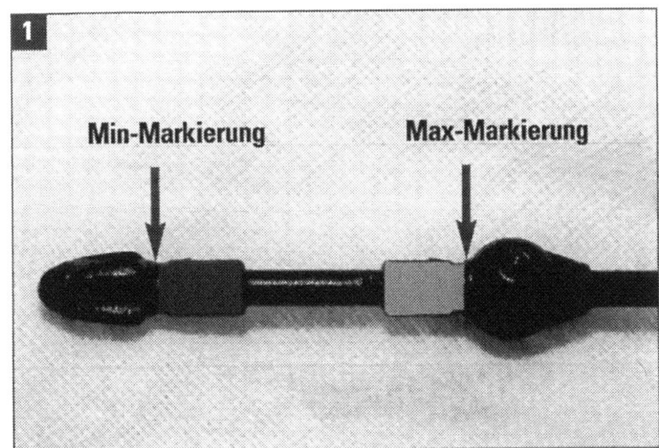

Beispiel: Es finden sich diverse Ausführungen von Ölpeilstäben in den Motoren. Die Einteilungen sind immer gleich

Ölkontrolle beim Diesel: Ölmessstab (orange) und Öleinfülldeckel (Ölkannensymbol) sind nicht zu übersehen

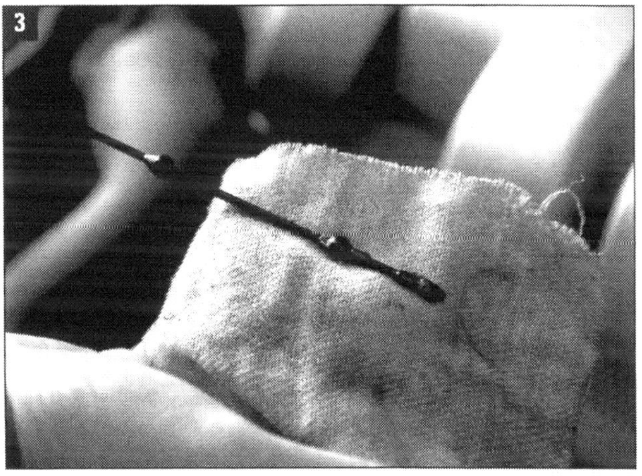

Schwarzarbeiter: Bei gebrauchtem Öl fällt die Ölstandskontrolle auf Grund der dunklen Färbung besonders leicht

VW-Norm beachten: Füllen Sie bei Ihrem Passat nur die für den jeweiligen Motor spezifizierte Ölsorte nach

Motorölwechsel mit Filter

Der Ölwechsel ist kein Hexenwerk und daher auch nicht schwer zu bewerkstelligen. Achten Sie hierbei besonders auf Sauberkeit, nicht nur aus Umweltschutzgründen. Das Öl sollte zum Wechsel betriebswarm sein damit es besser und schneller abfließt. Achten Sie vor dem Befüllen unbedingt auf die zulässige Ölsorte (siehe Tabelle unten) und Füllmenge. Es empfiehlt sich diese Arbeit über einer Grube oder noch besser einer Hebebühne zu erledigen. Um die maximale Menge Altöl ablaufen zu lassen muss sich der Wagen in waagrechter Position befinden. Verbleibende Restmengen mindern schnell die Qualität des frisch nachgefüllten Öls.

Wichtiger Hinweis: Verfügt Ihr Motor über ein stehendes Ölfiltermodul wie die Dieselmotoren und der kleine 1,6 Liter FSI, sollten sie den Ölfilterwechsel vor dem eigentlichen Motorölwechsel durchführen. Durch einen Ventilmechanismus kann das Altöl aus dem Ölfiltergehäuse ins Kurbelgehäuse fließen.

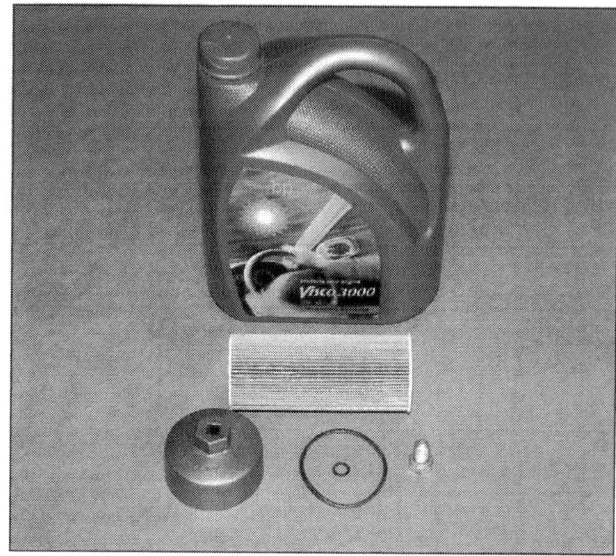

Motorölservice: Bei Motoren mit unverlierbarem Dichtring brauchen Sie auch eine neue Ablassschraube

Benötigtes Werkzeug und Material:

– Werkzeuge um Wagen waagrecht anzuheben oder besser eine Grube oder Hebebühne benutzen
– 19er Ringschlüssel zum Lösen der Ölablasschraube oder Ölabsauggerät mit maximal 6mm Sondendurchmesser.
– Neue Ölablasschraube mit Dichtring (entfällt wenn abgesaugt wird)
– Ölfilter und Dichtring(e)
– geeigneter Auffangbehälter für Öl und Filter. Achtung: Je nach Motor können bis zu 5,5 Liter Altöl ausströmen!
– Knarre, lange Verlängerung und 32er Nuss
– Drehmomentschlüssel
– ausreichende und vorgeschriebene Frischölmenge
– Kaltreiniger zum Reinigen der Teile
– saugfähige Lappen, ggf. Trichter

beim 1,6 Liter-Benziner (BSE/BLF):
– Ölfilterspannband oder Ölfilterschlüssel (VAS-3417)

beim 2,0 Liter-Benziner:
– Ölablaufadapter T40057 und zum Lösen des Ölfiltergehäuses VAS 3417

bei den Sechszylinder-Motoren:
– Zusätzlich 13er Nuß

Ölspezifikationen nach VW-Norm

Motortyp	Ausführung	Service-Art	VW-Norm	Alternativ
Dieselmotoren	mit Partikelfilter		507.00	
Dieselmotoren	ohne Partikelfilter	mit LongLife	506.01	507.00
		ohne LongLife	505.01	
4 Zylinder Benzinmotoren		mit LongLife	504.00	503.00
		ohne LongLife	501.01	502.00
6 Zylinder Benzinmotoren		mit LongLife	504.00	503.01
		ohne LongLife	502.00	505.01

Füllmenge bei Ölwechsel

Hinweis: Die Mengen sind nur ungefähre Angaben und ersetzen nicht die abschließende Überprüfung mit dem Peilstab. Bei einem Ölwechsel ohne Filtertausch verringert sich die Einfüllmenge bei jedem Motor um zirka einen halben Liter.

Benzinmotor	**Füllmenge (mit Ölfilter)**
Vierzylinder 1,6 l	4,5 l
Vierzylinder 1,6 l FSI	3,5 l
Vierzylinder 2,0 l	4,6 l
Sechszylinder 3,2 l	5,5 l
Sechszylinder 3,6 l	5,5 l

Dieselmotor	**Füllmenge (mit Ölfilter)**
Vierzylinder 1,9 l (BKC)	3,8 l
Vierzylinder 1,9 l (BLS)	4,3 l
Vierzylinder 2,0 l	4,0 l

Vorbereitende Maßnahmen:

■ Wenn Sie das Motoröl absaugen wollen und Ihr Motor über ein stehendes Ölfiltermodul verfügt, können Sie darauf verzichten den Unterbodenschutz abzubauen. Es sei denn Ihnen läuft versehentlich etwas Altöl in den Motorraum hinunter, dann kommen Sie um entsprechende Reinigungsarbeiten nicht herum. Benutzen Sie Lappen um Tropfmengen sofort aufzunehmen.

■ Steht Ihnen kein Ölabsauggerät zur Verfügung und/oder der Ölfilter ist nur von unten zu erreichen, kommen Sie um eine Demontage des Unterbodenschutzes nicht herum. Siehe Kapitel „Unterbodenschutz ausbauen".

■ Motorraumabdeckung ausbauen. (Dieselmotor und 1,6 l FSI). Siehe Kapitel „Motorraumverkleidung ausbauen".

Anzugsdrehmoment der Ölablassschraube
Diesel und Benzinmotor: immer 30Nm
Immer neue Schraube und Dichtung verwenden.
Drehmomentangaben auf keinen Fall überschreiten! Überschreiten des Anzugsdrehmoments kann zu Undichtigkeiten, sogar zu Beschädigungen im Bereich der Ölwanne führen.

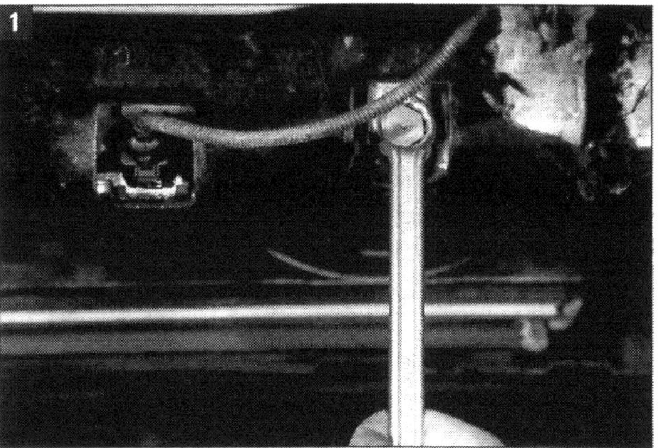

An der Ölwanne: Neben der Ablassschraube ist hier der Ölstandsensor zu sehen

Motoröl ablassen:

Achtung: Das Öl kann sehr heiß sein!

■ Halten Sie ein geeignetes Behältnis bereit, um das auslaufende Öl aufzufangen. Austretende Ölmenge beachten!

■ Ölablassschraube mit dem 19er Ringschlüssel öffnen (Bild 1) und Altöl ganz austropfen lassen.

■ Neue Schraube mit Dichtung ansetzen und mit Drehmomentschlüssel (30 Nm) festziehen.

Hinweis: Vermeiden Sie, das Ihnen beim Herausnehmen der Ablassschraube das heiße Motoröl über die Hand läuft. Halten Sie hierzu Ihren Arm möglichst waagrecht und entfernen Sie die bereits fast ganz herausgedrehte Schraube mit einer schnellen Bewegung nach hinten.

Verbrühungsgefahr: Stellen Sie das Auffanggefäß möglichst dicht an die Öffnung der Ablassschraube

Ölfilter erneuern:

Der Passat verfügt je nach Motorausführung über unterschiedliche Ölfiltervarianten. Die Vorgehensweisen für alle Varianten sind jedoch prinzipiell gleich. Die einfachste Variante ist die Ölfilterpatrone.
Hinweis: Beachten Sie bitte stets die Entsorgungsvorschriften (siehe Kasten)!

Ölfilterwechsel beim 1,6 Liter (BSE)

Die einfachste Version des Ölfilterwechsels. Mit dem Ölfilterspannband oder Ölfilterschlüssel (VAS-3417) die Filterpatrone von unten herausdrehen und in ein geeignetes Auffanggefäß leerlaufen lassen. Vor Einschrauben der neuen Patrone Dichtfläche reinigen und den Dichtring der neuen Patrone leicht mit Öl benetzen. Unbedingt die Hinweise auf der Ölfilterpatrone beachten!

Ölfilterwechsel beim Sechszylinder:

Zugang zum Ölfiltergehäuse erhalten Sie von unten. In Bild 1 ist die gesamte Ölfiltereinheit zu sehen.

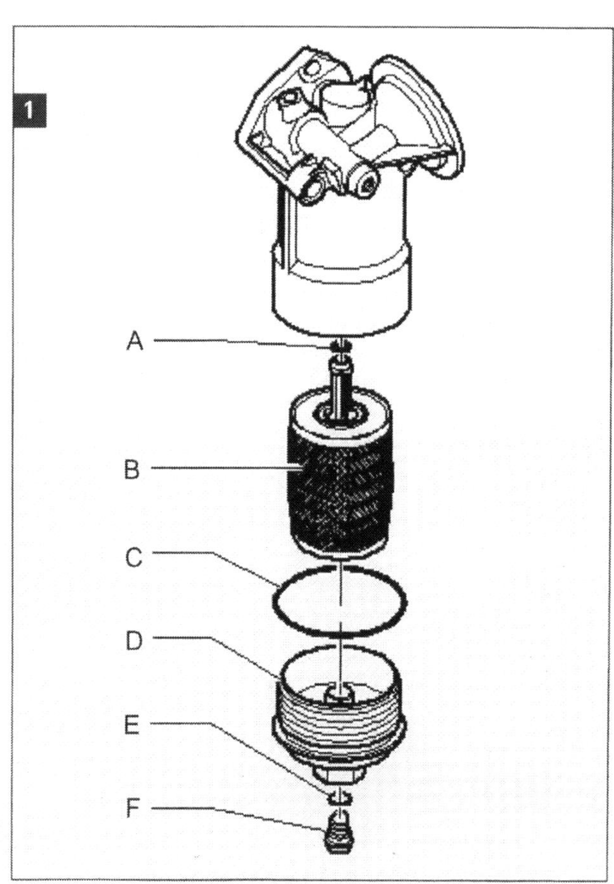

⚠ Altöl entsorgen

GEFAHRENHINWEIS

Altöl ist Sonderabfall, dessen Entsorgung die Altölverordnung (AltölV) regelt. 1 Liter Altöl kann 1 Mio. Liter Trinkwasser verseuchen! Auch kleinste Mengen an Altöl müssen daher gesammelt und zu den Altölsammelstellen (z.B. Ölverkaufsstellen, Tankstellen, Entsorgungsbetriebe) gebracht werden. Liefern Sie Ihr Altöl am Besten dort ab, wo Sie das Frischöl gekauft haben. Alle Verkaufsstellen müssen Altöl in der Menge des verkauften Frischöls entsorgen. Bewahren Sie daher den Kaufbeleg beim Ölkauf stets gut auf. Der Aufwand lohnt sich: Denn Altöl kann zu neuen Schmierstoffen aufgearbeitet werden. Dies setzt jedoch voraus, dass Altöl nicht mit anderen Abfällen verunreinigt oder vermischt wird. Was nach der Altölverordnung überdies als Ordnungswidrigkeit gilt. Die Beimischung von Lösemitteln, Brems- oder Kühlflüssigkeit ist indes sogar strafbar (AltölV §7)! Verwenden Sie der Umwelt zu liebe Mehrwegbehälter, die an Tankstellen aufgefüllt werden können. Denken Sie auch daran, dass gebrauchte Ölfilter und mit Öl verschmutzte Lappen ebenfalls entsorgungspflichtig sind.

- Öffnen Sie zunächst die Ölablassschraube (F) des Ölfiltergehäuses und lassen Sie das Gehäuse leerlaufen.
- Schraubdeckel (D) am Sechskant lösen und ausdrehen.
- Ölfiltereinsatz (B) herausnehmen und abtropfen lassen.
- Reinigen Sie die Bauteile mit Kaltreiniger und Lappen. Erneuern Sie die O-Ringe (A), (C) und (E) und ölen Sie diese vor dem Einbau etwas ein.
- Neuen Ölfiltereinsatz (B) einsetzen.
- Schraubdeckel (D) mit **25 Nm** festziehen.
- Ölablassschraube (F) mit **10 Nm** festziehen.

Ölfilterwechsel beim 2,0 l Benzinmotor:

Nicht so einfach verhält es sich mit dem Ölfilter der 2,0 l Benzinmotoren, hier empfehlen wir Ihnen den VW-Ölablaufadapter (T40057, nur mit diesem können Sie das Ölfiltergehäuse vor Demontage leerlaufen lassen) und den Ölfilterschlüssel (VAS 3417, zum Lösen des Ölfiltergehäuses). Der Ölfilterwechsel lässt sich auch ohne diese Spezialwerkzeuge durchführen, doch Sie müssen damit rechnen, dass eine Menge Öl danebenläuft.

Ölfilterwechsel bei Dieselmotoren und dem 1,6 Liter FSI (BLF, BLP):

Schrauben Sie den Ölfilterdeckel noch vor dem Ablassen bzw. Absaugen des Motoröls ab. Durch das Abschrauben des Ölfilterdeckels wird ein Ventil geöffnet, wodurch das Altöl im Filtergehäuse in die Ölwanne fließen kann. Dadurch vermeiden Sie die Vermischung des alten und neuen Motoröls.

■ Öffnen Sie den Ölfilterdeckel (Bild 1) mit einer 32er Nuß. Drehen Sie kraftvoll aber langsam und gleichmäßig um den Ölfilterdeckel zu lösen.

■ Ölfilter rausheben (Bild 2) und kurz abtropfen lassen. Anschließend Ölfilter in ein bereitgestelltes Gefäß stellen.

■ Neuen Ölfilter einsetzen (Bild 4). Auf richtigen Sitz im Gehäuse achten!

■ Ölfilterdeckel reinigen und Dichtring ersetzen. Hierzu mit einem kleinen Schraubendreher zuerst vorsichtig ablösen (Bild 5). Den neuen Dichtring zur besseren Montierbarkeit und Abdichtung rundherum etwas einölen.

■ Ölfilterdeckel einschrauben und mit **25 Nm** festziehen.

Motoröl einfüllen:

Hinweis: Nur vom Hersteller freigegebenes Motorenöl verwenden! Vor dem Einfüllen des Öls vergewissern Sie sich bitte, dass die Ölablassschraube festgezogen und die Ölfilterbaugruppe komplett ist.

■ Öffnen Sie den Öleinfülldeckel.

■ Sollte Ihr Frischölgebinde nicht über einen guten Ausgiesser verfügen, nehmen Sie einen größeren Trichter oder eine Ölkanne zur Hilfe um das Öl einzufüllen (Bild 6). Einen Lappen sollten Sie stets bereithalten, denn es geht schnell mal was daneben. **Hinweis:** Füllen Sie den letzten halben Liter nicht sofort ein. Auffüllen ist einfacher als entnehmen!

■ Warten Sie etwa 3 Minuten bevor Sie den Motorölstand kontrollieren. Der Füllstand sollte an der Max-Markierung liegen.

■ Bevor Sie den Öleinfülldeckel wieder einschrauben reinigen Sie die Dichtflächen mit dem Lappen.

■ Motor starten und darauf achten, dass die Öldruckanzeige erlischt. Nach ein paar Minuten Motor stoppen und Motorölstand gegebenenfalls korrigieren.

1

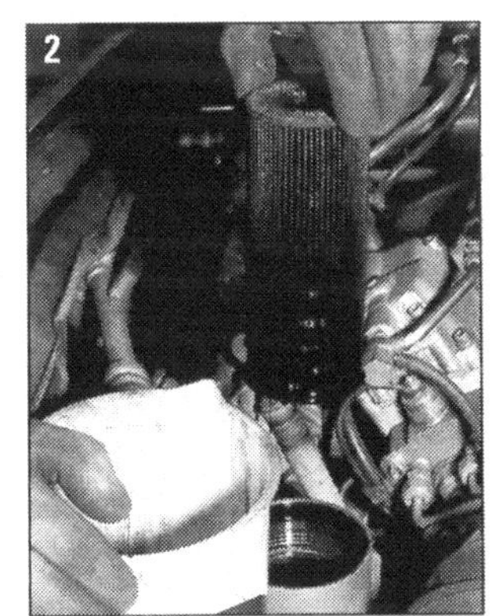
2

6

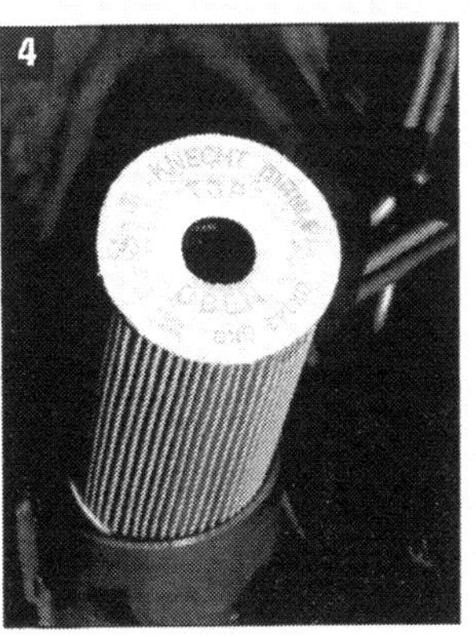
4

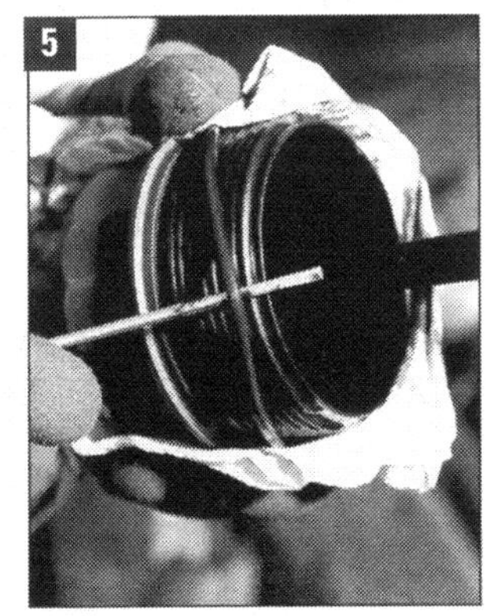
5

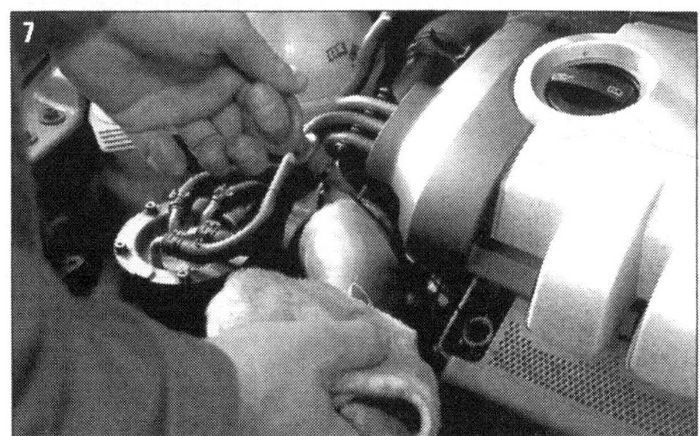
7

Kühlmittelstand und Frostschutz prüfen

Alle im Passat verwendeten Motoren sind wassergekühlt. Die Wasserkühlung ermöglicht einen großen Wärmetransport, wirkt geräuschdämmend und sorgt für geringere Temperaturunterschiede zwischen den einzelnen Bauteilen. Auf Grund der großen Wärmetransportleistung des Wassers konnten die Motoren sehr kompakt konstruiert werden. Zur Erhöhung des Siedepunktes des Wassers wird das Kühlsystem mit Überdruck betrieben (Anhebung des Siedepunktes auf über 120°C). Daher sollten Sie sehr vorsichtig sein wenn Sie bei einem heißen Motor den Verschlussdeckel öffnen!

Nachteile der Wasserkühlung sind die vielen Bauteile die als Fehlerquelle in Frage kommen, sowie die Möglichkeit des Einfrierens von Kühlwassers bei großer Kälte. Gefrierendes Wasser dehnt sich aus und kann den Motor zum Platzen bringen! Deshalb wird dem Kühlwasser ein spezielles Frostschutzmittel beigemischt.

Die regelmäßige Kontrolle des Kühlwasserstandes und des Frostschutzgehaltes ist daher von größter Bedeutung. Besonders vor einer größeren Fahrt sollten Sie einen Blick auf das Kühlwasserniveau im Ausgleichsbehälter werfen. Beim Passat sitzt dieser in Fahrtrichtung gesehen vorne rechts, nahe dem Kotflügel (Bild 1). Dieser Behälter dient als Reservoir, leicht zu erkennen an der Kugelform. Die Form liegt übrigens darin begründet das die Kugel die am besten geeignete Form ist um Druck aufzunehmen. Gemessen wird immer im kalten Zustand (ca.+20 °C). Bei heißem Motor liegt der Pegel höher als bei kaltem Motor.

Vorsicht beim Öffnen des Verschlussdeckels: Bei heißem Motor steht das System unter Druck und das Kühlmittel kann sehr heiß sein! Nur unter +90 °C öffnen! Verschlussdeckel zuerst nur so weit aufdrehen bis der Überdruck hörbar entwichen ist, danach erst den Deckel ganz herausdrehen. Verbrühungsgefahr!

Ist der Pegelstand zu niedrig, wird dies auch durch eine Kontrollampe in der Instrumententafel angezeigt. Befindet sich die Markierung unter oder nahe der Min-Markierung, füllen Sie Kühlmittel nach.

Frostschutz prüfen/berichtigen

■ Verwenden Sie zur Bestimmung des Frostschutzgehalts einen Frostschutzprüfer (Bild 2). Es gibt verschiedene Methoden der Frostschutzmittelbestimmung. Beachten Sie die Anweisungen des jeweiligen Prüfmittelherstellers.

Grundsätzlich ist in unseren Breitengraden ein Frostschutz bis -25°C ausreichend. Eine solche Mischung sollten Sie auch zum Auffüllen des Kühlsystems verwenden. Sollte Ihnen mal eine solche Mischung zum Nachfüllen nicht zur Verfügung stehen, können Sie auch kalkarmes, sauberes Wasser oder besser gleich destilliertes Wasser verwenden. Das Auffüllen von reinem Wasser reduziert die Frostschutzbeständigkeit des Kühlmittels, Sie sollten dann spätestens vor dem kommenden Winter die Mi-

1

Vorsicht beim Öffnen: Der Kühlmittelbehälter kann unter Druck stehen, wenn der Motor gerade noch gelaufen ist

Messspindel: Eine einfache aber effiziente Methode zur Bestimmung des Frostschutzgehalts

schung wieder auf Stand bringen. Bei richtigem Mischungsverhältniss erhöht das G12 Plus Kühlmittel auch den Siedepunkt des Kühlmittels auf +135 °C, darum ist die richtige Mischung auch im Sommer so wichtig! Verwenden Sie für ihren Passat den Kühlmittelzusatz G12 Plus nach VW- NORM TL 774 F (Farbe Lila). Dieses ist auch mit den Kühlmittelzusätzen G11 und G12 (Farbe Rot) mischbar! Sie sollten aber wegen der positien Eigenschaften das G12 Plus verwenden!

Achtung: Mehr als 60 % Kühlmittelanteil im Kühlwasser reduziert die gewünschten Eigenschaften des Kühlmittels wieder, die Kühlleistung und auch die Frostschutzwirkung sind dann nicht mehr optimal.

■ Füllen Sie bei zu geringen Stand Kühlmittel bis zur MAX-Markierung nach. Deckel wieder fest verschließen!

Kühlmittel erneuern

Das Werksseitig verwendete G12 Plus Kühlmittel nach VW-Norm TL 774-F (lila) ist als Lebensdauerfüllung ausgelegt und muss nur nach größeren Motoreingriffen erneuert werden. Das alte Kühlmittel hat dann nicht mehr das Potenzial die neuen Bauteile in außreichendem Maße zu versiegeln. Mischen Sie im Bedarfsfall das neue Kühlmittel mit kalkarmen, sauberen Wasser oder besser mit destilliertem Wasser an.

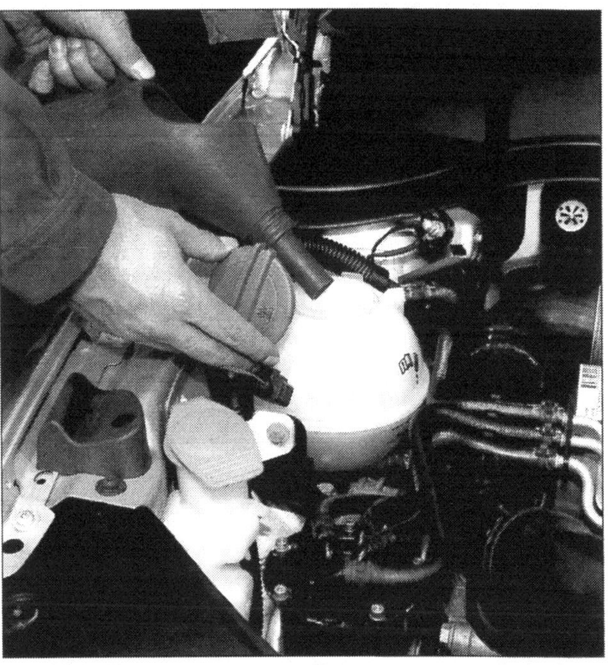

Die Mischung machts: MAX-Markierung (Pfeil) beachten

Frostschutz bis	Kühlmittel G12 Plus	Wasser
-15 °C	ca. 30 %	ca. 70 %
-25 °C	ca. 40 %	ca. 60 %
-36 °C	ca. 50 %	ca. 50 %
-40 °C	ca. 60 %	ca. 40 %

Kühlsystem auf Dichtheit prüfen

Die Dichtheit der Schläuche können Sie am besten bei Betriebstemperatur inspizieren. Achten Sie dabei auf Beschädigungen (z.B. durch Marderbisse).

Zur Überprüfung nach folgender Reihenfolge vorgehen:

■ Schläuche (Kühler, Motor und zur Heizanlage) prüfen.

■ Den Zustand der Schläuche stellen Sie durch Kneten fest. Harte, spröde oder rissige Teile sollten Sie sofort austauschen. (siehe dazu auch Kapitel „Kleine Pannen")

■ Schlauchenden auf korrekten Sitz an Stutzen prüfen.

■ Spannschrauben der Schlauchschellen auf festen Sitz prüfen. Verrostete Schlauchschellen stets auswechseln.

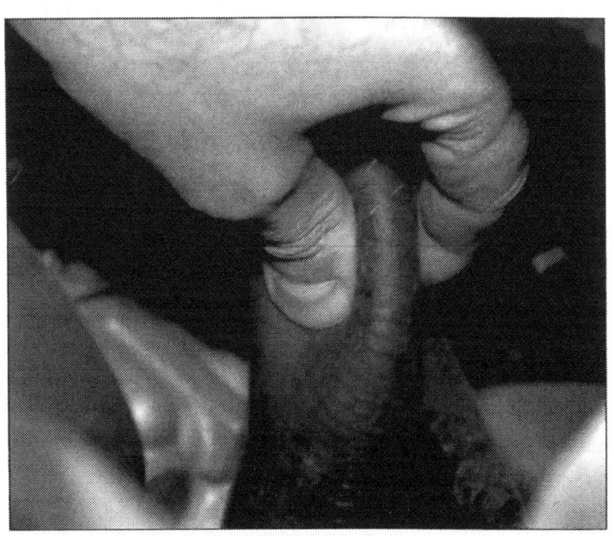

Schlauchleitungen kontrollieren: Durch kräftiges Kneten können Sie die Dichtheit und den Zustand überprüfen

Luftfilter erneuern/reinigen

Der Luftfiltereinsatz hält die angesaugte Verbrennungsluft frei von Verunreinigungen wie Staub und Schmutz und ermöglicht aufgrund seiner großen Oberfläche trotzdem einen hohen Luftdurchsatz. Mit der Zeit verstopft der Luftfilter jedoch, die Folge ist ein hoher Durchströmungswiderstand. Er muss deshalb spätestens alle 72 Monate oder 90.000 km erneuert werden. Ist Ihr Passat häufig unter sehr feuchten und staubigen Bedingungen unterwegs, sollten Sie den Luftfilter häufiger erneuern. Inspizieren Sie den Luftfilter ruhig bereits zur Halbzeit, eine Reinigung wird ihm nicht schaden. Klopfen Sie den Luftfilter mit der Ansaugseite mehrmals auf einen ebenen, sauberen Untergrund. Dadurch lösen sich die gröbsten Partikel im Filtermaterial. Bei einer runden Filterversion, wie sie in vielen Benzinmotoren verbaut ist, können Sie diese Technik natürlich nicht anwenden. Haben Sie Druckluft zur Verfügung empfiehlt sich das Ausblasen entgegen der eigentlichen Durchströmungsrichtung des Luftfilters. Dabei nie mit vollem Druck auf den Filter blasen! Mechanisch beschädigten Filter unbedingt sofort ersetzen! Fester Bestandteil der Luftfilterreinigung sollte auch die Pflege der Luftansaugung sein. Entfernen Sie alle Fremdkörper im Luftfilterkasten mit Lappen und Staubsauger und stellen Sie sicher, dass auch die Luftansaugung frei ist.

Benötigtes Werkzeug und Ersatzteile:

- Torxschraubendreher T20
- Staubsauger und/oder Lappen
- Neuer Luftfiltereinsatz (nur beim Wechsel)

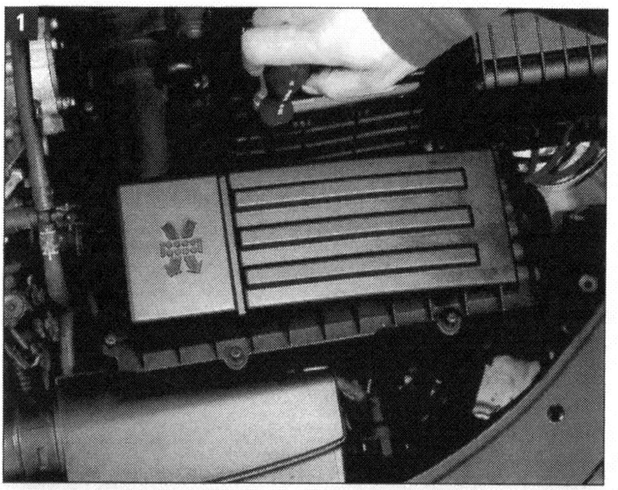
1

2

3

4

Luftfilter erneuern (Dieselmotoren)

■ Das obere Luftfiltergehäuse ist mit insgesamt acht Schrauben befestigt. Schrauben Sie alle heraus und heben Sie den Deckel nach oben ab.

■ Jetzt können Sie den Luftfilter und das darunterliegende Gitter herausnehmen (Bild 3).

■ Reinigen Sie den Luftfilterkasten bei starker Verschmutzung mit Lappen und Staubsauger (Bild 4).

■ Setzen Sie das Gitter und das Filterelement unter Beachtung der Einbaurichtung wieder in das Gehäuse ein (Bild 5).

■ Anschließend den Deckel aufsetzen und alle acht Schrauben nur leicht mit **9 Nm** festziehen.

Vorsicht: Selbstschneidende Schrauben dürfen nicht mit einem elektrischen Schrauber geöffnet oder eingeschraubt werden. Es besteht die Gefahr der Beschädigung des Luftfiltergehäuses! Das Anzugsdrehmoment beträgt lediglich **3 Nm**.

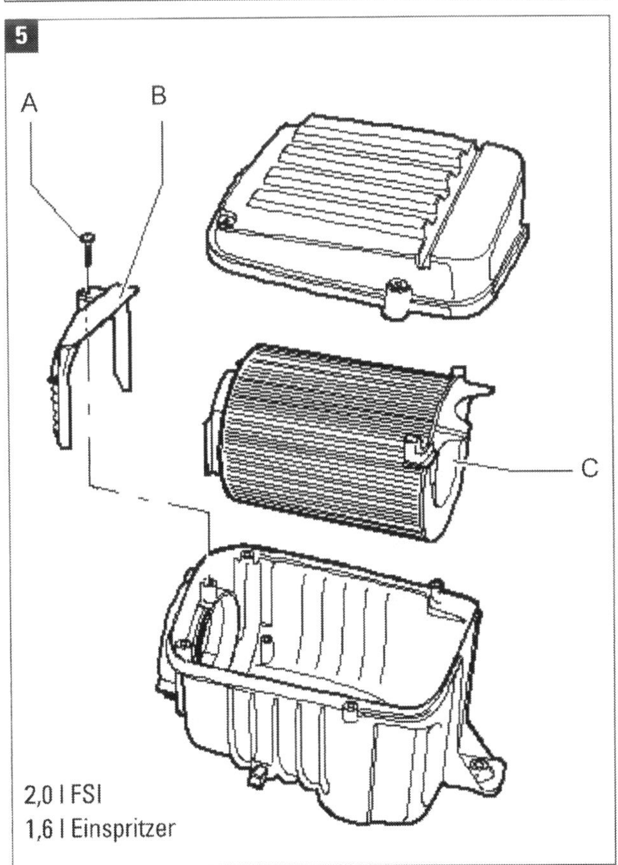

2,0 l FSI
1,6 l Einspritzer

Luftfilter erneuern (Benzinmotor)

beim 1,6 Liter und 2,0 Liter FSI (Bild 5):
Hier sitzt der Luftfilter wie beim Diesel unmittelbar vor dem Batteriekasten.

■ Die vier selbstschneidenden Schrauben des Luftfilterdeckels herausdrehen und Deckel abnehmen.

■ Schraube (A) herausdrehen und Halter (B) entfernen.

■ Luftfilter (C) herausnehmen und Gehäuse reinigen.

■ Neuen Filter einsetzen, Halter (B) fixieren und Schraube (A) sehr leicht mit 2 Nm anziehen.

■ Gehäusedeckel mit 3 Nm von Hand festziehen.

beim 1,6 l FSI und 2,0 l TFSI (Bilder 6 und 7):
Bei diesen Motoren ist der Luftfilter in die Motorabdeckung integriert.

■ Obere Motorabdeckung ausbauen und umdrehen.

■ Fünf selbstschneidende Schrauben (acht Schrauben beim 2,0 l TFSI) auf der Rückseite herausdrehen.

■ Deckel anheben um Filtereinsatz herauszunehmen.

■ Gehäuse reinigen und neuen Luftfilter einlegen.

■ Zusammenbau in umgekehrter Reihenfolge durchführen. Schrauben leicht mit 3 Nm anziehen.

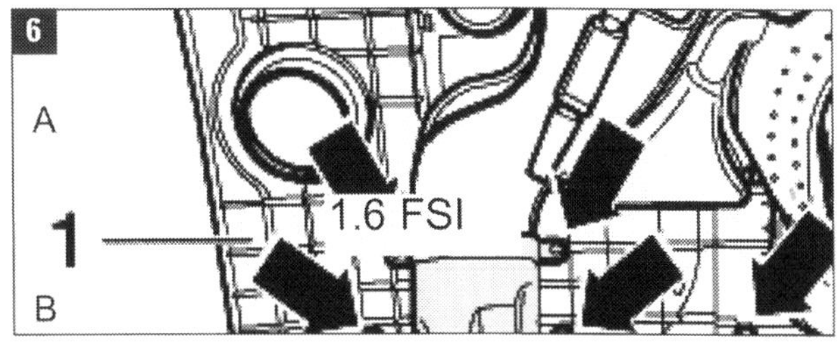

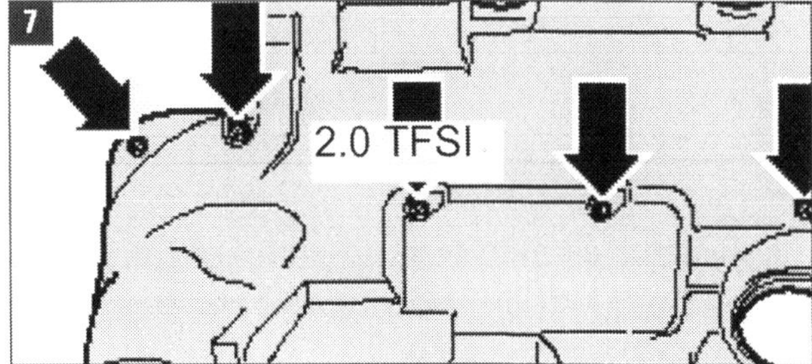

Zündkerzen wechseln (Benziner)

Die Zündkerzen sollen laut Serviceplan alle vier Jahre oder 60.000km gewechselt werden (Turbomotor: 90.000km oder 6 Jahre). Zum Ein- und Ausbau der Zündkerzen benötigen Sie, unabhängig von Ihrer Motorisierung, einen speziellen 16mm Zündkerzenschlüssel (VAG 3122B alternativ Hazet 4766-1).
Der Weg um an die Zündkerzen zu gelangen ist je nach Motortyp unterschiedlich, bei manchen Typen benötigen Sie dafür auch eigene Spezialwerkzeuge.
Zündkerzen sind sehr empfindliche Bauteile. Heruntergefallene Kerzen sollten Sie daher immer gleich durch neue Exemplare ersetzen.

Achtung: Führen Sie Arbeiten an der Zündanlage zu Ihrer eigenen Sicherheit nur bei ausgeschaltener Zündung durch. Der Kontakt mit der Spannung einer modernen Hochleistungszündanlage kann ernste gesundheitliche Schäden nach sich ziehen und sogar zum Tode führen! Motor bei angeschlossener Zündanlage niemals ohne Zündkerzen starten!

Benötigtes Werkzeug und Materialien:

– neue Zündkerzen
– Zündkerzenschlüssel 16 Millimeter
(Spezialwerkzeug VAS 3122B alternativ Hazet 4766-1)
– gegebenenfalls passenden Abzieher für Zündspulen beziehungsweise Kerzenstecker (siehe Arbeitsschritte).

Vorsicht: Die Verwendung anderer als hier empfohlener Werkzeuge (Zange, Schraubendreher, etc.) kann zur Beschädigung an Zündspule oder Zündkerzensteckern führen.

1,6 Liter Einspritzer

Ausbau:

■ Motorabdeckung oben ausbauen.

■ Steckverbindungen aller Einspritzventile trennen. Achten Sie für den späteren Zusammenbau auf die Zuordnung!

■ Zündkerzenstecker mit einem geeigneten Abziehwerkzeug abziehen.**VAG T-10112**. Sollte Ihnen das Spezialwerkzeug nicht zur Verfügung stehen, raten wir Ihnen den Zündkerzenwechsel in der Fachwerkstatt machen zu lassen. Niemals am Zündkabel ziehen!

Einbau:

■ Zündkerzen mit Zündkerzenschlüssel herausdrehen

■ Neue Zündkerzen vorsichtig durch den Schacht bis zum Zündkerzengewinde führen und mit **25 Nm** festziehen.

■ Zündkerzenstecker bis zum Einrasten eindrücken.

■ Motorabdeckung oben einbauen.

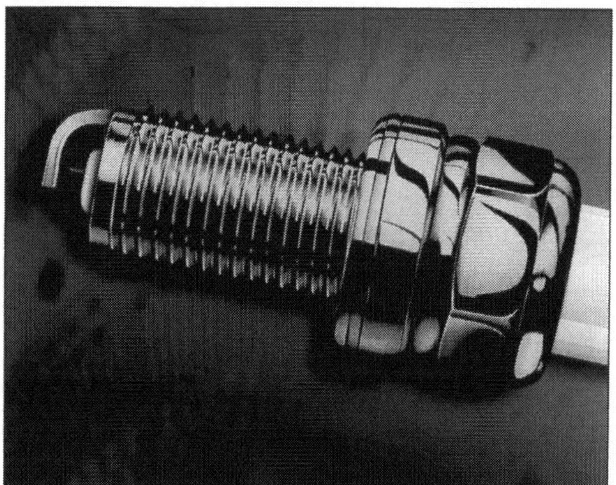

Kleines Wunder: Moderne Zündkerzen halten in der Regel klaglos 60.000 Kilometer durch

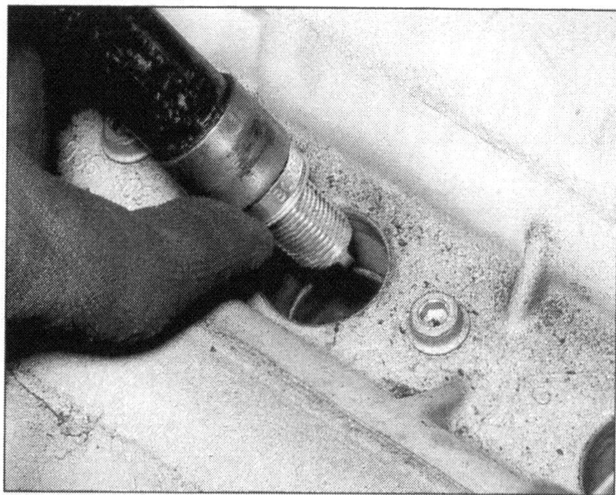

Einsetzen der Zündkerzen: Passen Sie auf, dass die Kerze nicht in den Schacht fällt. Sie kann dabei Schaden nehmen

2,0 l Benzinmotor
Ausbau:

■ Motorabdeckung oben ausbauen.

■ Die beiden Halteschrauben der Leitungsführungen ausbauen.

■ Zündspulen mit einem geeigneten Abziehwerkzeug etwa 30mm nach oben ziehen.**VAG T-40039**.

■ Steckverbinder der Zündspulen leicht in Richtung Spulen bewegen, Verriegelung drücken und entriegeln. Vorgang bei allen 4 Spulen wiederholen und dann die gesammte Leitungsführung mit Steckern wie auf dem Bild 1 dargestellt auf einmal abnehmen.

■ Zündspulen nach oben herausziehen.

■ Zündkerzen mit Zündkerzenschlüssel herausdrehen.

Einbau:

■ Neue Zündkerzen vorsichtig durch den Schacht bis zum Zündkerzengewinde führen und mit **25 Nm** festziehen.

■ Alle Zündspulen in den Schacht einführen und zu den Steckern der Leitungsführung ausrichten.

■ Zündkerzenstecker fest niederdrücken bis eine deutliche Fixierung spürbar ist.

■ Alle Stecker wieder mit den Spulen verbinden.

■ Die beiden Halteschrauben der Leitungsführungen wieder einsetzen und festziehen.

■ Motorabdeckung oben einbauen.

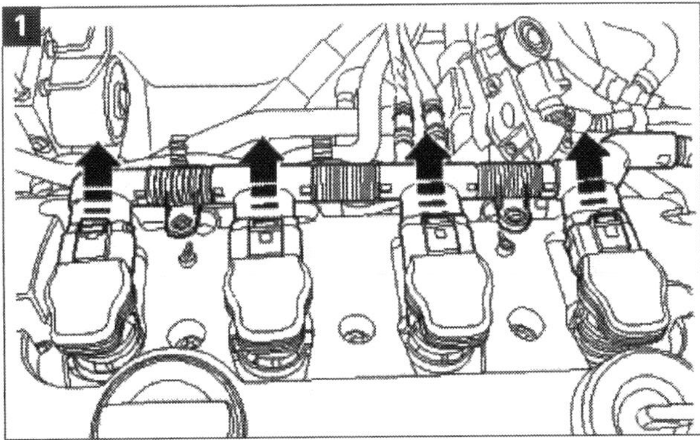

Achtung: Um eine Beschädigung der Zündkerzengewinde im Zylinderkopf zu vermeiden sollten Sie die Zündkerzen nie bei heißem Motor austauschen!

6 Zylindermotor
Ausbau:

■ Motorabdeckung oben ausbauen.

■ Steckverbinder der Leistungsendstufen mit dem Spezial-Hakenwerkzeug **VAG T-10118** vorsichtig entriegeln und abziehen (Bild 2).

■ Den Abzieher **VAG T-10095 A** von der geraden Steckerseite her auf die Zündspule aufsetzen und mit der Leistungsstufe herausziehen.

■ Zündkerzen mit geeignetem Zündkerzenschlüssel herausdrehen.

Einbau:

■ Neue Zündkerzen vorsichtig durch den Schacht bis zum Zündkerzengewinde führen und mit **20 Nm** festziehen.

■ Setzen Sie die Zündspulen mit den Leistungstufen in den Zündkerzenschacht ein und richten sie so aus, dass die geraden Seiten der Spulen mit den geraden Seiten der Stecker übereinstimmen.

■ Den Abzieher **VAG T-10095 A** wieder von der geraden Steckerseite her auf die Zündspuleneinheit aufsetzen und mit dessen Hilfe dann die gesamte Einheit auf die Zündkerze drücken.

■ Steckverbinder aufsetzen und darauf achten, dass die Stecker deutlich hör- und fühbar einrasten!

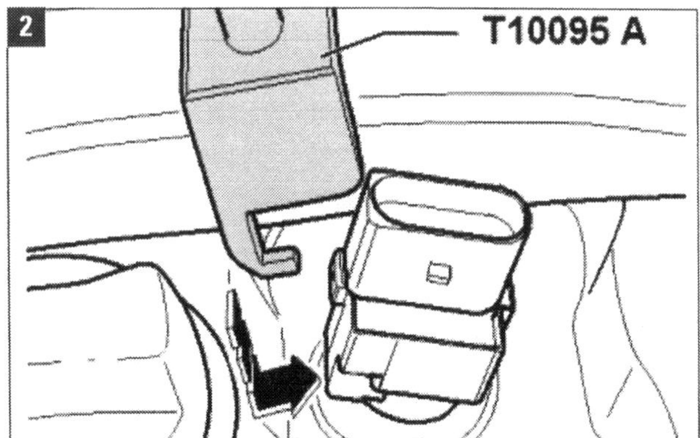

1.6 Liter FSI
Ausbau:

- Motorabdeckung oben ausbauen.
- Zündspulen mit dem Werkzeug **VAG T-10094** abziehen.
- Stecker mit **VAG T-10118** entriegeln und abziehen.
- Zündspulen nach oben herausnehmen.
- Zündkerzen mit Zündkerzenschlüssel herausdrehen

Einbau

- Neue Zündkerzen vorsichtig durch den Schacht bis zum Zündkerzengewinde führen und mit **30 Nm** festziehen.
- Zündspule in Zündkerzenschacht ansetzen.
- Zugehörigen Stecker auf Zündspule stecken.
- Nun die Zündspule ausrichten und so fest niederdrücken bis eine deutliche Fixierung spürbar ist.
- Motorabdeckung oben einbauen.

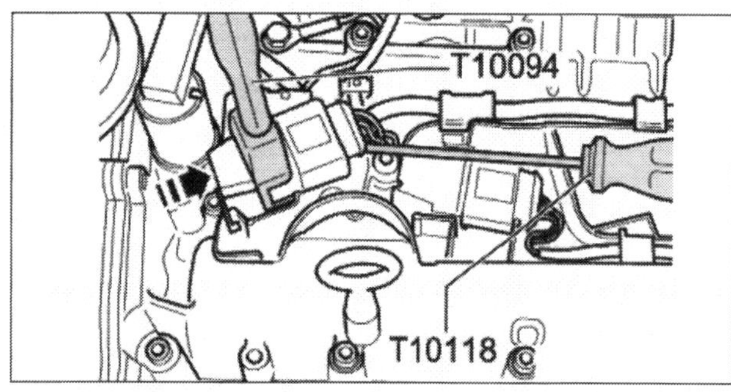

PRAXISTIPP

Die richtigen Zündkerzen

Die Wahl der richtigen Zündkerzen ist für den Motor absolut lebenswichtig. Zündkerzen unterscheiden sich generell in vier wesentlichen Punkten:

- Gewindedurchmesser (Passat: 14mm)
- Gewindelänge (Passat: 19mm)
- Wärmewert (Passat: zwischen 5 und 7)
- Material und Anzahl der Elektroden

Die ersten beiden Punkte sind noch sehr einfach zu entscheiden: Eine Kerze mit zu dickem Gewinde passt ja nicht in den Zylinderkopf, eine zu dünne lässt sich nicht festschrauben.
Im zweiten Fall ist jedoch Vorsicht geboten: Eine zu lange Kerze kann sehr wohl in das Gewinde passen, stößt dann aber eventuell auf dem Kolben auf.
Komplizierter wird die Sache mit dem Wärmewert. Da die Zündkerze genügend Hitze speichern muss um sich freizubrennen, keineswegs aber so heiß werden darf, das sich das Gemisch daran auch ohne Funken entzündet, muss der Wärmewert genau an die Verhältnisse im jeweiligen Motor angepasst sein.
Um den Spagat zwischen Stadtverkehr im Winter und Vollgas bei hohem Temperaturen noch besser abzudecken, gibt es inzwischen auch weiterentwikkelte Formen und Materialien der Elektroden. Diese kosten zwar wesentlich mehr, halten unter Umständen dafür aber unter schwierigen Bedingungen auch doppelt so lang wie die Kerzen aus der Erstausrüstung.

Motor	Hubraum (l)	Bosch	Volkswagen	NGK	Elektrodenabstand (mm)	Anzugsmoment
Benziner / 4 Zylinder						
BSE / BSF	1,6	14FGH-7DTURX	101000033AA/ 101000041 AC	BKUR 6 ET-10	1,0 +/- 0,1	25Nm
BLF	1,6 FSI	FGR 6HQ E0	101000068AA	-	1,0 +/- 0,1	30Nm
BLR / BVX / BVY	2,0 FSI	PZFR5N-11TG	101905620	PZFR5N-11TG	1,0 + 0,1	25Nm
BLY	2,0 FSI	F7 7 DER	101905610	-	0,8 + 0,1	25Nm
BPY / AXX / BWA	2,0 TFSI	FR6 KPP 332 S	101905631 B	-	0,7 + 0,1	25Nm
Benziner / 6 Zylinder						
AXZ / BLV	3,2 V6 FSI		101905622	ILZKR 7A	1,0 + 0,1	20Nm
	3,6 V6 FSI	-				

Vorglühfunktion prüfen (Diesel)

Bei sehr kalten Temperaturen reicht die Verdichtung allein nicht aus um das Gemisch zu entzünden (etwa ab 0°C und darunter). In einem solchen Fall beginnt die Vorglühanlage auf das Startverhalten einzuwirken. Die Dauer der Vorglühzeit wird vom Motor Steuergerät geregelt und ist abhängig von der Umgebungstemperatur. Wie gut der Zustand Ihrer Vorglühanlage und der Glühkerzen ist können Sie recht einfach selbst überprüfen.

Hinweis: Voraussetzung für diese Prüfung ist ein funktionierendes Motor-Steuergerät und eine Batteriespannung von mindestens 11,5 Volt.

Benötigtes Werkzeug:

– Voltmeter

Vorglühfunktion prüfen:

■ Motorverkleidung oben ausbauen.

■ Ziehen Sie die einteilige Steckerleiste wie im Bild 1 gezeigt erst an jedem der vier Anschlüsse ein Stück weit aus der Verriegelung und legen sie dann beiseite.

■ Ziehen Sie den Stecker des Kühlmitteltemperaturfühlers ab (Bild 2). Der Stecker befindet sich unterhalb der Vacuumpumpe am Kühlmittel-Anschlussstutzen. Der Zugang ist zwar nicht so einfach aber das Abziehen des Steckers aber zwingend notwendig um dem Motor-Steuergerät einen kalten Wintermorgen zu simulieren.

■ Das Voltmeter zwischen Glühkerzenstecker und Motormasse (nicht Glühkerzenanschluß) anschließen.

■ Zündung einschalten die Spannung ablesen und notieren.

■ Zündung ausschalten und Messung sinngemäß am nächsten Glühkerzenstecker durchführen. Alle vier Anschlussstecker nacheinander messen!

Bewertung der Messergebnisse:
Die gemessene Spannung sollte jeweils leicht unter der Batteriespannung liegen (etwa 11,5 Volt). Die Messergebnisse dürfen nicht weiter als 0,5 Volt auseinanderliegen. Erhalten Sie ein oder mehrere zu niedrige Messergebnisse prüfen Sie die Kabel auf Unterbrechung und Kurzschluß.

■ Nach der Prüfung nicht vergessen den Stecker des Kühlmitteltemperaturfühlers wieder einzustecken.

■ Die Steckerleiste der Glühkerzenanschlüsse erst an allen Anschlüssen ansetzen und dann fest eindrücken.

■ Motorverkleidung oben wieder einbauen.

■ Gegebenenfalls Fehlerspeicher löschen lassen.

Glühkerzen prüfen und erneuern

Die Glühkerzen im Passat unterliegen keinem festen Wechselintervall. Für andere VAG Fahrzeuge sind Wechselintervalle von 60.000km angegeben. Bei defekten Glühkerzen startet der Motor unwillig. Im Passat kommen auch Keramik-Glühkerzen zum Einsatz, diese sind an der fehlenden Farbmarkierung oberhalb des Sechskants zu erkennen. Behandeln Sie diese Spezialteile mit größter Sorgfalt. Bereits ein Herabfallen aus zwei Zentimeter Höhe bedeutet einen Totalschaden und das betreffende Teil muss ausgetauscht werden. Eine weitere Besonderheit an den Keramik-Glühkerzen ist, dass diese keinesfalls mit Öl oder Fett montiert werden dürfen.

Glühkerzen prüfen:

Um ein vergleichbares Messergebniss zu erhalten sollten Sie die Prüfung bei kaltem Motor (+20°C) durchführen. Die Zündung bleibt ausgeschaltet.

Benötigtes Werkzeug:

– Diodenprüflampe **VAG 1526** oder hadelsübliches Multimeter mit Diodenprüffunktion.

■ Verschaffen Sie sich erst wie im Kapitel zuvor beschrieben Zugang zu den Glühkerzen.

■ Diodenprüflampe an den Pluspol der Batterie anklemmen und mit der Messspitze jeden Glühkerzenanschluss messen. Wenn Sie ein Multimeter verwenden beachten Sie bitte auch die Messanweisungen des Herstellers.

Bewertung der Messergebnisse:
Zeigt das Messergebniss „Durchgang" an, ist die Glühkerze in Ordnung. Bei keinem „Durchgang" ist die betreffende Glühkerze defekt und muss erneuert werden.

Glühkerzen erneuern:

Achtung: Gebrochene Keramik-Glühkerzenreste unbedingt vollständig aus dem Motor herausholen, schwere Motorschäden könnten die Folge sein.

Benötigtes Werkzeug:

– Gelenkschlüssel **VAG 3220** oder lange 10er Nuß
– Drehmomentschlüssel
– Voltmeter mit Widerstandsmessfunktion

■ Schrauben Sie die Glühkerzen heraus (Bild 1) ohne dabei mit dem Werkzeug zu verkanten.

Achtung: Vor dem Einbau der Neuteile das Gewinde und die Zylinderkopfbohrung gründlich reinigen.

■ Schrauben Sie die Glühkerzen vorsichtig von Hand ein. Anschließend mit vorgeschriebenen Drehmoment festziehen. Vorsicht: Werkzeug nicht verkanten! Bruchgefahr!

Anzugsdrehmoment:	2V-Motor	**15Nm**
	4V-Motor	**12Nm**

■ Den Widerstand der Glühkerzen gegen Masse prüfen (Bild 2). Der Widerstandswert muss **unter 1 Ohm** liegen.

1

2

Dieselkraftstofffilter erneuern

Der Kraftstofffilter sollte beim Diesel alle 90.000km oder 72 Monate erneuert werden. Zu seinen Hauptaufgaben zählen das Zurückhalten von Schmutzpartikeln und Wasser. Das System entlüftet sich selbst.

Achtung: Dieselkraftstoff greift Gummiteile an! Kraftstoffreste an Kühlerschläuchen und Leitungen sofort gründlich entfernen. Beachten Sie die Entsorgungsvorschriften!

Benötigtes Werkzeug und Materialien:

- T20 Torxschraubendreher
- kleines Auffanggefäß (ca. 200ml)
- neuer Filter und Dichtring (O-Ring)
- dicken Lappen, Reiniger
- 10er Nuss, lange Verlängerung. Ratsche

Achtung: Kraftstoffreste sind Sonderabfall und gehören nicht in den Ausguss. Füllen Sie Kraftstoffreste in einen verschließbaren, beschrifteten Behälter um und entsorgen Sie seinen Inhalt umweltgerecht.

Vorsicht: Eventuell vorhandene Verschmutzungen und Wasserreste im Kraftstofffiltergehäuse müssem unbedingt vor dem erneuten Zusammenbau entfernt werden! Haben Sie keine geeignete Absaugeinrichtung zur Verfügung müssen Sie das Gehäuseunterteil demontieren um es zu entleeren. Den Aus- und Einbau des Kraftstofffiltergehäuses beschreiben wir am Ende dieses Kapitels.

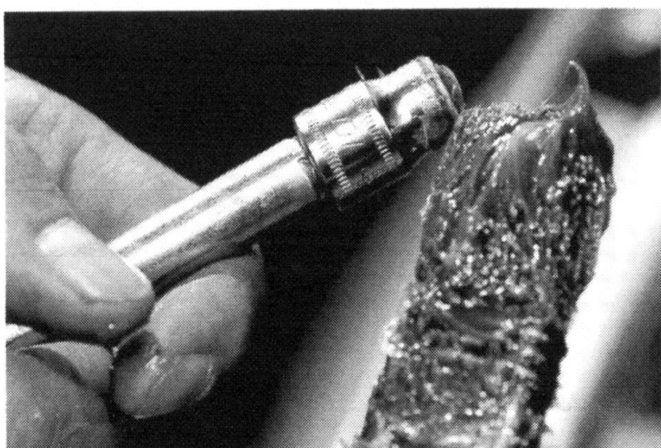

Praktische Montagehilfe: Damit Ihnen beim Ansetzen von oben nicht immer die Schraube oder Mutter herunterfällt kleben Sie diese vorher mit etwas Fett in die Nuss

GEFAHRHINWEISE

Kraftstoff

Der Umgang mit Kraftstoff ist gefährlich. Restgase sind hochexplosiv, Dämpfe gelten als krebserregend und unmittelbarer Kontakt oder Verschlucken können akute Reizungen in schweren Fällen auch eine lebensbedrohliche Lungenentzündung hervorrufen. Nehmen Sie daher Wartungsarbeiten und Reparaturen an Teilen der Kraftstoffanlage nicht auf die leichte Schulter. Stellen Sie sicher, dass sich keine eingeschalteten elektrischen Geräte, offenen Flammen, Wärme- und Funkenquellen in unmittelbarer Nähe befinden. Führen Sie Arbeiten an der Kraftstoffanlage möglichst nur mit kraftstoffbeständigen Handschuhen aus. Als chemisch resistent gelten Handschuhe aus Naturlatex, Nitril oder Vinyl. Vor allem beim Entleeren des Kraftstoffbehälters müssen Sie mit äußerster Vorsicht vorgehen. Kraftstoffbehälter sollten Sie nur bei genügend Frischluftzufuhr entleeren. Unverzichtbar ist dabei ein entsprechendes Abpumpgerät (z.B. kraftstofffeste Balgen-Schlauchpumpe). Auf keinen Fall den Kraftstoff durch Saugen an einem Schlauch mit dem Mund entleeren! Kraftstoffbehälter nie über Montagegruben entleeren. Die entweichenden Gase sind schwerer als Luft und würden sich für mehrere Stunden in der Grube absetzen. Folge: Gesundheitsschäden durch Einatmen, wie Kopfschmerzen, Schwindel, Übelkeit, Sehstörungen, Bewusstlosigkeit und akute Explosionsgefahr. Kraftstoff nur in einen verschließbaren, beschrifteten Behälter umfüllen. Gut sind spezielle Behälter mit Flammschutz und Druckausgleichsverschluss. Im entleerten Kraftstofftank befinden sich Restgase. Auch die sind gefährlich, gelten als krebserregend. Arbeiten also nur mit besonderer Vorsicht ausführen!

Kraftstoff: Entzündlich, giftig, umweltschädigend

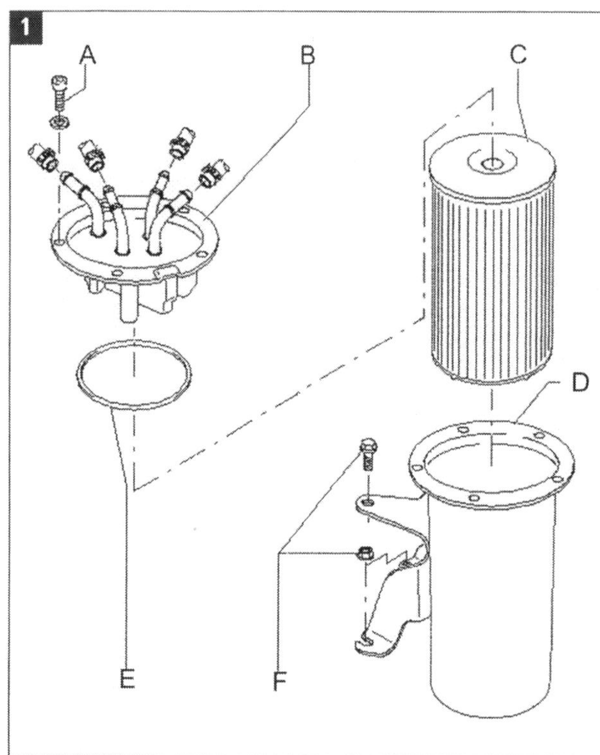

Ausbau:

■ Fünf Befestigungsschrauben und Unterlagsscheiben (A) mit dem Torxschraubendreher (T20) über Kreuz in mehreren Schritten herausdrehen. (Siehe Bild 1)

■ Deckel (B) vorsichtig nach oben abnehmen.

■ O-Ring (E) entfernen und die Dichtfläche reinigen. Den neuen Dichtring vorsichtig in der Nut plazieren.

Tip: Etwas Fett auf dem O-Ring erleichtert die Montage auch später beim Zusammenbau des Gehäuses.

■ Kraftstofffilter (C) herausnehmen und in bereitgestellten Behälter abtropfen lassen.

■ Kraftstoffffiltergehäuse (D) reinigen.

Filtereinbau:

■ Den neuen Filter (C) einsetzen.

■ Deckel ansetzen und Befestigungslöcher ausrichten.

■ Fünf Schrauben (A) ansetzen und über Kreuz in drei Schritten eindrehen. Achten Sie hierbei besonders darauf den Deckel nicht zu verkannten und den O-Ring nicht zu beschädigen.

■ Deckelschrauben (A) mit 5 Nm festziehen.

Dieselkraftstoffiltergehäuse aus-/einbauen:

■ Die zwei Befestigungsmuttern (F) des Gehäuses (D) mit der Ratsche und 10er Nuß lösen. Die Mutter nicht ganz herausdrehen!

■ Die Schraube ganz herausschrauben. Bild 3.

■ Kraftstofffiltergehäuse (D) erst etwas zur Seite bewegen und dann nach oben herausnehmen.

■ Gehäuse entleeren und reinigen.

■ Gehäuse wieder unter die Befestigungsmuttern ansetzen und diese ganz herunterdrehen.

■ Schrauben (F) ansetzen und mit 6 Nm festziehen.

Getriebeölstand kontrollieren

Das im Passat verwendete Getriebeöl ist für den gesamten Lebenszyklus des Fahrzeugs ausgelegt. Im Gegensatz zum Motoröl wird es nicht verbraucht, muss also normalerweise auch nicht nachgefüllt werden. Die Kontrollintervalle entnehmen Sie bitte dem Kapitel „Wartung". Eine zusätzliche Kontrolle kann notwendig werden wenn Sie eine übermäßig starke Ölverschmutzung in Getriebenähe feststellen. Lokalisieren Sie in diesem Fall zuerst den Defekt und stellen ihn ab bevor Sie Öl auffüllen.
Eine Ausnahme stellt das DSG-Getriebe (02E) dar, hier ist alle 60.000 km ein Ölwechsel mit Filter fällig. Um diese anspruchsvolle Arbeit fachgerecht ausführen zu können sind verschiedene Adapter und Messgeräte nötig. Das Prüfen des Ölstandes am Automatik-Getriebe (09G) ist ebenfalls ein sensibles Thema. In Abhängigkeit der Getriebeöltemperatur ändert sich auch der Stand des ATF-Öls (Automatik Transmission Fluid). Ein zu hoher sowie ein zu niedriger Ölstand führt zur Fehlfunktion des Getriebes. Aus diesem Grund verzichten wir hier auf eine detailierte Arbeitsanleitung dieser beiden Getriebe und raten Ihnen diese Arbeit in der Fachwerkstatt durchführen zu lassen.
Die Motor-Getriebeeinheit ist bei den Typen 02S und 0A4 (manuelle 5 und 6 Gang-Getriebe) stärker geneigt als bisher. Damit kann der Getriebeölstand nicht mehr wie gewohnt überprüft werden. Einzige Lösung: Das Öl ablaufen lassen und dann frisches Öl in der vorgeschriebenen Füllmenge einzufüllen.

Sichtprüfung des Getriebes:

■ Prüfen Sie den Eingang der Antriebswellen ins Getriebe sowie den Stoß des Getriebes zum Motorgehäuse. Ein weiterer Blick sollte auf die Ablassschraube/Einfüllschraube fallen (Bild 1).

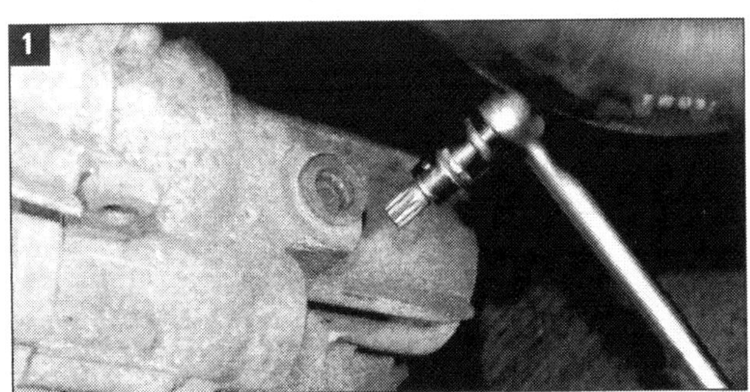

Bauart	Kennbuchstabe	Ölfüllmenge
5-Gang manuell	0A4	1,7 l
5-Gang manuell	0AH	2,1 l
6-Gang manuell	0AJ	2,0 l
6-Gang manuell	02S	2,0 l
6-Gang manuell	02Q	2,3 l
Automatik-Getriebe	09G	7,0 l
DSG-Getriebe	02E	5,5 l

Benötigtes Werkzeug:

– Ratsche mit Innensechskant oder Torxaufsatz.

Arbeitsschritte: Getriebe 0AH, 0AJ, 02Q:

■ Fahrzeug eben abstellen. Für diese Arbeit (unter dem Fahrzeug) ist eine Montagegrube oder Hebebühne ideal.

■ Unterbodenschutz ausbauen.

■ Die Schraube am Getriebegehäuse (Bild 1) zunächst von Schmutz befreien.

■ Öffnung aufschrauben. Tritt bereits jetzt Öl heraus, ist der Ölstand ausreichend. Ansonsten müssen Sie den Ölstand mit dem Finger oder einem kleinen Inbusschlüssel durch die Öffnung überprüfen.

■ Wenn Sie Öl nachfüllen müssen: Das Getriebeöl muss den VW-Spezifiaktionen entsprechend ein Synthetik-Getriebeöl nach VW-Norm-50150 sein. G 50 - SAE 75 W 90.

■ Beim Einschrauben beachten Sie bitte das jeweilige Anzugsdrehmoment der Schraube (Bild 2).

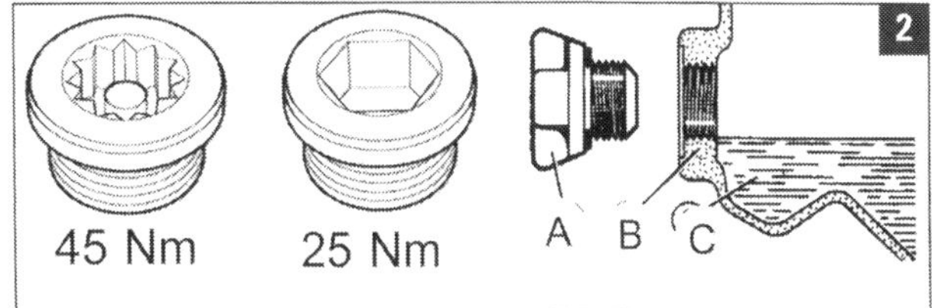

Korrekter Getriebeölstand: Das Herausdrehen des Stopfens (A) legt den Weg zum Getriebeöl (C) frei. Die Unterkante (B) gilt als Markierung für die richtige Füllmenge.

Auspuffanlage

Am Unterboden entlang verläuft die Abgasanlage Ihres Passat. Sie sorgt dafür, dass die umweltschädigenden Emissionen durch den Verbrennungsvorgang so gering wie möglich gehalten werden. Die Auspuffanlage gibt zwar selten Grund zur Sorge. Dennoch bleibt nach gewisser Zeit die Reparatur an durchrosteten Stellen nicht aus. Die enorme thermische Belastung durch das durchströmende und heiße Abgas sowie der ungeschützte Anbau sorgen mit der Zeit für Korrossion. Ein durchrosteter Schalldämpfer äußert sich durch verminderte Leistung und ein lauteres Motorengeräusch.
Die werkseitig verbauten Anlagen können ein oder auch mehrteilig ausgeführt sein. Die Schalldämpfer können jedoch auch bei den einteiligen Anlagen getrennt gewechselt werden. Der Aufbau der Auspuffanlage unterscheidet sich sowohl durch die Motorisierung als auch die Anriebsart. Bei allradgetriebenen Modellen beispielsweise weicht das Abgasrohr dem Antriebstrang, der Endschalldämpfer ist aus Platzgrüngen quer verbaut.
Dennoch ist der Teilewechsel weitgehend identisch. Beachten Sie aber bei einer Reparatur, dass alle Dichtungen, Schellen und auch die selbstsichernden Muttern erneuert werden müssen.

Benötigtes Werkzeug und Materialen:

- passende Dichtungen, Schellen und Muttern
- neuer Auspuffopf
- Rohrschneider

Auspufftopf austauschen:

■ Fahrzeug richtig aufbocken, ideal wäre die Arbeit mit dem Fahrzeug auf der Hebebühne, beim Endtopf (Bild 1) reichen auch zwei Auffahrrampen für hinten.

■ Mit dem Rohrschneider an den angezeigten Stellen das Rohr durchtrennen.

■ Die Trennstellen sind durch Striche markiert (Bild 2). Führen Sie den Schnitt an der mittleren Stelle (Pfeil B) aus. Die Doppelschelle muss mit den äußeren Markierungen (Pfeil A und C) abschließen.

■ Abgetrennte Teile entfernen und neue Teile einsetzen, dabei die Gummis zum Aufhängen (Bild 3) mit ersetzen.

■ Neues Teil mit dem alten Rohrstück durch die Doppelschelle (Bild 4) befestigen.

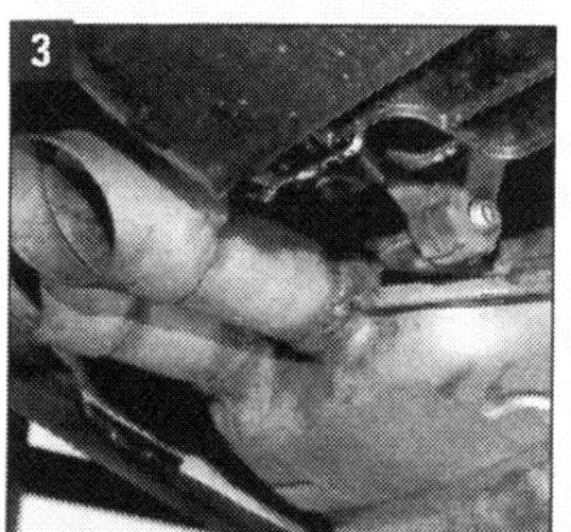

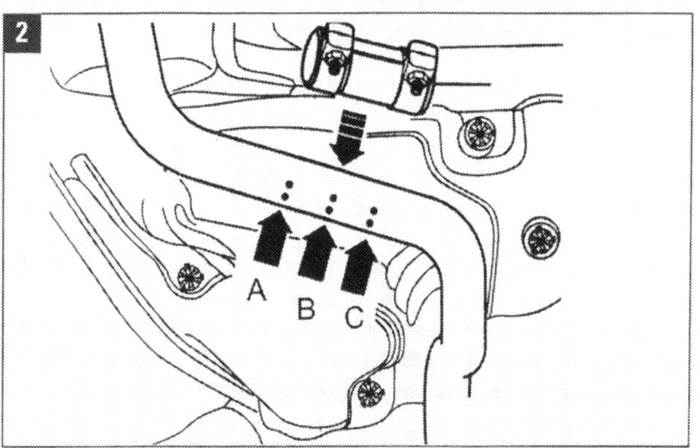

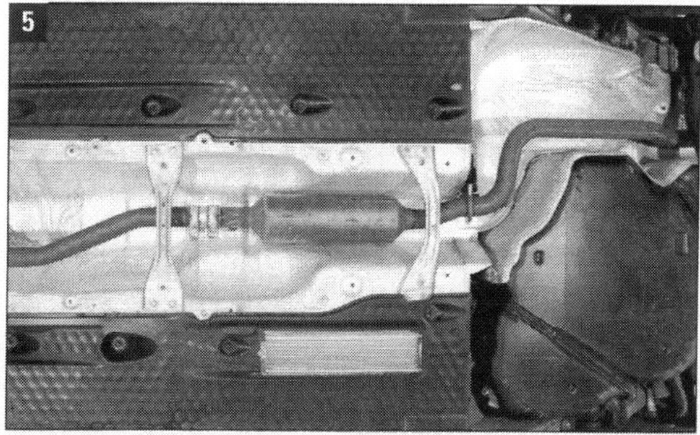

Steuergerät reparieren statt austauschen

Defekte am Steuergerät sind mehr als ärgerlich. Bringt die ausführliche Fehlersuche mittels Diagnosegerät in der Werkstatt auch keine Abhilfe, hilft vermeintlich nur noch ein Austausch gegen ein Neuteil. Mittlerweile können Sie Steuergeräte aber auch günstig reparieren lassen. Spezialisten auf diesem Gebiet finden dank akribischer Suche, deren Aufwand die Hersteller heutzutage scheuen, fast jeden Fehler. So stellt sich manchmal eine schadhafte Lötstelle oder ein defektes Elektronik-Kleinbauteil als Verursacher allen Übels heraus. Ist dies der Fall, wird die defekte Stelle neu gelötet oder nur das entsprechende Bauteil getauscht. Sie bekommen anschließend Ihr Steuergerät wieder und sind nur einen Bruchteil des Betrages losgeworden, den Sie der Austausch gekostet hätte.

Fehlerteufel im Detail: Steuergeräte werden gern getauscht, dabei ist meistens auch eine Reparatur möglich

Sportauspuff nachrüsten

Wenn Ihnen die Optik der Serien-Auspuffanlage zu fad erscheint oder Sie etwas mehr vom Motor hören wollen, kann der Endtopf gegen ein sportliches Exemplar getauscht werden. Mehr Leistung sollten Sie nicht erwarten, ein solcher Sportauspuff dient in erster Linie der Optik. Im Handel sind verschiedene Anlagen erhältlich, sogar mit einem Endrohr links und einem rechts. Spätestens bei dieser Modifikation muss allerdings die Heckschürze angepasst werden, Sie sind also bei Ersatz in ein paar Jahren auf die Verfügbarkeit genau dieser Anlage angewiesen. Das ist leider nicht immer gegeben. Zubehör-Auspuffanlagen unterscheiden sich in der Passgenauigkeit, der Verarbeitung und nicht zuletzt im Preis. Da fällt die Wahl schwer. Am besten Sie hören sich vor dem Kauf nach Erfahrungswerten um. Dass die Anlage eine EWG-Betriebserlaubnis haben muss, brauchen wir hier nicht zu betonen.

Chip-Tuning

Besonders bei TDI-Fahrern ist das Chip Tuning sehr beliebt und das nicht ohne Grund: Die ohnehin nicht grade schwachbrüstigen Turbodiesel gewinnen durch die Eingriffe an der Motorelektronik nochmals an Durchzugskraft, was den bulligen Charakter dieser Triebwerke deutlich unterstreicht. Bis zu 400 Nm Drehmoment sind im Passat TDI möglich, aber auch die Turbo-Benziner profitieren spürbar von einer Leistungskur. Typische Werte für die Leistungssteigerung der Passat-Motoren sehen ungefähr so aus:
1.9 TDI 77 kW (106 PS) auf ca. 96 kW (130 PS)
2.0 TDI 103 kW (170 PS) auf 125-140 kW (170-190 PS)
2.0 TFSI 147 kW (200 PS) auf 176-200 kW (240-271 PS)
Neu programmierte Kennfelder in der Motorsteuerung sorgen für das Leistungsplus. Dabei werden im Grunde nur die im Motor verbauten Reserven freigesetzt, seriöse Tuner geben daher auch eine Garantie auf ihre Arbeit. Und da Sie im Alltag nur selten längere Zeit mit Vollgas unterwegs sein werden, sind auch kaum Einbußen bei der Dauerhaltbarkeit zu erwarten.
Weniger optimal funktionieren Zusatzboxen, die im Kabelbaum eingeknüpft werden. Diese lassen sich zwar kinderleicht ein- und ausbauen, gaukeln dem Original-Steuergerät jedoch nur falsche Werte vor um den Motor aus der Reserve zu locken. In Sachen Abgas, Fahrbarkeit und Haltbarkeit können diese Lösungen nicht mit der aufwändigen Neuprogrammierung mithalten.

Volles Rohr: Ein Sportauspuff dient hauptsächlich der Optik, manche klingen jedoch auch gut

Motor

STÖRUNGSBEISTAND

Störung	was kann das sein?	was kann ich tun?
A Motor startet nicht, Anlasser dreht nicht	**1** Die Wegfahrsperre bzw. die Anlasssicherung	Zu- und wieder aufschließen, bei Automatik: Bremse getreten halten und Schalthebel auf Stellung N
	2 Batterie leer	Wenn die Scheinwerfer bei eingeschalteter Zündung nur schwach leuchten: Alle Verbraucher abschalten, Starthilfekabel benutzen und dann mindestens 20 Kilometer fahren
B Der Anlasser dreht, aber der Motor springt nicht an.	**1** Die häufigsten Ursachen sind: Kein Sprit und/oder kein Zündfunke. Das kann leider an sehr vielen Bauteilen liegen	Zuerst prüfen ob noch Sprit und auch die richtige Sorte (Benzin oder Diesel) im Tank ist. Dann die Verkabelung im Motorraum auf Beschädigungen prüfen (Marderbiss?) Vorsicht! Zündung dabei unbedingt ausschalten!
C Motor läuft nach dem Start unrund	**1** Benziner: ein Fehler in der Kraftstoffversorgung und/oder Zündanlage, Nebenluft durch undichte Schläuche	Zunächst eine Sichtkontrolle des Motorraums bei ausgeschalteter Zündung durchführen. Beschädigte Leitungen mit Isolierband notdürftig flicken. Mit einem Diagnosegerät den Fehlerspeicher auslesen lassen
	2 Diesel: Falschbetankung oder defekte Glühkerzen	Vorsicht: Bei Falschbetankung nicht mehr weiterfahren, sonst kann die Hochdruckpumpe kollabieren
D Motor qualmt und stinkt aus dem Auspuff	**1** Turbolader (blauer Rauch) oder Zylinderkopfdichtung (weißer Rauch) defekt	Ist der Turbolader defekt besteht akute Gefahr: Das wandert alles durch den Motor. Nicht mehr starten! Bei einer kaputten Kopfdichtung fehlt Wasser im Ausgleichsbehälter, auf jeden Fall auffüllen
	2 Diesel: Wenn der Motor warm gut läuft, sind es die Glühkerzen	Die Glühkerzen können Sie selber prüfen und ersetzen. Die Anleitung dazu finden Sie in diesem Kapitel
E Motor zieht nicht mehr richtig	**1** Der Hauptverdächtige ist auch hier der Turbolader, besonders wenn der Motor im Leerlauf oder bei wenig Gas noch gut läuft	Achten Sie auf ungewöhnliche Zisch- oder Pfeifgeräusche beim Beschleunigen. Eventuell entweicht Ladedruck. Ein blockierter Lader macht dagegen gar keine Geräusche mehr
F Hoher Verbrauch	**1** Wahrscheinlich ist der Luftfilter stark verschmutzt	Luftfilter austauschen, die Anleitung dazu finden Sie in diesem Kapitel
G Motor wird zu langsam warm	**1** Thermostat hängt	Sie können zunächst weiter fahren, das Thermostat sollte jedoch so bald wie möglich getauscht werden
H Motor wird zu heiß	**1** Der elektrische Lüfter läuft nicht	Solange Sie fahren kein Problem. Staus sind jedoch gefährlich, stellen Sie dann lieber jeweils kurz den Motor ab
	2 Kühlwasserverlust	Lokalisieren Sie das Leck. Schläuch können Sie mit Klebeband umwickeln, sobald der Motor abgekühlt ist. Kein eiskaltes Wasser in sehr heiße Motoren nachfüllen!

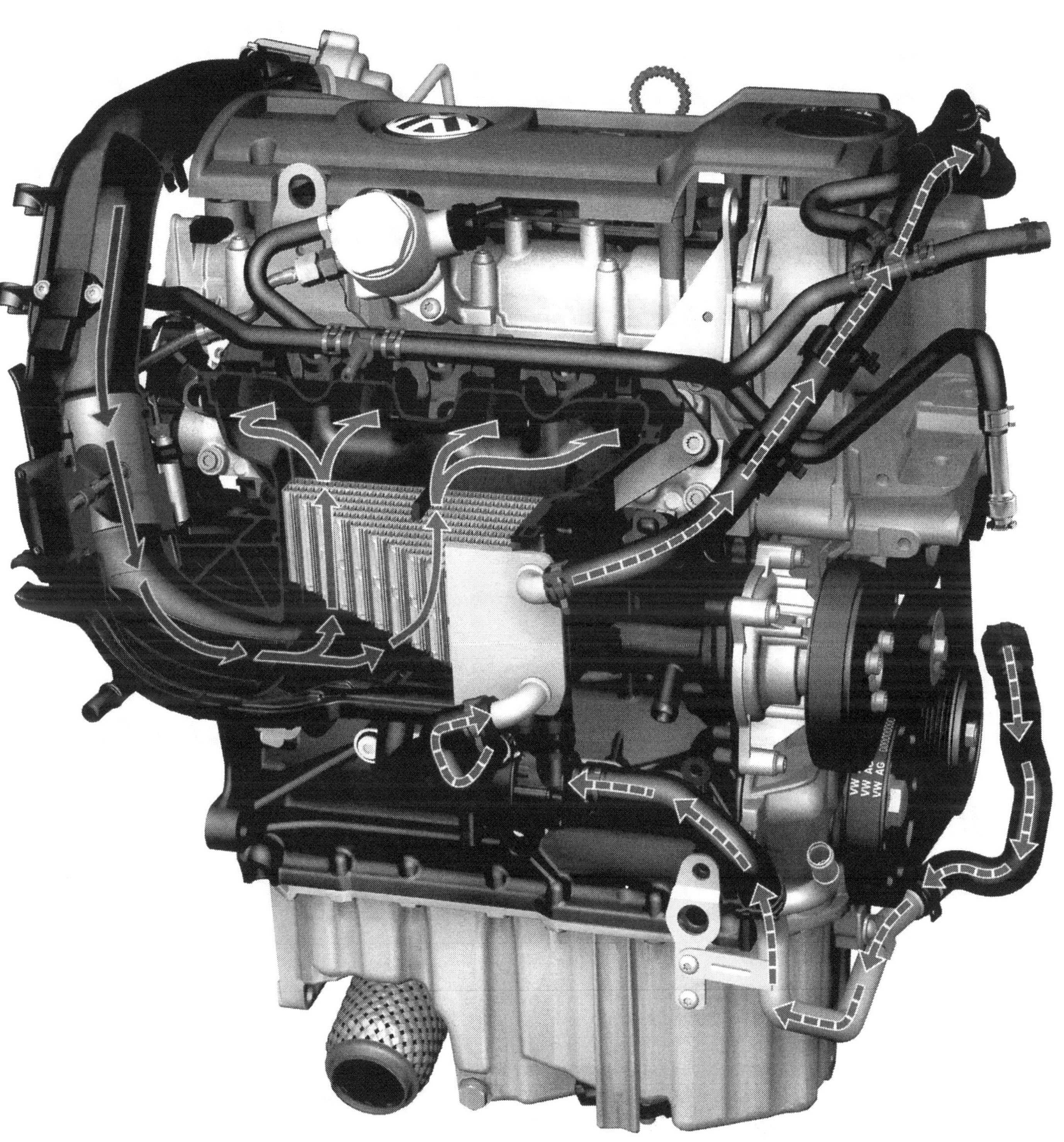

Fahrwerk

Mit der hervorragenden Auslegung des Fahrwerks, ist der Passat nicht nur entspannt sondern auch sehr dynamisch unterwegs. Mit einem äußerst gelungenen Kompromiss zwischen sportlicher Straffheit und komfortbetonter Sanftmütigkeit, gibt er seinem Fahrer das nötige Vertrauen.

Das Fahrwerk ist zuständig für die Fahreigenschaften sowie den Fahrkomfort Ihres Passat. Es hat vor allem die Aufgabe, die Räder bei ihrer Bewegung präzise zu führen und am Boden zu halten. Nur dann bleibt das Auto sicher beherrschbar. Dieser Job ist freilich nicht einfach. Denn die Räder müssen sich bei der Fahrt nicht nur drehen, sondern auch Auf- und Abwärtsbewegungen durchführen – schließlich ist keine Fahrbahn völlig eben. Auch beim Bremsen, Beschleunigen und bei der Fahrt durch eine Kurve entstehen erhebliche Kräfte, mit denen das Fahrwerk fertig werden muss. Das geht jedoch nur, wenn seine Komponenten optimal aufeinander abgestimmt sind. Zum Fahrwerk gehören die Federung und Dämpfung, die Radaufhängung an Vorder- und Hinterachse, die Lenkung sowie die Räder und Reifen. Die Bremsen, ebenfalls Teil des Fahrwerks, stellen wir Ihnen in einem eigenen Kapitel vor.

Auslegung des Fahrwerks

Die richtige Abstimmung des Fahrwerks ist eine Wissenschaft für sich. Fahren Sie mit Ihrem Passat zum Beispiel über eine Bodenwelle oder mit hohem Tempo durch eine Kurve, verändert sich jedesmal die Geometrie der Räder, die in genau definierten Winkeln zur Fahrzeugachse stehen. Die Reifen dürfen nie den Kontakt zur Fahrbahn verlieren, weil sie dann keine Brems- und Lenkkräfte mehr übertragen können. Damit die Räder auf dem Boden bleiben, tritt die Federung in Aktion. Sie nimmt Stöße auf und folgt den Unebenheiten der Straße. Unerwünschtes Nachschwingen des Aufbaus verhindern die Stoßdämpfer. Sie müßten eigentlich Schwingungsdämpfer heißen, da sie keine Stöße dämpfen, sondern durch Federn verursachte Schwingungen abschwächen.

Lenkung und Fahrsicherheit

Die Lenkung soll möglichst feinfühlig sein und zielgenaues Lenken ermöglichen. Wie bei moderen Autos üblich, kommt beim Passat eine Zahnstangenlenkung zum Einsatz. Sie gilt als besonders präzise und sorgt trotz der serienmäßigen Servounterstützung, für ein direktes und feinfühliges Ansprechen auf die Eingabe durch den Fahrer. Die Lenkung ist ein Bauteil, von dem die gesamte Fahrsicherheit in besonderem Maße abhängt. Defekte, falsche Einstellungen und fehlerhafte Reparaturarbeiten können deshalb fatale Auswirkungen haben.

⚠ Lenkung und Fahrwerk

GEFAHRENHINWEIS

Die Arbeiten an Teilen des Fahrwerks und der Lenkung sind nicht immer fürs Do-it-yourself geeignet. Sie setzen Erfahrung und oft auch spezielle Werkstattgeräte sowie Spezialwerkzeuge voraus. Fehlerhafte Reparaturen werden damit nicht nur zur Gefährdung für Sie selbst sondern auch für andere Verkehrsteilnehmer. Denn genauso wie bei den Bremsen Ihres Passats kann nur die einwandfreie Funktion aller Teile des Fahrwerks und der Lenkung die Fahrsicherheit gewährleisten. Die Teile der Lenkung und des Fahrwerks sind nach einer Beschädigung, zum Beispiel durch einen Unfall, zu ersetzen. So dürfen Sie beispielsweise defekte Teile der Radaufhängung nicht etwa richten oder schweißen – sie müssen grundsätzlich erneuert werden.
Wie immer gilt: Wenn Sie sich nicht sicher sind, ob Sie die betreffende Reparatur selbst ausführen können, oder wenn Sie die dafür benötigten Werkzeuge nicht besitzen – überlassen Sie die Arbeit besser der Werkstatt.

Dynamiker: Das Serienfahrwerk des Passat verbindet Fahrkomfort und Sportlichkeit auf angenehme Weise

Grundbegriffe Lenkgeometrie

WISSENSWERTES

Vorspur: Die Vorderräder stehen vorn enger zusammen als hinten (rollen aufeinander zu). Das gleicht die Reibung zwischen Rad und Straße aus, die das linke Rad nach links und das rechte nach rechts drücken will. Die Vorspur verhindert Flattern der Räder und Radieren der Reifen. Bei der Fahrt durch eine Kurve schwenkt das kurveninnere Rad zur Unterstützung der Lenkbewegung und der Lenkkräfte stärker ein als das kurvenäußere – die Vorspur geht in Nachspur über (Räder stehen hinten enger zusammen als vorn).Sturz. Die Neigung des Rades zu einer Senkrechten. Vermindert Fahrbahnstöße auf die Teile der Lenkung, reduziert Lenkkräfte und Reibung der Räder auf der Fahrbahn. Die Vorderräder des Passat haben positiven Sturz – sie stehen oben im Radkasten geringfügig weiter auseinander als unten am Boden.

Spreizung: Die Neigung der Lenkungsdrehachse zu einer Senkrechten. Denkt man sich eine Linie dieser Achse zum Boden und misst den Abstand zur Mittellinie durch das Rad (Mittelpunkt der Reifenaufstandsfläche), erhält man den Lenkrollradius. Dieser soll möglichst klein sein, um die Störkräfte in der Lenkung zu verringern. Die Spreizung bewirkt außerdem zusammen mit dem Nachlauf, dass sich bei eingeschlagenen Rädern das Fahrzeug etwas anhebt. Lässt man das Lenkrad los, stellen sich die Räder selbst in die Mittelstellung zurück (Rückstellmoment).

Nachlauf: Abstand (in Fahrtrichtung) zwischen der gedachten Verlängerungslinie der Lenkdrehachse zum Boden und dem Mittelpunkt der Reifenaufstandsfläche. Durch den Nachlauf werden die Räder gezogen (und nicht geschoben). Sie neigen deshalb dazu, sich von selbst geradeaus zu stellen und diese Stellung beizubehalten. Der Nachlauf kann zwar gemessen, aber nicht eingestellt werden.

Spurdifferenzwinkel: Wird in der Werkstatt gemessen. Beide Räder kommen dabei auf Drehscheiben eines optischen Prüfinstruments. Ein Rad wird auf genau 20 Grad Einschlag eingestellt. Der Einschlag des anderen Rades wird dann an der Gradscheibe abgelesen. Beim Entwurf der Vorderradaufhängung wird der Wert für den Spurdifferenzwinkel festgelegt. Stellt die Werkstatt fest, dass die Winkelwerte nicht den Sollwerten entsprechen, bedeutet dies fast immer einen Defekt an Bauteilen, die zur korrekten Lenkgeometrie beitragen.

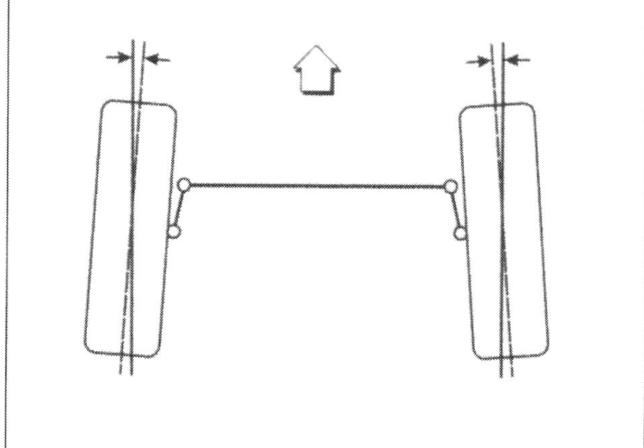

Vorspur: Die an Vorder- und Hinterachse gegeneinander eingeschlagenen Räder verbessern den Geradeauslauf

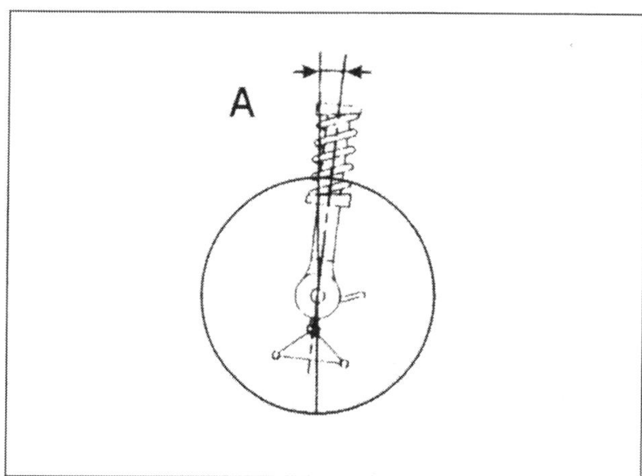

Teewageneffekt: Durch den Nachlauf an der Vorderachse zentriert sich das Rad in seiner Mittelachse selbst

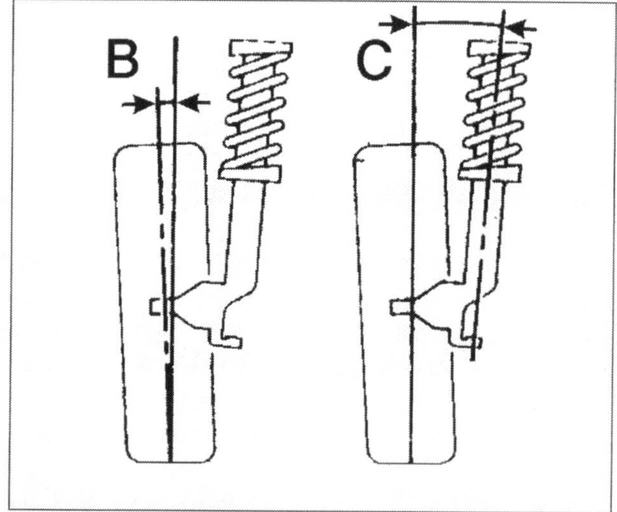

Die Radeinstellungen: Der Radsturz (B) beträgt ca. 2° an der Hinterachse und sorgt für ein besseres Kurvenverhalten. Die Spreizung (C) dient der Radzentrierung

Die Servolenkung

Der Passat ist serienmäßig mit einer neuen, elektromechanischen Servolenkung ausgerüstet, die nicht nur die Lenkarbeit erheblich erleichtert sondern auch beim Spritsparen hilft. Die Lenkhilfe greift im Gegensatz zu einem hydraulischen System nur dann ein, wenn der Fahrer sie auch benötigt. Dies senkt den Durchschnittsverbrauch um ca. 0,2 Liter Kraftstoff je 100 km. Das ausgeprägte Feedback kennzeichnet die Lenkung in Sachen Lenkgefühl und sorgt darüberhinaus für größtmöglichen Komfort beim Rangieren und präzises Lenkgefühl bei schnellen Autobahnfahrten. Darüber hinaus verfügt sie über eine Geradeauslaufkorrektur, die schräge Fahrbahnen erkennt und gezielt gegenlenkt.

Technisch ist die im Passat verbaute Anlage aus dem Golf V bekannt, wurde aber an die höheren Achslasten des Passats sowie in der Kennlinie der Lenkunterstützung im Steuergerät angepasst.

Je nach dem wie stark und wie schnell am Lenkrad gedreht wird, findet eine vorher bestimmte Unterstützung durch den an der Lenkstange angebrachten Servomotor statt. Zur Bestimmung der Servounterstützung ist Ihr Passat mit einem Drehmomentsensor zwischen dem Eingangsritzel an der Lenkstange und dem Lenkritzel ausgerüstet.

Servolenkung Selbstreparatur

GEFAHRENHINWEIS

Reparaturen an der Servolenkung sind eine Sache der Werkstatt. Sie verfügt über spezielle typgebundene Prüfgeräte mit genauen Codeabfragen für das Steuergerät des Fahrzeugs und das entsprechende Know-how. So lassen sich Schäden an den elektromechanischen Bauteilen und Folgeschäden mit teuren Reparaturen verhindern. Auch hier ist leider wieder mal dem Do-It-Yourselfer der Verzicht aufs Selbermachen ratsam. Also überlassen Sie die Reparaturen an der Servolenkung unbedingt der Werkstatt. Bei fehlerhafter Instandsetzung könnte beispielsweise die Servounterstützung beim Lenken ausfallen. Ein fatales Ereignis, wenn man sich vorstellt, gerade in flotter Kurvenfahrt (welche dank der Servounterstützung heute im Gegensatz zu früher ganz ohne Anstrengung zu bewältigen ist) plötzlich die ungefilterte Lenkkraft aufbringen zu müssen. Dieses und weiter Unerfreulichkeiten gilt es daher durch den Verzicht auf den Reparaturversuch zu vermeiden.

Lenksäule und Lenkstange:

1 Crashmechanismus mit Schlitten und Lasche
2 Crashelement
3 Eingangsritzel
4 Drehmomentsensor
5 Servomotor

ESP serienmäßig

Das Fahrwerk des Passat erhebt nach VW den Anspruch einen neuen Maßstab in der Mittelklasse zu setzen. Neben den aus dem Fahrwerks-Modulbaukasten bekannten und vor allen Dingen bewährten Komponenten gehört selbstverständlich auch die Schleuderstabilisierung ESP als serienmäßiger Ausstattungsumfang dazu. Als innovativ kann die Gespannstabilisierung bezeichnet werden. Sie zählt im Zusammenhang mit einer Anhängerkupplung zum Lieferumfang des Passat.

Das neue ESP mit der Bezeichnung TRW EBC 440 liefert nun mehr die Firma Thompson-Ramo-Woolridge. Dieses System umfasst und steuert neben dem bekannten elektronischen Stabilisierungsprogramm auch die Funktionen des hydraulischen Bremsassistenten und fungiert durch die Auto-Hold-Funktion als Schnittstelle zur elektromechanischen Feststellbremse an den Hinterrädern.

Das ESP überwacht ständig den Fahrzeugkurs und greift in fahrdynamisch kritischen Situationen ein wenn das Fahrzeug beginnt außer Kontrolle zu geraten. Das ESP baut auf dem elektronischen Antiblockiersystem ABS auf und enthält zusätzlich eine Antriebsschlupf-Regelung ASR. Während ABS und ASR in Fahrzeug-Längsrichtung wirken, beeinflusst das ESP die Querdynamik. Wenn sich das Fahrzeug in der Kurve drehen will, bremst das ESP in Bruchteilen von Sekunden das kurvenäußere Vorderrad ab, noch bevor das Heck nach außen drängen kann. Wenn der Passat plötzlich untersteuert, weil die Vorderräder auf rutschiger Fahrbahn aus der Kurve drängen, greift das ESP an der Hinterachse ein, bremst das kurveninnere Hinterrad und dreht das Auto auf den neutralen Kurs zurück.

Die Fahrfreude wird durch den elektronischen Fahrstabilisator nicht gemindert. Das ESP überwacht zwar permanent den Fahrzustand, bleibt aber im fahrdynamisch stabilen Bereich für den Fahrer unmerklich im Hintergrund. Per Knopfdruck kann das ESP übrigens ausgeschaltet werden. Diese Möglichkeit wurde aber in erster Linie für das Abschalten des ASR in bestimmten Fahrsituationen geschaffen. Wenn das Programm abgeschaltet ist, leuchtet im Tacho eine gelbe Warnleuchte auf.

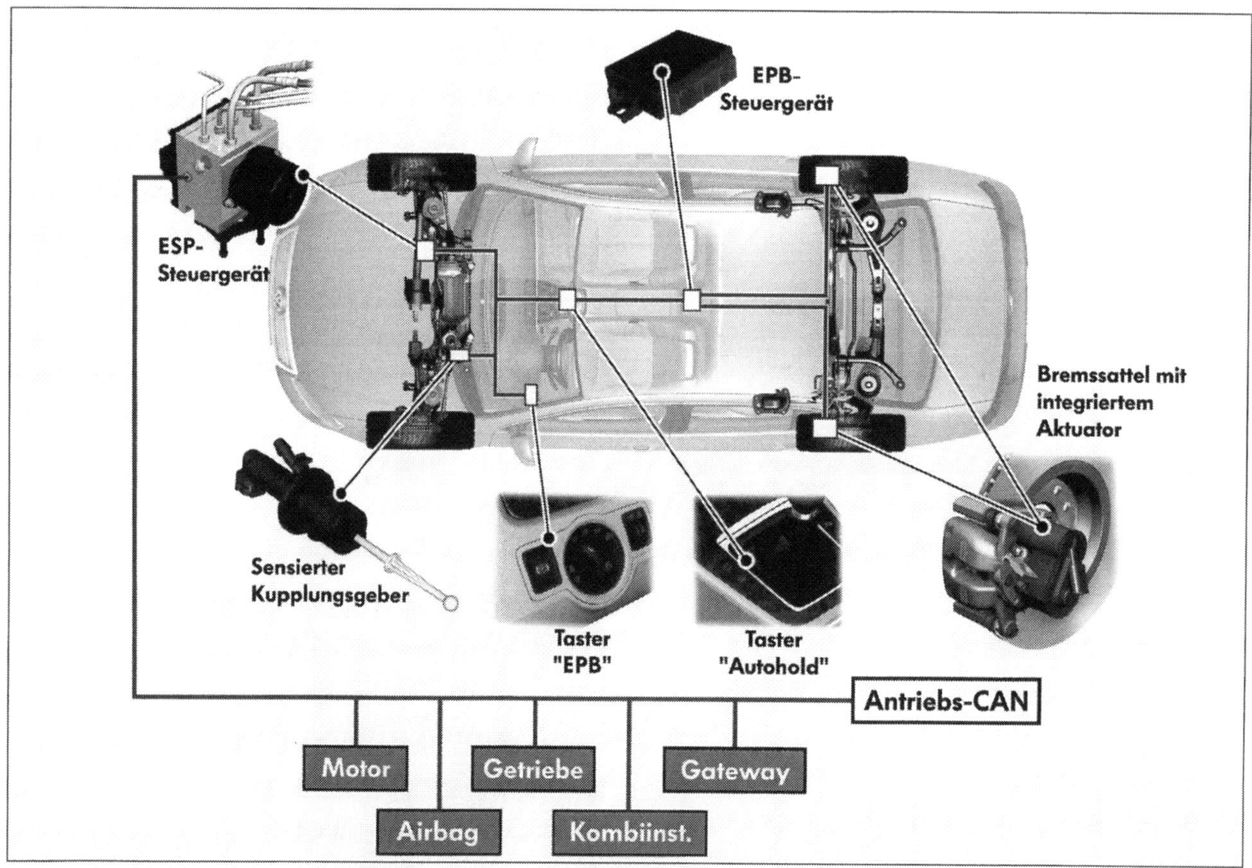

ESP-Schema: Die Kombination elektronischer und mechanischer Systeme zeichnen das ESP als typische Mechatronik aus

Die Vorderachse des Passat

Die Mehrlenkerachse vorne besteht zunächst einmal aus Schraubenfeder und Stoßdämpfer. Sie sind zu einem Platz sparenden Federbein zusammengefasst und entsprechen dem McPherson-Prinzip. Die Achse des Passat ist besonders leicht und bietet damit zahlreiche Vorteile: Zum Konzept des innovativen Leichtbaus zählt zum Beispiel der crashoptimierte Hilfsrahmen der Achse. Er bietet eine Gewichtsersparnis gegenüber der Stahlblechkonstruktion von 4,5 Kilogramm. Auch die aus geschmiedetem Aluminium gefertigten Querlenker senken das Passatgewicht um 4,2 Kilogramm im Vergleich zu Stahlblech. Besonders wertvoll sind die Leichtbaumaßnahnem im Zusammenhang mit ungefederten Massen, was auch die Schwenklager betrifft, die ebenfalls aus Aluminium hergestellt sind. Zuletzt schlagen noch die Stabilisatoren mit einer Einsparnis von 1,4 Kilogramm zu Buche. Insgesamt bietet die Vorderachskonstruktion einen Gewichtsvorteil von 13,3 Kilogramm. Die Folgen sind deutlich mehr Fahrkomfort und Dynamik bei einem reduzierten Kraftstoffverbrauch.

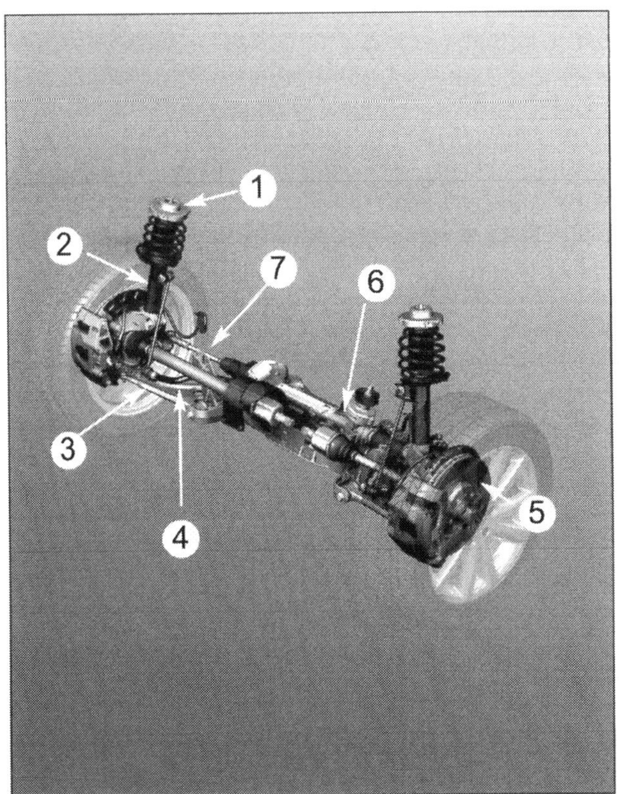

Aufbau der Mehrlenker-Vorderachse des VW Passat:
1 Federbeinlager, 2 Federbein, 3 Querlenker, 4 Stabilisator, 5 Bremsscheibe, 6 Lenkgetriebe, 7 Spurstange

WISSENSWERTES

McPherson Federbein

Fahrbahnunebenheiten erzeugen an den Rädern Auf- und Abwärtsbewegungen. Mit Hilfe der Federbeine, bestehend aus Federn und Dämpfern, werden diese Bewegungen der Räder durch Ein- und Ausfedern kompensiert und der Kontakt zur Straße gehalten. Die Kombination der Feder- und Dämpfereinheit am Fahrzeug beeinflußt dabei wesentlich den Fahrkomfort, die Fahrsicherheit und auch das Kurvenverhalten. Im Gegensatz zum Nutzfahrzeug kommt hierzu im Pkw fast durchgängig die Einzelradaufhängung zum Einsatz. Mit ihr können die ungefederten Massen ge-

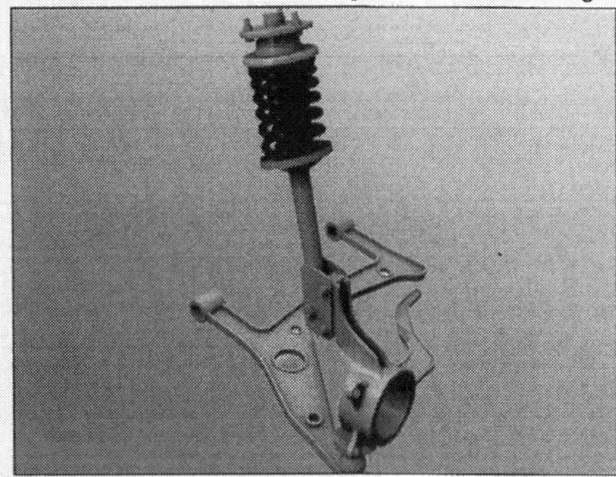

McPherson Federbein: Bauraum- und kostengünstige Einzelradaufhängung an der Vorderachse

ring gehalten werden und die Räder beeinflussen sich nicht gegenseitig beim Ein- und Ausfedern, wie beim Starrachsenprinzip. Als kostengünstig und platzsparend hat sich das sogenannte McPherson-Federbein erwiesen. Seinen Namen verdankt es seinem Erfinder, dem US-Amerikaner Earl S. McPherson, dessen Patent erstmals 1948 zum Einsatz kam. Es entstand aus dem Doppelquerlenker-Federbein und ist, durch seine kompaktere Bauweise, besonders zum Einsatz in Klein- und Mittelklassewagen geeignet. Die Platzersparnis resultiert aus der Ersetzung des oberen Querlenkers durch ein Schwingungsdämpferrohr, an dem die Achsschenkel befestigt sind. Das Stoßdämpferaußenrohr ist mit dem radlagertragenden Achszapfen und dem Spurstangenhebel fest verbunden. Beim Lenken schwenkt diese Einheit um die Stoßdämpferkolbenstange die mit ihrem oberen Ende in einem Gummilager der Karosserie sitzt, während unten am Federbein ein frei bewegliches Kugelgelenk über einen Querlenker die zweite Verbindung zur Karosserie herstellt.

Die Hinterachse des Passat

Die Hinterräder des Passat werden über eine neu entwickelte Vierlenkerhinterachse geführt. Sie bietet im Vergleich zu anderen Konzepten ein Höchstmaß an Fahrkomfort und Fahrstabilität. Durch die spezielle Anordnung der Lenker können die Längs- und Querdynamik getrennt voneinander abgestimmt werden. Dies gewährleistet dem Passatfahrer eine optimale Dynamik und Fahrsicherheit. Aber nicht nur in der Dynamik sondern auch beim Komfort tritt die akustisch via Hilfsrahmen entkoppelte Achse sehr angenehm in Erscheinung. Mit dem Hilfsrahmen sind der Radträger, drei Querlenker, der Federlenker, die Spurstange sowie der obere Querlenker verbunden. Darüberhinaus kommen gewichtsoptimierte Rohrstabilisatoren zum Einsatz, die der Wankneigung entgegenwirken.

Hilfsrahmen Vierlenker-Hinterachse: 1 Stoßdämpfer, 2 Lagerbock, 3 Stabilisator, 4 Längslenker, 5 Bremsscheibe, 6 Dämpferlager, 7 Schraubenfeder, 8 Achskörper

Die Mehrlenkerachse (4Motion)

Der Passat mit Allradantrieb braucht aus verschiedenen Gründen eine wesentlich aufwändigere Hinterachse als der Fronttriebler. Zum einen braucht diese mehr Platz um Differenzial und Antriebswellen unterzubringen. Zum anderen müssen Räder, die Antriebskraft übertragen, grundsätzlich besser geführt werden als Räder, die einfach nur mitrollen.
Um die Antriebskräfte dosieren zu können kommt bei Fahrzeugen mit quer eingebautem Motor, wie dem Passat, bei VW die Haldex-Kupplung zum Einsatz. Der 4Motion-Allradantrieb bietet hohe aktive Sicherheit, zuverlässige Traktion auf praktisch allen Untergründen und stets besten Geradeauslauf - auch bei Seitenwind. Zuschaltbaren Allradantrieben ist dieses System aufgrund der permanenten Überwachung durch die Elektronik deutlich überlegen. Denn 4MOTION lässt sich mit allen Fahrdynamik-Regelsystemen wie elektronisches Stabilisierungsprogramm (ESP), Antriebsschlupfregelung (ASR), Motor-Schleppmoment-Regelung (MSR) und elektronische Differenzialsperre (EDS) kombinieren.

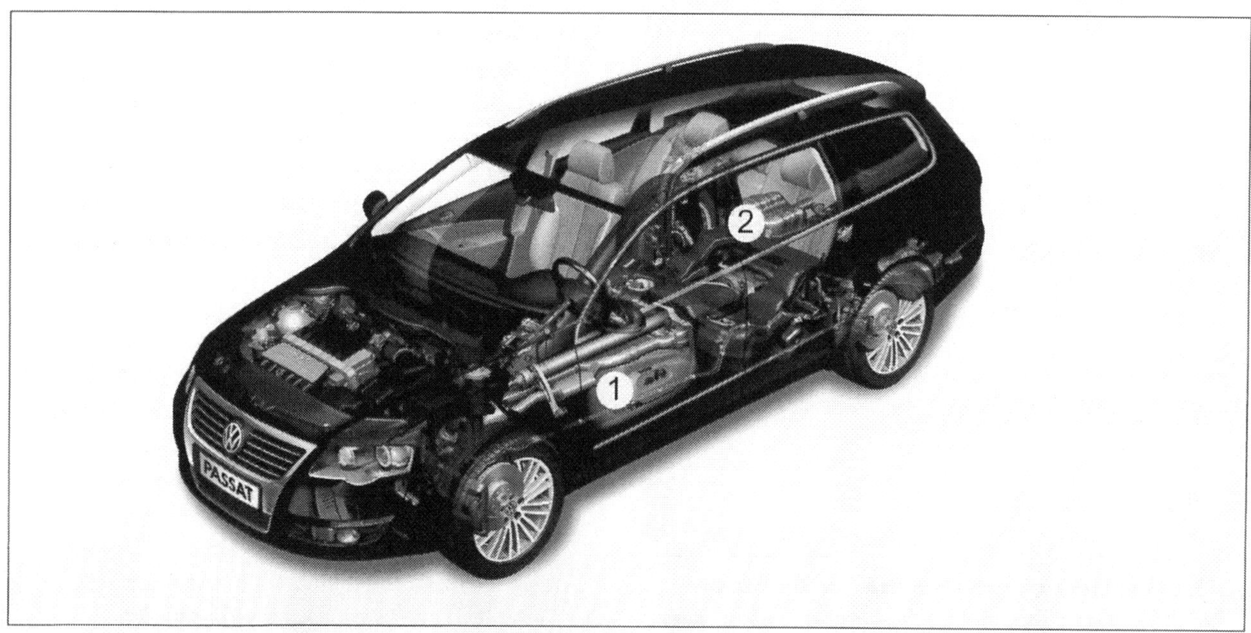

4Motion Allradantrieb mit Quermotor: (1) Antriebswelle zu den Hinterrädern, (2) Differential an der Hinterachse

Reifen und Felgen

Reifenunterbau, Gummimischung und das ausgefeilte Reifenprofil machen moderne Reifen zu echten Hightech-Produkten, die einen wichtigen Beitrag zur passiven Sicherheit Ihres Autos leisten. Sie tragen das Gewicht eines Fahrzeugs, fangen kleinere Stöße der Fahrbahn ab und übertragen die Kräfte, die bei Antrieb, Bremsen und Kurvenfahrt entstehen. Die Reifen an den Vorderrädern bringen es durchschnittlich auf eine Laufleistung von 15 000 – 35 000 Kilometer, die Pneus der Hinterräder auf 30 000 – 50 000 Kilometer. Aber auch wenn Sie Ihr Fahrzeug nur selten bewegen – spätestens nach sieben, acht Jahren sind die Reifen am Ende, weil die Mischung des Gummis mit der Zeit die haftungsgebenden Eigenschaften verliert.

Aktive Reifensicherheit für den Passat

Das Reifendruck-Kontrollsystem RDK sowie neu konzeptionierte Felgen mit Notlaufeigenschaften erhöhen Ihre Sicherheit beim Fahren. Das RDK erkennt mittels Sensoren im Reifen signifikante Abweichungen des Luftdrucks und gibt diese als Datentelegramm an das Komfortsteuergerät weiter. Dieses macht den Fahrer per Warnanzeige auf das Problem aufmerksam. Da die in den Reifen verbauten Sensoren über eine eigene Spannungsversorgung verfügen, muss diese spätestens alle zehn Jahre erneuert werden.

Die wichtigsten Reifendaten

Auf der Flanke eines Reifens befinden sich eine Reihe von Ziffern und Buchstaben, mit denen die Hersteller die vorgeschriebenen Reifendaten verschlüsseln. Den Autofahrer interessiert freilich vor allem das Format des Reifens. 195/65 R 15 bedeutet zum Beispiel, dass der Reifen eine Breite von 195 Millimetern aufweist. Die zweite Zahl bestimmt das Verhältnis von Höhe und Breite des Reifens. Im Beispiel beträgt es 65 Prozent. Je kleiner dieses Verhältnis, um so flacher ist der Reifen in der Flanke. „R“ steht für die Radialbauart von Gürtelreifen, die Zahl hinter diesem Buchstaben bestimmt den Durchmesser der Felge in Zoll.

Höchstgeschwindigkeit

Ein anderer Buchstabe steht für die zulässige Höchstgeschwindigkeit des Reifens. Ein Reifen mit dem Kennbuchstaben »S« ist für eine Top-Speed bis 180

Ultra Leicht Reifen

WISSENSWERTES

Besonders interessant ist der ULW-, der Ultraleichtreifen, der zum Beispiel in der Golf-Reifengröße 195/65 R15 angeboten wird. Bei diesem Reifen sind die Stahleinlagen durch Aramidfasern ersetzt. Aramid ist ein Kunststoff, der gegenüber Stahl sechsmal leichter und etwa zehnmal zugfester ist. Außerdem ist die Außenwandstärke des Reifens zehn Prozent geringer. Der ULW-Reifen ist so etwa drei Kilogramm leichter als ein herkömmlicher Reifen. Das spart nicht nur Kraftstoff. Wegen der geringeren rotierenden Radmassen sind auch höhere Regelfrequenzen beim ABS möglich. Auf rutschigem Untergrund kann so ein kürzerer Bremsweg erreicht werden. Und noch ein Vorteil des Aramid-Reifens: Er lässt sich besser runderneuern, weil der Kunststoff nicht rostet.

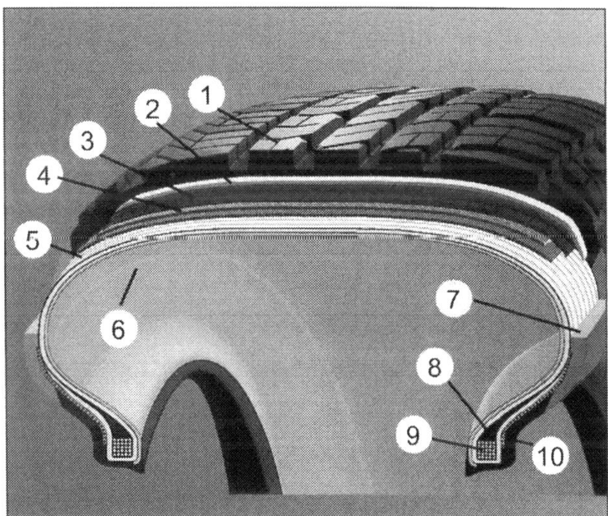

Das vielschichtige Innenleben eines PKW-Reifens:

1 Laufstreifen: Profil und Mischung beeinflussen die Eigenschaften.
2 Base: Senkt den Rollwiderstand.
3 Nylon-Spulbandagen
4 Stahlcord-Gürtellagen: Steigern die Fahrstabilität.
5 Karkasse: Form- und Festigkeitsträger des Reifens.
6 Innenseele: Gasdichte Innenschicht ersetzt den Schlauch.
7 Seitenteil: Schützt Karkasse vor Beschädigungen.
8 Kernprofil: Unterstützt Lenk- und Fahrpräzision.
9 Kern: Sorgt für festen Sitz auf der Felge.
10 Wulstverstärker: Für präzises Lenkverhalten und hohe Fahrstabilität.

km/h, mit „T“ bis 190 km/h zugelassen. Eine Höchstgeschwindigkeit bis 210 km/h gilt für Reifen mit dem Kennbuchstaben „H“. Wenn Sie mit einem herkömmlichen M+S-Reifen durch den Winter fahren, müssen Sie früher vom Gas gehen: Die Pneus mit dem Kürzel „Q“ sind nur für 160 km/h zugelassen.

Reifenalter und ECE-Prüfnummer

Das Datum der Herstellung verrät die dreistellige „DOT“-Nummer. Ab dem Produktionsjahr 1990 steht hinter dieser Zahl ein kleines Dreieck. Die Nummer 187 besagt zum Beispiel, dass der Reifen in der 18. Woche des Jahres 1997 produziert wurde. Neureifen, die nach dem 1. Oktober 1998 hergestellt wurden, müssen eine ECE-Prüfnummer auf der Reifenflanke tragen. Diese Nummer besagt, dass der Pneu ein typgeprüftes Bauteil entsprechend dem Qualitäts-Standard der Economic Commission of Europe (ECE) ist. Sind nach dem 1. Oktober 1998 produzierte Neureifen ohne Prüfnummer an Ihrem Fahrzeug montiert, erlischt die Allgemeine Betriebserlaubnis.

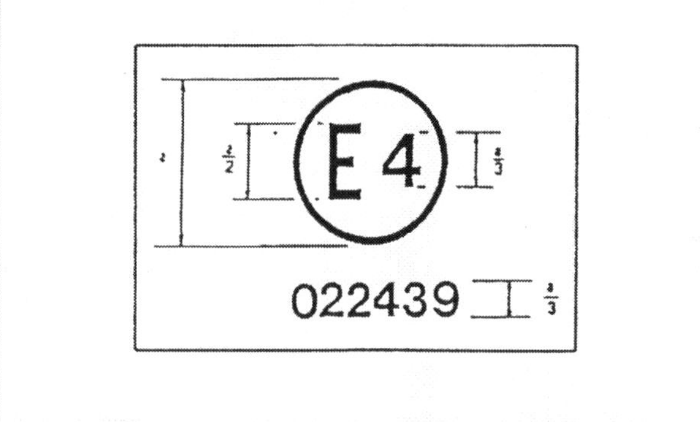

Das große E: Die Prüfnummer ist am großen E mit dem folgenden Ländercode (z.B. 1= Deutschland) zu erkennen

Winterreifen auf Felgen montieren

Für einen Winterreifen genügt durchaus eine schmale Ausführung. Investieren Sie das für breitere Pneus gesparte Geld lieber in einen zweiten Satz passender Felgen – das Ummontieren der Reifen im Frühjahr und Herbst kommt auf die Dauer viel teurer. Die Räder müssen auch nach jeder Montage neu ausgewuchtet werden.
Manche Händler und Werkstätten lagern Ihre Winterreifen gegen eine geringe Gebühr bis zum nächsten Tausch. Erhöhen Sie den Luftdruck bei Winterreifen um 0,2 bar. Wenn die Höchstgeschwindigkeit der Winterreifen unter der Ihres Fahrzeugs liegt, müssen Sie sich zur Erinnerung einen entsprechenden Aufkleber ins Blickfeld (nicht an die Windschutzscheibe!) kleben.

Die Felgen

WISSENSWERTES

Die Größe einer Felge gibt man nach Normvorschrift stets in Zoll an. Die Bezeichnung 6 J x 15 zum Beispiel bezeichnet eine Tiefbettfelge mit einer Breite von sechs Zoll und einem Durchmesser von 15 Zoll. Der Buchstabe „J“ steht für die Form des Felgenhorns. Das Besondere der Tiefbettfelge: Damit die Reifen besser sitzen, befindet sich an einer Schulter der Felge eine rundumlaufende Erhöhung (Hump). Sie verhindert, daß bei schneller Fahrt durch eine Kurve der Reifenwulst durch die Seitenkräfte von der Schulter der Felge ins Tiefbett gedrückt wird.

Reifendruck prüfen

Den Luftdruck sollten Sie stets bei kalten Reifen messen. Denn während der Fahrt erwärmt sich der Reifen, der Reifendruck steigt. Sie erhalten daher falsche Werte, wenn Sie direkt nach einer Autobahnfahrt zum Luftdruckprüfer greifen. Prüfen Sie den Reifendruck regelmäßig alle drei bis vier Wochen. Bei einem Markenreifen ist ein Druckverlust von 1,5 Prozent im Monat normal. Verliert der Reifen mehr Luft, sollten Sie sich ihn genauer ansehen.

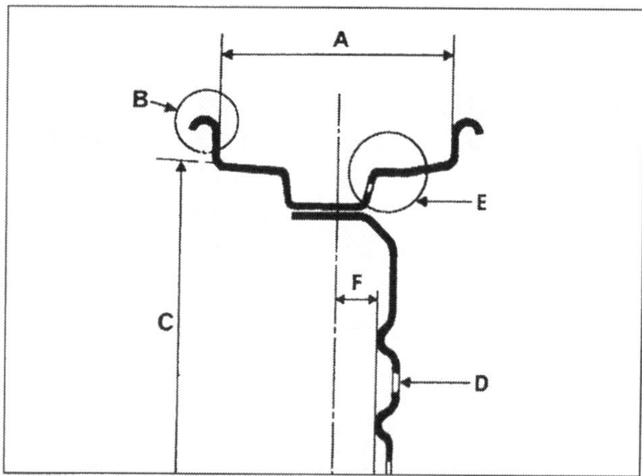

Bemaßung einer Felge: A Maulweite in Zoll, B Profil des Felgenhorns, C felgendurchnmesser, D Lochzahl, E Kombinationshump, F Eompresstiefe in mm

Das Reifenbild

Im Fahrbetrieb kann es beispielsweise durch Fehleinstellungen der Achsgeometrie oder Überbeanspruchung durch zu schnelle Kurvenfahrt zu unterschiedlicher Reifenabnutzung kommen. Welche Ursache bei dem enstprechenden Reifenbild vorliegt und was Sie im ensprechenden Fall unternehmen sollten, finden Sie hier aufgeführt.

Außenseite abgefahren (Vorderreifen)

Flotte Fahrweise in Kurven. Reifen auf den Felgen drehen lassen oder gegen Hinterräder austauschen. Außenseiten stärker abgefahren als Profilmitte. Der Reifen wurde lange Zeit mit zu niedrigem Luftdruck gefahren.
Gleichmäßige Auswaschungen. Vermutlich Stoßdämpfer defekt. Ungleiche Abnutzung (an mehreren Stellen). Unwucht im Rad Auswuchten lassen.

Starke Abnutzung in der Profilmitte

Die mittige Abnutzung entsteht durch häufiges Fahren mit Höchstgeschwindigkeit oder durch zu hohen Luftdruck. Die Reifen bauchen durch die Fliehkraft aus, nutzen daher in der Mitte stärker ab. Dieser Effekt tritt besonders deutlich an den Hinterrädern auf.

Radunwucht

Eine Unwucht im Rad zeigt sich durch Vibrationen am Lenkrad oder Schütteln im Vorderwagen. Ursache ist eine ungleichmäßige Gewichtsverteilung am Rad, die auch für erhöhten Reifenverschleiss sorgt. Man unterscheidet statische und dynamische Unwuchten. Statische Unwucht zeigt sich bereits, wenn das Rad frei auspendelt: Der Schwerpunkt wird sich von selbst nach unten begeben. Ein Rad mit statischer Unwucht hüpft beim Fahren, die Stoßdämpfer verschleißen schneller.
Dynamische Unwucht kommt erst beim schnellen Drehen des Rades vor. Die übergewichtige Stelle sitzt nicht in der Mittelebene des Rades, sondern etwas nach außen bzw. innen versetzt. Das Rad flattert und wackelt bei schneller Fahrt. Die Beseitigung einer Unwucht ist Sache der Werkstatt.

Auswaschungen: In diesem Fall war wohl der Luftdruck über längere Zeit zu hoch eingestellt

Schräges Profil: Deutet auf falsche Radeinstellung hin. Auch ungeeignete Felgen können so etwas verursachen

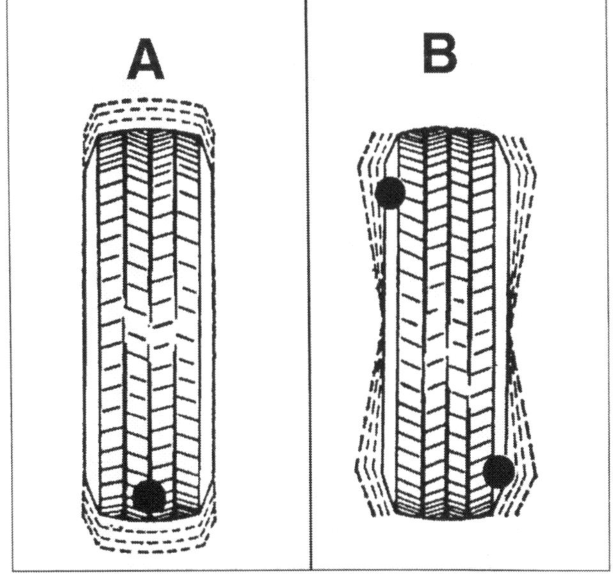

Statische und Dynamische Unwucht (B): Beide sorgen für ein ungleichmäßiges Abnutzen der Reifen und fallen durch Flattern in der Lenkung beim Fahren unangenehm auf

Zustand der Reifen kontrollieren

Die Vorderräder treiben das Fahrzeug an, lenken es und müssen die Hauptbelastung beim Bremsen aushalten. Sie sind daher auch früher verschlissen als die hinteren Pneus. Den Zustand der Reifen kontrollieren Sie am besten bei aufgebocktem Wagen.

■ Drehen Sie jedes Rad einmal komplett durch. Entfernen Sie Steinchen und andere Fremdkörper vorsichtig mit einem kleinen Schraubendreher aus dem Profil. Sitzt in der Reifendecke eine Glasscherbe oder ein Nagel, kann an dieser Stelle Luft entweichen.

■ Achten Sie auf Unregelmäßigkeiten wie Einstiche, Schnitte, Risse und herausgebrochene Profilstücke. Bei einem beschädigten Gummi dringt leicht Feuchtigkeit ins Reifeninnere. Sie können jedoch von außen nicht erkennen, ob der stabilisierende Stahlgürtel schon vom Rost angefressen ist. Lassen Sie den Reifen zur Sicherheit vom Fachmann prüfen. Das gilt übrigens auch bei auffälligem Reifenabrieb.

GEFAHRENHINWEIS

⚠ Risikofaktor geringer Luftdruck

Prüfen Sie den Reifendruck regelmäßig alle drei bis vier Wochen. Bei Markenreifen ist ein Druckverlust von 1,5 Prozent im Monat normal. Verliert der Reifen mehr Luft, sollten Sie sich ihn genauer ansehen. Ein schlecht oder gar nicht gewarteter Reifen kann sich zum Risikofaktor entwickeln. Fahren Sie z.B. einen Reifen mit zu geringem Luftdruck unter sehr hoher Last, kann dies zu teilweisen Ablösungen der Reifenlauffläche führen. Diese Schäden bleiben jedoch oft längere Zeit verborgen. Wird der vorgeschädigte Reifen dann stark beansprucht, können durch die enormen Fliehkräfte bei hohen Geschwindigkeiten sogar einzelne Reifenteile abreißen. Passen Sie also auch stets den Reifendruck dem Beladungszustand an. Die Tabelle auf der Rückseite des Tankdeckels gibt Anhaltswerte für den korrekten Reifenluftdruck bezogen auf die Größe der Reifen und der Last.

■ Das Reifenprofil muss über die gesamte Lauffläche mindestens 1,6 Millimeter tief sein. Bei dieser Marke wird auf der Lauffläche an mehreren Stellen ein Profilstandsanzeiger sichtbar. Die Buchstaben »twi« (tread wear indicator) auf der Reifenflanke zeigen, wo sich diese Anzeiger befinden. Das Fahrverhalten wird mit abnehmendem Profil schlechter, vor allem auf nasser Fahrbahn. Tauschen Sie Sommerreifen zur Sicherheit bereits bei einer Profiltiefe von zwei Millimetern, Winterreifen bei vier Millimetern.

■ Kontrollieren Sie, ob alle Reifen gleichmäßig abgefahren sind und sehen Sie sich die Seitenwände (Reifenflanken) der Reifen genau an. Beulen deuten auf eine Beschädigung des Reifenunterbaus hin.

TWI: Die Erhebung der TWI (Tread Wear Index) zeigt die Mindestprofiltiefe an

Lebensgefährlich: Wird der Druck falsch gewählt kann sich die Lauffläche vom Reifen ablösen

Winterreifen montieren

Das Montieren von Winterreifen können Sie schnell und sicher erledigen. Beachten Sie aber beim Anheben des Fahrzeugs die Sicherheitsbestimmung aus dem Abschnitt "Fahrzeug richtig aufbocken".
Nach der Demontage der Sommerreifen müssen diese eingelagert werden. Empfehlenswert ist hierzu ein Felgenbaum, der verhindert, dass die Flanken oder Laufflächen während der Einlagerung belastet werden. Das Anzugsdrehmoment liegt bei 110 bis 120Nm, nach 50 km sollten Sie alle Schrauben nochmals zur Sicherheit mit einem Drehmomentschlüssel nachziehen!

Benötigtes Werkzeug:

- Stecknuss mit Verlängerung
- Drehmomentschlüssel
- Wagenheber mit ausreichend Hub
- Unterstellböcke
- eventuell: Drahtbürste und etwas Kupferpaste

Zur Sicherheit: Ein Unterstellbock unterstützt den Wagenheber und gibt zusätzliche Sicherheit gegen das Abrutschen

Arbeitsschritte:

■ Suchen Sie eine ebene Stelle mit festem Untergrund für den Radwechsel.

■ Ziehen Sie die Handbremse fest an und lösen Sie vor dem Anheben des Wagens alle Radbolzen zunächst nur um eine viertel Umdrehung.

■ Heben Sie nun das Fahrzeug so weit an, bis das Rad ein paar Zentimeter über dem Boden ist. (Beachten Sie alle Hinweise aus dem Abschnitt "Fahrzeug richtig aufbocken")

■ Entfernen Sie dann die fünf Radbolzen und nehmen Sie das Rad ab. Wechseln Sie immer ein Rad nach dem anderen.

■ Kontrollieren Sie den Zustand der Radnabe. Säubern Sie diese gegebenenfalls mit der Drahtbürste und tragen Sie eine hauchdünne Schicht Kupferpaste auf. Das schützt vor weiterer Korrosion.

■ Setzen Sie jetzt das Rad an. Drehen Sie alle Radbolzen so fest wie möglich ein und achten Sie darauf, dass das Rad gerade an der Nabe anliegt.

■ Ziehen Sie die Radbolzen mit einem Drehmoment von 110 bis 120 Nm an. Wichtig: Ziehen Sie die Räder nach rund 50 Kilometern nochmals nach! Die Sommerräder sollten kühl und trocken gelagert werden. Zum Beispiel auf einem Reifenbaum in der Garagenecke.

Radlagerspiel prüfen

Ein Defekt an einem Radlager stellt sich langsam ein, das hat zur Folge, dass Sie die Veränderung nicht schlagartig wahrnehmen und diesen Defekt deshalb im Fahrbetrieb auch nicht erkennen. Ein weit fortgeschrittener Defekt macht sich dagegen meist durch laute Laufgeräusche während der Kurvenfahrt bemerkbar. Treten die Geräusche zum Beispiel in Rechtskurven auf, ist das linke Radlager defekt und andersherum bei Linkskurven. Dieser Effekt ist eine Folge der dynamischen Lastverteilung bei Kurvenfahrt.
Die Radlager können nicht eingestellt werden und müssen daher bei einem Schaden komplett ausgetauscht werden. Das ist Sache der Werkstatt – Lager, Laufringe, Nabe und Lenk-Schwenklager sind in sehr engen Toleranzen gefertigt, die bei der Montage Spezialwerkzeuge erforderlich machen.

Prüfung des Radlagerspiels:

- Wagen auf festem Boden sicher abstellen.

- Packen Sie das Rad im oberen Bereich und versuchen Sie es kräftig nach innen und außen zu bewegen. Bei einwandfreiem Lager darf kein Spiel fühlbar sein.

- Sollten Sie Spiel an dem geprüften Rad feststellen: einen Helfer die Bremse treten lassen und die Kontrolle wiederholen. Sollte jetzt immer noch Spiel vorhanden sein , können Sie von einem Defekt des Achsgelenks ausgehen und nicht von einem defekten Radlager.

- Prüfung an allen vier Rädern durchführen.

Radeinstellung prüfen

Unter anderem entscheidet die richtige Stellung der Vorderräder darüber, ob Ihr Passat auf ebener Strecke und in Kurven ruhig und sicher auf der Straße liegt. Bereits eine harte Berührung mit dem Bordstein im Fahrbetrieb kann die Geometrie der Vorderachse und dessen Aufhängung empfindlich beeinträchtigen.
Auch verschlissene Gelenke und Gummilager oder unsachgemäße Reparaturen können sich äußerst negativ auf das Fahrverhalten auswirken.
Die Vermessung der Radstellung ist freilich eine Sache der Fachwerkstatt, die dazu einen speziellen Achsmessstand verwendet und über die benötigten Daten verfügt. Einer fehlerhaften Lenkgeometrie können Sie beim Fahren aber selbst auf die Schliche kommen. Voraussetzung hierfür ist allerdings, dass beide Vorderreifen dieselbe Reifensorte, Profiltiefe und den selben vorgeschriebenen Reifenluftdruck aufweisen.

Bei Auffälligkeiten diese Punkte prüfen:

- Stehen die Lenkradspeichen symmetrisch? Ein schief sitzendes Lenkrad ist ein Zeichen für falsche Einstellung der Spur.

- Ist das Fahrverhalten in Rechts- und Linkskurven identisch oder zeigen sich Unterschiede? Quietschen die Reifen auffällig schnell in einer bestimmten Kurvenrichtung?

- Läuft das Auto auf ebener Fahrbahn und bei losgelassenem Lenkrad geradeaus? Oder zieht es zur Seite?

- Stellt sich die Lenkung nach einer Lenkbewegung von selbst wieder geradeaus?

- Ist das Reifenprofil gleichmäßig abgenutzt? Oder zeigen die Außenkanten stärkere Verschleißspuren als innen?

Zustand der Stoßdämpfer prüfen

Stoßdämpfer gehören zu den sichrheitsrelevanten Bauteilen. Nach zwei verschlissenen Reifensätzen besitzen die Stoßdämpfer meist nur noch die Hälfte ihrer Wirkung. Sie sind dann reif für den Austausch. Schlechte Dämpfer gehören zu den schleichenden Verschleisserscheinungen. Die meisten Fahrer gleichen Mängel am Stossdämpfer mit der Zeit unbewusst durch verändertes Fahrverhalten aus.

Lassen Sie zu Ihrer Sicherheit das Bauteil zur exakten Diagnose einmal im Jahr auf dem Prüfstand eines Automobilclubs oder von TÜV/DEKRA kontrollieren.

Die Schaukelmethode, bei der man den Wagen am betreffenden Kotflügel aufschaukelt und plötzlich loslässt, ersetzt keine Prüfung. Damit können Sie nur einen total ausgefallenen Stoßdämpfer (s. Bild 2) feststellen.

Dies gilt auch für die Sichtprüfung. Erkennen Sie bereits das ausgelaufenen Dämpferöl ist der Dämpfer ebenfalls schrottreif. Mit einigen Kontrollfragen können Sie dennoch die nachlassende Wirkung Ihrer Dämpfer sicher und zuverlässig feststellen.

Beim Fahren auf Folgendes achten:

- Flattert die Lenkung? In diesem Fall haben die Räder nicht ständig Kontakt zum Boden.
- Schwingt die Karosserie bei Fahrbahnunebenheiten nach?
- Wirkt das Fahrzeug in Kurven schwammig? Dann werden die kurveninneren Räder nicht genügend auf den Asphalt gedrückt, die äußeren nicht stark genug entlastet.

Sichtprüfung

- Nutzen die Reifen gleichmäßig ab?
- Sind die Aufnahmen in den Radhäusern unbeschädigt?
- Weisen die Dämpfer offensichtlich Schaden auf (z.B. auslaufendes Dämpferöl wie in Bild 2 zu erkennen)?

1

Aufnahme im Radlauf: Die Aufnahme der Feder-Dämpfer-Einheit steht unter großer Beanspruchung. Eine Sichtkontrolle schadet daher von Zeit zu Zeit nicht

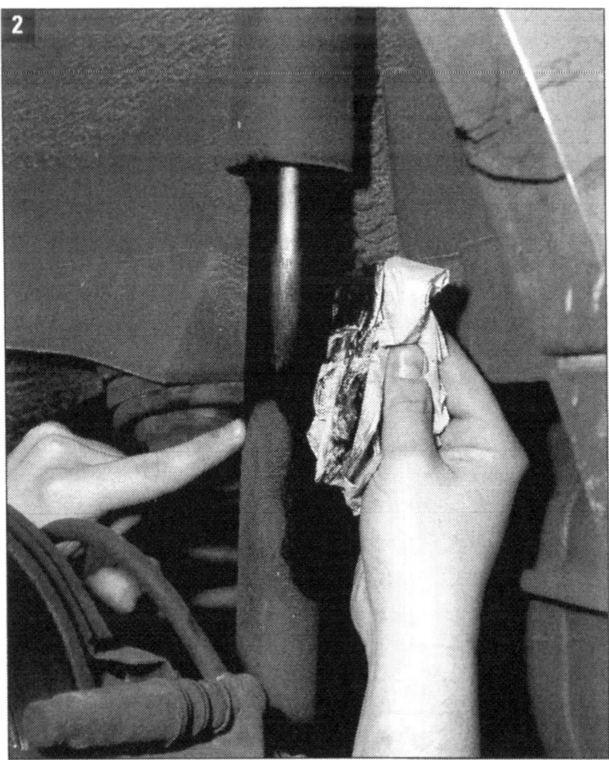

Schadensbild Stoßdämpfer: Das ausgelaufene Dämpferöl wie hier zu sehen bedeutet einen Totalausfall. Sieht ihr Stoßdämpfer auch so aus wie dieser, ist ein Wechsel fällig

Lenkung prüfen

Das Spiel in der Lenkung kann nicht nachgestellt werden, auch sind Reparaturen an den Komponenten des elektromechanischen Lenkgetriebes nicht vorgesehen. Einzig die Erneuerung der Spurstangenköpfe und der Lenkmanschetten bleiben Ihnen noch als durchführbare Arbeit. Die Fahrwerkseinstellung nach Reparaturen oder bei schlechten Reifenlaufbild sollten Sie besser der Werkstatt überlassen.

Die aus dem Lenkgetriebe austretende Spurstange wird links und rechts durch eine Gummimanschette geschützt. Dringen durch einen rissigen oder beschädigten Faltenbalg Schmutz und Feuchtigkeit ein, verbinden sie sich mit dem Fett des Lenkgetriebes zu einer Schleifpaste, die ständig am Lenkritzel nagt. Eine verschlissene Manschette sollten Sie daher sofort ersetzen. Das gleiche gilt natürlich auch für die Dichtungen der Spurstangenköpfe.

Benötigtes Werkzeug:

– Taschenlampe, Lappen
– einen Helfer

Prüfpunkte:

■ Reifenlaufbild wie eingangs beschrieben überprüfen.

■ Ein Blick auf die Felge ist in diesem Zusammenhang äußerst ratsam, denn ein deformiertes Felgenhorn kann Zeuge eines Schadens in der Lenkgeometrie sein.

■ Die Verstellung und Arretierung der Lenksäule im Innenraum prüfen. Klemmung muss verlässlich schließen.

■ Prüfen Sie das Lenkgetriebe samt allen Anschlüssen auf festen Sitz. Achten Sie auch auf Knick- und Scheuerstellen.

■ Schauen Sie sich alle Komponenten und Bauteile genau an. Suchen Sie nach Verformungen oder Rissen.

■ Bewegen Sie das Lenkrad bei laufendem Motor von Anschlag bis Anschlag, dabei muss die Betätigungskraft am Lenkrad durchgehend gleich bleiben.

■ Die Lenkbewegung muss ohne rucken ablaufen.

■ Achten Sie bei der Lenkbewegung über den gesamten Lenkbereich auf abnormale Geräuschentwicklung.

■ Prüfen Sie sehr sorgfältig alle Falten- und Fettbeläge auf Beschädigungen. An beiden Lenkstangen und Spurstangenköpfen. Siehe Bilder unten.

Tipp: Für besseren Zugang die Lenkung vorher jeweils ganz in eine Richtung einschlagen.

■ Die Prüfung der Spurstangenköpfe wird auf der folgenden Seite beschrieben.

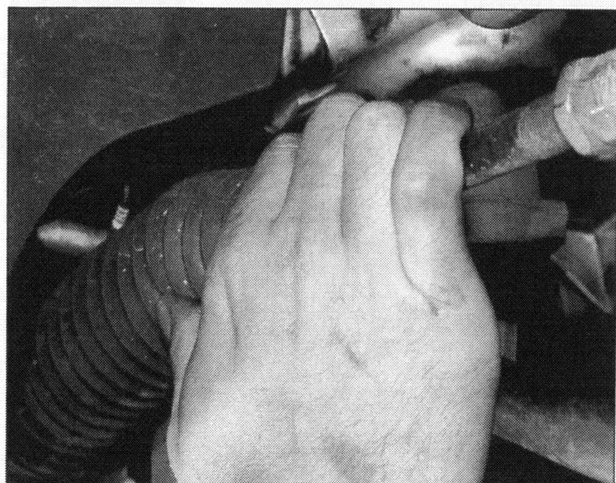

Genau inspizieren: Nehmen Sie bei der Kontrolle der Manschetten jede einzelne Falte genau in Augenschein

Sherlok Holmes bei der Arbeit: Sehen Sie sich den Fettbelag von jeder Richtung genau an. Abtasten ist auch erlaubt

Spurstangenköpfe prüfen und erneuern

Durch die Spurstangenköpfe werden die Lenkkräfte in die Radträger eingebracht. Selbst geringes Spiel im Spurstangenkopf führt zu einer massiv negativen Beeinträchtigung des Fahrverhaltens.

Hinweis: Die Spurstangenköpfe für rechts und links sind nicht identisch. Auf dem rechten Bauteil findet sich die Kennzeichnung „A" und auf dem linken ein „B" (In Fahrtrichtung gesehen).

Prüfung:

Mit einem Helfer ist die Prüfung ein Kinderspiel. Greifen Sie bei Geradeausstellung der Räder mit einer Hand an den Spurstangenkopf und den Radträger, so dass sie beide Bauteile deutlich in der Hand fühlen. Nun kann der Helfer im Fahrzeuginneren in kurzen, zügigen Bewegungen die Lenkung hin und her Bewegen. Sollten Sie bei einem Richtungswechsel der Lenkbewegung spiel zwischen den Bauteilen fühlen ist der entsprechende Spurstangenkopf defekt. *Vorsicht:* Quetschgefahr!

Benötigtes Werkzeug:

-T40 Nuß, Verlängerung
-Ratsche und Drehmomentschlüssel bis 100Nm
-Handelsüblichen Kugelgelenkabzieher (z.B. Gedore 1.73/1)
-18er Nuß und 18er Ringschlüssel
-15er, 23er und 24er Maulschlüssel
-Lackstift oder dicken Filzstift zur Markierung der Bauteile

Spurstangenkopf ausbauen:

■ Fahrzeug aufbocken, sichern, Vorderräder demontieren.

■ Spurstangenkopf mit der Torxnuß festhalten und mit dem 18er Ringschlüssel die Haltemutter herausdrehen (1).

■ Kontermutter auf der Spurstange mit dem 23er und 24er Maulschlüssel lösen. Hierzu den Spurstangenkopf gegenhalten. Die Mutter einige Umdrehungen zurückdrehen.

■ Spurstange und Spurstangenkopf in ihrer Lage Kennzeichnen um beim späteren Zusammenbau möglichst die gleiche Lage zu erreichen.

■ Abziehwerkzeug wie im Bild 2 gezeigt ansetzen und Spurstangenkopf abdrücken (Kegelschaft-Sitz).
Achtung: Soll der alte Spurstangenkopf wiederverwendet werden, drehen Sie die Haltemutter nicht ganz heraus und stützen Sie das Werkzeug auf der Mutter ab um das Gewinde des Spurstangenkopfes beim Abdrücken nicht zu beschädigen.

■ Spurstangenkopf nach oben herausnehmen. Achten Sie nun beim Herausdrehen aus der Spurstange darauf die gemachte Markierung nicht aus dem Auge zu verlieren.

Freiraum: Achten Sie auf Freiraum beim Schrauben. Das Losbrechmoment ist nicht zu unterschätzen

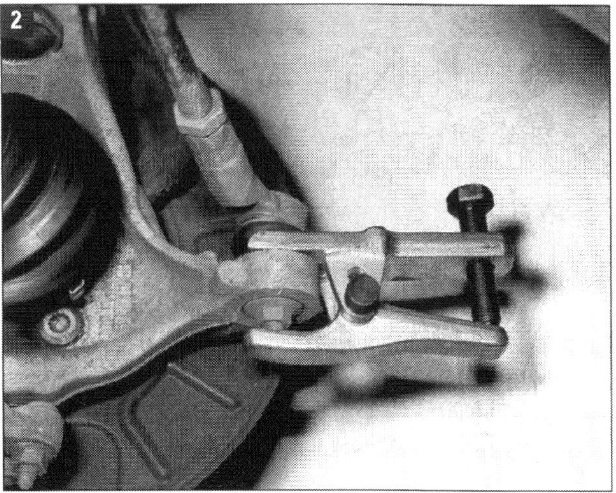

Abziehwerkzeug: Ohne einen solchen Abzieher ist die Presspassung kaum zu lösen

Spurstangenkopf einbauen:

■ Sitzfläche an beiden Bauteilen reinigen (fettfrei).

■ Drehen Sie den Spurstangenkopf so weit in die Spurstange herein bis er sich möglichst genau mit Ihren Markierungen deckt und legen Sie die Kontermutter an.

■ Neue Mutter für Spurstangenkopf verwenden!

■ Spurstangenkopf ganz in den Radträger führen und beide Muttern unter Beachtung der gemachten Markierungen auf der Spurstange leicht anziehen.

■ Mutter des Spurstangenkopfs folgendermaßen festziehen: 1: 100 Nm 2: Mutter wieder um 180° herausdrehen (Eine genaue Markierung zum Gehäuse oder eine Handelsübliche Gradscheibe sind hier unerlässlich) 3: 100 Nm

Anmerkung: Sollte sich der Spurstangenkopf beim Lösen oder Festziehen mitdrehen, dann halten Sie mit dem T40 dagegen.

■ Die Kontermutter (SW24) auf der Spurstange mit 55Nm festziehen. Hierzu die Spurstange kräftig gegenhalten. (15er Maulschlüssel).

■ Fahrzeug abbocken, Räder festziehen und Endkontrolle durchführen.

■ So schnell wie möglich in der Fachwerkstatt eine Vermessung und Einstellung der Achsen durchführen lassen.

Lenkmanschetten erneuern

Benötigtes Werkzeug:

■ wie bei den Spurstangenköpfen und zusätzlich:
– Spezialzange (Öffnen/Festziehen der Federbandschellen)
– Seitenschneider, Schlitzschraubendreher
– Lenkgetriebefett (VW) G 052192 A1

Lenkmanschette ausbauen:

■ Wie beschrieben, Spurstangenkopf ausbauen
dann Kontermutter auf der Spurstange ganz herausdrehen.

■ Kennzeichnen Sie die Lage der Federbandschellen vor dem Ausbau um neuen Schellen in der gleicher Lage montieren zu können.

■ Beide Klemmschellen der Lenkmanschette vorsichtig öffnen und anschließend durchtrennen. Achten Sie darauf keinen Schmutz in das Lenkgetriebe hineinzubringen.

■ Manschette nach außen herausnehmen.

Lenkmanschette einbauen:

■ Die Zahnstange des Lenkgetriebes mit Spezialfett einfetten. Hierzu die Lenkung jeweils voll in eine Richtung einschlagen. Fetten Sie zur besseren Montage der Lenkmanschette auch die Spurstange leicht ein.
■ Stellen Sie die Lenkung wieder in Mittelstellung.

■ Stecken Sie erst die große neue Federbandschelle auf das Lenkgetriebe, dann die neue Manschette und anschließend die kleine neue Schelle.

■ Schrauben Sie die Kontermutter und den Spurstangenkopf auf die Spurstange und ziehen beide mit der Hand fest.

■ Lenkmanschette ganz auf das Lenkgetriebe stecken und große Federbandschelle festziehen. Achten Sie auf die Ausrichtung der Schelle!

■ Sorgen Sie dafür das die Manschette nicht verdreht auf der Spurstange sitzt und klemmen nun die kleine Schelle unter Beachtung der Position fest.

■ Montieren Sie den Spurstangenkopf wie im Kapitel zuvor beschrieben. Neue Muttern verwenden!

Achsgelenke kontrollieren

Die Kugelgelenke der Achsgelenke (rechts und links zwischen Querlenker und Lenk-Schwenklager) sitzen in einer Fett-Dauerfüllung in Kunststoffschalen. Staubkappen aus Kunststoff schützen sie vor Nässe und Schmutz. Die Gelenke sind wartungsfrei. Eine beschädigte Staubkappe bedeutet allerdings das vorzeitige Aus fürs Gelenk – eindringender Schmutz wirkt wie Schmirgelsand, Feuchtigkeit lässt es mit der Zeit festrosten.

■ Fahrzeug vorne aufbocken, ideal wäre die Prüfung auf einer Hebebühne durchzuführen.

■ Lenkung nach einer Seite voll einschlagen.

■ Staubkappen der Achsgelenke rechts und links auf Beschädigungen kontrollieren. Dabei die Kappen zusammendrücken – so entdecken Sie auch versteckte Risse.

■ Eine schadhafte Staubkappe kann nicht einzeln ersetzt werden, der Querlenker muss komplett ausgetauscht werden.

■ Das Axialspiel prüfen, indem der Achslenker kräftig nach unten gezogen und wieder hochgedrückt wird (1).

■ Das Radialspiel prüfen, indem das Rad kräftig nach innen und außen gedrückt wird (2).

■ Hinteres Lager für Achslenker und Achslenker vorne genau prüfen. Dabei vor allem auf Risse des Gummilagers achten (3) und (4).

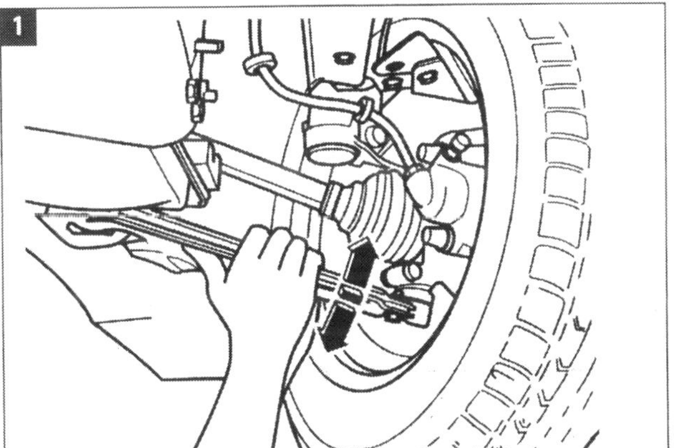

Axialspiel prüfen: Achslenker kräftig nach oben und unten drücken

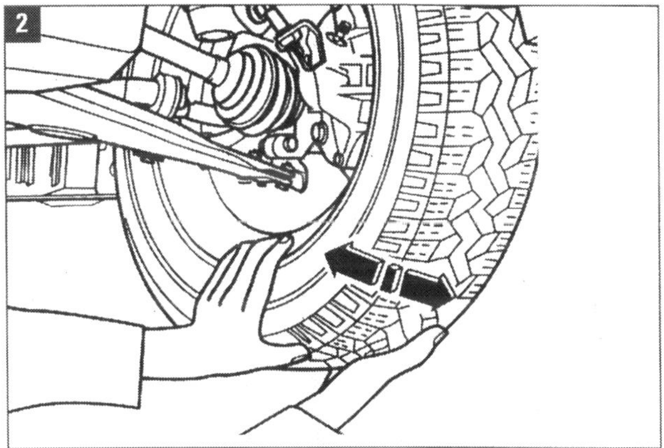

Radialspiel prüfen: Rad unten kräftig nach innen und außen drücken

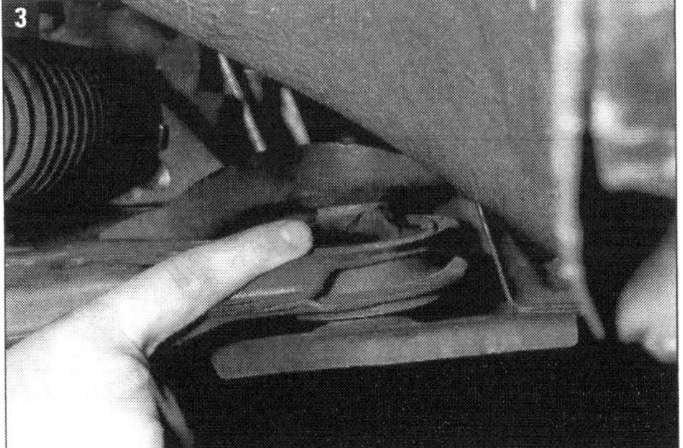

Hinteres Lager für Achslenker: Bei Rissen wie hier am Gummilager des Achsgelenks Lager austauschen lassen

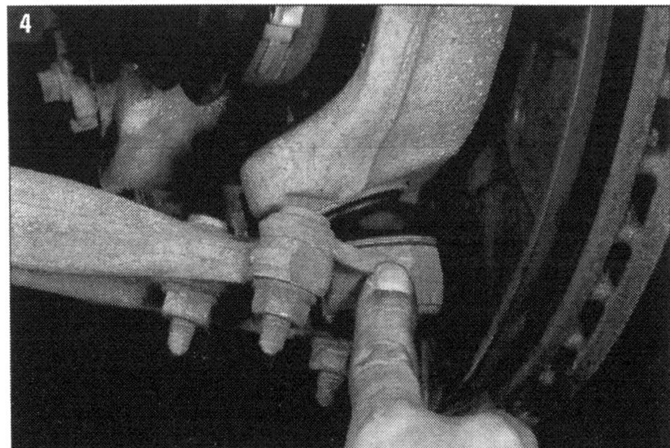

Achslenker: Das Achsgelenk darf nicht ausgeschlagen sein oder Spiel aufweisen

Federbein vorn ausbauen

Benötigtes Werkzeug

- Helfer
- 18, 21er Nuss, große Knarre, Verlängerung
- Drehmomentschlüssel bis 200Nm
- T14 Torx
- 18er Ringschlüssel
- Spezialwerkzeug 3424
- Sicherungsdraht oder Gurte
- Montageheber oder Wagenheber mit Unterleghölzern
- Neue Mutter für Federbeinklemmung und Koppelstange
- 3 neue Schrauben für Federbein im Federbeindom

Federbein ausbauen:

■ Radkappe abziehen.

■ Nabenhalteschraube (Bild 2) mit großer Knarre und 21er Nuss gegebenfalls auch Verlängerung um **maximal eine viertel Öffnung** lösen. Ein Helfer tritt dabei kräftig auf die Bremse. **Vorsicht!** Die Schraube hat ein sehr hohes Losbrechmoment!

■ Fahrzeug aufbocken, sichern und Vorderräder demontieren.

1

■ Nabenhalteschraube ganz herausdrehen, hierzu betätigt ein Helfer die Bremse im Fahrzeuginneren. **Achtung!** Ohne diese Schraube darf das Fahrzeug nicht bewegt oder auf die Räder gestellt werden!

■ Koppelstangengelenk mit dem T14 gegenhalten und mit dem 18er Ringschlüssel wie im Bild 1 gezeigt öffnen. Koppelstange herausnehmen.

■ Die drei Muttern des Achsschenkels herausdrehen und den Achsschenkel sammt Gelenk nach unten herausziehen. (Bild 3)

■ Das äußere Gelenk der Antriebswelle dürfen Sie nicht durch Ziehen an der Gelenkwelle herausziehen! Fassen Sie es hierzu nahe des Radträgers. Bei sehr festsitzendem Gelenk das Spezialwerkzeug (Hazet 2515-1) zum Abdrücken benutzen.

■ Die ausgebaute Gelenkwelle mit Draht sichern.

■ Den Achsschenkel wieder ansetzen und die drei Haltemuttern etwas festziehen.

■ Radträger mit Montageheber abstützen. Achse nicht beschädigen!

■ Klemmung des Federbeins lösen und Schraube mit Mutter entfernen. (Bild 6)

■ Spezialwerkzeug (VW 3424) in den Schlitz (Pfeil in Bild 4) einsetzen und mit Knarre um 90° verdrehen. Dieses weitet die Klemmung etwas und erleichtert die Demontage. Notfalls tut es auch ein großer alter Schlitzschraubendreher, maximal 8 mm breit, den Sie entsprechend in dem Schlitz verdrehen. **Vorsicht!** Es müssen vorher alle Ecken an dem Werkzeug gerundet werden!

2

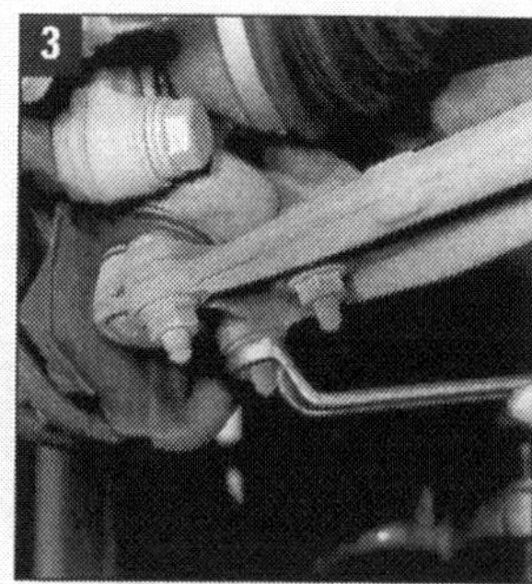
3

■ Montageheber ablassen und das Federbein aus dem Radträger ziehen. Um dabei nicht zu verkanten den Radträger mit Bremsscheibe oben etwas nach innen drücken.

■ Den Radträger mit Draht sichern und Montageheber entfernen.

■ Äußere Halteklammer (Bild 7) des Windlaufgrills mit einem kleinen Schlitzschraubendreher heraushebeln und den Windlaufgrill soweit nach oben anheben, dass sie zum Federbeindom genügend Zugang erhalten.

■ Die drei Halteschrauben des Federbeins am Federbeindom herausdrehen (Bild 5) und Federbein nach unten herausnehmen. Federbein zur Entlastung der Halteschrauben und Gewinde während des Losschraubens festhalten.

Federbein einbauen:

■ Das Federbein wieder in den Radträger einführen, hierzu den Träger mit dem Montageheber leicht anheben.

■ Federbein nur soweit einstecken bis die Klemmschraube von Hand in den Radträger einsetzbar ist.
Achtung! Schraubenkopf zeigt immer nach hinten, Mutter ist vorne. Neue Mutter ansetzen, aber noch nicht festziehen.

■ Spezialwerkzeug aus dem Klemmschlitz nehmen.

■ Drahtsicherung des Radträgers entfernen und das Federbein vorsichtig in den Federbeindom führen. Hierzu die ganze Baugruppe vorsichtig mit dem Montageheber anheben.

■ Federbein soweit anheben, dass Sie die drei neuen Halteschrauben ansetzen können.
Achtung! Eine der Pfeilmarkierungen auf dem oberen Federbeinteller muss in Fahrtrichtung ausgerichtet werden.

■ Alle drei selbstsichernden Federbein-Halteschrauben mit **15 Nm** festziehen. Dann jede Schraube um eine weitere **viertel Umdrehung** anziehen. (Bild 5)

■ Montageheber entfernen und Federbeinklemmung mit **70 Nm** festziehen. Anschließend die Mutter um eine weitere **viertel Umdrehung** anziehen. (Bild 6)

■ Die drei Muttern des Achsschenkels herausdrehen und den Achsschenkel erneut samt Gelenk nach unten herausziehen. (Bild 3)

■ Setzen Sie nun die Gelenkwelle wieder ein und achten Sie darauf die Manschette nicht zu verdrehen.

■ Den Achsschenkel wieder ansetzen und die drei Haltemuttern mit jeweils **75 Nm** festziehen. Mit der Gummidichtung sorgfältig umgehen, nicht verdrehen!

■ Koppelstange ansetzen und festziehen. Neue Mutter mit **65 Nm** anziehen. Das Koppelstangengelenk wie im Bild 1 gezeigt mit dem T14 gegenhalten.

■ Nabenhalteschraube ansetzen und mit **200 Nm** festziehen. Ein Helfer betätigt hierbei die Fußbremse.
Achtung! Das Fahrzeug darf hierzu keinesfalls abgebockt werden.

■ Wie eingangs beschrieben, Räder montieren, abbocken und festziehen.

■ Der Helfer tritt anschließend wieder kräftig die Fußbremse. Dabei drehen Sie die Nabenhalteschraube um eine **halbe Umdrehung** weiter.

■ Windlaufgrill wieder in seine alte Lage bringen und mit dem ausgebauten Clip fixieren (Bild 7).

■ Endkontrolle durchführen.

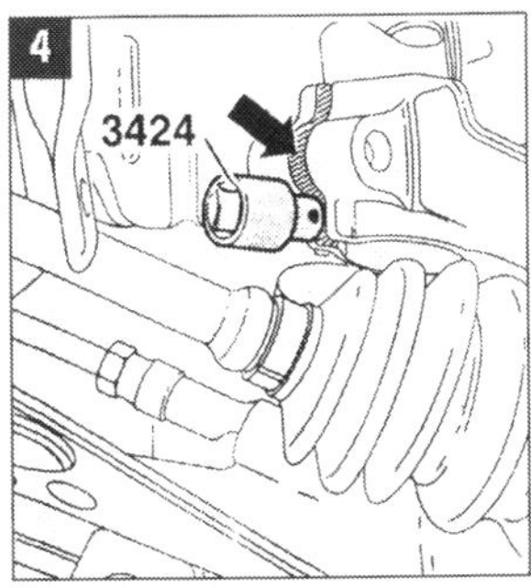

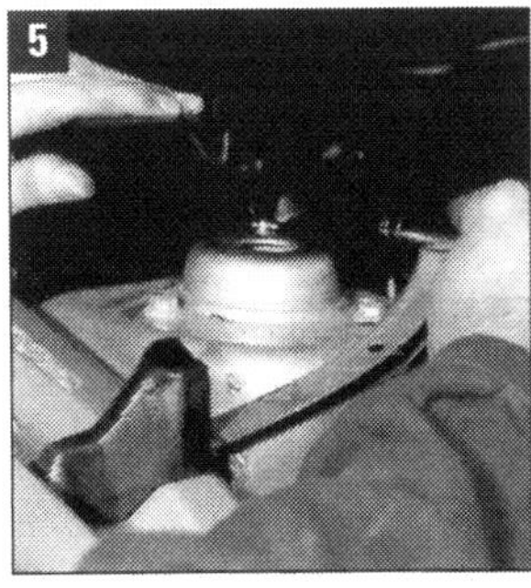

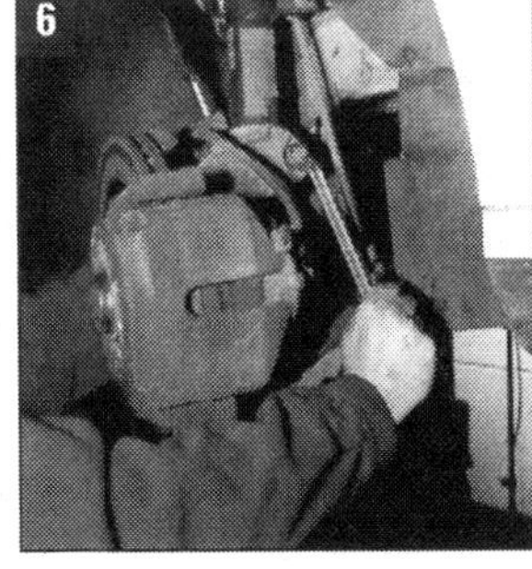

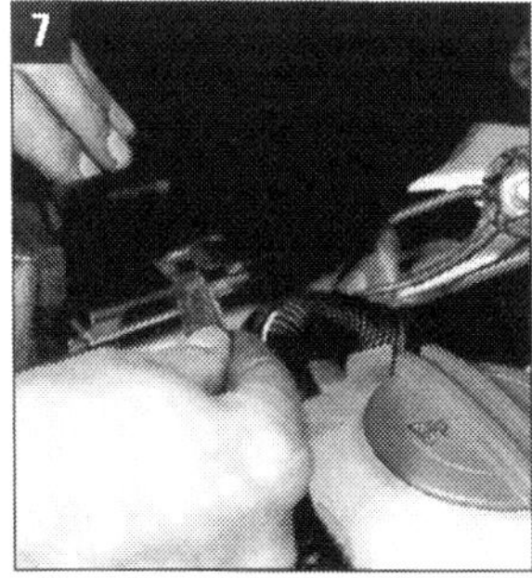

Breitreifen

Bereits ab Werk kann man beim Passat eine Sportausführung oder eine Schlechtwegevariante des Fahrwerks ordern (s. Abschnitt „Wissenswertes" in diesem Kapitel). Ebenso variabel ist der Passat aber auch bei der Reifendimensionierung. Es müssen ja nicht unbedingt die dicken R36-Puschen unter die Radläufe gezwungen werden, aber gegen etwas größere und breitere Pneus ist wenig einzuwenden. Mit der Reifendimension und der Spurweite lässt sich das Fahrverhalten ganz wesentlich beeinflussen. Breitere Reifen können in alle Richtungen mehr Kräfte übertragen, haben aber in Sachen Aquaplaning und vor allem Rollwiderstand Nachteile. VW selbst änderte die in Serie mit 15-Zöllern ausstaffierten Passat des Vorgängers und verpasste dem neuen Modell konsequent mindestens 16-Zoll-Felgen auf 205mm breiten Reifen. Die von VW empfohlenen Reifengrößen können Sie aus der Tabelle entnehmen. Die Preise für Felgen und Reifen steigen selbstverständlich mit der Größe. Da solch Extrem-Radsätze vergleichbar mit denen des R36 inklusive Reifen schnell mehrere Tausend Euro kosten, stellt sich doch recht bald die Frage nach dem Kosten-Nutzen-Verhältnis. Zieht man den Mehrverbrauch, die etwas schlechteren Fahrleistungen, die gestiegene

Express-Paket: Das Leichtmettalrad „Omanyt" gibt es nur im Verbund mit den R-Line Paketen oder dem R36 selbst

Auswahl an Felgen und Reifen: Das Zubehörprogramm „Volkswagen Individual" bietet ein Sortiment von mehr als 11 Leichtmetallrädern bis zur 18-Zoll-Dimension (im Bild: Leichtmetallräder „Samarkand" 235 / 40 R18, 8Jx18)

Aquaplaninggefahr, die Komforteinbußen und die Kosten von der optischen Wirkung und geringfügig höheren Kurvengeschwindigkeiten ab, kommt man relativ schnell zu dem Schluss, dass etwas weniger hier durchaus mehr sein kann. Genauso wichtig wie die Breite einer Felge ist deren Einpresstiefe, also der Abstand von der gedachten Mitte zum tatsächlichen Auflagepunkt an der Radnabe. Das bestimmt, welche Position das Rad im Radhaus einnimmt: Je größer die Einpresstiefe, umso weiter innen steht das Rad. Ist die Einpresstiefe gegen Null oder wandert sogar in den negativen Bereich, steht das Rad weiter außen.

Motorisierung	passende Reifengrößen	passende Felgengrößen	Einpress-tiefe (mm)
alle	205/55 R 16	6 1/2J x 16	42
exkl.	215/55 R 16	6 1/2J x 16	-
3,2 Liter V6	215/55 R 16	7J x 16	45
	235/45 R17	7 1/2J x 17	47
3,2 Liter V6	205/50 R 17	6J x 17	-
	235/45 R17	7 1/2J x 17	47

Tieferlegen

Eine sehr beliebte Veränderung am Fahrwerk ist das Tieferlegen. Wobei hier nie das Fahrwerk, sondern immer nur die Karosserie tiefergelegt wird. Denn die Federn tragen das Gewicht des Autos und wenn diese kürzer sind, wandert die Karosserie Richtung Asphalt. Damit sinkt der Schwerpunkt Richtung Straße und das Handling verbessert sich.
Oft wird jedoch einfach aus optischen Gründen tiefergelegt. Dafür reicht natürlich ein Wechsel der Federn aus. Greifen Sie dabei nicht einfach auf das günstigste Angebot zurück, denn das Zusammenspiel zwischen Federn und Stoßdämpfern ist außerordentlich wichtig für das Fahrverhalten.
Sollten die Serienstoßdämpfer nicht mehr taufrisch sein, ist es sicher besser, ein Komplettfahrwerk zu wählen, mit aufeinander abgestimmten Feder- und Dämpferraten.
Generell sollte beim Tieferlegen mit Augenmaß vorgegangen werden. 20 bis 30 Millimeter sind sowohl der Optik als auch dem Fahrverhalten zuträglich, bei noch tieferen Fahrwerken überwiegen die Nachteile: Der Restfederweg wird zu klein, Komfort geht verloren und die Frontschürze bleibt an jedem Bordstein hängen.

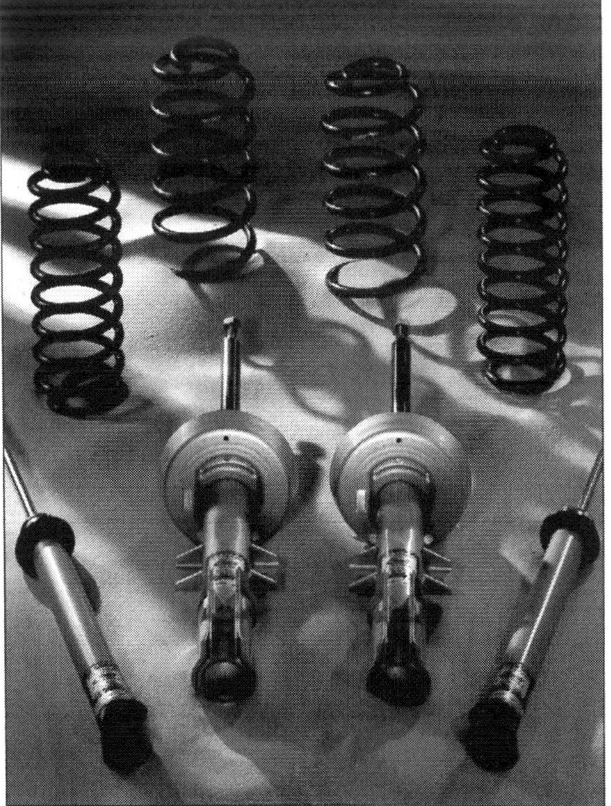

Komplettlösung: Anspruchsvolle Fahrwerksoptimierung bieten aufeinander abgestimmte Feder-/ Dämpfereinheiten

STÖRUNGSBEISTAND

Fahrwerk

Störung	Was kann das sein?	Was kann ich tun?
A schwammiges Fahrverhalten	**1** Reifen zu geringer Luftdruck	Luftdruck prüfen und einstellen
	2 Stoßdämpfer undicht	Ölverlust mit Finger prüfen, bleibt Öl am Finger: tauschen
	3 Stoßdämpfer verschlissen	Kolbenstange auf Riefen und Abplatzung prüfen
	4 Spurwerte stimmen nicht	Achsvermessung durchführen
	5 Federn erlahmt	Federn prüfen, ggf. austauschen
	6 Gummis Querlenker hinten	neue Streben einbauen
B Reifen	**1** starker, unregelmäßiger Verschleiß	Spurwerte stimmen nicht Achsvermessung durchführen
	2 Verschleiß innen	zu viel negativerSturz
	3 Verschleiß außen	zu viel positiver Sturz
	4 Verschleiß in der Mitte	zu viel Luftdruck
	5 Verschleiß innen und außen	zu wenig Luftdruck
	6 Stoßdämpfer verschlissen	Stoßdämpfer prüfen, ggf. austauschen
C Schütteln am Lenkrad	**1** Räder unwuchtig	Räder wuchten lassen
	2 Spiel in der Lenkung	Kreuzgelenk prüfen
	3 Spiel in Fahrwerksteilen	Traggelenk und Spurtstangen prüfen
... beim Bremsen	**4** Bremsscheiben verzogen	neue Bremsscheiben und Beläge
D Geräusche bei Kurvenfahrt	**1** Radlager defekt	Richtige Seite durch Wechselkurven feststellen
	2 Spurwerte stimmen nicht	Reifenprofil kontrollieren (siehe B)

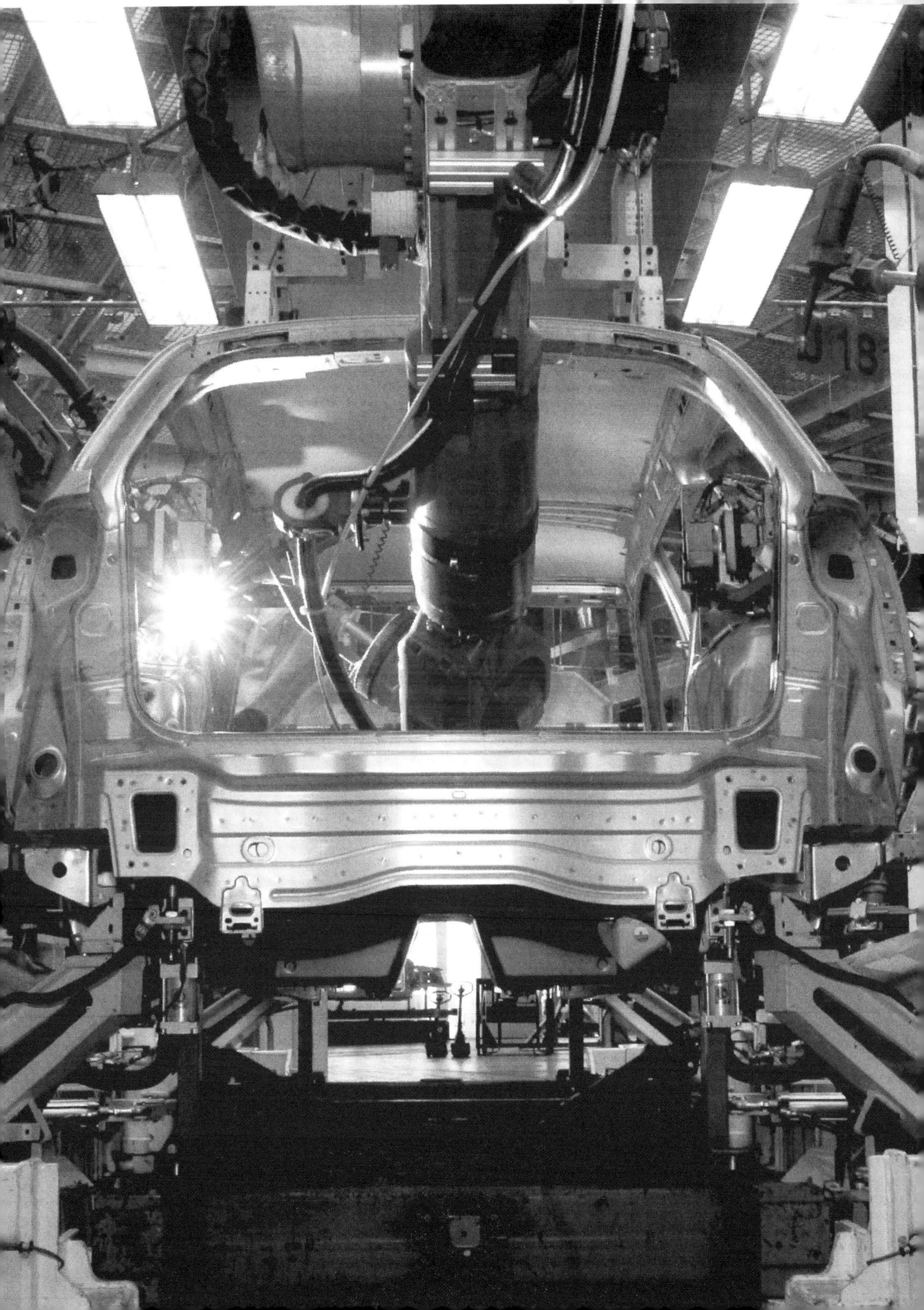
U18

Hightech-Bremsen

Dass moderne und zeitgemäße Fahrzeuge weitaus mehr können, als nur die beschleunigte Masse zu verzögern, hat sich bereits herumgesprochen. Welche vielfältigen Aufgaben die Passatbremse mit ihren Komponenten und Systemen noch übernimmt und wie die Anlage gewartet wird, lesen Sie hier.

Bremse ist nicht gleich Bremse

Die Bremsanlage des Passat zählt zu einer der technisch modernsten und auch standfestesten ihrer Klasse. ABS, ESP und HBA sind nur ein Auszug der darin enthaltenen Systeme. Doch um Sie hier nicht gleich zu Beginn mit Unmengen von Abkürzungen und Fachwörtern zu erschlagen, beschreiben wir in diesem Kapitel die Bremsanlage samt ihrer Komponenten in einfach verständlichen Worten. Alle Funktionen, auch jene außerhalb des Serienumfangs, werden anschaulich behandelt und erklärt. Sie werden sehen: Mit dem besseren Verständnis des Gesamtaufbaus Ihrer Passatbremsen werden Ihnen die weiter hinten beschriebenen Arbeitsschritte leichter fallen.
Eine gute Bremsanlage erkennt man üblicherweise daran, dass sie unter allen Bedingungen zuverlässig funktioniert und auch bei jedem Tritt auf das Bremspedal verlässlich wirkt. Hersteller und natürlich auch die vielen Systemlieferanten müssen daher die Funktionstüchtigkeit unter sämtlichen äußeren Einflüssen gewährleisten, ob im Sommerurlaub bei knapp 40° auf der Passstraße oder im Winter auf schneebedeckter Fahrbahn in den Alpen.
Dabei muss auch der Beladungszustand berücksichtigt werden. Gerade beim Variant kann dieser einen Gewichtsunterschied von über 600 Kilo ausmachen! Die Vorstellung Sie transportieren im Heckabteil einen Kleinwagen, verdeutlicht anschaulich die gestellten Anforderungen.
Dabei besteht eine heutige Bremsanlage, wie die meisten anderen Fahrzeugkomponenten auch, nicht mehr nur aus rein mechanischen Bauteilen. Ein wesentlicher Bestandteil moderner Bremssysteme ist die Elektrik zur Steuerung und Regelung des Bremsdrucks bis hin zur individuellen Abbremsung einzelner Räder. Beim Passat setzt VW erstmals eine Anlage des Systemlieferanten Thompson Ramo Woolridge (TRW) namens EBC 440 ein. Diese regelt als elektromechanische Schnittstelle die bereits angeprochenen Bremsfunktionen als auch die erweiterte ESP-Funktion zur Gespannstabilisierung oder auch die nun elektrische Parkbremse. Damit die Anlage stets verlässlich funktionieren kann, ist es allerdings auch Voraussetzung, dass alle vorhandenen Systeme sicher arbeiten können. Wenn also ein Warnlicht blinkt oder aufleuchtet sollten Sie dies keineswegs auf die leichte Schulter nehmen sondern der Sache sofort auf den Grund gehen. Vielleicht können wir Sie ja durch die nähere Beschreibung der Bremsanlage für diese „Pflicht" sensibilisieren. Bedeutung und Handlungsweisen bei einem im Kobiinstrument angezeigten Defekt finden Sie zu Ende dieses Informationsabschnitts. Hinweise auf weitere mögliche Defekte finden Sie auch im Abschnitt Störungsbeistand.

Bremsenfeatures

Innovationen der Passatbremse sind beispielsweise die nunmehr elektrisch arbeitende Feststellbremse. Per Knopfdruck wird ein Stellmotor an den hinteren Bremssätteln in Gang gesetzt, der das Schließen und Lösen der Bremse übernimmt.
Diese Art der Handbremsbetätigung bietet weitere Optionen, wie beispielsweise die Anfahrhilfe „Auto-Hold". Einige Fahrer empfinden aber auch die kurze Zeitspanne, die der Elektromotor zum Öffnen der Bremse braucht, als störend. Schließlich war dies früher mit einem Drücken des Knopfs und anschließendem Ruck am Handbremshebel für geübte binnen Sekundenbruchteilen erledigt.

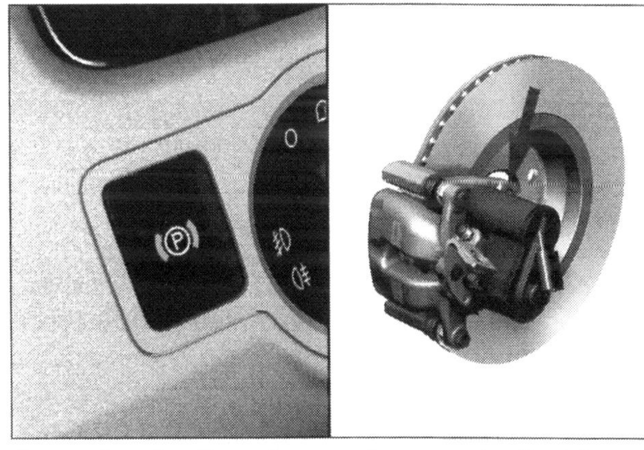

Innovation der Passatbremse: Immer mehr Funktionen, wie die Parkbremse, übernimmt die Elektrik des Passat

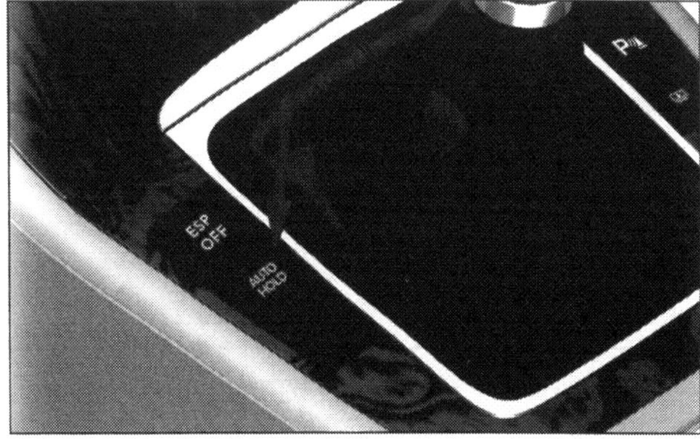

Auto Hold-Anfahrhilfe: Das ungewollte Wegrollen beim Anfahren an Steigungen gehört der Vergangenheit an

Doppelt hält besser: Aufbau der Bremse

Zu Ihrer Sicherheit schreibt der Gesetzgeber vor, dass die Bremsanlage aus zwei voneinander getrennten Bremskreisen aufgebaut sein muss. Fällt ein Bremskreis aus, beispielsweise durch eine undichte Bremsleitung, so kann das Fahrzeug trotzdem mit Hilfe des zweiten sicher abgebremst werden. Beim Passat wirkt die Zweikreisbremse diagonal, das heißt die Vorderradbremse einer Seite ist mit der Hinterradbremse der gegenüberliegenden Seite verbunden.

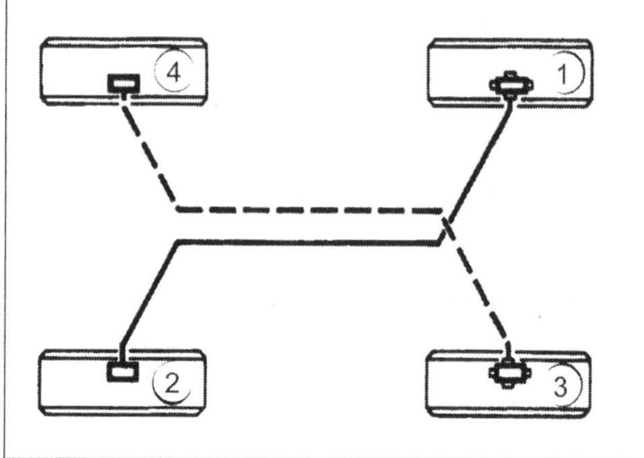

Diagonale Zweikreis-Bremsanlage: Beim Ausfall eines Bremskreises kann immer noch sicher angehalten werden

Die Wirkungsweise

Beim Tritt auf das Bremspedal presst eine mit dem Pedal verbundene Druckstange zwei hintereinander liegende Kolben in den Hauptbremszylinder, der sich im Motorraum befindet. Die Kolben übertragen die Kraft auf die dort eingeschlossene Bremsflüssigkeit. Der so entstehende hydraulische Druck in der Bremsflüssigkeit gelangt über Rohr- und Schlauchverbindungen zum Radbremszylinder in den Bremssätteln. In diesen drücken Kolben die Bremsklötze gegen die Bremsscheiben. Die Reibung zwischen Belag und Bremsscheibe verzögert das Rad und wandelt damit die Bewegungsenergie in Wärme um.

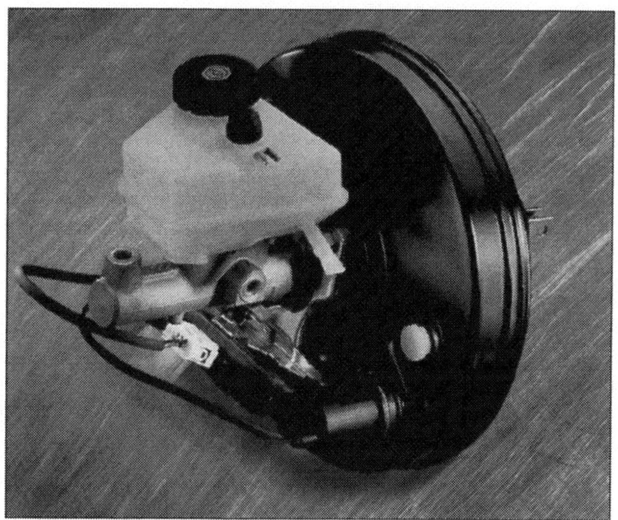

Bremskraftverstärker: Die mechanisch aufgewandte Kraft wird pneumatisch um den Faktor 1,5 verstärkt

Der Bremskraftverstärker

Ihre Bremspedalbewegung wird über eine Druckstange zunächst in den Bremskraftverstärker weitergeleitet und dort unter Zuhilfenahme des Unterdrucks nochmals verstärkt. Nochmals? Ja, denn bereits das Bremspedal ist ein exakt berechneter Hebel mit einem bestimmten Übersetzungsverhältnis. Achten Sie daher auf die uneingeschränkte Bewegungsfreiheit rings um das Pedal. Im Ernstfall müssen Sie dort mit bis zu 75 Kilo zutreten! Mit zu vielen oder zu dicken Fussmatten, ungesicherte Utensilien im Fahzeuginnenraum oder auch wenn Sie gerne barfuß unterwegs sind, nehmen Sie sich von vornherein die Möglichkeit einer Vollbremsung.

Der benötigte Unterdruck im Bremskraftverstärker wird durch einen Schlauch vom Ansaugtrakt bereitgestellt. Beim Benzinmotor wird dieser Unterdruck direkt am Saugrohr abgenommen, beim Dieselmotor, der bekanntlich frei ansaugt und daher nicht so viel Unterdruck bereitstellen kann, ist für diesen Zweck extra noch eine Vakuumpumpe am Zylinderkopf angebaut, die mechanisch von der Nockenwelle angetrie-

Hauptbremszylinder: Von ihm aus werden über das ABS-Steuergerät alle vier Radbremszylinder angesprochen

ben wird. Im Zuge der Bauteilminimierung wurde die Kraftstoffpumpe übrigens im selben Gehäuse integriert wie die Vakuumpumpe. Der Bremslichtschalter am Hauptbremszylinder erkennt im selben Moment die mechanische Bewegung und wandelt sie in ein elektrisches Signal um, das die Bremslichter zum Leuchten bringt.

Der Hauptbremszylinder

Im Hauptbremszylinder, der direkt am Bremskraftverstärker angebaut ist, wird dann der mechanisch aufgebaute Druck in das hydraulische System eingebracht. Als Übertragungsmedium dient Bremsflüssigkeit.
Durch ein Leitungssystem gelangt die hydraulische Kraft dann zu den Radbremsen, wobei durch die diagonale Aufteilung des Bremskreises nicht alle vier Räder über die selbe Leitung angesteuert werden. Dieses Sicherheitsystem verhindert einen Totalausfall der Bremse. Der Tandem-Hauptbremszylinder versorgt also mit einem Kreis die vordere linke und hintere rechte Bremse und mit dem zweiten Kreis die vordere rechte und hintere linke Bremse.

Der Bremsflüssigkeitsbehälter

Oberhalb des Hauptbremszylinders befindet sich ein transparenter Behälter der mit Bremsflüssigkeit gefüllt ist. Im Verschlussdeckel ist ein Schalter angebracht, der einen zu niedrigen Flüssigkeitsstand erkennt und an das System meldet.
Dieser Bremsflüssigkeitsausgleichsbehälter stellt die Bremsflüssigkeit zur Verfügung, die nötig ist, um den anfallenden Bremsbelagverschleiss, oft auch als Volumenverlust bezeichnet, zu kompensieren. Denn je weiter die Bremsbeläge abgefahren sind, desto niedriger ist der Bremsflüssigkeitsstand im Ausgleichsbehälter.

Überblick über die Bremskomponenten und deren Einbaulage im Passat

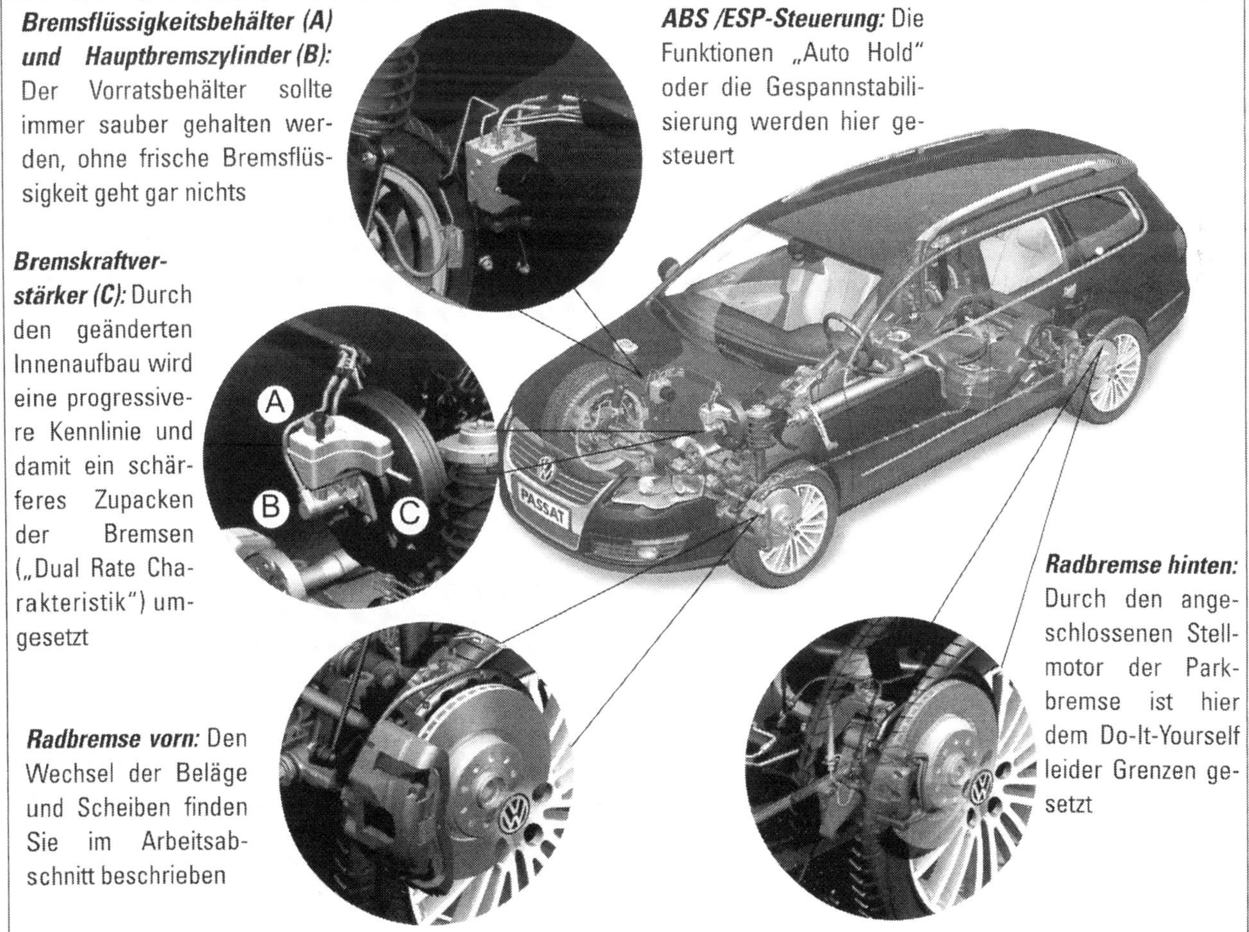

Bremsflüssigkeitsbehälter (A) und Hauptbremszylinder (B): Der Vorratsbehälter sollte immer sauber gehalten werden, ohne frische Bremsflüssigkeit geht gar nichts

ABS /ESP-Steuerung: Die Funktionen „Auto Hold" oder die Gespannstabilisierung werden hier gesteuert

Bremskraftverstärker (C): Durch den geänderten Innenaufbau wird eine progressivere Kennlinie und damit ein schärferes Zupacken der Bremsen („Dual Rate Charakteristik") umgesetzt

Radbremse hinten: Durch den angeschlossenen Stellmotor der Parkbremse ist hier dem Do-It-Yourself leider Grenzen gesetzt

Radbremse vorn: Den Wechsel der Beläge und Scheiben finden Sie im Arbeitsabschnitt beschrieben

Ziehen Sie aber hier kein allzu schnellen Rückschlüsse! Es könnte auch sein, dass jemand zwischendurch Bremsflüssigkeit nachgefüllt hat. Wenn sie also etwas über den Zustand der Bremsbeläge erfahren wollen, müssen Sie diese schon selbst begutachten.

Die Bremsleitungen

Die Bremsleitungen sind in zwei verschiedenen Ausführungen im Passat verbaut: Zum einen als flexible Gummileitungen, die mit der nötigen Arbeitserfahrung und entsprechendem Gerät auch selbst erneuert werden können und zum anderen als kunststoffbeschichtete Vollmetall-Leitungen, deren Austausch Sie auf jeden Fall der Fachwerkstatt überlassen sollten.

Bis zur Glühtemperatur: Im Extemfall fangen Bremsscheiben beim Umwandeln der Rotaionsenergie zu glühen an

Der Bremssattel

Durch den in den Bremsleitungen übertragenen Druck beginnt sich ein Kolben im schwimmenden Bremssattel nach außen zu bewegen und drückt dabei den direkt anliegenden Bremsbelag gegen die Bremsscheibe. Dadurch dass der Bremssattel schwimmend aufgehängt ist, folgt eine Bewegung zur Seite, die den gegenüberliegenden Belag an die Scheibe presst. Erst dann findet der eigentliche Bremsvorgang statt. Denn jetzt wird durch Reibung zwischen den Bremsbelägen und der Bremsscheibe die Bewegungsenergie der Räder in Wärme umgewandelt. Dabei können Temperaturen entstehen, die den Stahl der Bremsscheiben zum Glühen bringen.

Die Gespannstabilisierung: Diese Funktion ist Teil der Fahrzeugsoftware und kann nachträglich aktiviert werden

Elektronische Wächter

Doch noch bevor Sie mit Ihrem Fuß das Bremspedal betätigen, arbeitet die elektronische Steuerung schon lange unmerklich aber effektiv im Hintergrund. Dabei vermögen Sie zwar keine Bremswirkung zu spüren, aber das Steuergerät denkt permanent mit und wirkt so beispielsweise bei Regenfahrten wie ein Scheibenwischer an der Bremsscheibe. Die Beläge werden von Zeit zu Zeit leicht angelegt um den Schmierfilm auf den Bremsscheiben zu unterbrechen.
Aber die Elektronik kann noch mehr: Aus der Geschwindigkeit und Kraft ihrer Bremspedalbetätigung errechnet Ihr Passat, ob es sich um eine Notfallbremsung oder ein gewöhnliches Verzögern handelt.
Hat das System die Notfallbremsung erkannt, wird innerhalb von Sekundenbruchteilen der Bremsdruck auf das Maximum erhöht, sollte der Fahrer nicht mit

Digitales Superhirn: Die Bremsmanöver werden im Passat permanent überwacht und geregelt

ausreichendem Druck auf das Pedal einwirken. Dies verkürzt den Bremsweg, vielleicht um die entscheidenden Meter. Tatsächlich wurde nachgewiesen, dass der durchschnittliche Autofahrer in einer Notsituation viel zu zaghaft und auch zu langsam auf die Bremse tritt. Daher wird der Passatfahrer durch den hydraulischen Bremsassistent (HBA) unterstützt.

Die Bremskraftverteilung

Da bei einer Verzögerung der größte Teil des Fahrzeuggewichts auf die Vorderachse verlagert wird, ist die Bremsanlage der Vorderräder höher belastet als die hintere und wird zur besseren Kühlung mit innenbelüfteten Bremsscheiben versehen.
Natürlich ist dieser Umstand auch von der Beladung abhängig. Um die Leistung der Vorder- und Hinterradbremse optimal und situationsgerecht nutzen zu können, greift hier mal wieder die Elektronik mit ein. Permanent überwachen Sensoren die Raddrehzahl eines jeden Rades. Sobald die Hinterräder durch die Entlastung beim Bremsen zu blockieren drohen, steuert die Elektronik dagegen und nimmt den Bremsdruck entsprechend zurück.
Dies kann bei einer Kurvenfahrt auch für jedes Rad seperat gesteuert werden. Somit wird gewährleistet, dass jedes einzelne Rad die maximale Bremsleistung erreicht und das Fahrzeug beim Verzögern in Kurven nicht ins Schleudern gerät.

Das Anti-Blockiersystem ABS

Damit wären wir auch schon mitten im Anti-Blockier-System angekommen. Vorraussetzung einer solchen Anlage sind Drehzahlfühler, welche in der Radnabeneinheit verbaut sind. Sie verarbeiten ein Signal, das im Zusammenwirken mit einem Sensorring entsteht. Dieser Sensorring befindet sich im Radlager. Anhand der von ihm gesendeten Signale kann das Steuergerät erkennen wie schnell sich einzelne Räder auch in Relation zur Fahrzeuggeschwindigkeit drehen und daraus ableiten ob und welches Rad zum Blockieren neigt. An diesem Rad wird dann durch die Hydraulikeinheit blitzschnell der Bremsdruck reduziert.
Dadurch wird auch die Lenkbarkeit des Fahrzeugs während einer Vollbremsung gewährleistet. Diese Regelung des Bremsdrucks haben Sie eventuell auch schon einmal selbst wahrgenommen: Der Eingriff des ABS wird beim starken Bremsen von einem sirrenden Geräusch begleitet.

Das ESP als Schutzengel

Der Eingriff in den Bremskreislauf der TRW-Hydraulikeinheit wird nach Vorgaben des angeschlossenen Steuergeräts vorgenommen. Steuergerät und Hydraulikeinheit bilden im Passat eine Einheit, die nicht voneinander getrennt werden kann. Die Hydraulikeinheit ist nach dem Hauptbremszylinder an die beiden Bremsleitungen der diagonalen Bremsaufteilung angeschlossen und splittet die Zweikreisbremsanlage erneut, so dass jeder Bremssattel separat angesteuert werden kann. Beim normalen Bremsen macht sich das System nicht bemerkbar, ebenso funktioniert auch das herkömmliche Bremssystem bei einem Ausfall des Anti-Blockier-Systems weiter.
Mit den Signalen der Sensoreinheit die unter der Mittelkonsole sitzt und dem Lenkwinkelgeber werden im Elektronischen Stabilitäts-Programm (ESP) Fahrzeugzustände erkannt, die zum Ausbrechen oder Schleudern des Wagens führen. Um einem unkontrolliertem Fahrzeugzustand entgegenzuwirken, können einzelne Räder gebremst oder zusätzlich auch die Motorleistung gedrosselt werden. Alle werksseitig mit Anhängerkupplung ausgelieferten Fahrzeuge, verfügen zudem über eine erweiterte Funktion des Stabilitäts-Programms: Eine Gespannstabilisierung die das Aufschaukeln von Anhängern verhindert.
Wie und in welchem Umfang die Regelung stattfindet ist auf dem Steuergerät fest programmiert. Hier liegt auch die Gefahr der Fehlfunktion! Da die Steuerprogramme mit festgelegten Erfahrungswerten und programmierten Kenngrössen arbeiten, benötigen sie immer Fahrzeugkomponenten die auch ihren Werten entsprechen. Verwenden Sie daher nur Ersatzteile die ausdrücklich für Ihr Fahrzeug zugelassen und geprüft sind. Bremsbeläge bespielsweise müssen eine Freigabe des Kraftfahrtbundesamtes für ihren Wagen haben um sie einsetzen zu dürfen. Auch sollten Sie immer vier gleiche Reifen auf den Felgen haben um ein optmales Arbeiten der Systeme zu gewährleisten.

Die elektronische Parkbremse

Die elektronische Parkbremse wird in dieser Fahrzeugklasse erstmals eingesetzt Die in den hinteren Bremssätteln eingebauten Elektromotoren drücken die Bremsbeläge bei Betätigung des Tasters für die elektromechanische Bremse gegen die Bremsscheibe und sichern so das Fahrzeug gegen Wegrollen. Weitere sinnvolle Anwendungen wurden durch Vernetzung mit anderen Steuergeräten realisiert. Dazu zählen unter anderm ein automatisches Halten des Fahrzeugs beim Ampelstopp ohne Fussbremsbetätigung, sowie eine Bremshilfe beim Anfahren am Berg.

Die weiteren Funktionen

In dem beschriebenen elektronischen Stabilitätsprogramm sind auch Funktionen integriert, die nichts mit dem Bremsvorgang des Fahrzeugs zu tun haben, sondern sich mit der Beschleunigung befassen. Sollte beim Anfahren eines der angetriebenen Räder zum Durchdrehen neigen, wird es gezielt abgebremst um dem anderen mehr Vortriebskraft zu geben. Diese Regelung funktioniert übrigens auch bei Rückwärtsfahrt. Diese Einwirkung entspricht einer Differenzialsperre und wirkt bis zu Geschwindigkeiten von cirka 40 km/h voll, um bei höheren Geschwindigkeiten immer mehr an Wirkung zu verlieren.
Eine ähnliche Funktion hat auch die Antriebs-Schlupf-Regelung. Neigen die Räder bei starker Beschleunigung oder losem Untergrund zu erhöhtem Schlupf, also Durchdrehen, wird Motorleistung reduziert und/oder die treibenden Räder abgebremst. Dieser Eingriff wird im Kontrollinstrument signalisiert.

Was bleibt da noch zu tun?

Viele Arbeiten können nur mit den herstellerspezifischen Diagnoseschritten und Einstellgeräten durchgeführt oder abgeschlossen werden. Daher sind auf den folgenden Seiten nur diese Arbeitsanweisungen vermittelt, die gerade noch mit den üblicherweise vorhandenen Werkzeugen und einem selbstbewussten technischem Sachverstand durchführbar sind. Bewusst haben wir auch Arbeiten an den hinteren Bremsen ausgespart. Da in den hinteren Bremssätteln jeweils ein elektrischer Motor eingebaut ist, der die Bremskolben vor- und zurückfährt, wird schon das Erneuern der Bremsbeläge zu einer sehr komplexen Tätigkeit. Selbst wenn es ihnen gelingt die Bremsbeläge ohne das VW-Diagnosegerät zu erneuern, müssen sie anschließend doch zu einem Fachbetrieb um eine Grundeinstellung der Feststellbremse vornehmen zu lassen.
Wenn sie sich unsicher fühlen, überlassen Sie diese Arbeiten an der Bremsanlage einem Spezialisten. Nicht umsonst dürfen in Deutschland nur Meisterbetriebe gewerblich an Bremsanlagen arbeiten.

Was tun wenn Kontrollampen der Bremse während der Fahrt aufleuchten?

Zunächst einmal bewahren Sie Ruhe. Das Zweikreissystem sorgt dafür, dass Sie unter den allermeisten Umständen sicher zum Stehen kommen. Behalten Sie den Verkehrsfluss im Überblick. Den Wagen dann sobald wie möglich anhalten, Motor abstellen und wieder anlassen. Vorsicht! Manche Fehleranzeigen erlöschen erst wieder wenn das Fahrzeug eine Geschwindigkeit von über 20 km/h erreicht hat. Sind die Anzeigen wieder erloschen und bleiben während der Fahrt aus, können Sie beruhigt weiterfahren. Sollten die Anzeigen nicht erlöschen, liegt möglicherweise ein Defekt in der Stromversorgung vor. Das ABS und dessen Unterfunktionen schalten sich bei einer Bordspannung von unter 10 Volt automatisch aus. Trotzdem bleibt die Standardbremse voll funktionsfähig. Überprüfen sie also zuerst die Batterieklemmen auf festen Sitz und guten Kontakt. Sollte hierbei alles in Ordnung sein überprüfen Sie die Batteriespannung auf mindestens 10 Volt. Sollte sich die Spannung in einem so niedrigen Bereich befinden muss die Batterie geladen werden. Liegt der Wert bei über 12 Volt kann die Batterie als Fehlerquelle ausgeschlossen werden. Suchen Sie dann nach äusserlich beschädigten oder losen Kabeln im Motorraum und gegebenenfalls auch an der Fahrzeugunterseite samt Radaufhängungen. Bleibt Ihre Suche erfolglos, sollten sie baldmöglichst eine Fachwerkstatt zur Diagnose aufsuchen.

Symbol	Kontrolleuchte	Warntext / Warnung
	Bremsbelagverschleiss-anzeige	Bremsbelag prüfen
	ABS (Antiblockiersystem)	ABS
	Bremsflüssigkeitsmangel	Stop Bremsflüssigkeit Betriebsanleitung
	Elektronische Bremskraftverteilung	3-maliges Warnsummen
	Feststellbremsanlage	Handbremse angezogen
	Elektromechanische Feststellbremse	Feststellbremse von Hand öffnen, Bremspedal betätigen
	Elektromechanische Feststellbremse	Feststellbremsenfehler

Arbeits- und Sauberkeitsregeln für Arbeiten an der Bremsanlage

Hinweis: Grundsätzlich darf nur ein Fachbetrieb Arbeiten an den elektronisch gesteuerten Bremskomponenten und Fahrwerksteilen durchführen!

Gesundheitsrisiko
Bremsstaub kann zu gesundheitlichen Schäden führen. Schützen Sie sich insbesondere beim Reinigen der Teile und atmen Sie den Staub nicht ein! Beim Umgang mit Bremsflüssigkeit müssen Sie besonders vorsichtig sein!

Arbeitsweise
Beachten Sie die allgemeinen Arbeitsanweisungen im Kapitel „Ausrüstung". Bei Arbeiten an der Bremsanlage müssen Sie besonders sorgfältig sein. Benutzen Sie ihre Digitalkamera um die Verlegung und Sicherung von Schläuchen und Kabeln festzuhalten.

Reinigungsmittel
Für Reinigungsarbeiten an Bremsenteilen darf nur Spiritus verwendet werden. Benutzen Sie weiterhin keine fasernden Lappen.

Schweißarbeiten
Vor Schweißarbeiten mit einem elektrischen Schweißgerät muss die Kabelsteckverbindung von der ABS-Steuereinheit bei ausgeschalteter Zündung getrennt werden.

Lackierarbeiten
Über kurze Zeit darf das ABS-Steuergerät temperaturen von maximal +95 °C ausgesetzt werden, jedoch nicht mehr als 2 Stunden bei höchstens +85 °C. Achten Sie stets darauf, dass keine Bremsflüssigkeit in die Steckverbindungen fließt.

Sauberkeit bei Arbeiten an der Bremsanlage
Verunreinigungen jeglicher Art sind für die Bremsanlage funktionsgefährdend oder sorgen sogar für einen Totalausfall. Halten Sie sich unbedingt an die hier beschriebenen Richtlinien!

- Packen Sie Ersatzteile erst unmittelbar vor dem Einbau aus.
- Nur original-verpackte Teile verwenden.
- Arbeiten Sie bei geöffneter Bremsanlage nicht mit Druckluft (Staub) und bewegen Sie das Fahrzeug nicht.
- Geöffnete Bauteile sorgfältig abdecken bzw. verschließen, wenn die Reparatur nicht umgehend abgeschlossen wird.
- Ausgebaute Teile auf einer sauberen Unterlage ablegen und abdecken.

Teileherkunft
Verwenden Sie nur vom Automobilhersteller freigegebene Bauteile und Betriebsmittel. Achten sie auf eine vorhandene KBA-Nummer, im Zweifelsfall geht die Sicherheit vor den günstigeren Preis! Bremsbeläge und Bremsscheiben sind Bestandteil der Allgemeinen Betriebserlaubnis und dürfen nur durch solche ersetzt werden die vom Hersteller freigegeben sind.

Bremsflüssigkeit
Nur die vorgeschriebene Bremsflüssigkeit verwenden. VW-Norm 501 14 (B000 750). Achtung! Beim neuen Passat darf nur Bremsflüssigkeit dieser Spezifikation verwendet werden.

Nie vergessen: Endkontrolle und Funktionsprüfung durchführen!

Bevor sie das Fahrzeug probefahren sollten Sie folgende Punkte gewissenhaft überprüft haben:

- Alle zuvor gelösten Schraubverbindungen und Sicherungen sind vorschriftsmäßig angezogen und befestigt.

- Schläuche/Kabel/Leitungen sind so verlegt und gesichert wie es der Hersteller verlangt.

- Bremsflüssigkeitsstand ist in Ordnung und der Ausgleichsbehälter ist verschlossen.

- Es befindet sich kein Werkzeug, Hilfsmittel und Lappen mehr am oder im Wagen.

- Die Hochdruckbelastung des Bremspedals im Stand, bei laufendem Motor, hat kein Nachlassen des Drucks gezeigt und alle Bauteile sind dicht. Prüfdauer mindestens 10 Sekunden!

Nun können Sie sofern es die Verkehrslage zulässt, einige Probe-Bremsungen durchführen, wobei mindestens einmal eine ABS geregelte Bremsung erfolgen sollte. Achten Sie während der Fahrt auch auf ungewöhnliche Geräusche und Fahrtrichtungsänderungen beim Bremsen.

Bremsanlage prüfen (allgemein)

Ein paar Worte vorab...

Die hier beschriebenen Verfahren sind oberflächliche Prüfungen, die Sie auch ohne Spezialwerkzeug oder Diagnosegeräte durchführen können. Sie brauchen lediglich eine Taschenlampe und einen Lappen als Hilfsmittel. Sie reichen aus, um einen Überblick zu erhalten, wie Sie ihn sich vor dem Kauf eines Gebrauchtwagen verschaffen sollten. Grobe oder bereits fortgeschrittene Mängel lassen sich so mit kleinem Aufwand aufdecken. Eine qualitativ hochwertige und verbindliche Überprüfung der Bremsanlage kann nur in einer Fachwerkstatt erfolgen!

Sichtprüfung

Hierzu ist Vorraussetzung, dass das Fahrzeug sauber und trocken ist. Bocken Sie das Fahrzeug unter Beachtung aller Sicherheitsvorschriften auf. Sehen Sie sich alle Verbindungen, Anschlüsse und Komponenten des Bremssystems genau an. Achten Sie besonders auf undichte Stellen und Unterschiede der Oberflächenstruktur der Bauteile und Leitungen. Sehen Sie sich auch die Bremssättel genau an. Oft wird eine Undichtigkeit an dunklen Flecken erkannt. Wenn eine Stelle auffällig wirkt, können Sie ruhig mit dem Lappen den restlichen Schmutz entfernen um die Stelle genau zu untersuchen. Vermeiden Sie es mit scharfen Gegenständen, wie einer Drahtbürste, die Bremsleitungen zu reinigen. Die Leitungen sind oberflächenbeschichtet. Diese Kunststoffschicht schütz vor Korrosion. Sollten Sie eine beschädigte Beschichtung entdecken, können Sie diese Stelle mit Rostschutzgrundierung nachbehandeln. Bremsleitungen, egal ob Metallleitungen oder Schläuche, dürfen nicht angescheuert, geknickt, in irgendeiner Weise verformt, aufgequollen, rissig oder gar feucht sein. Im Zweifelsfall erneuern Sie diese oder ziehen einen Fachmann zu Rate, der den Schaden bewerten kann. Vergessen Sie nicht zu prüfen, ob alle Schutzkappen auf den Entlüfterventilen der Bremssättel vorhanden und unbeschädigt sind.

Fixierungsprüfung

Bewegen Sie die Bremsschläuche etwas mit der Hand hin und her um Risse oder defekte Fixierungen zu entdekken. Achten Sie dabei auch darauf, dass die Leitungen nicht verdreht sind oder unter Spannung stehen. Vergewissern Sie sich, dass die Leitungen beim Einfedern und Lenken keine Fahrzeugteile berühren. Bewegen Sie hierzu das Lenkrad von Anschlag zu Anschlag und prüfen Sie die Verlegung. Untersuchen Sie die Metallleitungen vom Hauptbremszylinder zum ABS-Steuergerät sowie auf festen Sitz und Beschädigungen. Zum Schluss sollten Sie noch einen Blick auf die Pedalerie werfen und sicherstellen, dass alle Teile freigängig und unbeschädigt sind.

So sollte der Bremssattel und seine Umgebung aussehen: Alles trocken, Kappe auf dem Entlüfterventil ist vorhanden. Bremsschlauch ist fest, nicht porös und ordentlich verlegt

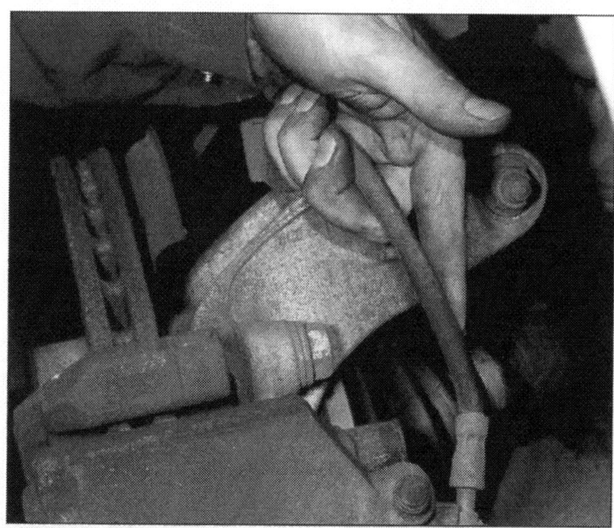

Prüfung der Bremsleitungen und Anschlüsse: Poröse und rissige Stellen kommen meistens deutlicher zum Vorschein wenn Sie die Leitung mechanisch etwas belasten

Bremskraftverstärker prüfen

Treten Sie bei stehendem Motor das Bremspedal mehrmals ganz durch, dann das Pedal in seiner untersten Stellung halten und weiter belasten.
Jetzt starten Sie den Motor. Das Pedal muss spürbar nachgeben. Gibt das Pedal nicht nach, ist entweder der Bremskraftverstärker defekt oder die Unterdruckzuleitung nicht in Ordnung.

Bremsverhalten prüfen

Suchen Sie sich hierzu einen geeigneten, verkehrsruhigen Platz oder eine abgelegene Straße oder Parkplatz an dem Sie niemanden stören oder gefährden. Die Fahrbahn sollte trocken und sauber sein. Ein holpriger Feldweg eignet sich nicht!
Achten Sie darauf niemals die Kontrolle über Ihren Wagen zu verlieren, fahren Sie nicht über Ihre Verhältnisse!

■ Beschleunigen Sie auf ca. 50 km/h und betätigen Sie die Bremse so stark, bis das ABS deutlich spürbar regelt.

■ Nach einigen Probebremsungen können Sie die Temperaturen der Felgen abtasten. Sie sollten achsweise immer gleich warm oder heiß sein. Ein besonders heißes Rad könnte Symptom für eine feste Bremse oder auch ein defektes Radlager sein. Vorsicht! Verbrennen Sie sich nicht die Hände! Die Felgen können sehr heiß werden!

■ Beschleunigen Sie den Wagen auf über 50 km/h und bremsen Sie ihn wieder stark ab, ohne dass das ABS Regelsystem eingreift. Nehmen Sie während des Bremsvorgangs die Hände leicht vom Lenkrad um ein selbständiges Lenken des Fahrzeugs zu erkennen. Halten Sie ihre Hände stets bereit um bei drohender Gefahr einzugreifen! Damit können Sie ein ungleichmäßiges Wirken der Bremse erkennen, bei dem der Wagen dann in Richtung des stärker gebremsten Rades ziehen würde. Im Idealfall bleibt das Fahrzeug in seiner Spur, vorausgesetzt der Untergrund ist eben und gleich aufgebaut.

■ Sobald die Bremse eine ordentliche Betriebstemperatur erreicht hat, können Sie die Freigängigkeit der Räder prüfen. Stellen Sie den Wagen auf einem ebenen Untergrund ab, schalten das Getriebe in den Lerlauf und lösen Sie nun die Feststellbremse. Stellen Sie dabei fest, ob Ihr Passat sich mit geringem Kraftaufwand wegrollen läßt oder nur schwer zu bewegen ist.

Verschleiß prüfen

Bei der Prüfung der Bremsbelagsdicke sowie der Bremsscheiben benötigen Sie als Hilfsmittel eine geeignete Aufbockvorrichtung, eine Taschenlampe, einen Spiegel, sowie eine Schieblehre (alternativ Bügelmessschraube).

Vorderradbremsen

Erfahrungsgemäß weist der innere Bremsbelag einen geringfügig höheren Verschleiß auf. Dies hat seine Ursache in der Nähe zum Bremskolben. Wir empfehlen Ihnen daher die Bremsbelagstärke an diesem Belag zu prüfen. Sollte ein Belag durch Bremsflüssigkeit oder Öl verschmutz sein, müssen umgehend die Beläge dieser Achse erneuert und die Bremsscheiben entfettet werden. Natürlich sollten Sie gleich auch die Ursache der Verschmutzung beheben. Paralell zur Prüfung der Bremsbeläge sollten Sie auch immer die Bremsscheiben inspizieren. Sind größere Risse oder Riefen vorhanden, müssen die Bremsscheiben erneuert werden. Idealerweise wird die Bremsscheibendicke mit einer Bügelmesschraube bestimmt, jedoch können Sie sich auch mit einer geeigneten Schieblehre aushelfen. Zur Messung bocken Sie das Fahrzeug unter Beachtung aller Sicherheitsvorschriften auf und demontieren Sie das jeweilige Rad. Zum Prüfen der Bremsbelagdicke müssen diese nicht ausgebaut werden. Messen Sie zusätzlich die Bremsscheibendicke mit der Schieblehre wie auf dem Foto gezeigt. Gemessen wird an mehreren Punkten, wobei das kleinste Maß aus-

Schieblehre: Messschieber verfügen oft nicht über eine ausreichend tiefe Nut, um den vorhandenen Grat zu überbrücken

schlaggebend ist. Die Bremsscheibe darf insgesamt drei Millimeter verlieren und auf 22 Millimeter schrumpfen, die Verschleißgrenze für Beläge liegt bei 2 mm (ohne Trägerplatte gemessen. Ein neuer Belag hat eine Stärke von 14 mm. Montieren Sie anschließend das Rad wieder und bocken sie den Wagen ab.

Hinterradbremsen

Zur Überprüfung der Belagstärke muss das betreffende Rad nicht abgebaut werden. Entfernen Sie gegebenenfalls die Radvollblende um eine bestmögliche Sicht auf den Bremsbelag zu haben. Den inneren Belag können Sie mit Hilfe des Spiegels und der Taschenlampe einsehen. Das Verschleißmaß hinten ist ebenfalls 2 mm. Ein neuer Bremsbelag hinten ist nur 11mm dick.

Wie lange halten die Bremsbeläge?

Eine Faustregel besagt, dass ein Bremsbelag im ungünstigsten Fall 1 mm Dicke pro 1000 km gefahrener Strecke verliert. Dies könnte eine Hilfe sein wenn Sie eine längere Strecke fahren wollen und sicherstellen möchten, dass die aktuelle Belagstärke über die gesamte Distanz ausreicht. Selbstverständlich kann durch umsichtige und vorausschauende Fahrweise ein vielfaches der möglichen Fahrstrecke nach der Faustregel erreicht werden.

Vorderradbremse FN 3	
Bremsbelagdicke	14 mm
Verschleissgrenze	2 mm
Bremsscheibendurchmesser	312 mm
Bremsscheibendicke	25 mm
Verschleissgrenze	22 mm
Hinterradbremse CII 38	
Bremsbelagdicke	11 mm
Verschleissgrenze	2 mm
Bremsscheibendurchmesser	286 mm
Bremsscheibendicke	12 mm
Verschleissgrenze	10 mm

Hinweise:
Bremsbelagdicke ohne Rückplatte;
ab etwa 4 mm Belagdicke an den vorderen Bremsen erfolgt eine Warnung durch Kontrollampe im Kombiinstrument;
maximaler Bremsscheibenschlag: 0,05 mm
Bremsscheibendickentoleranz: 0,01 mm

Die hinteren Bremsbeläge: Einen besseren Einblick auf die Beläge erhalten Sie nach dem Abbauen des Hinterrads

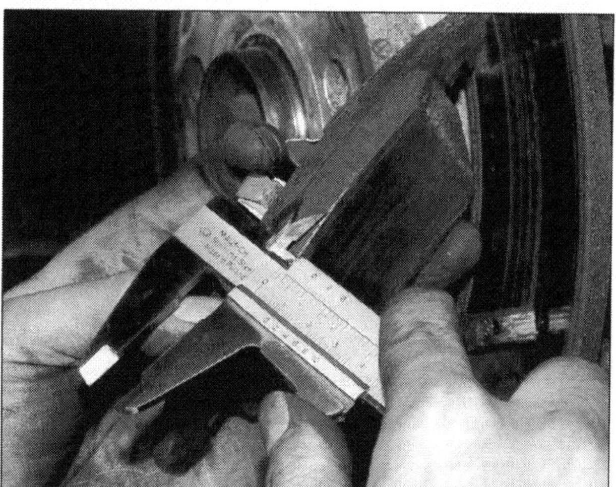

Die Bremsbelagdicke: Beim Messen der Belagdicke wird die Trägerplatte nicht mit berücksichtigt

Nachfüllen von Bremsflüssigkeit: Achten Sie unbedingt auf Sauberkeit und darauf nichts zu verschütten. Ein Trichter ist bei dieser Arbeit unerlässlich, ggf. können Sie diesen noch mit einem Schlauch verlängern. Nicht Überfüllen!

Bremsflüssigkeitsstand kontrollieren

Verwenden Sie nur die vom Hersteller freigegebene Bremsflüssigkeit! Für den Passat ist dies die Bremsflüssigkeit mit der VW-Spezifikation 501 14 (B000 750).
Neue Bremsflüssigkeit ist Bernstein- oder Whiskyfarben. Eine dunkel verfärbte Flüssigkeit ist ein Zeichen dafür, dass sich darin bereits viel Wasser gebunden hat. Der reguläre Wechselintervall der Bremsflüssigkeit beträgt 2 Jahre. Eine gute Bremsflüssigkeit ist lebenswichtige Voraussetzung für die volle Funktionsfähigkeit der Bremsanlage. Wir raten Ihnen auch im Falle des VW Passat dringend davon ab, die Bremsanlage zu Hause zu entlüften oder gar die Bremsflüssigkeit zu wechseln. Sie sollten aber gewiss ab und zu einen Blick auf den Ausgleichsbehälter werfen. Vor und nach einer Bremsenreparatur ist das sogar ein absolutes Muss.
Der Vorratsbehälter ist gut erreichbar im Motorraum oberhalb des Hauptbremszylinders angebracht. Er besteht aus einem halb durchsichtigen Material, durch das der Flüssigkeitsstand einsehbar ist. Reinigen Sie den Behälter mit einem Lappen vor dem Ablesen, verwenden Sie dazu aber kein Wasser! Ein Spritzer Spiritus auf dem Lappen sollte genügen. Klopfen am Behälter führt dazu, dass sich die Flüssigkeit bewegt und besser erkennbar wird. Der Pegel muss immer zwischen MIN und MAX sein.
Bei abgenutzten Belägen wandern die Kolben aus den Sätteln und der Stand in Richtung Minimum. Bei frischen Belägen sollte der Pegel auf Maximum stehen. Denken Sie an den Zustand der Bremsbeläge bevor Sie nachfüllen! Sollte die Bremsflüssigkeit unter die MIN Markierung gesunken sein, was sehr ungewöhnlich ist, liegt vermutlich ein Leck vor. Zur Sicherheit dies nochmals in einer Fachwerkstatt überprüfen lassen.

Die hydraulische Kupplungbetätigung

Die Kupplungsbetätigung im Passat erfolgt über ein hydraulisches System. Die Vorteile der Hydraulik gegenüber dem herkömmlichen Kuplungszug ist die selbständige Nachstellung, geringere Reibung und eine flexiblere Verlegung der Kupplungsleitung.
Die Funktionsweise ist vergleichbar mit der Bremsanlage. Über einen Geberzylinder wird bei Betätigung des Kuplungspedals ein Druck aufgebaut und über hydraulische Leitungen an den Nehmerzylinder weitergeleitet. Durch verschiedene Kolbendurchmesser an Geber- und Nehmerzylinder wird ein konstruktiver Kompromiss zwischen der Betätigungskraft und dem Hebelweg am Kupplungspedal eingegangen.

⚠ Bremsflüssigkeit

GEFAHRENHINWEIS

Bremsflüssigkeit ist giftig, lackschädigend und hygroskopisch, das heißt: Bremsflüssigkeit zieht Wasser an. Wasser ist jedoch Gift für eine Bremsanlage an der 600 Grad entstehen können. Bekanntlich kocht Wasser bei rund 100 Grad und setzt dabei Sauerstoff frei. Luft lässt sich aber im Gegensatz zu Flüssigkeiten komprimieren und damit funktioniert die Kraftübertragung vom Pedal zu den Bremsbelägen nicht mehr oder nur schlecht. Sie treten dann ins Leere. Daraus folgen ein paar Grundregeln, die Sie unbedingt beherzigen sollten:

- Lassen Sie die Bremsflüssigkeit im Abstand von zwei Jahren in einer Fachwerkstatt erneuern!
- Verschließen Sie den Vorratsbehälter und angebrochene Dosen sorgfältig und achten Sie auf absolute Sauberkeit im Bereich der Öffnungen!
- Sollte etwas daneben gegangen sein: Spülen Sie die Bremsflüssigkeit sofort mit viel Wasser ab!

Prüfen des Flüssigkeitsstands:

Die Bremse und die Kupplung verwenden eine identische Hydraulikflüssigkeit und haben einen gemeinsamen Ausgleichsbehälter im Motorraum. Der Verschleiß an der Kupplung und das damit verbundene Absinken des Flüssigkeitsniveaus ist so gering, dass es vernachlässigt werden kann.

Prüfen der hydraulischen Betätigung:

Zuerst sollten Sie die Geber- und Nehmerzylinder mitsamt der kompletten Hydraulikleitung auf Flüssigkeitsverlust untersuchen. Prüfen Sie auch die Abdichtung des Nehmerzylinders zum Getriebe und den Entlüfteranschluss der ebenfalls direkt am Nehmerzylinder angebracht ist. Das Austauschen des Nehmerzylinders ist übrigens nur bei ausgebautem Getriebe möglich.
Eine simple Möglichkeit die Kupplungsbetätigung und deren Dichtheit zu überprüfen ist den ersten Gang bei betriebswarmen Motor einzulegen und das Kupplungspedal ganz durchgedrückt zu halten. Sollte in diesem Zustand die Kupplung anfangen zu greifen und der Wagen losfahren, haben Sie eine undichte Hydraulik. Auch wenn die Kupplung nicht richtig trennt und das Getriebe beim Schalten kratzt, kann die Ursache in einer undichten Stelle in der Hydraulik liegen.

Bremsbeläge vorn wechseln

Da die Bremsanlagen bei allen hier beschriebenen VW Passat Modellen prinzipiell gleich sind, gilt diese Anleitung für alle Typen. Unterschiede ergeben sich durch die Bremsbelagverschleißanzeige, deren Stecker sich, wenn vorhanden, auf der Rückseite der Bremse befindet. Achten Sie nach der Montage auf die korrekte Verlegung und Fixierung des Kabels.
Grundsätzlich Bremsbeläge immer achsweise ersetzen und niemals nur einen oder zwei abgefahrene Bremsbeläge. Wenn Sie den alten Bremsbelag wieder einsetzen wollen, müssen Sie ihn an selber Position wieder einbauen an der Sie ihn ausgebaut haben. Kennzeichnen Sie die Beläge daher eindeutig! Bei glasigen Stellen, Ausbrüchen oder Ablösungen von der Trägerplatte, müssen die Beläge auf jeden Fall erneuert werden. Der Bremsbelag darf das Verschleissmaß von 2 mm (ohne Trägerplatte) nicht unterschreiten. Sie werden aber ohnehin bereits ab einer Belagstärke von weniger als 4 mm über die Kontrollanzeige im Cockpit auf den bald fälligen Bremsbelagwechsel hingewiesen.
Wichtig ist, die Arbeiten erst auf einer Seite komplett abzuschließen, bevor Sie sich der anderen Seite widmen. Stellen Sie außerdem sicher, dass niemand das Bremspedal betätigt während Sie an der Bremse arbeiten.
Achtung! Zum Nachfüllen nur die vorgeschriebene Bremsflüssigkeit der VW-Norm 501 14 verwenden.

Benötigte Werkzeuge und Materialien:

- Reparatursatz Bremsbeläge
- stabilen Schlitzschraubendreher als Hebel
- 7er Inbusnuss mit Knarre und Verlängerung
- Drehmomentschlüssel
- Temperaturbeständige Bremsenpaste
- Bremsflüssigkeit
- ggf. Saugflasche für Bremsflüssigkeit
- Bremskolben-Rücksetzwerkzeug, alternativ auch eine große Schraubzwinge
- kurzer Expander, Draht oder Haken
- Spiritus
- faserfreier Lappen

Ausbau:

■ Bocken Sie das Fahrzeug wie unter "Fahrzeug richtig aufbocken beschrieben" auf.

■ Halteklammer mit dem Schraubendreher aus den Bohrungen hebeln und ausbauen. Merken Sie sich die genaue Lage der Feder. (1)

■ Steckverbindung der Bremsbelagverschleißanzeige, wenn vorhanden, trennen.

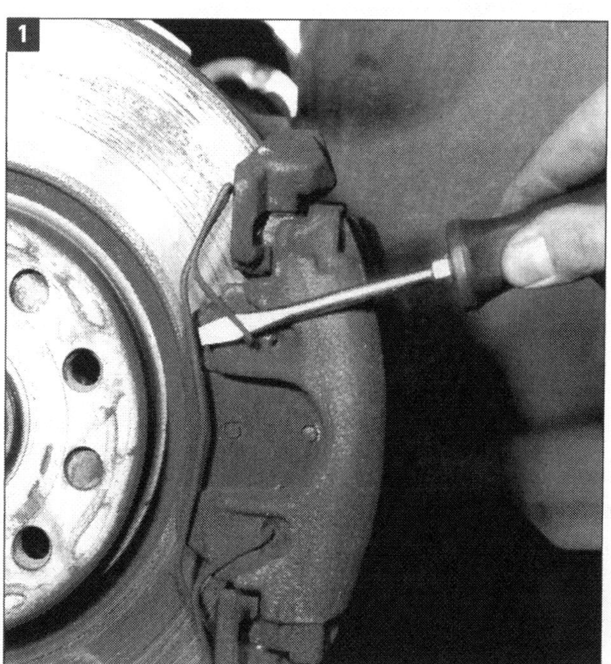
1

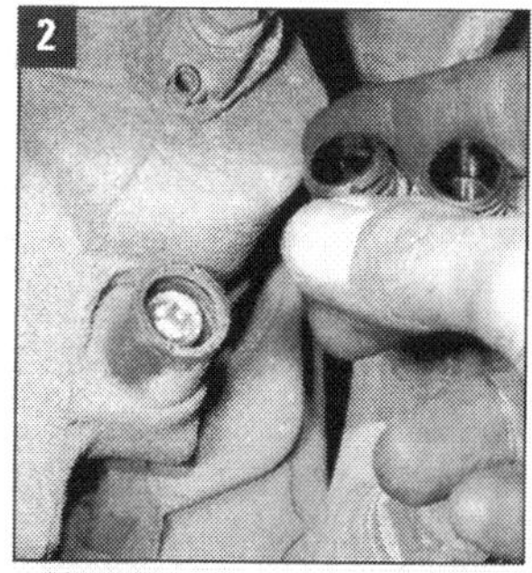
2

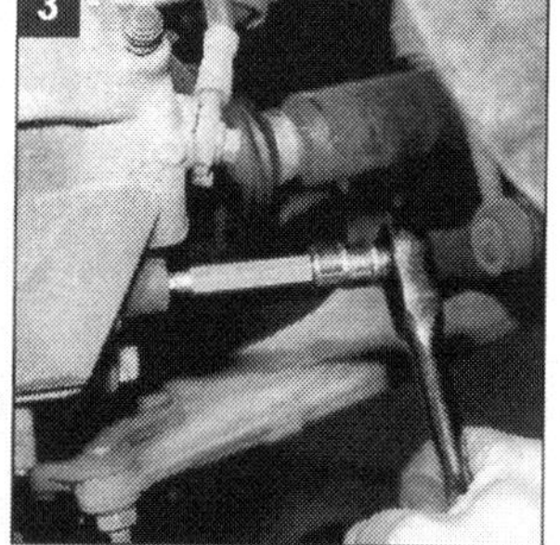
3

4

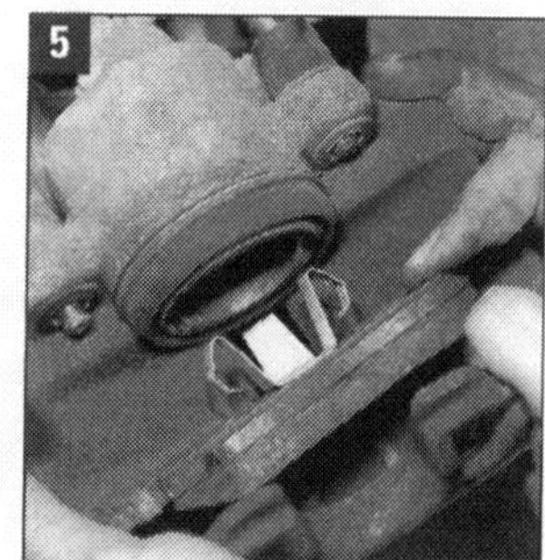
5

■ Abdeckkappen der Führungsbolzen herausnehmen (2).

■ Beide Führungsbolzen herausschrauben (3).

■ Bremssattel unter leichtem Hin und Herbewegen nach außen vom Bremssattelträger wegziehen (4).

■ Jetzt die Bremsbeläge herausnehmen (5). Bei Wiederverwendung der Beläge Einbauort kennzeichnen!

■ Den Bremssattel sicher am Fahrzeugaufbau aufhängen (s. Bild rechts). damit der Bremsschlauch nicht auf Zug und/oder Knickung beansprucht wird. Die Schraubenfeder eignet sich als Aufhängungspunkt.

Aufgehängt: Zum Schutz des Bremsschlauchs wird der Bremssattel am Federbein aufgehängt

Prüfung auf Verschleiß und Defekte:

■ Sollten am Bremssattel irgendwo Spuren von Bremsflüssigkeit auftreten, muss er gegebenenfalls zerlegt und instandgesetzt werden. Dies sollte in einer Fachwerkstatt durchgeführt werden. Ist der Belag trocken, können Sie wie beschrieben fortfahren.

■ Reinigen Sie die Auflageflächen der Bremsbeläge am Bremsträger und entfernen Sie sorgfältig Rost, auch am Bremssattel. Sie können dazu eine Drahtbürste/Zahnbürste benutzen, achten Sie aber darauf nicht die Manschette des Bremskolbens oder die Bremsleitungen zu beschädigen.
Achtung! Beim Reinigen löst sich feinster Staub von der Bremse! Verwenden Sie einen Atemschutz und eine Schutzbrille. Arbeiten Sie in sicherer Entfernung. Zum Reinigen nur Spiritus verwenden!

■ Nehmen Sie nach der Reinigung die Bremse genau in Augenschein. Prüfen Sie die Bremsscheibe auf Riefenbildung und Maßhaltigkeit (Rückseite nicht vergessen). Bei starker Riefenbildung, aber genügend Bremsscheibendikke, müssen die Scheiben nicht gleich ersetzt werden, es gibt Fachbetriebe die Riefen ausschleifen. Hat eine der Bremsscheiben bereits die Verschleißgrenze erreicht, diese umgehend erneuern.
Bremsscheiben werden wie Bremsbeläge ebenfalls immer achsweise erneuert. Die ausführlich erläuterten Arbeitsschritte hierzu finden Sie anschließend unter "Bremmscheiben vorne wechseln".

■ Überprüfen Sie die Staubmanschette des Bremskolbens auf guten Sitz und Beschädigungen. Bei einem Riss oder Loch ist diese natürlich auch zu erneuern.

■ Dann die beiden Führungsbolzen des Bremssattels mit einem feinen Schmirgelpapier reinigen und anschließend hauchdünn mit Bremsenpaste bestreichen. Bremsenpaste nicht auf das Gewinde auftragen!

■ Prüfen Sie die Leichtgängigkeit des Bremskolbens indem Sie den Kolben, ohne ihn zu verkanten, in den Bremssattel drücken. Das Zurückgleiten muss gleichmäßig und unter konstantem Kraftaufwand von statten gehen. Ein gewisser Kraftaufwand ist dabei natürlich schon nötig. Sie können auch ein handelsübliches Rücksetzwerkzeug verwenden. Durch das Zurückdrücken des Bremskolbens wird Bremsflüssigkeit im Bremssattel verdrängt, die wiederum in den Bremsflüssigkeitsbehälter einfließt. Schrauben Sie den Verschlußdeckel ab und achten Sie unbedingt bei dieser Arbeit darauf, dass der Ausgleichsbehälter nicht überläuft.

■ Der zweite Teil der Prüfung besteht darin, das Herausgleiten des Kolbens zu prüfen. Begrenzen Sie den Ausfahrweg des Bremskolbens z.B. durch ein Stück Holz um ein Herausfallen aus dem Sitz zu vermeiden. Nun kann ein Helfer das Bremspedal langsam durchdrücken und Sie beobachten ob sich der Kolben in einer ruckfreien, gleitenden Bewegung aus dem Bremssattel bewegt. Passen Sie hierbei besonders darauf auf, dass sich genügend frische Bremsflüssigkeit im Ausgleichsbehälter befindet und das Bremssystem keine Luft ansaugt. Achten Sie darauf den Kolben nicht zu weit herauszupumpen, ein einziger aussagekräftiger Hub ist für die Beurteilung schon ausreichend. Wenn der Kolben schwer läuft oder herausgefallen ist, muss die Fachwerkstatt ran! Vor der Montage der Bremsbeläge sollte sich der Bremskolben weit innerhalb des Bremssattels befinden um genügend Raum zum Einbau freizugeben.

Einbau:

■ Die Bremsenbauteile sind nun gründlich gereinigt und wir beginnen mit den Einbauvorbereitungen. Tragen Sie auf die Stellen des Bremssattelträgers und Bremssattels an denen die Bremsbeläge geführt werden eine dünne Schicht Bremsenpaste auf. Sie erkennen diese Stellen an den Druckstellen die die alten Bremsbeläge hinterlassen haben. Die Paste verhindert ein Festgammeln der Bremsteile und unterdrückt lästige Quitschgeräusche.
Achten Sie darauf, dass während der gesamten Arbeiten die Bremsbelagfläche und Bremsscheibe nicht mit der Bremspaste in Berührung kommt. Vor allem nicht durch Kontakt mit ihren Fingern!

■ Entfernen Sie sorgfältig die Schutzfolie des äußeren Bremsbelags und setzten sie ihn richtig herum in den Bremssattelträger. Die im Passat verwendeten Bremsbeläge haben keine Laufrichtung die Sie beachten müssen. Den inneren Bremsbelag ebenfalls sorgfältig auspacken und mit der Haltefeder in den Bremssattel (Kolben) einsetzen (8).

■ Setzen Sie nun den Bremssattel auf den Bremssattelträger und richten sie diesen mit leichten Bewegungen aus. Dabei zentrieren Sie den Bremsbelag auf dem Bremssattel.

■ Schrauben Sie nun die beiden Führungsbolzen ein und ziehen Sie diese mit jeweils 30 Nm fest.

■ Die beiden Abdeckkappen der Führungsbolzen von Hand ansetzen und dann zum Beispiel mit der Rückseite eines Schraubendrehers einklopfen.

■ Haltefeder einsetzen. Achten Sie auf richtigen Sitz! Diese muss hinter den Bremssattelträger gedrückt werden!

■ Wenn vorhanden, den Stecker der Bremsbelagverschleißanzeige anschließen.

■ Räder montieren und Fahrzeug abbocken.

■ Durch kräftiges Pumpen am Bremspedal die Bremsbeläge an die Bremsscheiben anlegen.

■ Bremsflüssigkeitsstand im Ausgleichsbehälter durch absaugen oder auffüllen auf MAX-Markierung bringen und Deckel fest verschließen.

Anmerkung:
Die neuen Bremsbeläge sind sanft einzubremsen. Hierzu die ersten Bremsungen bei der Probefahrt mit leichtem Bremsdruck durchführen. Anlage nicht überhitzen. Die maximale Bremsleistung wird erst nach mindestens 200km Fahrstrecke erreicht da sich die Beläge erst an die Bremsscheiben anpassen müsen. Vermeiden sie in dieser Zeit unnötige Vollbremsungen.

Ersatz-Werkzeug: Zum Zurückdrücken des Bremskolbens in den Bremssattel genügt auch eine große Schraubzwinge

Kupferpaste aufbringen: Für das Bestreichen der Kontaktflächen mit Bremspaste sollten Sie sich Zeit nehmen

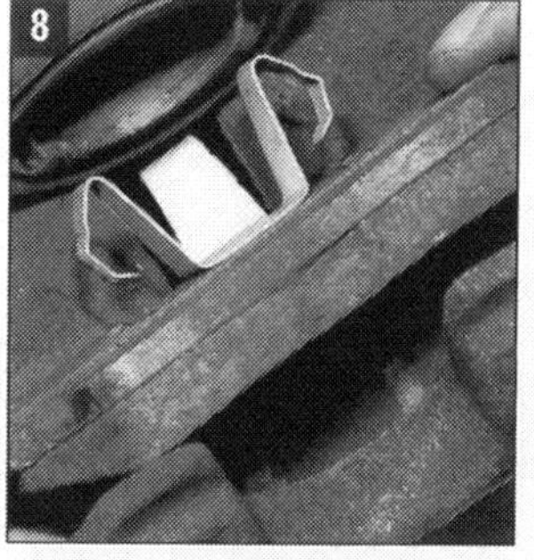

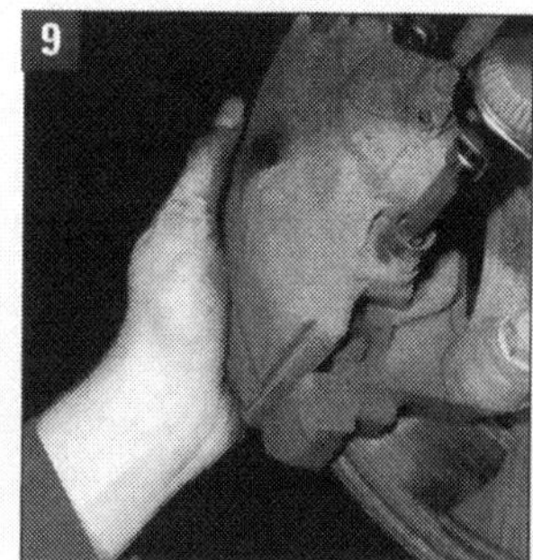

Bremsscheiben vorn wechseln

Zusätzliches Werkzeug zu dem des Bremsbelagwechsels:

– 21er Nuss für den Bremssattelträger
– 30er Torx Nuss für die Bremsscheibe
– großer Drehmomentschlüssel bis 200Nm
– Kunstoffhammer, Hammer
– neuen Bremsbelagsatz und Bremsscheiben
– Schraubensicherungslack
– Verdünnung, Lappen

Ausbau:

■ Bauen Sie zunächst Bremssattel und Bremssattelträger aus. Verwenden Sie bei neuen Bremsscheiben nur neue Bremsklötze. Auch hier wird immer achsweise erneuert, alles andere ist eine absolute Notlösung.

■ Nach dem Ausbau der Bremsklötze, sichern Sie den Bremskolben beispielsweise mit einem Stück Holz vor herausgleiten.

■ Bremssattelträger von der Radhausseite aus lösen (1). Die beiden 21er Sechskantschrauben sind sehr fest angezogen. Sie brauchen daher viel Kraft und eine stabile 1/2 Zoll Knarre, oder auch eine entsprechende Verlängerung. Achten Sie auf sicheren Stand des Fahrzeugs.

■ Anschließend 30er Torxschraube, mit der die Bremsscheibe fixiert ist, lösen. Verwenden Sie Rostlöser und lassen Sie ihn gut einwirken. Sitzt die Nuss gut im Schraubenkopf, mit einem Schlag (Hammer) die Schraube lösen.

■ Ist auch die Bremsscheibe festgerostet, schlagen Sie mit einem Kunststoffhammer zwischen die Schraublöcher. Dadurch fällt die Scheibe früher oder später ab.
Achtung: Niemals von hinten gegen die Reibfläche schlagen! Der Satz Scheiben wäre ruiniert, die Radlager unnötig belastet.

Einbau:

■ Vor der Montage entfernen Sie den Rost und reinigen alle Teile gründlich. Besonders die Reibfläche muss absolut fettfrei sein! Reinigen Sie diese mit Verdünnung. Zwischen Scheibe und Radnabe können Sie dünn etwas Bremspaste auftragen, das erleichtert den nächsten Wechsel.

■ Setzen Sie die Bremsscheibe auf die Radnabe und ziehen die Sicherungsschraube mit 4 Nm an. Achten Sie darauf keine Bremspaste auf die Reibflächen der Bremscheiben zu bringen!

■ Reinigen Sie die Gewinde des Bremssattelträgers und tragen sie etwas Schraubensicherungslack auf.

■ Setzen Sie den Bremssattelträger an den Achsschenkel und ziehen Sie beide Schrauben mit 200 Nm fest.

■ Montieren Sie die Bremsbeläge und den Bremssattel wie im entsprechenden Kapitel beschrieben und schließen Sie ihre Arbeit mit dem üblichen Sicherheitsüberprüfungen ab.

1

2

3

Riefenbildung vorne

Es scheint schon fast unglaublich aber erste Fahrzeuge des Passat 3C wiesen tatsächlich Probleme mit den Bremsen auf. Hauptbeanstandung war vor allen Dingen die (zu) schnelle Abnutzung der vorderen Bremsscheiben. Dies äußerte sich durch starke Riefenbildung an den Innenseiten der vorderen Scheiben. Ein Austausch nach wenigen tausend Kilometern Fahrleistung war daher nicht selten.

Ursache war ein Materialfehler der Beläge wodurch es zu starken Ablösungen aus den Bremsbelägen kam. Diese Materialausbrüche ergaben eine Wirkung wie grobkörniges Schmirgelpapier an den Scheiben. Ähnlich wie beim Einschluss kleiner Steinchen, kam es zur Bildung tiefer Rillen und Riefen, welches beim Passat ein typisches Muster aufwiesen.

Nachdem man erkannt hatte, dass dieses Problem vermehrt auftritt, handelte VW und tauschte auf Kulanz Beläge samt Scheiben aus. Die neu eingesetzten Bremsbeläge sind nun von einem anderen Hersteller und sorgen dafür, dass sich Materialausbrüche der Beläge in Grenzen halten.

Vielfahrer mag dieses Problem schnell aufgefallen sein. Bei einer Beanstandung wurde zumeist auch den Kunden gegenüber kulant und fair gehandelt. Dennoch ist es möglich, dass Fahrzeuge von Wenigfahrern noch heute betroffen sind. Es ist daher in jedem Fall empfehlenswert die inneren Beläge samt Scheiben der vorderen Bremsen zu kontrollieren und gegebenenfalls beim VW-Vertragshändler erneuern zu lassen. Die normale Garantie für die Bremsen erstreckt sich auf 10.000 km Laufleistung, da aber hier ein Materialmangel vorliegt, der auch VW bereits bekannt ist, sollten Ansprüche auch noch nach überschreiten dieser Laufleistung geltend gemacht werden können.

Innenseiten der Bremsscheiben: Riefen (s. Pfeil) traten zumeist zwischen 10 und 20 mm vom Rand der Scheiben auf

Innenseiten in Ordnung: Bei diesem Passat zeigt sich ein gleichmäßiges Abnutzungsbild innen wie außen (s. unten)

Bessere Bremsflüssigkeit

Abgesehen von der Riefenbildung gelten die Bremsen des Passat als allgemein robust und standfest. Dennoch stösst die Bremsanlage früher oder später an ihre Grenzen.

Dies ist ganz natürlich, denn eine Bremsanlage kann nichts anderes tun als Bewegungsenergie durch Reibung in Wärmeenergie umzusetzen. Bei rasanten Passabfahrten kann es daher durchaus passieren, dass der Druckpunkt schwammiger und der Pedalweg immer länger wird. Ist die Bremsflüssigkeit alt und

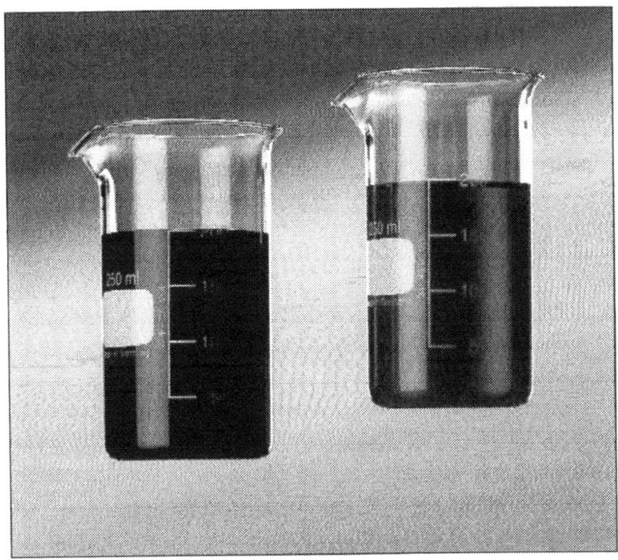

Regelmäßig wechseln: Bei alter Bremsflüssigkeit (s. links im Bild) hilft auch die beste Bremsanlage nichts

daher der Wassergehalt groß, werden jetzt mit Sicherheit Dampfblasen entstehen. Eine Möglichkeit die Grenzen der Belastbarkeit etwas weiter hinauszuschieben ist die Verwendung einer Bremsflüssigkeit mit höherem Siedepunkt.

Für den Rennsport gibt es unter der Bezeichnung Ferodo Racing DOT 5.1 beispielsweise eine Bremsflüssigkeit, die erst bei über 260 Grad zu gasen beginnt. Darüber hinaus gibt es noch synthetische Flüssigkeiten auf Silizium-Esther-Basis, die sogar über 300 Grad vertragen. Diese ist allerdings nur für den Rennsport gedacht, sehr teuer und darf auch nicht mit normalen Flüssigkeiten gemischt werden. Prinzipiell sollten Sie darauf achten die Bremsflüssigkeit regelmäßig erneuern zu lassen. Bei Fahrzeugen mit ESP sollten Sie das lieber die Werkstatt machen lassen, da das System mit Druck entlüftet werden muss.

Bremsentuning

Mehr Bremsleistung, bessere Dosierbarkeit und eine höhere thermische Belastbarkeit sind nur durch einen Austausch der Komponenten erreichbar. Klassisches Bremsentuning besteht daher aus drei Elementen, die aufeinander aufbauen:

Schritt 1: stahlummantelte Bremsschläuche

- Vorteil: der Druckpunkt der Bremse wird etwas präziser und die Widerstandsfahigkeit gegen Umwelteinflüsse verbessert.
- Nachteil: Die Bremsanlage muss nach dem Austauschen der Leitungen komplett neu befüllt und entlüftet werden. Das ist allerdings auch eine gute Gelegenheit auf eine höherwertige Bremsflüssigkeit umzusteigen.

Schritt 2: Bremsbeläge aus hitzeresistentem Material

- Vorteil: Selbst bei härtester Belastung bleiben Reibwert und Material unverändert.
- Nachteile: Extrem harte Beläge neigen zum quietschen und bieten unter Umständen erst ab einer gewissen Temperatur die gewohnte Verzögerung. Der Bremsscheibenverschleiß kann zunehmen, denn das harte Belagmaterial frist sich regelrecht in die Scheibe.

Schritt 3: Innenbelüftete, größere und gelochte Bremsscheiben

- Vorteil: Da die Beläge weiter außen greifen ist die Hebelwirkung größer. Das bringt bei gleichem Pedaldruck eine stärkere Verzögerung. Löcher oder Nuten in den Scheiben dienen der Selbstreinigung und bieten ein besseres Ansprechverhalten bei Nässe.
- Nachteil: Große Bremsscheiben und die dazugehörigen Sattel passen nur unter große Räder. Damit wird das Ganze, gemessen am Ergebnis, unverhältnismäßig teuer. Die speziellen Teile kosten im Ersatzfall sehr viel mehr als die VW-Massenware.

Andere Beläge: Im Handel sind verschiedene Qualitäten und Materialien erhältlich

Bremsanlage

Störung	Was kann das sein?	Was muss ich tun?
A Bremsen quietschen	**1** Hochfrequente Schwingungen	Oft hilft es, die Längskanten der Beläge mit einer Feile anzuschrägen, dazu etwas Anti-Quietsch-Paste auf der Rückseite der Beläge
	2 Verglaste Beläge nach extremer Überhitzung	Die Bremsklötze müssen ersetzt werden, dabei die Scheiben genau prüfen
	3 Beläge verschlissen, der Verschleißanzeiger liegt an	Die Bremsklötze müssen ersetzt werden, dabei die Scheiben genau prüfen
B Schwache Bremswirkung	**1** Ungünstige Materialpaarung zwischen Scheiben und Belägen	Scheiben und Beläge ersetzen und dabei Teile vom gleichen Hersteller verwenden
… bei zu hartem Bremspedal	**2** Bremskraftverstärker ausgefallen	Unterdruckanschluss prüfen. Marderbiss?
… bei zu weichem Bremspedal	**3** Bremse überhitzt	Bei langsamer Fahrt abkühlen lassen
	4 Luft im System	Mit speziellem Gerät entlüften lassen und dabei die Bremsflüssigkeit erneuern
C Übermäßiger Verschleiß	**1** Überstrapazieren der Bremse	Lieber etwas stärker und dafür weniger lang bremsen
… an einer Bremse	**2** Schwergängiger Sattel oder Belag verklemmt	Zerlegen und reinigen. Etwas stärkerer Verschleiß an der Kolbenseite ist jedoch normal
… nur vorne	**3** Ungünstige Materialpaarung	Scheiben und Beläge ersetzen und dabei Originalteile verwenden oder größere Bremsanlage verwenden
… nur hinten	**4** Lüftspiel zu gering	Spiel der Handbremse überprüfen.
D Handbremse zieht nicht	**1** Automatische Bremse funktioniert nicht richtig	Bremsen prüfen und ggf. justieren lassen
	2 Beläge hinten abgenutzt oder verglast	Bremsbacken tauschen und dabei die Bremsanlage genau inspizieren. Bei Riefen austauschen

Bremsanlage

Störung	Was kann das sein?	Was muss ich tun?
E Bremsflüssigkeitsstand zu niedrig	**1** Starker Verschleiß an den Bremsbelägen	Alle Bremsen auf Verschleiß prüfen und ggf. ersetzen. Beim Zurücksetzen der Kolben steigt der Stand an.
	2 Flüssigkeitsverlust	Undichte Stelle lokalisieren (Bremsleitungen?) Bei deutlichem Leck Auto abschleppen lassen.
F Warnleuchte geht an	**1** Bremsflüssigkeitsstand prüfen	Wenn nötig etwas nachfüllen
	2 ABS- und/oder ESP-Ausfall	Wagen neu starten. Den Fehlerspeicher auslesen lassen. Manchmal ist der Bremslichtschalter Schuld.
G Schiefziehen beim Bremsen	**1** Reifenzustand	Reifenprofil und Luftdruck überprüfen
	2 Eine Bremse ist defekt	An den Felgen die Temperatur erfühlen. Ist eine heißer als die anderen, hängt der Bremssattel, ist eine zu kalt, kommt hier kein Bremsdruck an.
H Hässliche Schleifgeräusche beim Bremsen	**1** Bremsscheiben angerostet	Vor und nach längeren Standphasen die Bremsanlage freibremsen
	2 Bremsbeläge verschlissen	Prüfen, ob der Verschleißanzeiger bereits an der Scheibe kratzt
	3 Fremdkörper in der Bremsanlage	Fahren Sie ein paarmal rückwärts und bremsen sie dann.
I Vibrationen beim Bremsen	**1** Bremsscheiben verzogen	Scheiben genau anschauen. Blaue Verfärbung deutet auf thermische Überlastung hin, dabei können sich die Scheiben verzogen haben
	2 Bremsscheiben verschmiert	Auf den Scheiben können Spuren von Fremdmaterial verblieben sein, die für ein Rubbeln sorgen
	3 Spiel in der Radaufhängung	Querlenker und andere Bauteile prüfen
	4 Ungünstige Materialpaarung	Scheiben und Beläge ersetzen und dabei Originalteile Fahrwerk- und Lenkungsteile können zu Bremsflattern führen.

Spannungsgeladen

Die weitentwickelte Bordelektronik kann bereits mit einer simplen Stromprüflampe innerhalb von Sekundenbruchteilen beschädigt werden. Aber keine Angst, wir zeigen Ihnen wie Sie sicher und zugleich fachgerecht die Stromkreise prüfen können ohne dabei Schäden zu verursachen.

Der Passat – ein Laptop auf Rädern?

Die meiste Angst haben die Besitzer neuerer Autos vor der allgegenwärtigen Elektronik. Verständlich, denn die Tage in denen eine Prüflampe zur Fehlersuche ausreichte sind schon lange vorbei.
Immer mehr Aggregate und Baugruppen werden heutzutage elektronisch gesteuert oder zumindest überwacht. Analog dazu hat sich das Berufsbild des Kfz-Mechanikers zum Kfz-Mechatroniker gewandelt. Bei der heutigen Komplexität der Fahrzeugsysteme ist aber sogar für diese Fachleute eine Fehlersuche ohne Einsatz eines speziellen Diagnosegerätes nahezu aussichtslos. Trotzdem sollten Sie nicht gleich vor der Elektronik kapitulieren, denn eine Vielzahl von Defekten und Problemen lässt sich immer noch mit einfachsten Mitteln lokalisieren und in Ordnung bringen.
Denn viele Bauteile, die zwar im Laufe ihrer Entwicklung verbessert wurden, haben immer noch mit den alten Grundproblemen von Einst zu Kämpfen. Als da wären: Fehlerhafte Steckverbindungen, lose Masseanschlüsse oder Kriechströme. Damit ist beispielsweise der Anlasser gemeint, der eine der wichtigsten Funktionen im Auto einnimmt und dessen Konstruktion beinahe so alt ist wie das Automobil selbst. In diesem Kapitel wollen wir Ihnen daher nützliche Tipps geben um Probleme zu erkennen, schon im Vorfeld zu vermeiden oder um Ihren Wagen an ihre Bedürfnisse anzupassen.

CAN-Bus Technologie

Heutzutage arbeiten in einem Fahrzeug eine Unmenge von Komponenten und Systemen unterschiedlichster Anwendungsgebiete miteinander. Diese Systeme müssen ständig und verlässlich untereinander kommunizieren und sich gegenseitig aufeinander abstimmen. Das dabei nicht jeder Sensor direkt mit der verarbeitenden Einheit oder sogar mehreren Einheiten verbunden werden kann, ist aufgrund der Vielzahl der Messvorrichtungen, Geber und Aktuatoren nur verständlich.
Die Kabellängen (bis zu zwei Kilometer elektrischer Leitungen pro Fahrzeug) und das damit verbundene Gewicht sind ernsthafte Herausforderungen an alle Fahrzeughersteller. Die Technik des hier beschriebenen Passat setzt daher auf zentrale Spannungsversorgungseinheiten mit separierten Steuergeräten, die möglichst nahe oder sogar im Fall des DSG-Getriebes innerhalb der Baugruppe angeordnet sind. Für die Vernetzung der unterschiedlichsten Steuergeräte untereinander wird ein von der Firma Bosch entwickeltes sogenanntes CAN-Bus System (Controler Area Network) angewandt. Dieses stellt sicher, dass Daten zuverlässig und schnell von einem Steuergerät zum anderen geleitet werden. Dies geschieht unter Berüksichtigung von der Priorität des Dateninhalts und der Leitungslänge. Die Übertragungsgeschwindigkeit kann bis zu 1 Mbit/s schnell sein, ebenso sind auch Speicherbausteine in das System integriert, die Fehler speichern und zum Auslesen bereit halten.

On-Board Diagnose (OBD)

In den 80er Jahren hat es der Gesetzgeber den Automobilherstellern zur Pflicht gemacht, alle abgasbeeinflussenden Systeme während des Fahrbetriebs permanent zu überwachen und eventuell auftretende Fehler zu speichern. Man will wissen, wie oft die abgasrelevanten Daten überprüft werden und wie verlässlich diese Werte sind. Zukünftige Systeme werden daher aller Voraussicht nach mit einer Überwachung der Überwachung ausgestattet sein um gegenüber dem Gesetzgeber nachweisen zu können, wie oft das entsprechende System geprüft wurde.
In aktuellen Fahrzeugen, wie Ihrem Passat, wird sogar der Fahrer über eine Anzeige (Motorcheck-Symbol) in seinem Blickfeld auf einen vorhandenen Fehler hingewiesen und so dazu veranlasst, die Werkstatt aufzusuchen. Das Auslesen der gespeicherten Daten erfolgt beim hier beschriebenen Passat über einen hellblauen, 16-poligen Stecker, der sich im Fußraum der Fahrerseite unterhalb des Lenkrads befindet. Zum Auslesen der Daten ist ein passender Kabelsatz sowie ein entsprechendes Diagnosegerät des Herstellers nötig bzw. ein Laptop mit entsprechender Software.

Was die Zukunft bringt...

Der hohe Elektronikanteil moderner Pkw macht schon heute mehr als die Hälfte der Fertigungskosten aus. Der Kunde will aber nicht nur für die im Fahrzeug enthaltenen Systeme Geld bezahlen, sondern diese auch nutzen können. Bereits heute ist die Bedienung und Einstellung des eigenen Fahrzeugs eine komplexe Angelegenheit. Statt einer Bedienungsanleitung erhalten Sie inzwischen zu ihrem Wagen mehrere Handbücher die erstmal gelesen und verstanden werden müssen. Sollte ihr Wagen bereits mit einem Multifunktionsdisplay ausgestattet sein, können Sie bereits ab Werk

damit viele individuelle Einstellungen vornehmen.
In Zukunft werden solche Systeme, vor allen Dingen auch für den Service, noch mehr an Bedeutung gewinnen. Den ersten Schritt hat VW bereits mit der CAN-Bus Technologie und seiner überdurchschnittlich komplexen und umfangreichen Diagnosesoftware VAG-COM getan.

Elektrik und Elektronik

Zunächst einmal muss zwischen Elektrik und der Elektronik unterschieden werden. Beide haben mit Strom zu tun und gehören zur Elektrotechnik. Doch während sich die Elektrik eher dem Zusammenhang zwischen Strom und Wirkung, also Strom produzierenden (wie Lichtmaschine) oder Strom verbrauchenden Maschinen (wie dem Anlasser) widmet, beschäftigt sich die Elektronik mit der Herstellung von Schaltkreisen und der Verwendung von Halbleiterelementen. Anders gesagt: Wird der Strom auf seinem Weg von der Energiequelle zum Verbraucher manipuliert, handelt es sich um Elektronik. Wird irgendwo Strom produziert oder verbraucht, handelt es sich um handfeste Elektrik. Dazu gibt es noch jede Menge Sensoren und Aktoren die Zustände messen und aktiv beeinflussen. Da die Grenzen beim Auto inzwischen fließend sind und Sensorik, mechanische Komponenten, Informatik und Aktorik meist zusammen einen Regelkreis bilden, gibt es heute keine reinen Kfz-Elektriker mehr.

Das Ende der Glühbirne

Wesentliche Neuerungen gibt es auch beim Thema Beleuchtung. Die gewohnte Glühbirne ist nämlich ein Auslaufmodell und wird zunehmend durch LED-Leuchten abgelöst. Mal abgesehen davon, dass die LED-Rücklichter des neuen Passat ein wichtiges Designmerkmal und auch hochmodern sind, muss es wohl noch mehr Vorteile dieser Technik geben.
Die LED (Lichtemittierende Diode) ist ein elektronisches Halbleiter-Bauelement, das zunehmend im Kfz-Bereich Verwendung findet. Anfangs beschränkte sich ihr Einsatz noch auf die Funktion einer Kontrolleuchte. Mittlerweile findet man für sie inzwischen immer öfter auch Verwendung bei der Beleuchtungsanlage im und am Fahrzeug. Abgesehen von der geringen Spannungsaufnahme der Leuchtdioden haben sie in Signalanlagen gegenüber den herkömmlichen Lichtquellen den Vorteil einer monchromen Lichtabgabe (einfarbig, da sehr begrenzter Spektralbereich). Damit muss nicht, wie bei Standard-Leuchtkörpern, die gewünschte Farbe aus dem großen Farbspektrum

Kabelsalat: Trotz CAN-Bus und Leitertechnologie verstecken sich hinter den Verkleidungen des Passat etliche Meter Anschlusskabel

Lichterspiel: Der technische Wissensstand heutzutage erlaubt die Herstellung von LED´s in nahezu allen Farben

Batterie Begriffe

Die Kennzeichnung der Batterie befindet sich auf dem Gehäuse und bezeichnet ihre Eigenschaften. Beispiel: 12 V 680 A 74 Ah (12V = Nennspannung; 680A = Kälteprüfstrom; 74Ah = Nennkapazität).

Nennspannung: Beträgt bei allen Modellen 12 V (Volt). Die tatsächliche Spannung hängt allerdings vom Ladezustand der Batterie ab. Sie kann größer oder kleiner sein als die Nennspannung.

Nennkapazität: Speichervermögen einer Batterie, gemessen in Amperestunden (Ah). Sie gibt an, wie viel eine voll geladene Batterie bei einer Temperatur von 27°C in 20 Stunden abgeben kann, ohne dass dabei die Spannung unter 10,5 Volt absinkt (Entladeschlussspannung).

Kälteprüfstrom: Ein definierter Entladestrom in Ampere (A), der einer 12-Volt-Batterie bei -18°C entnommen werden kann, ohne dass die Spannung in 30 Sekunden unter 9 V, in 150 Sekunden unter 6 V absinkt.

Selbstentladung: Chemische Vorgänge im Inneren der Batterie führen zur Entladung, auch wenn kein Verbraucher angeschlossen ist. Eine Starterbatterie verliert täglich etwa 0,5 Prozent ihrer Ladung. Hohe Temperaturen, Beschädigungen und Verschmutzungen des Batteriedeckels beschleunigen die Selbstentladung.

herausgefiltert werden, was eine gewöhnliche Glühbirne so uneffektiv macht. Weitere Vorteile sind ihre Robustheit (z.B: Unempfindlichkeit gegen Erschütterungen) und die lange Lebensdauer. Diese bezieht sich bei einer LED auf den Zeitpunkt, an dem die Helligkeit auf den halben Wert seit der Inbetriebnahme gesunken ist. LED fallen in der Regel nicht spontan aus, sondern verlieren nach und nach an Leuchtkraft. Eine weitere wichtige Eigenschaft ist die hohe Schaltgeschwindigkeit, die man sich bei der Realisierung des adaptiven Bremslichts zu Nutze machen kann.
Aufwendig ist die Spannungsversorgung und Steuerung der Rücklichteinheit durch Pulsweitenmodulation. Die Pulsweitenmodulation hängt mit der LED Technik unmittelbar zusammen und ermöglicht es mit wenigen Leitungen viele Betriebszustände der Leuchten realisiert.
Bei so viel Licht gibt es aber auch Schatten: Einer der größten Nachteile dürfte wohl darin liegen, dass einzelne LED nicht ausgetauscht werden können bzw. dürfen. Somit muss bei einer einzigen defekten LED beispielsweise der dritten Bremsleuchte, immer das Leuchtmodul im Ganzen erneuert werden. Das betrifft auch die Beleuchtung des Kombiinstruments (dessen Ersatz Sie sicherheitshalber nicht selbst vornehmen sollten) sowie der äußeren Rücklichteinheit.

Alles beginnt mit der Batterie

Doch zurück zum Ausgangspunkt aller elektrischen und elektronischen Systeme: Der Batterie. Damit ihr Fahrzeug starten kann, muss der Anlasser ausreichend Leistung erhalten. Während bei warmen Motor kanpp 800 Watt ausreichen um die Startdrehzahl von mindestens 300 Umdrehungen zu erreichen, kann bei einem Kaltstart bis zu fünfmal mehr Leistung (ca. 4000 Watt) nötig sein. Diese enorme Startenergie bereitzustellen, ist die wichtigste Aufgabe der Batterie. Außerdem dient sie als Puffer und Lieferant für elektrische Energie im gesamten Bordnetz. Sechs in Reihe geschaltete Zellen bilden das Herz einer 12-Volt-Auto-Batterie. Jede Zelle besteht aus positiven und negativen Hartblei-Gitterplatten. Die positive Platte enthält Bleidioxid, die negative Platte reines Blei. Dazwischen sitzt ein Separator. Er trennt die beiden Platten voneinander, lässt aber den Elektrolyten, bei Säurebatterien Schwefelsäure plus destilliertes Wasser (bei Gel-

Batterien ein gasungsfreies, auslaufsicheres Gel) durch feinste Poren passieren.
Im Inneren der Batterie laufen chemische Prozesse ab, durch die sie Energie aufnimmt und im Rahmen ihrer Kapzität speichert. Bei der Stromabgabe wird chemische in elektrische Energie umgewandelt. Dabei setzt die Blei-Säure-Batterie Gase frei, die zentral abgeführt werden. Ein Rückzündungsschutz verhindert die Zündung des brennbaren Gases. Bei Batterien mit Rohr und Schlauch für die Zentralentgasung darf daher der Schlauch nicht abgeklemmt werden! Bei Batterien mit nur einer Öffnung in der oberen Deckelleiste muss diese frei von Verstopfungen sein.

Kauf und Entsorgung einer Batterie

Für Kauf und Entsorgung von Starterbatterien gelten bestimmte Vorschriften. Diese Bestimmungen haben berechtigte Umweltschutzgründe. Eine ausgediente Batterie muss bei einem Händler oder einer Werkstatt abgegeben werden.
Dort ist man ebenfalls verpflichtet, die Alt-Batterien unentgeltlich anzunehmen. Beim Kauf muss eine alte Batterie zurückgegeben oder ein Pfand gezahlt werden. Haben Sie für die alte Batterie bereits Pfand gezahlt, erhalten Sie dort, wo Sie sie gekauft haben, bei Rückgabe und gegen Vorlage der Quittung ihr Geld zurück. Geben Sie beim Kauf der neuen Batterie eine alte zurück, für die Sie noch kein Pfand entrichtet haben, ist es egal, wo Sie diese gekauft haben. Ein Pfand für die alte Batterie entfällt in diesem Fall.
Übrigens: Bei der Rückgabe fürs (Blei) Recycling dürfen verbrauchte Blei-Säure-Batterien nicht mit anderen Batterietypen vermischt werden. Der Verwertungsanteil aller zurückgegebenen Batterietypen in Deutschland lag 2005 bei über 80%.

Erkennen des Batterietyps

Um eine Batterie richtig warten und pflegen zu können, müssen Sie erst einmal den Typ der Batterie korrekt bestimmen können. Der Volkswagen-Konzern verwendet derzeit vier unterschiedliche Batteriearten, die auch dementsprechend unterschiedlich gewartet werden müssen. Grundsätzlich werden diese Batterietypen verbaut:

■ Die sogenannte „Wartungsarme Batterie“ besitzt einen flüssigem Elektrolyt (Nassbatterie). Sie ist an den herausschraubbaren Zellverschlussstopfen zu erkennen. Bei diesen Blei-Säure-Batterien muss in regelmäßigen Abständen der Säurestand geprüft und gegebenenfalls mit destilliertem Wasser aufgefüllt werden.

■ Die nächste und zugleich pflegeleichtere Akkumulator-Kategorie ist die sogenannte "Wartungsfreie Batterie". Sie hat anstatt der Zellverschlussstopfen eine Abdeckung über den Zellen, die auf gar keinen Fall entfernt werden darf! Bei diesen Blei-Säure-Batterien muss der Säurestand nicht geprüft werden.

■ Die dritte Kategorie ist die Vlies-Batterie (auch AGM-Batterie genannt). Diese Ausführung besitzt einen festgelegtem Elektrolyt. Sie ist ebenfalls eine Blei-Säure-Batterie und fest verschlossen, aber mit

⚠ Batterien

GEFAHRENHINWEIS

Beachten Sie zu Ihrer Sicherheit beim Umgang mit Batterien folgende Sicherheitsvorschriften:

■ Feuer, Funken, offenes Licht und Rauchen sind verboten!

■ Arbeitsraum gut belüften!

■ Vermeiden Sie Funkenbildung durch elektrostatische Entladungen und Kurzschlüsse (keine Werkzeuge auf der Batterie ablegen)!

■ Vor dem Aus- und Einbau alle schaltbaren Stromverbraucher sowie den Motor ausschalten, damit eine Funkenbildung ausgeschlossen ist. Lose Batteriekabel sichern!

■ Batteriesäure kann zu Hautschäden, Säurefraß und Korrosion am Fahrzeug führen.

■ Unbedingt eine geeignete Brille zum Schutz der Augen und Schutzhandschuhe tragen. Halten Sie ein geeignetes Gegenmittel gegen Verätzungen bereit z.B. Seifenlauge.

■ Batterie nicht kippen oder werfen!

■ Ladegerät erst nach dem Anschließen an die Batteriepole einschalten, vor dem Abklemmen ausschalten. Beim Laden von Batterien entsteht hochexplosives Knallgasgemisch: Es besteht daher Explosionsgefahr! Bei erforderlichem Schnellladen darf sich das Gehäuse nicht über 55 °C erwärmen.

■ Beachten Sie die Hinweise in der Betriebsanleitung und auf der Batterie.

■ Halten Sie Kinder von Säure und Batterien fern.

■ Entsorgen Sie Altbatterien immer nach Vorschrift und nie über den Hausmüll!

Ventilen ausgestattet. Vorsicht! Dieser Batterietyp darf nicht mit einem herkömmlichen Batterieladegerät aufgeladen werden!

■ Gel-Batterien sind ebenfalls wartungsfreie Blei-Säure-Batterien. Sie haben einen festgelegtem Elektrolyt und sind fest verschlossen aber dafür mit Ventilen ausgestattet. Zur Zeit finden diese Batterien ausschließlich im Bereich des Motorcaravaning Verwendung. Vorsicht! Diesen Batterietyp dürfen Sie auf keinen Fall mit einem herkömmlichen Batterieladegerät aufladen!

Prüfarbeiten an der Elektrik

Nehmen Sie bei der regelmäßigen Wartung besonders die Batterie ernst. Das gilt besonders im Herbst und Winter, denn bei niedrigen Temperaturen wird die Batterie besonders gefordert.
Des weiteren sollten Sie folgende Verbraucher in regelmäßigen Abständen kontrollieren:
■ Beleuchtungsanlage, Hauptlicht, Fernlicht, Standlicht, Rücklicht, Bremslichter, Rückfahrlicht, Nebelschlußleuchte, Nebelscheinwerfer, Blinklicht, Parklicht
■ Anschlußdose für Anhänger
■ Einstiegsleuchten, Innenleuchten, Leseleuchten, Kofferraumbeleuchtung, Handschuhfachbeleuchtung, Kosmetikspiegelbeleuchtung, Aschenbecherleuchte
■ Warnanlage für nicht abgeschaltetes Radio und Licht
■ Funktion von Zigarettenanzünder und Steckdose
■ Warnblinkanlage, Hupe, Lichthupe
■ Kombiinstrument, sowie sämtliche Schalter in Mittelkonsole und Armaturenbrett, einschließlich Heizungsgebläse
■ Außenspiegel auf Heizung, Einstellung und Anklappung
■ Zentralverriegelung, Funkfernbedienung
■ Fensterheber, Schiebedach
■ Sitzverstellung, Sitzheizung, Gurthöheneinstellung
■ Multimedia-Anlage, Bluetooth-Funktion und Handyerkennung, Radio, Radioempfang, CD-Player, CD-Wechsler, Multifunktionsdisplay, Navigationssystem, MP3/USB Anschlüsse
■ natürlich alles nachträglich angebaute Zubehör im und am Fahrzeug
Als Krönung können Sie auch noch den Fehlerspeicher ihres Passat über den OBD Servicezugang auslesen lassen um auch den letzten eventuell versteckten Elektrik- beziehungsweise Elektronikfehler zu lokalisieren. Störungen der Entertainment-Anlage, die auf Defekten des dafür zuständigen Bussystems (Most-Bus) beruhen, können dadurch sicher bestimmt werden.
Diese Suche nach Fehlern wird in Fachkreisen auch Ringbruchdiagnose genannt.

Elektromagnetische Verträglichkeit: In aufwändigen Versuchreihen wird sichergestellt, dass kein äußerer Einfluss die Bordelektronik lahmlegen kann und umgekehrt auch vom Auto keine Störungen verursacht werden

Batterieprüfungen

Den Zustand der Batterie genau zu kennen ist allererste Voraussetzung für sämtliche Arbeiten an der elektrischen Anlage. Ob sie nun zusätzliche Verbraucher anschließen wollen oder auf Fehlersuche am Ladesystem gehen – Sie kommen nicht an einer einwandfrei funktionierenden Batterie vorbei. Grundsätzlich haben sie mehrere Möglichkeiten um sich ein Bild vom Zustand der Batterie zu machen. Jedoch empfehlen wir Ihnen, wenn möglich auch in dieser Reihenfolge, alle hier beschriebenen Tests durchzuführen.

Sichtprüfung

■ Prüfen Sie das Gehäuse auf Beschädigungen (Risse, Flüssigkeitsverlust, Verformung, Temperatureinwirkungen). Bei solchen offensichtlichen Schäden ist die Batterie schnellstmöglich zu erneuern! Säureschäden am Fahrzeug behandeln Sie am besten umgehend mit Seifenlauge oder einem Säureumwandler.

■ Die Batterie sollte fest mit der Halteplatte verschraubt sein. Rütteln Sie ruhig ein paar mal kräftig an ihr um zu sehen ob die Befestigung fest ist. Bei losem Sitz Halteplatte nachziehen. Das korrekte Anzugsmoment: 20 Nm.

■ Batteriepole auf festen Sitz und Beschädigung prüfen. Batterieklemmen müssen ebenfalls fest sitzen und frei von Beschädigungen sein. Ggf. mit 6 Nm nachziehen.

■ Oxidierte Batterieklemmen können Sie mit warmen Sodawasser oder Säureumwandler abwaschen.

Magisches Auge

Viele Batterien sind mit dem sogenannten „Magischen Auge" ausgestattet. Dieses ermöglicht es den aktuellen Zustand der Batterie schnell und einfach zu überprüfen. Unterschiedliche Farbanzeigen geben Auskunft über den augenblicklichen Ladezustand. Um eine eindeutige Anzeige zu erhalten, sollten Sie vor dem Ablesen vorsichtig auf das Magische Auge klopfen damit evtl. vorhandene Luftblasen im Sichtfeld aufsteigen können. Nun mit einer Taschenlampe von oben in das „Magische Auge" leuchten und gleichzeitig Farbe ablesen.

■ Grün: Batteriezustand ist OK.

■ Dunkel/Schwarz: Batterie sollte geladen werden. Ladezustand ist unter 65%.

■ Hell/Gelb: Batteriezustand ist nicht in Ordnung. Genauer überprüfen und/oder austauschen

Prüfen der Säuredichte

Hierfür muss die Batterie nicht ausgebaut oder vom Bordnetz getrennt werden. Jedoch die Zündung ausschalten! Diese Messung ist nur an wartungsarmen Batterien möglich, da sich nur hier die Zellverschlussstopfen ausbauen lassen. Beachten Sie bei dieser Messmethode, das eine Messung unmittelbar nach den Aufladen der Batterie nicht aussagekräftig ist. Führen Sie eine Messung vor dem Ladevorgang durch oder warten Sie nach dem Laden mindestens sechs Stunden um erneut zu messen.

■ Messung: Schrauben Sie die Zellverschlußstopfen heraus und tauchen Sie einen Säureheber senkrecht in eine Batteriezelle. Saugen Sie so viel Batteriesäure an, bis die Messspindel frei in der Säure schwimmt. Lesen Sie nun an der auftauchenden Spindel den aktuellen Stand der Säuredichte ab und notieren Sie sich den Wert der gemessenen Zelle. Entleeren Sie den Säureheber wieder in derselben Zelle und führen Sie den Messvorgang in den übrigen Zellen genauso durch. Anschließend Zellen wieder verschliessen.

Bewertung der Messergebnisse:

Die Differenz der Zellen darf nicht mehr als 0,03 kg/dm^3 betragen. Ist eine oder mehrere Zellen außerhalb dieses Toleranzfensters liegt vermutlich ein Defekt vor.

Säuredichte: 1,28 kg/dm^3 → Ladezustand: gut
Säuredichte: 1,20 kg/dm3 → Ladezustand: 50%
Säuredichte: 1,12 kg/dm3 → Ladezustand: schlecht

Farbiges Guckloch: Je nach Hersteller kann sich die Lage des magischen Auges an verschiedenen Stellen befinden

Prüfen der Ruhespannung

Hierfür muss die Batterie vom Bordnetz getrennt werden. Es reicht wenn Sie nur das Massekabel abklemmen (siehe Abschnitt „Batterie aus- /einbauen"). Eine weitere Voraussetzung ist, das die Batterie seit ihrer letzten Belastung mindestens zwei Stunden Zeit hatte zu ruhen bevor Sie die Messung durchführen.
Schließen Sie nun ein Voltmeter an und messen Sie die Ruhespannung.

Bewertung des Messergebnisses:

über 12,6 Volt →guter Zustand
unter 12,6 Volt → schlechter Batteriezustand, Batterie sollte geladen werden

Belastungsprüfung

Mit diesem Test können Sie das Verhalten der Batterie unter Belastung bewerten. Diese Prüfung sollte nicht bei Temperaturen unter 10 °C durchgeführt werden. Ein kalter Motor fordert die Batterie beim Starten enorm und ist für eine aussagekräftige Messung von Vorteil.

- Obere Batterieabdeckung ausbauen. Hierzu die Verriegelungslasche drücken und Batteriedeckel nach hinten/oben bewegen und abnehmen.
- Schließen Sie das Voltmeter verläßlich an die Batteriepole oder Anschlusskabel an (z.B. mit Krokodilklemmen).
- Achten Sie auf sicheren Stand des Messgerätes. Es darf keinesfalls an irgendwelche beweglichen Teile des Fahrzeugs kommen.
- Motor starten und während des Startvorgangs Spannung ablesen. Der geringste Wert ist ausschlaggebend. Manche Messgeräte besitzen eine "Min/Max Hold" Funktion, nutzen sie diese falls vorhanden.

Bewertung der Messergebnisse:

Die niedrigste gemessene Spannung darf während des Startvorgangs nicht unter 10V abfallen. Fällt die Spannung gar massiv darunter ab, ist die Batterie offensichtlich entladen oder defekt.

Batteriesäurestand prüfen / berichtigen

Prüfen Sie den Säurestand anhand der Min/Max Markierungen außen am Gehäuse. Der optimale Stand ist nahe der Max-Markierung. Zum Nachfüllen müssen Sie die Zündung ausschalten und die Zellverschlussstopfen heraus drehen. Füllen Sie mit einem Trichter, bis zur Max Markierung destilliertes Wasser nach. Teilweise ist die Max.-Markierung auch als Steg unterhalb der Zellverschlussstopfens vorhanden, Bei einer solchen Batterieausführung müssen Sie bereits zum Prüfen die Stopfen herausdrehen. Der optimale Säurestand ist bei dieser Ausführung erreicht wenn die Flüssigkeit bündig mit dem Kunststoffsteg abschließt. Vor Montage der Zellverschlussstopfen deren Dichtung überprüfen und gegebenenfalls erneuern.

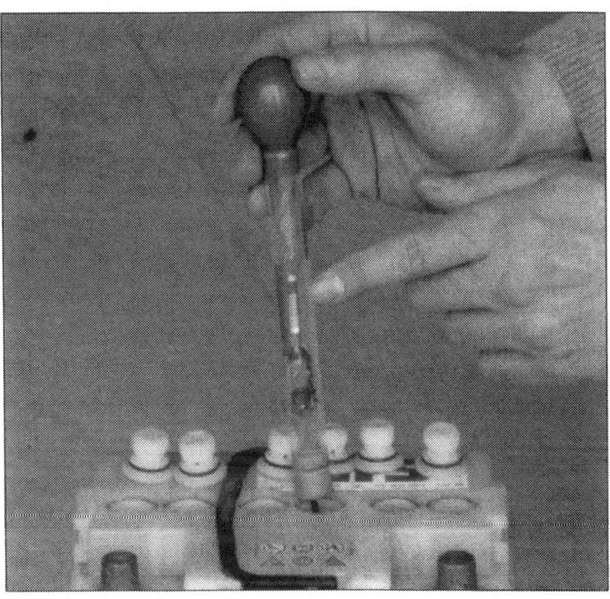

Schnellverfahren: Säureheber ähneln sich mit Frostschutzprüfern und geben schnell einen ersten Zustandsbericht

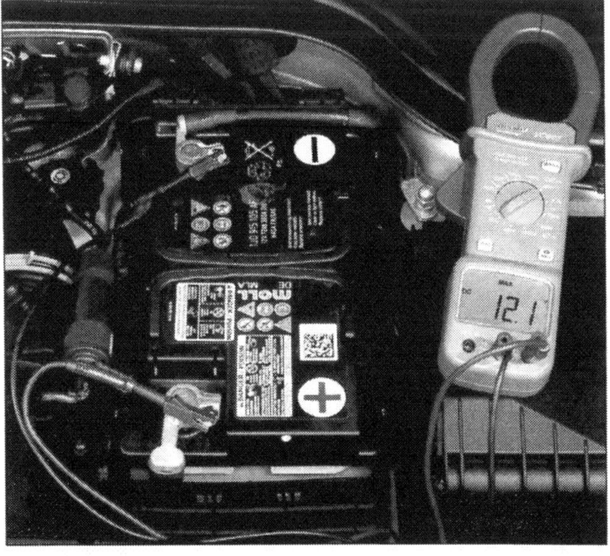

Spannungsmessung: Vermeiden Sie es irgendwelche Werkzeuge oder Messgeräte auf die Batterie zu legen!

Batterie laden

Ein hochwertiges Batterieladegerät ist eine sehr sinnvolle Investition. Moderne Hi-Tech-Geräte sind für viele Batterietypen einsetzbar, sie erkennen Batteriezustände selbständig und arbeiten ohne schädliche Spannungsspitzen. Mit solchen Geräten wird es sogar überflüssig die Batterie beim Laden vom Bordnetz zu trennen und auch langfristige Erhaltungsladungen sind in der Regel kein Problem. Teilweise sind die Geräte auch wetterfest und können im Freien verwendet werden. Dies kann dann nützlich sein, wenn Sie nur über einen Carport verfügen und das Gerät für längere Zeit am Fahrzeug bleiben soll. Wenn Sie auf eine Schnellladefunktion verzichten können, braucht das Gerät kein starkes Netzteil, womit auch die Anschaffungskosten niedrig bleiben.
Wie Sie eine Batterie am besten laden ist abhängig von der Art der Batterie und ihrem augenblicklichen Zustand. Um diesen zu beurteilen können sollten Sie wie im vorherigen Kapitel "Batterie prüfen" beschrieben vorgehen.
Laden Sie eine Batterie niemals wenn diese nicht eine Temperatur von mindestens 10 °C hat! Niemals eine gefrorene Batterie ans Ladegerät anschließen! Vor dem Laden ist, wenn es der Batterietyp erfordert, der Batteriesäurestand zu prüfen und gegebenenfalls zu berichtigen. Nach dem Ladevorgang kontrollieren Sie den Säurestand erneut. Bei Verwendung von „normalen" Ladegeräten oder Ladegeräten dessen Funktionsweise Sie nicht genau kennen, ist die Batterie unbedingt vom Bordnetz zu trennen! Beachten Sie stets die Gefahrenhinweise für Batterien!

Schnelladen/Starthilfe

Grundsätzlich sollte eine Batterie nie schnellgeladen werden. Diese Option sollten Sie wirklich nur im äußersten Notfall nutzen, denn die hohen Ströme bei einem solchem Ladevorgang schädigen die Batterie enorm. Starthilfe und Schnelladen sind im Prinzip das Gleiche und für die weitere Lebensdauer der Batterie nicht förderlich.

Tiefentladene Batterie

Wir sprechen hier von einer tiefentladenen Batterie wenn die gemessene Ruhespannung unter 12 Volt liegt. Oft geht dieser Zustand einher mit einer weißlichen Verfärbung der Zellplatten, der sogenannten Sulfatierung. In so einem Fall darf die Batterie egal welchen Typs mit nicht mehr als 5% ihrer Kapazität geladen werden (z. B. Batterie mit 74 Ah dann maximal mit 3,7 Ampere laden). Laden Sie die Batterie sofern Sie die Zeit dazu haben, lieber mit noch geringeren Strömen, die Wahrscheinlichkeit einer Regeneration erhöht sich deutlich.

Normaler Ladevorgang

Auch hier gilt: Je schonender die Batterie geladen wird, umso besser! Unter einer normalen Ladung versteht man die Ladung der Batterie mit etwa 10% ihrer Kapazität. Sollte die zu ladende Batterie eine Kapazität von 74 Ah haben, ist in diesem Fall ein Ladestrom von 7,4 A einzustellen. Die Ladezeit beträgt dann ca. 10 Stunden. Folgen Sie unbedingt den Angaben des Ladegeräteherstellers. Grundsätzlich gilt aber: Bei ausgeschaltetem Gerät (Schalter ist „aus" oder Netzstecker abgezogen) Plus-Klemme an Plus der Batterie und Minus-Klemme an Minus der Batterie anschließen. Die Zellverschlussstopfen sind beim Ladevorgang ausgeschraubt und liegen lose auf den Batterieöffnungen. So kann das Gas entweichen und Säurespritzer werden dennoch zurückgehalten. Bei Batterien die über eine Zentralentgasung verfügen, bleiben die Verschlußstopfen beim Ladevorgang montiert. Dann wenn möglich Ladestrom einstellen und Ladegerät einschalten. Während des Ladevorgangs sollten Sie ab und zu sicherstellen, dass die Säuretemperatur nicht über 55 °C steigt (Handauflegen). Prüfen Sie die Batterie vor dem Einbau erneut und lassen Sie sie vor dem Verschließen etwa eine halbe Stunde ruhen.

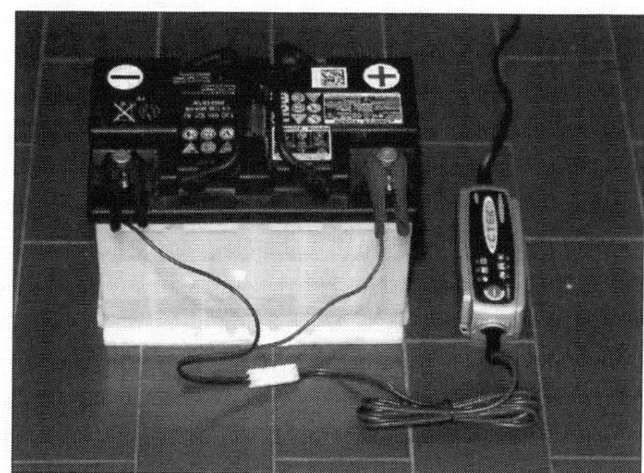

Nicht die Größe zählt: Gute Ladegeräte zeichnen sich nicht durch ihre Größe aus. Achten Sie daher immer auch auf die vielseitige bzw. universelle Einsatzmöglichkeiten

Batterie ab- und anklemmen

Das Abklemmen der Batterie ist Voraussetzung für sicheres Arbeiten am elektrischen System. Aber: Durch das Abklemmen der Batterie gehen gleichzeitig viele Informationen und Einstellungen an Ihrem Passat verloren. Vergewissern Sie sich in jedem Fall, dass der Radiocode vorhanden ist. Nach dem Abklemmen der Batterie muss dieser neu eingeben werden. Beachten Sie hierzu auch die Hinweise im Kapitel „Radio aus- einbauen". Vor dem Abklemmen der Batterie sollten Sie die Diebstahlwarnanlage durch Aufschließen des Fahrzeugs deaktivieren. Beachten Sie auch, dass Daten wie der Tageskilometerstand und gespeicherte Radiosender verloren gehen. Ebenso betroffen ist der interne Fehlerspeicher des Fahrzeugs. Diesen kann aber vorher im Fachbetrieb auslesen (und ausdrucken lassen).

Wenn Sie den Verlust dieser Daten und auch sonstigen Einstellungen verhindern wollen, empfehlen wir Ihnen die Verwendung eines sogenannten „Ruhestrom-Erhaltungsgeräts" das während der Arbeiten die Systeme weiterversorgt.

Nach dem Anklemmen der Batterie leuchten im Kombiinstrument ein paar Warnlampen auf, diese erlöschen normalerweise nach ein paar hundert Metern Fahrt wieder. Ebenso müssen die elektrischen Fensterheber neu justiert werden (Einklemmschutz). Das ist nicht sehr schwierig, Hierzu müssen Sie alle Fenster zwei mal ganz öffnen und ganz schließen. Das war's.

Achtung: Einige Fahrzeugausführungen mit Standheizung verfügen über eine zweite Batterie hinter der linken Seitenverkleidung im Laderaum. Diese zusätzliche Batterie muss zuerst abgeklemmt und zuletzt angeklemmt werden.

Benötigtes Werkzeug

– kleine Ratsche mit 10er Nuß oder
– 10er Ring/Maulschlüssel

Abklemmen der Batterie:

■ Zunächst sämtliche Verbraucher ausschalten.
■ Ist eine zweite Batterie vorhanden, die Abdeckung im Laderaum entfernen und den Minuspol abklemmen.
■ Um an die Batterie im Motorraum zu gelangen muss zunächst der Batteriedeckel durch Drücken der Entriegelungslasche geöffnet werden. Anschließend den Deckel nach hinten/oben bewegen und abnehmen.
■ Anschlussklemme des Minuspols abbauen und gegen unbeabsichtigte Kontaktberührung sichern (siehe Pfeil in Bild 1).
■ Wenn Sie die Batterie im Motorraum ausbauen wollen, klemmen Sie nun auch das Plus-Kabel ab.

Anklemmen der Batterie:

■ Plusklemme der Batterie im Motorraum von Hand auf den Pol stecken und mit 6 Nm festziehen. Anschließend die Minusklemme genauso am Minuspol befestigen. Batteriepole ggf. mit einer Messingbürste reinigen.
■ Bei der zweiten Batterie (sofern vorhanden), ebenfalls zuerst Plus und dann die Minus-Anschlussklemme wieder anklemmen und mit 6 Nm festschrauben.
■ Batteriepole auf festen Sitz prüfen.
■ Batteriedeckel aufsetzen und verschließen.

Hinweise: Beachten Sie, dass Sie bei dieser Arbeit keinesfalls Gewalt anwenden sollten. Die Batteriepole werden im Gegensatz zu früher nicht mehr eingefettet. Beim Trennen der Pole niemals das Plus-Kabel zuerst trennen!

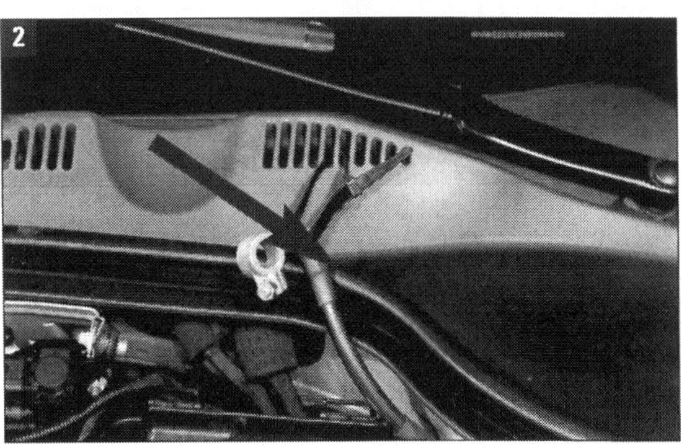

Batterie aus- und einbauen

Wenn Sie die Batterie ersetzen möchten, müssen Sie wieder den gleichen Batterietyp einbauen der zuvor verbaut war. Führen Sie vor dem Aus- und Einbau die Arbeiten aus dem Abschnitt „Batterie ab- und anklemmen" aus. Beachten Sie die Gefahrenhinweise zum Umgang mit Batterien am Anfang des Kapitels!

Benötigtes Werkzeug

– kleine Ratsche mit 10er Nuss od. 10er Ring/Maulschlüssel
– 13er Nuß
– Knarre mit Verlängerung.

Ausbau der Batterie:

■ Klemmen sie die Batterien wie im Abschnitt „Batterie ab- und anklemmen" beschrieben ab.
■ Soll die Zusatzbatterie im Kofferraum (Sonderausstattung) ebenfalls ausgetauscht werden, klemmen Sie zunächst an dieser den Plus-Pol ab.
■ Dazu im Kofferraum die Laderaumverkleidung links durch Entriegeln der Drehknöpfe lösen und nach unten Klappen.
■ Entfernen Sie die Plus-Klemme an der Zusatzbatterie.
■ Halteschraube am Haltebügel der Zusatzbatterie im Laderaum herausdrehen und Bügel entfernen.
■ Zusatzbatterie an den Haltegriffen herausnehmen.
■ Im Motorraum die vordere Batteriekastenwand (1) entriegeln und ein Stück nach vorne neigen.
■ Batterie-Haltebügel-Schraube herausdrehen und Bügel ausbauen (s. Bild 2 und 3).
■ Batterie an Haltegriffen herausnehmen (4).

Einbau der Batterie:

■ Der Einbau erfolgt in umgekehrter Reihenfolge.

Batterie lagern

PRAXISTIPP

Wird das Fahrzeug bzw. die Batterie über einen längeren Zeitraum nicht genutzt (ab 6 Wochen) dürfen Sie nicht zulassen, dass sich die Batterie zu sehr entlädt, da sie sonst unbrauchbar wird. Ideal ist es wenn Sie den Akku permanent an ein geeignetes Batterie-Erhaltungsgerät anschließen. Sollte das nicht möglich sein, haben wir hier ein paar nützliche Tipps für Sie:
■ Sorgen Sie dafür, dass die Batterie in einem Temperaturbereich von 0 °C bis +27 °C gelagert wird.
■ Die niedrigere Temperatur bietet dabei die besseren Voraussetzungen zum Lagern der Batterie.
■ Batterien sollten im voll geladenen Zustand gelagert werden.
■ Prüfen Sie jeden Monat den Zustand und laden Sie die Batterie gegebenenfalls nach.
■ Entstandene Oxidkristalle an den Polen können Sie am besten mit warmen Sodawasser abwaschen oder mit Säureumwandler „Neutralon" behandeln.

■ Beachten Sie Einbaurichtung und Lage der Batterie!
■ Der Schlauch der evtl. vorhandenen Zentralentgasung darf nicht eingeklemmt oder geknickt sein. Ebenso muss eine vorhandene Entgasungsöffnung frei sein.
■ Klemme des Pluskabels der Zweitbatterie muss in Fahrtrichtung zeigen!
■ Batteriehaltebügel (2) sorgfältig an den Batteriefuß ansetzen und die Schraube mit 20 Nm festziehen. Der feste Sitz der Batterie im Träger muß unbedingt gewährleistet sein!
■ Zuerst Batterie im Motorraum und dann Zusatzbatterie im Laderaum anschließen. Erst Plus an Batterie und dann Minus. Siehe: „Batterie ab- und anklemmen"
■ Batteriekastenwand einrasten, Deckel aufsetzen und verriegeln.

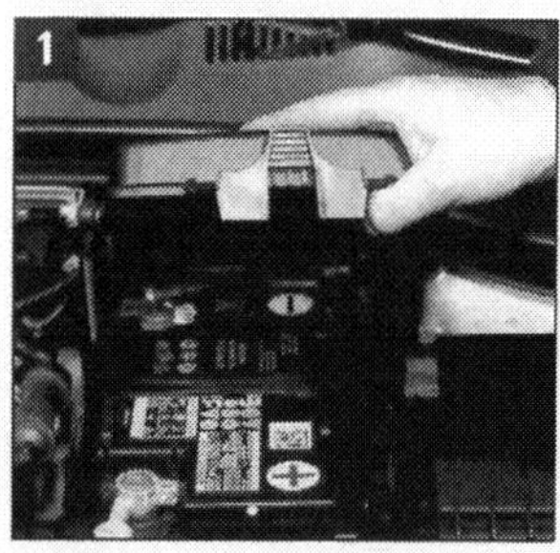

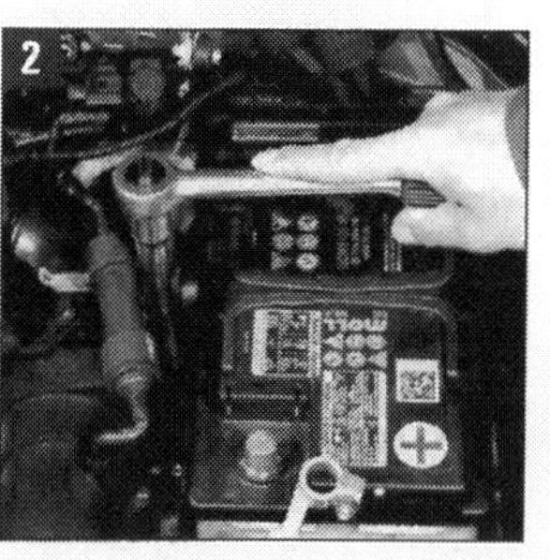

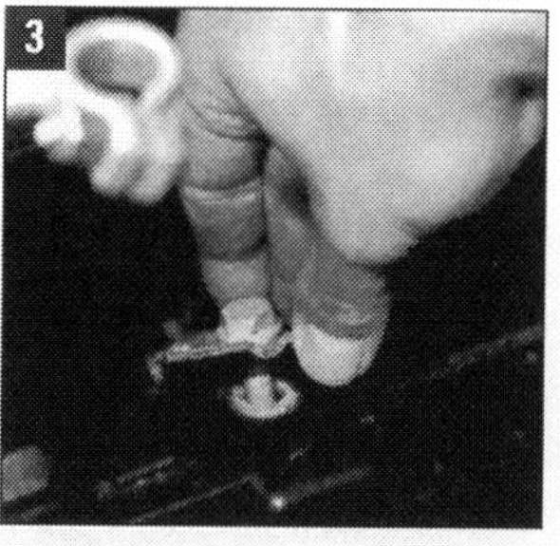

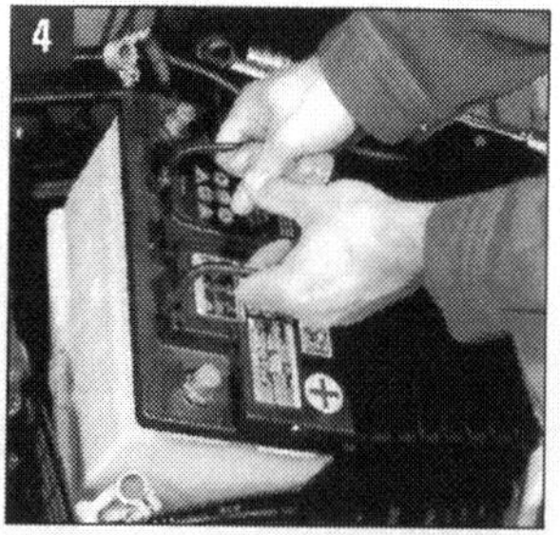

Batterieentladung prüfen / Kriechstrom messen

Chemische Vorgänge innerhalb der Batterie führen zu einer gewissen Selbstentladung, auch ohne angeschlossene Verbraucher. Täglich gehen dadurch etwa 0,5% der Akkuladung verloren! Zusätzlich können die abhängig von der Ausstattung und dem angebautem Zubehör vorhandenen Verbraucher die Batterie belasten. Sollten Sie dennoch eine unzulässig hohe Entladung vermuten ist die Überprüfung gar nicht so schwer. Voraussetzung: Die Batterie ist in gutem Zustand und die Zündung ist ausgeschaltet.
Achtung: Schalten Sie auf keinen Fall während der Messung die Zündung oder einen Verbraucher ein!

Benötigtes Werkzeug:

– Multimeter mit Strommessfunktion (Amperemeter)
– 10er Ringschlüssel.

Messen des Kriechstroms

■ Klemmen Sie die Massekabel der Batterien ab. Siehe Abschnitt „Batterie ab- und anklemmen".
■ Wählen Sie am Amperemeter den größten Messbereich und schalten es in Reihe zwischen Minuspol der Batterie im Motorraum und dem Massekabel des Fahrzeugs.
■ Um ein aussagekräftiges Messergebnis zu erhalten, klemmen Sie bekannte oder zusätzlich angebrachte Dauerverbraucher ab oder schalten Sie diese zumindestens aus. Das hier vorliegende Messbeispiel erfolgte ohne Abklemmen der Fahrzeuguhr oder anderer werksseitig verbauter Verbraucher.
■ Dann am Amperemeter schrittweise in immer kleinere Messbereiche schalten bis eine sinnvolle Größe ablesbar ist. Nach dem Anklemmen des Messgeräts sollten Sie abwarten bis sich der angezeigte Wert stabilisiert hat. Dies kann durchaus bis zu 10 Sekunden dauern! Ein Stromfluss von bis zu 10 mA ist gerade noch in Ordnung!
■ Fließt ein größerer Strom können Sie den Verbraucher lokalisieren indem Sie nacheinander Sicherungen abziehen und gleichzeitig den Stromverbrauch beobachten. Vergessen Sie nicht nachträglich angebautes Zubehör zu prüfen (fliegende Sicherung)!
■ Bleibt diese Suche erfolglos führen Sie die gleiche Messung auch an der Zweitbatterie durch. Führt dies auch nicht zum Erfolg, müssen Sie die Suche an den nicht abgesicherten Baugruppen wie Anlasser, Lichtmaschine, Zündschloß, Sicherungskasten fortsetzen.

Null komma nix: Die Messung zeigt kein Ergebnis zeigt, also besteht auch kein Grund zum Handeln

■ Haben Sie den Defekt ermittellt, führen Sie eine Instandsetzung bzw. einen Austausch des Bauteils durch. Kontrollieren Sie ihre Arbeit durch eine erneute Messung.
■ Klemmen Sie zum Abschluss der Arbeiten die Massekabel wieder an (siehe Kapitel „Batterie ab- und anklemmen").

Sicherungen

Der Aufbau des Bordnetzes im Passat ist nach dem dezentralen Prinzip, wie bereits aus dem Golf V bekannt, konstruiert. Die Fehlerdiagnose soll durch die Verteilung der Sicherungs-Boxen und Relaisplätze auf unterschiedliche Einbauorte erleichtert werden. Im Passat befinden sich daher zwei Sicherungshalter links und rechts an der Schalttafel (Bilder 1 und 2) sowie eine Elektrik-Box im Motorraum (Bild 3) links. An diese ist auch eine Vorsicherungsbox (A in Bild 3) angeschlossen. Der Relaisträger befindet sich im Innenraum unter der Schalttafel auf der linken Seite, wo sich auch das Bordnetzsteuergerät befindet.
Die Ursache elektrischer Defekte liegt im einfachsten Fall an einer durchgebrannten Sicherung, die Sie durch den unterbrochenen Sicherungsdraht und dunkler Verfärbungen des Plastikgehäuses erkennen können. Anhand der Zuordnungstabelle können Sie die zuständige Sicherung bestimmen. Zum Öffnen der Schalttatfelboxen nehmen Sie einfach, eventuell unterstützt durch ein Hebelwerkzeug (Plastikkeil, siehe auch Kapitel „Innenraum") die Abdeckungen seitlich am Armaturenbrett ab.

Benötigtes Werkzeug

- Kunststoffkeil (zum Öffnen der Verkleidung der Schalttafel)
- Abzugclip (aus dem Bordwerkzeug)

Austausch einer Sicherung:

■ Die individuelle Sicherungsbelegung entnehmen Sie bitte der Bedienungsanleitung.

■ Haben Sie die zuständige Sicherung ausgemacht, kontrollieren Sie, ob diese defekt ist und tauschen Sie diese dann gegebenenfalls aus.

Schalttafel Fahrerseite: Die Sicherungsbox links ist beispielsweise für ASR und ESP zuständig

Schalttafel Beifahrerseite: Die Sicherungsbox rechts ist beispielsweise für die Leuchtweitenregelung zuständig

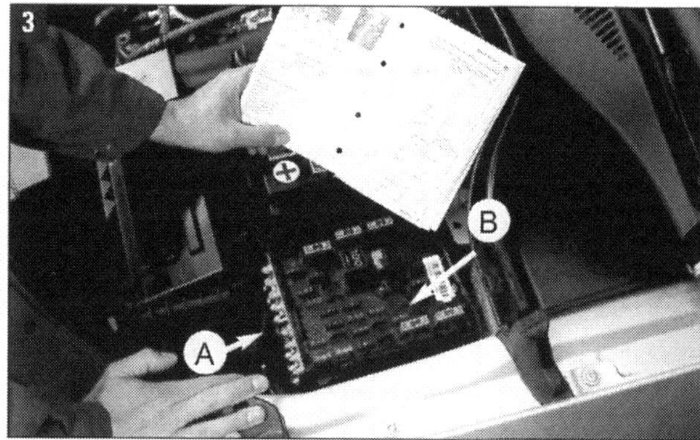

Im Motorraum: Neben der Batterie sind die Vorsicherungsbox (A) und die Haupt-Elektrikbox (B) angebracht

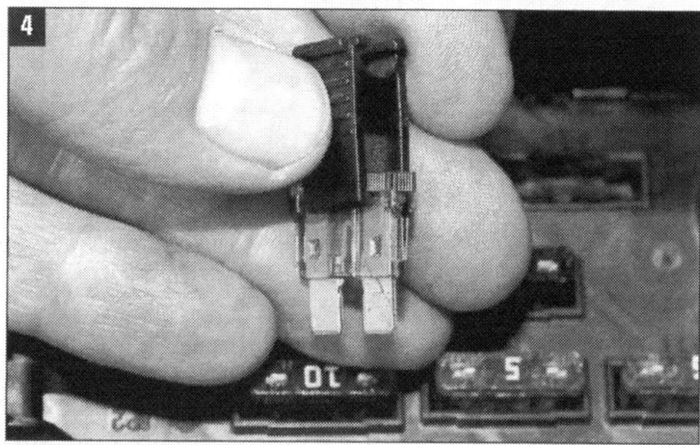

Sicherung wechseln: Der kleine Clip ist glücklicherweise im Bordwerkzeug enthalten

Ladespannung des Generators prüfen

Die umgangssprachlich gern auch Lichtmaschine genannte Baugruppe umfasst eigentlich drei zusammenarbeitende Bauteile: Den eigentlichen Drehstromgenerator (besteht aus vielen Kabelwicklungen und einem Eisenkern), den Gleichrichter (macht aus drei Phasen Wechselspannung eine pulsierende Gleichspannung), sowie den Regler (begrenzt die maximale Spannung im System).
Heutzutage sind diese Bauteile alle kompakt in der "Lichtmaschine" integriert. Bei einem Defekt eines dieser Bauteile wird in der Regel die ganze Einheit getauscht. Darum ist es für die Diagnose gar nicht so wichtig welches Teil denn tatsächlich defekt ist. Wir zeigen Ihnen, wie Sie recht einfach die Leistung der eingebauten Lichtmaschine prüfen und bewerten können. Voraussetzung für diesen Test ist einmal mehr, dass die Batterie in einem guten Zustand ist. Der Antrieb der Lichtmaschine durch den Keilrippenriemen (s. Kapitel: „Antrieb") muss gewährleistet sein.

Benötigtes Werkzeug

– Multimeter oder besser eine Stromzange

Überprüfung mit dem Voltmeter:

■ Klemmen Sie das Voltmeter bzw. die Stromzange an die Batterie an und lesen Sie die Spannung bei eingeschalteter Zündung ab. Notieren Sie den Wert (Bild 1).

Prüfung mit der Stromzange: Zur Messung des Stromflusses muss kein Kabel abgebaut oder getrennt werden

■ Starten Sie den betriebswarmen Wagen und erhöhen Sie die Drehzahl. Lesen Sie auch jetzt die anliegende Spannung ab (Wert 2).
■ Schalten Sie nun bei laufendem Motor viele Konstantverbraucher (z.B. Gebläse, Fernlicht) ein, nicht aber das Radio oder den Blinker. Erhöhen Sie die Motordrehzahl und lesen Sie erneut die anliegende Spannung ab (Wert 3).

Bewertung der Messergebnisse:
Der zweite Wert muss stets über dem ersten Wert und im Bereich von zirka 14,0 Volt bis 14,8 Volt liegen. Der dritte Wert sollte jedoch nicht mehr als 0,4 Volt über dem zweiten Wert liegen. Sollten die Werte nicht den Vorgaben entsprechen liegt vermutlich ein Defekt in der Lichtmaschine vor. Diesen sollten Sie näher in einer Fachwerkstatt untersuchen lassen.

Überprüfung mit Hilfe einer Stromzange:

Die Messung mit der Stromzange eignet sich auch sehr gut, um zu überprüfen, ob die Kapazität der Lichtmaschine für evtl. angebautes elektrisches Zubehör ausreichend ist und ab welcher Drehzahl die Batterie ausreichend geladen wird. Bei nachgerüsteten Verbrauchern mit hohem Strombedarf kann es notwendig werden eine stärkere Lichtmaschine/Batterie nachzurüsten. Die Kombination beider Messungen erlaubt eine sehr gute Bewertung der Lichtmaschine
■ Umgreifen Sie mit der Zange alle Kabel die zum Plus oder Minuspol führen und messen Sie den Stromfluss bei eingeschalteter Zündung und bei erhöhter Drehzahl. Beachten Sie die Anweisungen des Geräteherstellers!
■ Die gleiche Messung auch mit eingeschalteten Verbrauchern durchführen.

Bewertung:
Bei eingeschalteter Zündung und stehendem Motor ist die Ampereanzeige negativ. Der Batterie wird Energie entzogen! Das können durchaus 6 Ampere oder mehr sein! Bei erhöhter Drehzahl sollte die Batterie durch die Lichtmaschine geladen werden und der Wert ins positive wechseln, auch mit eingeschalteten Verbrauchern. Der Batterie wird Energie zugeführt. Wird der Wert auch bei hoher Drehzahl nicht positiv, sind die Lichtmaschine oder Verbindungskabel defekt.

Generator aus- und einbauen

Benötigtes Werkzeug und Ersatzteile:

- Drehmomentschlüssel
- Zange für Federbandschellen
- Haltedorn (z.B. 4,5 mm Bohrer)
- Knarre, Kreuzgelenk, 10er und 13er Nuß
- 17er Maulschlüssel
- 10er Ringschlüssel.

Vorbereitende Maßnahmen:

Um Schäden an der Elektronik zu vermeiden klemmen Sie unbedingt die Massekabel der Batterie ab (siehe Abschnitt "Batterie ab- und anklemmen").

Allgemeine Hinweise:

■ Bei einigen Benzinmotoren können die Anschlussklemmen des Generators erst nach dem Ausschwenken des Generators erreicht werden.
■ Der Riemenspanner muss beim 2,0 FSI Motor mit samt dem Halter ausgebaut werden.
■ Der Kühlerschlauch muss nicht ausgebaut werden, es reicht, ihn aus der Halterung herauszunehmen.
■ Die Umlenkrolle für Keilrippenriemen und Hitzeschutzblech müssen beim 1,6 FSI Motor vom Krümmer abgeschraubt werden.

Ausbau:

■ Den Keilrippenriemen wie im Kapitel Antrieb beschrieben demontieren.
■ Trennen Sie den Steckverbinder am Generator durch Ziehen der Lasche nach hinten (A in Bild 1).
■ Entfernen Sie die Schutzkappe des Plus-Kabels (Bild 1) und schrauben Sie die Leitung mit dem 10er Schlüssel ab.
■ Lösen Sie bei den Dieselmodellen die drei Schraubverbindungen des Kraftstofffiltergehäuses, nehmen Sie das Gehäuse nach oben heraus und legen Sie es Richtung Windschutzscheibe ab. Alle Leitungen bleiben hierbei angeschlossen. Achtung: Kraftstoffleitungen nicht verdrehen oder knicken!
■ Nun den Kabelhalter und Generator abschrauben und nach oben herausnehmen.

Einbau:

Der Einbau erfolgt in umgekehrter Reihenfolge, beachten Sie dabei folgendes:
■ Die Befestigungsbuchsen am Generator sollten vor der Montage etwa 4 mm herausstehen. Treiben Sie sie gegebenenfalls etwas heraus.
■ Der Kabelhalter sollte nach Montage auf 9 Uhr stehen.
■ Der Kabelstecker muss deutlich einrasten.
■ Nach kompletter Montage den Motor starten und den Lauf des Riemens überprüfen.

Halterung des Pluskabels: Die 10er Mutter zur Fixierung befindet sich unter der aufgesteckten Schutzkappe (B)

Kniffelig: An die Befestigungsschraube des Anlassers kommen Sie am besten mit einer Verlängerung

Anlasser aus- und einbauen

Beim Starten muss der Anlasser erst einmal die Kurbelwelle auf eine ausreichende Startdrehzahl beschleunigen. Besonders bei kaltem Motor ist das eine beachtenswerte Leistung von Anlasser und Batterie. Sollten Sie Probleme beim Anlassen haben, prüfen Sie zunächst die Batterie und vernachlässigen Sie die Stromkabel nicht. Diese haben einen nicht unerheblichen Anteil am Startvorgang. Prüfen Sie die Anschlussklemmen auf festen Sitz sowie Korrosion, offene Kabellitzen und Beschädigungen an der Isolation. Achtung: Kurzschlussgefahr! Unbedingt vor Arbeitsbeginn die Massekabel der Batterien abklemmen (siehe „Batterie ab- und anklemmen")!

Benötigtes Werkzeug und Ersatzteile:

- Drehmomentschlüssel
- Zange für Federbandschellen
- Knarre mit Verlängerung, 10er, 13er und 18er Nuß
- 13er Ringschlüssel
- 20er Torx

Hinweise:

Der Aus- und Einbau des Anlassers ist bei allen Motor- und Getriebevarianten ähnlich. Beim DSG-Getriebe wird der Anlasser von oben ausgebaut. Tipp: Massekabel nicht an der Karosserie sondern immer am Bauteil lösen.

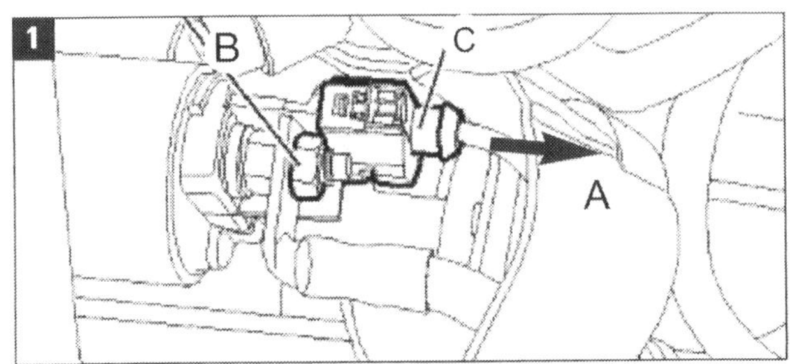

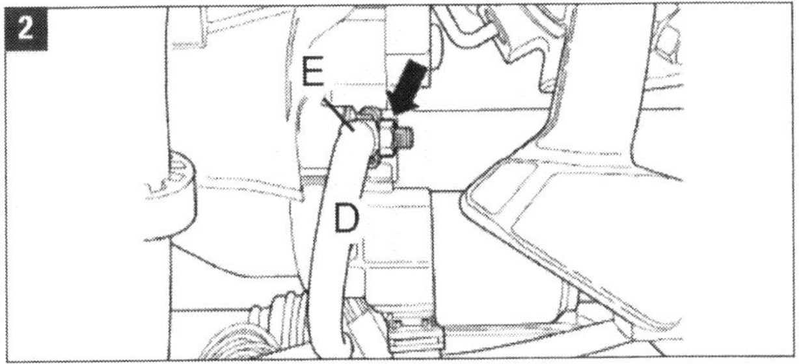

Ausbau:

■ Batterie abklemmen und Kabel sichern! Es darf kein unbeabsichtigter Kontaktschluss erfolgen!

■ Motorraumabdeckung unten (siehe Kapitel: „Karosserie") bei Dieselmotoren auch obere Abdeckung abbauen.

■ Luftfiltergehäuse ausbauen (siehe Kapitel „Antrieb").

■ Schutzkappe (A) am Magnetschalter zurückziehen (s. Pfeil in Bild 1) um an die angeschlossenen Kabel zu gelangen .

■ Mutter (SW13) des dicken Anlasserkabels (B) am Magnetschalter herausdrehen und Kabel abziehen. Steckverbindung (C in Bild 1) daneben trennen.

■ Mutter (SW13) des Massekabels (s. Pfeil in Bild 2) abschrauben, Massekabel (D) abnehmen und die dahinter liegende Befestigungsmutter (E) herausdrehen (SW18).

■ Mutter des Kabelhalters (F in Bild 3) unten abschrauben (SW13) und Kabelhalter (G) abnehmen. Die dahinter liegende Befestigungsmutter (H) herausdrehen (SW18).

■ Anlasser nach unten herausnehmen.

Einbau:

■ Einbau in umgekehrter Reihenfolge durchführen.

■ Achten Sie bei der Montage auf folgende Drehmomente:
- Anlasserschrauben M12: 80 Nm
- Anlasserschrauben M10: 40 Nm
- Muttern für Plus- und Massekabel: 15 Nm
- Mutter Kabelhalter 15 Nm

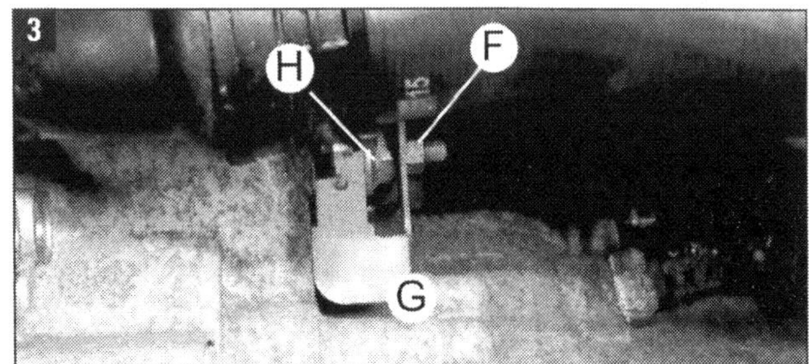

Radio- / Navigationsgerät aus- und einbauen

Vor dem Ausbau des Radios sollten Sie sicherstellen, dass Sie das Gerät anschließend wieder in Betrieb nehmen können. Durch Unterbrechen des Stromkreises wird die Diebstahlsicherung aktiviert! VW-Radioanlagen verfügen über eine Komfort-Diebstahlsicherung die eine Codeeingabe nach dem Anschluss im gleichen Fahrzeug unnötig macht, sofern die Erstaktivierung durch den Händler erfolgt ist. Jedoch sollten Sie im Zweifelsfall den Code vor der Trennung vom Bordnetz zur Hand haben. Schlägt bei der Aktivierung alles fehl, kann ihnen nur noch der Hersteller oder die VW-Werkstatt helfen. Bei einem Austausch des Radiogerätes entnehmen Sie vorher alle im Innern des Radios befindlichen Musik-CD´s oder Datenträger. Um Schäden an der Elektronik zu vermeiden klemmen Sie unbedingt vor der Arbeit die Massekabel der Batterien ab. (s. Kapitel "Batterie ab- und anklemmen").

Spezielles Format: Die Einfassung für das Radio RCD 300 entspricht leider keiner Standardgröße

Benötigtes Material und Werkzeug:

- Montagekeil
- 20er Torx

Ausbau:

■ Bauen Sie vorsichtig die Blende des Radios aus und trennen Sie die Steckverbindung auf der Rückseite (siehe Kapitel"Innenraum").

■ Die vier Befestigungsschrauben herausdrehen und das Radio soweit herausziehen bis Sie an die Anschlüsse an der Rückseite herankommen.

■ Drücken Sie die Steckerarretierung zusammen und schwenken Sie den Verriegelungsbügel zur Seite.

■ Ziehen Sie die Steckverbindungen und die Antennenanschlüsse durch Entriegeln ab.

Einbau:

■ Den Einbau in umgekehrter Reihenfolge durchführen.

■ Achten Sie bei der Montage darauf, keine Kraft auf das Display auszuwirken (nicht drücken), da es dadurch beschädigt werden könnte.

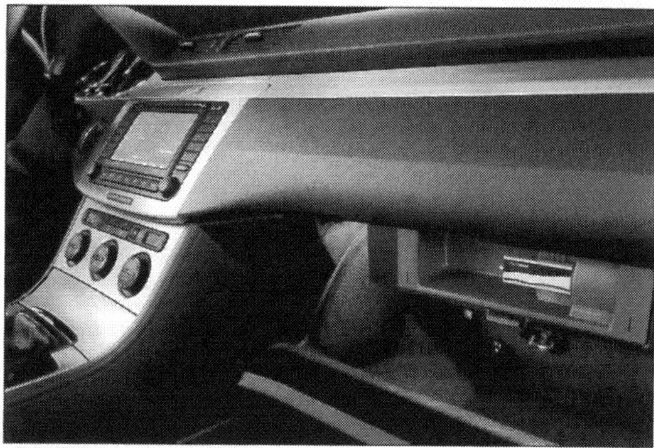

USB-Schnittstelle: MP3-Dateien in bis zu sechs Ordnern kann das System verarbeiten

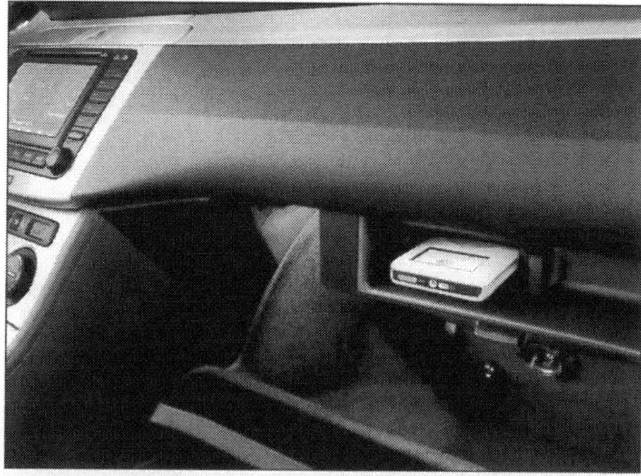

iPod-Vorbereitung: Die Vorrichtung passt für alle iPods ab der dritten Generation und dient auch als Ladestation

CD-Wechsler aus- und einbauen

Benötigtes Werkzeug:

– VW-Spezialwerkzeug: Entriegelungswerkzeug Nr.3316

Ausbau:

■ Entnehmen Sie alle Musik-CD oder Datenträger aus dem Wechsler.

■ Schalten Sie alle Verbraucher aus und ziehen Sie den Schlüssel ab.

■ Handschuhfach öffnen und CD-Wechsler nach unten klappen

■ Entriegelungswerkzeuge rechts und links in die senkrechten Schlitze stecken bis sie einrasten. Achtung: Werkzeug nicht zur Seite drücken oder verkanten!

■ Ziehen Sie das Gerät nun am Werkzeug nach vorne heraus und trennen Sie die dahinter liegende Steckverbindung.

■ Um das Entriegelungswerkzeug entnehmen zu können, müssen Sie die seitlichen Rastnasen bei ausgebautem Wechsler nach innen drücken.

Einbau:

■ Den Einbau in umgekehrter Reihenfolge durchführen.
■ Achten Sie beim Einbau auf ein deutliches Einrasten des Wechslers in seiner Endlage!

Verstärker aus- und einbauen

Der Verstärker ist Teil des Infotainment-Datenbus-Systems und befindet sich unter dem Fahrersitz (siehe roter Pfeil im Bild 1).

Benötigtes Werkzeug:

– Schraubenzieher

Ausbau:

■ Schalten Sie alle Verbraucher aus und ziehen Sie den Schlüssel ab.

■ Schieben Sie den Fahrersitz in die hinterste Stellung.

■ Entriegeln Sie die darunterliegende Verstärkerabdeckung indem Sie diese nach vorne ziehen und dann abnehmen.

■ Anschließend die zwei Schrauben an der Unterkante des Verstärkers herausdrehen.

■ Ziehen Sie den Verstärker soweit heraus bis Sie die beiden Steckverbindungen an der Seite trennen können und nehmen Sie ihn dann heraus.

Einbau:

■ Den Einbau in umgekehrter Reihenfolge durchführen.

■ Achten Sie beim Einbau darauf, dass der Verstärker richtig in den hinten liegenden Falz eingeschoben wird. Der Untergrund muss dabei sauber sein (aussaugen).

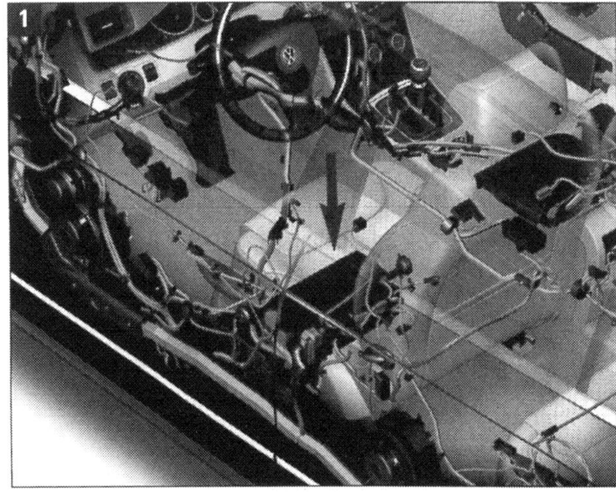

Gut versteckt: Der Verstärker ist platzsparend unter einer Abdeckung unter dem Fahrersitz verstaut

Infotainment erweitern

Sei es der Einbau eines herstellerfremden Radios, die Nachrüstung eines MP3-Anschlusses oder der Einbau eines DVD-Players – fast alles ist möglich. Immerhin gilt die vollständige Radiosteckerbelegung für einen versierten Hobbyelektroniker als gute Informationsbasis für weitreichende Umbaumaßnahmen. Grundsätzlich gilt: Je besser die bereits vorhandene Ausstattung ist, desto mehr Möglichkeiten stehen auch ohne große Umbauten zur Verfügung. Beispielsweise kann ein zusätzlicher Audioeingang als Stecker für MP3-Player bei vorhandener RNS-Audioanlage durch einfaches Anklemmen an den bestehenden Kabelbaum realisiert werden. Der tatsächliche Umfang der Steckerbelegung ist natürlich abhängig vom Auslieferungszustand Ihres Fahrzeugs. Sicherheit über den Ausstattungsumfang erhalten Sie im Zweifelsfall nur wenn Sie das Radio ausbauen und selbst nachschauen.

Anschluss zusätzlicher Geräte an das vorhandene RNS-System:

- Bauen Sie wie vorher beschrieben das Radio aus und verschaffen Sie sich Zugang zu dem grünen Stecker. Der Stecker ist beschriftet, so dass Sie das entsprechende Kabel leicht finden sollten. Verbinden Sie nun das zum Einbau bestimmte Kabel mit den folgenden Anschlüssen:
- Audio Kanal links auf Anschluss 1 (grüner Stecker)
- Audio Kanal rechts auf Anschluss 7 (grüner Stecker)
- Audio Masse auf Anschluss 2 (grüner Stecker)

Verlegen Sie das Anschlusskabel an den gewünschten Ort wie zum Beispiel das Handschuhfach und sichern Sie es Anstatt Kabel zu verlegen kann auch via FM Transmittter der MP3-Spieler kabellos an das Radio angeschlossen werden.

Stecker 3 (braun)	Lautsprecherausgänge
1	Hinten Rechts – Plus
2	Vorn Rechts – Plus
3	Vorn Links – Plus
4	Hinten Links – Plus
5	Hinten Rechts – Minus
6	Vorn Rechts – Minus
7	Vorn Links – Minus
8	Hinten Links – Minus

Stecker 4 (grau)	Spannungsversorgung CAN-Bus
9	CAN-Bus High
10	CAN-Bus Low
11	Radiostummschaltung (Telefon)
12	Bordmasse (Klemme 31)
13	Zündschloßgeschaltetes plus (Ausgang)
14	Kontakt für Alarmanlage
15	Dauerplus (Klemme 30)
16	Steuersignal Diebstahlsicherung

Stecker 5 (grün)	Telefon, Vorverstärkerausgang, AUX
1	AUX links (nur RNS MFD2)
2	AUX Masse (nur RNS MFD2)
3	Line OUT links
4	nicht belegt
5	Navi Sprachausgabe links
6	Audioeingang Telefon Minus
7	AUX rechts (nur RNS MFD2)
8	Line OUT Masse
9	Line OUT rechts
10	nicht belegt
11	Navi Sprachausgabe Minus
12	Audioeingang Telefon Plus

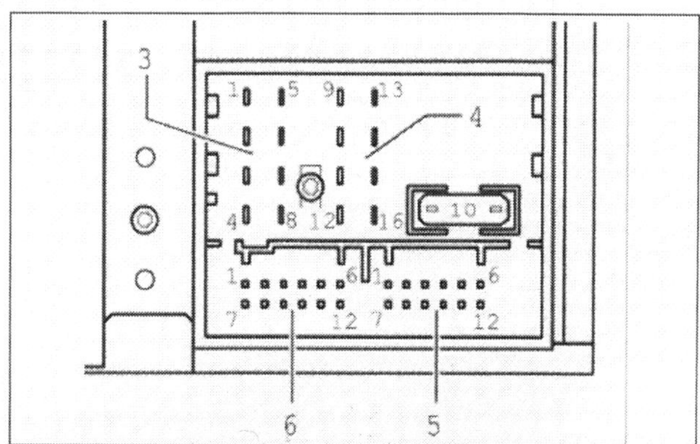

Quadlock-Anschluss: Die Rückseite des Radio- / Navisystem vereinigt mehrere Stecker in einem Block

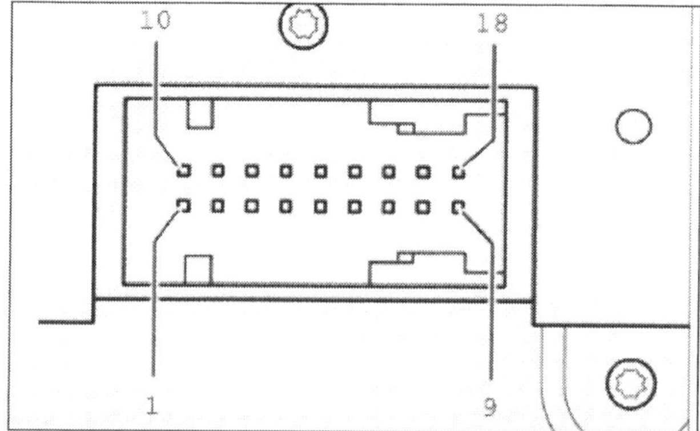

Der Videostecker: Die 16 Pole sind entsprechend der Zeichnung durchnummeriert

Stecker 6 (blau)	CD-Wechsler (Steuerung/ Eingang)
1	Audioausgang rechts - Plus (Kopfhörer)
2	CD-Wechsler links&rechts - Minus (IN)
3	Audioausgang - Masse (Kopfhörer)
4	Dauerplus für CD-Wechsler
5	Audioausgang links - Plus (Kopfhörer)
6	Data OUT für CD-Wechsler
7	nicht belegt
8	CD-Wechsler links - Plus (IN)
9	CD-Wechsler rechts - Plus (IN)
10	Steuersignal für CD-Wechsler (12V)
11	Data IN für CD-Wechsler
12	CD-Wechsler, CLOCK (Prüfprotokoll)

Verstärker	Mehrfachsteckverbindung A (24-Pol)
1	Hochtonlautsprecher hinten links, plus
2	Tieftonlautsprecher hinten rechts, minus
3	Tieftonlautsprecher hinten rechts, plus
4	Tieftonlautsprecher hinten links, plus
5	Hochtonlautsprecher hinten rechts, minus
6	Hochtonlautsprecher hinten rechts, plus
7	Hochtonlautsprecher hinten links, minus
8	Tieftonlautsprecher vorn links, minus
9	Tieftonlautsprecher vorn links, plus
10	Tieftonlautsprecher hinten links, minus
11	Mitteltonlautsprecher vorn rechts, minus
12	Mitteltonlautsprecher vorn rechts, plus
13	nicht belegt
14	Audiosignaleingang hinten links, minus
15	Audiosignaleingang hinten links, plus
16	nicht belegt
17	Audiosignaleingang hinten rechts, minus
18	Audiosignaleingang hinten rechts, plus
19	Control IN (optional)
20	Audiosignaleingang vorn links, minus
21	Audiosignaleingang vorn links, plus
22	nicht belegt
23	Audiosignaleingang vorn rechts, minus
24	Audiosignaleingang vorn rechts, plus

Videostecker (gelb)	Videoeingangssignal (IN)
1	nicht belegt
2	TV-Signal, Audio -Masse
3	TV-Signal, Audio -Masse
4	Abschirmung Masse
5	TV-Signal, Video - Masse
6	Video-Schaltsignal
7	Videosignalmasse
8	Videosignalmasse
9	Videosignalmasse
10	nicht belegt
11	TV-Signal, Audio - links
12	TV-Signal, Audio - rechts
13	Abschirmung Masse
14	Synchronisierung Video
15	50 Hertz / 60 Hertz
16	Video Signaleingang (Blau)
17	Video Signaleingang (Grün)
18	Video Signaleingang (Rot)

Verstärker	Mehrfachsteckverbindung B (23-Pol)
1	CAN Bus, low
2	Mitteltonlautsprecher vorn links, minus
3	Mitteltonlautsprecher vorn links, plus
4	CAN Bus, high
5	nicht belegt
6	Hochtonlautsprecher vorn links, minus
7	nicht belegt
8	nicht belegt
9	Hochtonlautsprecher vorn links, plus
10	nicht belegt
11	Tieftonlautsprecher vorn rechts, plus
12	Tieftonlautsprecher vorn rechts, minus
13, 14 und 17	nicht belegt
15	Hochtonlautsprecher vorn rechts, plus
16	Spannungsversorgung, minus
18	Hochtonlautsprecher vorn rechts, minus
19	Spannungsversorgung, minus
20	Spannungsversorgung, plus
21	Spannungsversorgung, plus
22	Spannungsversorgung, minus
23	Spannungsversorgung, plus

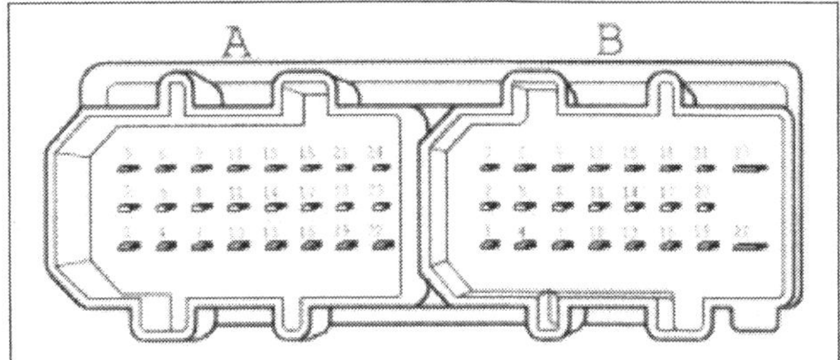

Am Verstärker: Die beiden Stecker (24-Pol & 23-Pol) sind unterschiedlich ausgearbeitet und können dadurch nicht in den falschen Anschluss eingesteckt werden

Stärkere Batterie nachrüsten

Sollten Sie darüber nachdenken stromfressende Verbraucher wie eine große Endstufe in Ihrem Wagen zu betreiben oder die Playstation auch in Ihrem Passat in Betrieb zu nehmen, kann es kein Fehler sein eine stärkere Lichtmaschine oder zumindest eine stärkere Batterie nachzurüsten. Die Ausführung des Batteriefußes ist bei allen für den Passat freigegebenen Batterien identisch. Alle Batterietypen des Passat sind mit 175 mm zudem gleich breit. Die stärkste im Passat verbaute Batterie im Motorraum ist eine 75 Ah-Ausführung. Die größte Batterie misst in der Länge 278 mm und hat eine Höhe von 190 mm. Die nächst kleinere Batterie mit 62 Ah hat eine Länge von 242 mm und eine Höhe von 190 mm. Das bedeutet: Hat Ihr Batteriekasten eine Länge von ca. 300 mm können Sie die stärkste Batterie für den Passat in Ihr Modell einbauen. Die serienmäßig vorhandene Kabellängen sind ausreichend.

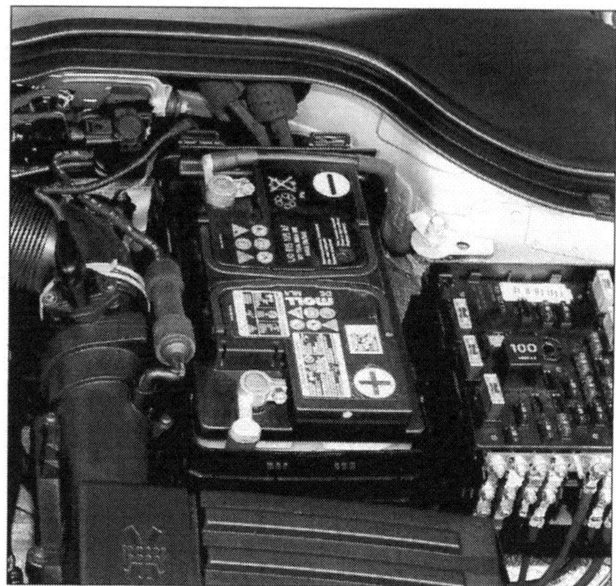

Mehr Kapazität im Bordnetz: Der Betrieb stromfressender Zusatzverbraucher hat mit einer leistungsstärkeren kein böses Erwachen zur Folge

Tagfahrlicht

Sollte das Tagfahrlicht einmal zur Pflicht werden, haben Passat-Besitzer kein großes Problem mit der Umstellung. Für den Passat ist im Steuergerät diese Funktion bereits vorgesehen und muss damit nur noch aktiviert werden. Dabei werden einfach die vorhandenen Scheinwerfer für das Abblendlicht mit reduzierter Leistung betrieben. Weitaus sparsamer und auch effektvoller sind dahingegen LED-Lampen. LED-Leuchten sind zudem sehr viel langlebiger und auch energieeffizienter als normale Glühbirnen. Daher hält sich auch der Mehrverbrauch durch das permanent eingeschaltete Licht in Grenzen. Zum Vergleich: Das ungedimmte Abblendlicht hat einen Mehrverbrauch von ca. 0,3 l Kraftstoff je 100 km zur Folge. Die kleinen und dennoch auffälligen Leuchtdioden sind dahingegen im Strom- und damit auch Kraftstoffverbrauch vernachlässigbar.
Für den Passat stehen Anbaumodule in unterschiedlicher Form als Zusatzleuchten zur Verfügung. Der Anschluss erfolgt dabei nach der individuellen Einbauanleitung. Die enthaltenen elektronischen Schaltungen sorgen dafür, dass auch bei ausgeschaltetem Licht die LED-Scheinwerfer des Tagfahrlichts leuchten. Wer etwas Aufwand für den Einbau nicht scheut, kann sich auch im VW-Konzernregal bedienen und das für den Audi S6 erhältliche LED-Leuchtenband im Passat verbauen. Die ausführliche Anleitung gibts im Internet unter www.gute-fahrt.de.

Nachrüstmöglichkeit 1: Im Handel erhältliche Zusatzleuchten sind zweckmäßig erfüllen aber kaum Designansprüche

Nachrüstmöglichkeit 2: Mit etwas Aufwand kann die LED-Leuchtleiste des Audi S6 in die Passatfront integriert werden

Anderes Radio einbauen

Um ein anderes Radio/CD-Player einzubauen, müssen Sie trotz des CAN-Bus Systems keine komplizierten elektrischen Arbeiten durchführen. Beinhaltet das neu zu verbauende Gerät eine Navigationsfunktion empfehlen wir Ihnen die Montage eines CAN-Bus Adapters (Kosten ca. 250 Euro). Solch ein Adapter wandelt alle aus dem CAN-Bus benötigten Signale für den Anschluß an einem ISO-Stecker um. Der Ausbau des Kombiinstruments um an das Tachosignal zu kommen entfällt somit, auch die Signale für den Zündungsimpuls, Beleuchtung und anderes können mit diesem Adapter bequem abgegriffen werden. Achten Sie bei der Auswahl des CAN-Bus Adapters auf Vollständigkeit des Sets und die Kompatibilität mit Ihrem neuen Gerät. Einige der auf dem Markt befindlichen Adapter ermöglichen sogar den weiteren Betrieb des eventuell vorhandenen Multifunktionslenkrades und der serienmäßigen Freisprecheinrichtung. Eines funktioniert leider nicht:Die Radioinformationsanzeige im Kombiinstrument arbeitet nur mit den original VW-Radios zusammen.

Das brauchen Sie mindestens:

- ISO-Stecker für Spannung
- ISO-Stecker für Lautsprecher
- FAKR Adapter für die Antenne
- Phantomeinspeisung für die Antenne

Was Sie noch dazu benötigen ist ein Doppel-DIN Radiorahmen den Sie auch beim VW-Teilehändler kaufen können (ET-Nr.: 1K0 057 058). Oder Sie verwenden ein Gerät für einen einfach DIN-Schacht, dann gibt es auf dem Zubehörmarkt eine Vielzahl von Radioblenden die den zweiten nicht benötigten Schacht als Ablage nutzen oder Aufnahmen für anderes Zubehör bereitstellen. Der Doppel-DIN-Rahmen wird an den vier Befestigungspunkten der original Radioaufnahme befestigt.
Möchten Sie ein normales Radio ohne Navigation verbauen kommen Sie auch ohne den teueren CAN-Bus Adapter aus. Was Sie dazu brauchen ist ein Quadlock-Adapter um Spannung und Lautsprecher anschließen zu können, sowie einen FAKR Adapter und die Phantomeinspeisung für die Antenne. Ohne die Phantomeinspeisung müssen Sie auf die schwachen Radiosender verzichten. Übrigens ist der braune Stecker für UKW und nur der wird auch weiterhin benötigt.

Selbstleuchtendes Nummernschild (SLN)

Falls Sie zu denen gehören, die sich eine bestimmte Kombination reserviert haben und ihr Kennzeichen mit einem gewissen Stolz an das Auto schrauben, dürfen Sie sich freuen: Seit 2006 ist nämlich das selbst-

leuchtende Nummernschild (SLN) erhältlich. Anbieter ist die Firma 3M, die sich selbst als Multi-Technologieunternehmen mit innovativen Produkten und Services bewirbt. Natürlich hat die Sache einen vernünftigen Hintergrund: Das mittels LEDs und optischer Folien leuchtende Kennzeichen bietet zusätzliche Sicherheit im Dunklen und ist auch bei starker Verschmutzung noch gut lesbar. Wichtiger scheint die Tatsache, dass Kennzeichenleuchten mit Kontaktschwierigkeiten oder durchgebrannten Birnen damit

Herkömmlich links, innovativ rechts: Die homogene Lichtverteilung des SLN bietet mehr als nur einen Showeffekt

der Vergangenheit angehören. Technisch ist der insgesamt 21 Millimeter dicke Einbausatz bei jedem Auto mit normaler Schildgröße anbaubar, finanziell gesehen aber doch eine etwas größere Investition. Zum Leuchtkörper für rund 70 Euro addiert sich nämlich noch der Preis für das transluzente Kennzeichen. Immerhin ist das eine Innovation, die pünklich zum 100sten Geburtstag des Nummernschilds eigentlich niemand erwartet hatte.

Batterie und Lichtmaschine

Störung	was kann das sein?	was kann ich tun?
A Rote Ladekontrolle brennt nicht beim Einschalten der Zündung	**1** Batterie leer	Mit Starthilfekabel starten
	2 Batteriekabel gebrochen. Kabelklemmen lose oder oxidert	Batteriekabel und -klemmen kontrollieren
	3 Kontrollleuchte defekt	ersetzen
	4 Kabelweg zwischen Zündschloss, Kontrollampe und Lichtmaschine unterbrochen	Stromweg mit Prüflampe kontrollieren
	5 Schleifkohlen abgenutzt	Generator tauschen
	6 Spannungsregler defekt	Generator tauschen
	7 Wicklung schadhaft	Generator tauschen
	8 Feuchtigkeit bildet einen isolierenden Schmierfilm zwischen den Schleifringen und Kohlen (z.B. nach Motorwäsche)	Generator mit Druckluft ausblasen oder Schleifringe und Kohlen sauberreiben
B Ladekontrolle brennt bei laufendem Motor	**1** Keilrippenriemen lose bzw. ohne Spannung	Keilrippenriemenspannung kontrollieren
	2 Mangelnder Kontakt an Kabelanschlüssen der Lichtmaschine oder unterbrochene Kabel	Kabelanschlüsse und Kabel prüfen
	3 Siehe A5 bis 7	
C Batterieoberfläche feucht	**1** Zuviel eingefülltes destilliertes Wasser	Ausgasen lassen, keine Säure absaugen
	2 Batteriverschlüsse verstopft	Entlüftungslöcher säubern
	3 siehe A6	
D Batterie gast stark	siehe A6	

STÖRUNGSBEISTAND

Anlasser

Störung	was kann das sein?	was kann ich tun?
A Beim Drücken des Zündschlüssels in Startstellung dreht der Anlasser zu lange oder gar nicht	**1** Kontrollampen brennen schwach oder verlöschen **1a** Batterie entladen **1b** Kabelanschlüsse lose oder oxidiert **1c** Batterie entladen	Mit Starthilfekabel starten, Auto anschieben/anschleppen Kabel, Kabel befestigen, Anschlüsse säubern, Anlasser überholen lassen oder austauschen
	2 Kontrollampen brennen hell, Klicken aus Richtung Anlasser immer noch nicht: **a** Kohlenbürsten bzw. deren Anschlüsse im Anlasser gelöst **b** Kontakte im Magnetschalter verschmort **c** Anlasserwicklung schadhaft	Anlasser überholen lassen oder austauschen
	3 Kontrollämpchen brennen hell, keinerlei Geräusche	
B Der Anlasser dreht, aber der Motor dreht nicht mit	**1** Ritzel verschmutzt	Ritzel reinigen
	2 Einrückvorrichtung klemmt	Anlasser überholen lassen
	3 Verzahnung des Ritzels oder der Motorschwungscheibe beschädigt	Wagen bei eingelegtem Gang ein Stück vorschieben. Erneut starten. Beschädigte Teile ersetzen
C Magnetschalter schaltet schnell ein und aus. Anlasser läuft nicht an	**1** Batterie stark entladen, beim Einschalten des Magnetschalters fällt die Spannung ab und er schaltet wieder ab	Batterie laden
D Anlasser läuft weiter, obwohl die Zündschlossbetätigung losgelassen wurde	**1** Magnetschalter hängt oder schaltet nicht ab	Zündung sofort abschalten, notfalls Batterie abklemmen. Magnetschalter reparieren oder Anlasser austauschen
	2 Zünd-/Anlasschalter defekt	Schalter ersetzen
E Ritzel spurt nach Anspringen des Motors nicht aus	**1** Rückstellfeder des Einrückhebels lahm oder gebrochen	Zündung abschalten, ggf Anlasser austauschen
	2 siehe B3	

Hupe

STÖRUNGSBEISTAND

Störung	was kann das sein?	was kann ich tun?
A Hupe tönt nicht	**1** Sicherung defekt	ersetzen
	2 Kabel vom Lenkrad zur Hupe unterbrochem	Kabelverlauf kontrollieren, Steckkontakte der Hupe blankkratzen
	3 Hupe defekt	Prüfen, ggf. ersetzen
	4 Relais defekt	Prüfen, ggf. ersetzen
B Hupe tönt dauernd	**1** Hupenkontakt vom Lenkrad defekt Kabel vom Hupenkontakt zur Hupe hat Dauerstrom	Schwarz/gelbes Kabel von der Hupe abziehen. Hupt es nicht mehr, Hupenkontakt bzw. Kabel reparieren lassen
	2 Hupe hat inneren Masseanschluss	Hupe ersetzen. Unterwegs Kabel von der Hupe abziehen

Bremslicht

STÖRUNGSBEISTAND

Störung	was kann das sein?	was kann ich tun?
A Eine Bremsleuchte leuchtet nicht	**1** Glühlampe durchgebrannt	Austauschen
	2 Masseverbindung unterbrochen. Brennen alle übrigen Lampen in derselben Hekkleuchte? Falls nicht:	Kabel kontrollieren
	3 Unterbrechung in der Zuleitung	Kabel kontrolllieren
B Beide bzw. alle drei Bremslichter leuchten nicht	**1** Sicherung defekt	Ersetzen
	2 Bremslichtschalter defekt	Überprüfen, ggf. ersetzen
	3 siehe A1 und A3	
C Bremslicht brennt dauernd	**1** siehe B2	Kabel kontrollieren
	2 Kabel zm Bremslichtschalter haben direkten Kontakt	

STÖRUNGSBEISTAND

Warnblink- und Blinkanlage

Störung	was kann das sein?	was kann ich tun?
A Kontrollampe für Richtungsblinker leuchtet in ganz kurzen Intervallen auf. Normaler Blinkrhythmus beim Warnblinken	Eine Glühlampe defekt oder ohne Kontakt	Auswechseln
B Blinkleuchten und Kontrolleuchte brennen bei Richtungs- und Warnblinken dauernd oder gar nicht	Blinkrelais defekt	Auswechseln
C Richtungsblinken funktioniert, aber kein Warnblinken	**1** Sicherung defekt	Auswechseln
	2 Kabel vom Steckkontakt am Warnblinkschalter zur Sicherung bzw. Blinkerrelais unterbrochen	Durchgang kontrollieren, ggf. erneuern
	3 Warnblinkschalter defekt	Auswechseln
D Warnblinken funktioniert, aber kein Richtungsblinken	**1** Kabel zwischen Blinkerschalter Blinkerrelais unterbrochen	Durchgang kontrollieren, ggf. erneuern
	2 Blinkerschalter defekt	Auswechseln (lassen)
	3 Sicherung defekt	Ersetzen
E Kein Richtungs- und kein Warnblinken	**1** siehe C1 und C3	
	2 siehe D	

Technische Daten

Wie hoch liegt eigentlich der Normverbrauch meines Passats? Wieviel CO_2-Emissionen hat meine Motorisierung und welcher Schadstoffklasse ist sie zugeordnet? Diese und andere Fragen beantwortet Ihnen das Kapitel Technischen Daten, denn hier finden Sie alle relevanten Zahlen, Daten und Fakten zu Ihrem Fahrzeug.

Die Vielfältigkeit im Detail

Wie bereits die Kapitel „Das Modell" sowie „Der Antrieb" zeigen, verfügt der Passat über eine reichhaltige Auswahl an Motorisierungen, Getriebe- und Ausstattungsvarianten, von deren unzähligen Kombinationsmöglichkeiten mal ganz abgesehen.
Das Passat-Repertoire beinhaltet insgesamt 14 Motoren (Benziner, Diesel), 5- und 6-Gang Schalt- sowie 6-Gang Automatik- und Doppelkupplungsgetriebe (DSG), Vorder- und Allradantrieb (4Motion), Karosserien als Limousine sowie den Kombi Variant, und sechs Ausstattungslinien, angefangen bei der Basisausstattung Trendline über Sportline, Comfortline, Highline, Bluemotion bis hin zum Individual-Programm. Hinzu kommen noch Sondermodelle mit spezifischen Extras und Sonderausstattungen und Bezeichnungen, deren Ausführungen sich wiederum im hiesigen und internationalen Markt unterscheiden.
Sie merken schon die Auflistung aller möglichen Modelle und deren Ausstattungsumfänge würde den Rahmen dieses Werks sprengen, zählte man zudem noch alle möglichen Farbkombinationen auf, sowohl was die Lackierung als auch die unterschiedliche Innenausstattungen (natürlich abhängig von den Ausstattungslinien) und Stoffbezüge angeht. In den Verkaufsbroschüren des Passat stehen insgesamt 312 unterschiedlichen Gestaltungsmöglichkeiten zur Verfügung nach welchen der Kunde das Fahrzeug in seiner Farbgebung innen und außen zusammenstellen kann. Kein Wunder rollen in Wolfsburg und Emden nur selten, sowohl in Aussehen als auch Ausstattung, exakt identische Modelle vom Band.
Auf den folgenden Seiten berücksichtigen wir die Unterschiede nach Ausstattungsvarianten nicht, da dies dem Sinn und Zweck einer Übersichtstabelle nicht gerecht würde werden.
Dennoch haben wir alle Motorisierungen inklusive aller technischen Daten, sowie den unter Umweltaspekten und der künftigen Fahrzeugbesteuerung im Fokus stehenden Angaben zur CO_2-Emission, aufgeführt.
Alle Werte entsprechen den Werksangaben von VW. Sofern es keine gravierenden Abweichungen zu Messdaten aus der Motorpresse (beispielsweise bei den Verbrauchsangaben oder den Beschleunigungswerten) gab. Diese, der Realität und dem Alltagsgebrauch meist näheren Daten, haben wir selbstverständlich ebenfalls berücksichtigt.

Passat Individual: Die Passat aus dem Individual-Programm zählt VW zu den Sondermodellen der Baureihe 3C2

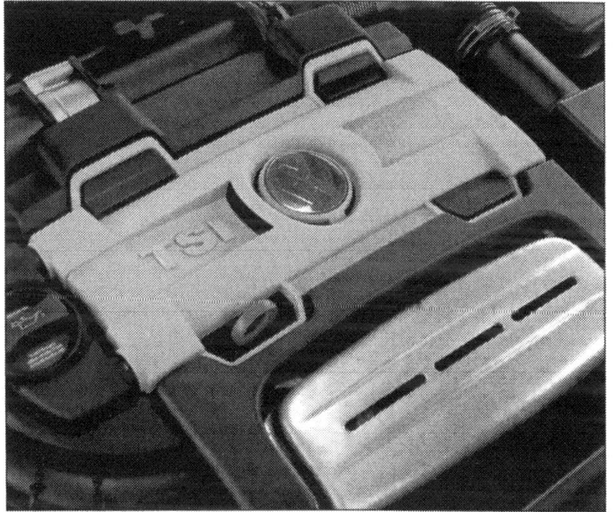

Downsizing und Highend: Die Spannbreite der Motorleistung bei den Benzinern reicht von 102 bis 250 PS

Benzinmotoren

Modell	1,4 TSI	1,6	1,6 FSI	2,0 FSI	1,8 TSI	2,0 FSI	3,2 V6 FSI
Kennbuchstaben	-	BSE	BLF/BLP (ausschl. Automatik)	BLR/BLX/ BLY	-	AXX / BWA	BFH / AXZ
Bauzeit	ab 10.07	ab 3.05 /	ab 03.05	ab 03.05	ab 10.07	ab 03.05	ab 12.05
Abgasgrenzwert gemäß	Euro4	Euro4	Euro4	Euro4	Euro4/	Euro4	Euro4
Zylinder /Ventile	4 / 16	4 / 8	4 / 16	4 / 16	4 / 16	4 / 16	6 / 24
Hubraum	1390 cm^3	1595 cm^3	1598 cm^3	1984cm^3	1798 cm^3	1984 cm^3	3169 cm^3
Bohrung	-	81,0 mm	76,5 mm	82,5 mm	-	82,5 mm	84,0 mm
Hub	-	77,4 mm	86,9 mm	92,8 mm	-	92,8 mm	95,9 mm
Verdichtung	-	10,5:1	12,0:1	11,5:1	-	10,5:1	11,25:1
Höchstleistung	90 /122	75 /102	85 /115	110 /150	118 /160	147 /200	184 /250
bei 1/min (kw/PS)	5.000	5.600	6.000	6000	5.000	5.100	6.200
Max. Drehmom.	210 Nm	148 Nm	155 Nm	200 Nm	250 Nm	280 Nm	320 Nm
bei 1/min	1.500-4.000	3.800	4.000	3.500	1.500	1.800-5.000	3.200
Vmax (km/h)	203	190	195	209	220	235	246
Beschleunigung 0-100 km/h in s							
Schaltgetriebe	10,5	12,4	-	9,9	8,6	7,6	
Automatik			12,7		9,0	7,8	6,9
Verbrauch (l/100 km)							
– städtisch	8,6	10,7	10,5	12,0	10,4 (11,3)	(12,4)	13,9
– außerstädtisch	5,5	6,0	6,2	6,8	6 (6,3)	(6,6)	7,5
– kombiniert (Automatik)	6,6	7,7	7,7	8,7	7,6 (8,2)	(8,7)	9,8
CO_2-Emission (g/km)	157	183	184	208	180/ 195 (Aut.)	149-158	233
Abgaswarnleuchte	-	ja	ja	ja	-	ja	ja
Motorelektronik	-	Simos 7	Motronic MED 9.5.10	Motronic MPI 9.5	- -	Motronic MED7	Motronic MED 7.1.1
Eigendiagnose	ja	ja	ja	ja	ja	ja	ja
Lambdaregelung	ja	ja	ja	ja	ja	ja	ja
Abgasrückführung	-	ja	-	ja	ja	ja	nein
Abgasturbo-aufladung	ja	nein	nein	nein	ja	nein	nein
Kraftstoff (ROZ)	95 Super bleifrei	95 Super bleifrei*	95 Super bleifrei	min 95 Super bleifrei	95 Super bleifrei	98 Superplus bleifrei	98 Superplus bleifrei
Tankvolumen / Reserve (l)	70 ca. 7	70 ca. 7	70 ca. 7	70 ca. 7	70 ca. 7	70 ca. 7	70 ca. 7

*unter geringer Leistungseinbuße auch mit ROZ91 Normal betreibbar

Dieselmotoren

Modell Kennbuchstaben	1,9 TDI BKC	1,9 TDI DPF BLS	2,0 TDI BKP	2,0 TDI DPF BMP	2,0 TDI BKP 4Motion	2,0 TDI DPF BMP 4Motion	2,0 TDI BMR
Bauzeit	ab 03.05	ab 03.05	03.05	ab 03.05	ab 03.05	ab 03.05	ab 12.05
Abgasgrenzwert gemäß	Euro4	Euro4 /	Euro4	Euro4	Euro4	Euro4	Euro4
Zylinder /Ventile	4 / 8	4 / 8	4 / 16	4 / 8	4 / 16	4 / 8	4 / 16
Hubraum	1896 cm^3	1896 cm^3	1968 cm^3	1968 cm^3	1968 cm^3	1968 cm^3	1968 cm^3
Bohrung	79,5 mm	79,5 mm	81,0 mm	81,0 mm	81,0 mm	81,0 mm	81,0 mm
Hub	95,5 mm	95,5 mm	95,5 mm	95,5 mm	95,5 mm	95,5 mm	95,5 mm
Verdichtung	19,0:1	19,0:1	18,0:1	18,5 :1	18,0 :1	18,5 :1	18,5:1
Höchstleistung bei 1/min (kW/PS)	77 / 105 4.000	77/ 105 4.000	103 / 140 4.000	103 /140 4.000	103 / 140 4.000	103 / 140 4.000	125 / 170 4.000
Max. Drehmom. bei 1/min	250 Nm 1.900	250 Nm 1.900	320 Nm 1.800	320 Nm 1.800	320 Nm 1.750	320 Nm 1.800	350 Nm 1.800
Vmax (km/h)	188	188	209 / 206 (DSG)	209 / 206 (DSG)	204	204	223 / 220 (Aut.)
Beschleunigung 0-100 km/h in s							
Schaltgetriebe	12,1	12,1	9,8	9,8	10,2	10,2	8,6
Automatik			9,8 (DSG)	9,8 (DSG)			8,6 (DSG)
Verbrauch (l/100 km)							
– städtisch	7,2	7,3	7,8 / 8,7 (DSG).	7,9 / 8,8 (DSG)	8,7	8,7	7,9 / 8,5 (Aut.)
– außerstädtisch	4,7	4,8	4,8 / 5,3 (DSG)	4,9 / 5,4 (DSG)	5,5	5,7	5,2 / 5,4 (Aut.)
– kombiniert	5,6	5,7	5,8 / 6,5 (DSG)	5,9/ 6,6 (DSG)	6,6	6,7	6,1 / 6,5 (Aut.)
CO_2 -Emission (g/km)	148	151	153 /172 (DSG)	156 /172 (DSG)	174	177	160 / 172 (Aut.)
Abgaswarnleuchte	ja	ja	ja	ja	ja	ja	
Motorelektronik	Bosch EDC 16	Bosch EDC 16	Bosch EDC 16	Bosch EDC 16	Bosch EDC 16	Bosch EDC 16	Bosch EDC 16
Eigendiagnose	ja	ja	ja	ja	ja	ja	ja
Lambdaregelung	ja	ja	ja	ja	ja	ja	ja
Abgasrückführung	ja	ja	ja	ja	ja	ja	ja
Abgasturbo-aufladung	ja	ja	ja	ja	ja	ja	ja
Kraftstoff (ROZ)	Diesel min 51 CZ	Diesel min 51 CZ	Diesel min 51 CZ	Diesel min 51 CZ	Diesel min 51 CZ	Diesel min 51 CZ	Diesel min 51 CZ
Tankvolumen / Reserve (l)	70 ca. 7	70 ca. 7	70 ca. 7	70 ca. 7	68 ca. 7	68 ca. 7	70 ca. 7

Kraftübertragung

Getriebe: 5-/6-Gang Schaltgetriebe mit Doppelgelenkhalbachsen; 6-Gang Wandlerautomatikgetriebe, 6-Gang Direktschaltgetriebe mit Doppelkupplung

Kupplung: Hydraulisch betätigte Einscheiben-Trockenkupplung

Frontantrieb: Über asbestfreie Einscheiben-Trockenkupplung

4Motion (Allradantrieb): Permanenter Allradantrieb mit elektronisch geregelter Kraftverteilung auf Vorder- und Hinterachse über Einscheiben-Trockenkupplung und Schaltgetriebe
Antrieb vorn über Differential und Doppelgelenk-Halbachsen
Antrieb hinten über Kegeltrieb, Kardanwelle, Haldex-Kupplung, Hinterachsgetriebe mit Differential Doppelgelenk-Halbachsen

Maße und Gewichte*

Modell	Leergewicht (kg)	zul. Gesamtgewicht (kg)	max. Zuladung (kg)	Anhängelast (gebremst) (bis 12 Prozent Steigung)
1,4 Liter TSI	1388	2000	612	1400
1,6 Liter	1343	1950	607	1300
1,6 Liter FSI	1386	1990	604	1300
2,0 Liter FSI	1389	2000	611	1500
1,8 Liter TSI	1417	2050	633	1500
2,0 Liter FSI 4Motion	1492	2100	608	1600
2,0 Liter FSI Turbo	1445	2050	605	1600
3,2 Liter V6 FSI 4Mo.	1660	2270	610	2200
1,9 TDI	1422	2030	608	1500
1,9 TDI DPF	1422	2030	608	1500
2,0 TDI (103 kW)	1454	2060	606	1800
2,0 TDI DPF (103 kW)	1454	2060	606	1800
2,0 TDI (103 kW) 4Motion	1554	2160	606	2000
2,0 TDI DPF (103 kW) 4Mo.	1554	2160	606	2000
2,0 TDI (125 kW)	1457	2060	603	1800

Kofferraumvolumen (nach ISO 3832)

Limousine: 565 Liter inkl. 80 Liter im Stauraum der Reserveradmulde
Limousine 4Motion: 541 Liter inkl. 80 Liter im Stauraum der Reserveradmulde
Variant: 603 Liter bei genutzter Rücksitzbank / 1731 Liter bei umgelegter Rücksitzbank
Variant 4Motion: 588 Liter bei genutzter Rücksitzbank / 1716 Liter bei umgelegter Rücksitzbank

Außenlänge

Limousine: 4.765 mm / 4.870 mm mit Anhängerkupplung
Variant: 4.774 mm / 4.870 mm mit Anhängerkupplung

Außenbreite Lim. / Var. bei geöffneten Türen
vorne 3.723 mm / 3.723 mm
hinten 3.462 mm / 3587 mm

Außenhöhe Lim. / Var. bei geöffneter Motorhaube vom Boden: 1.826 mm / 1.826

Außenhöhe Lim. / Var. bei geöffneter Heckklappe vom Boden: 1.756 mm / 2.058 mm

*alle Angaben in kg; allgemein gültige Angaben, für Ihr Fahrzeug zutreffende Daten bitte aus den Fahrzeugpapieren entnehmen

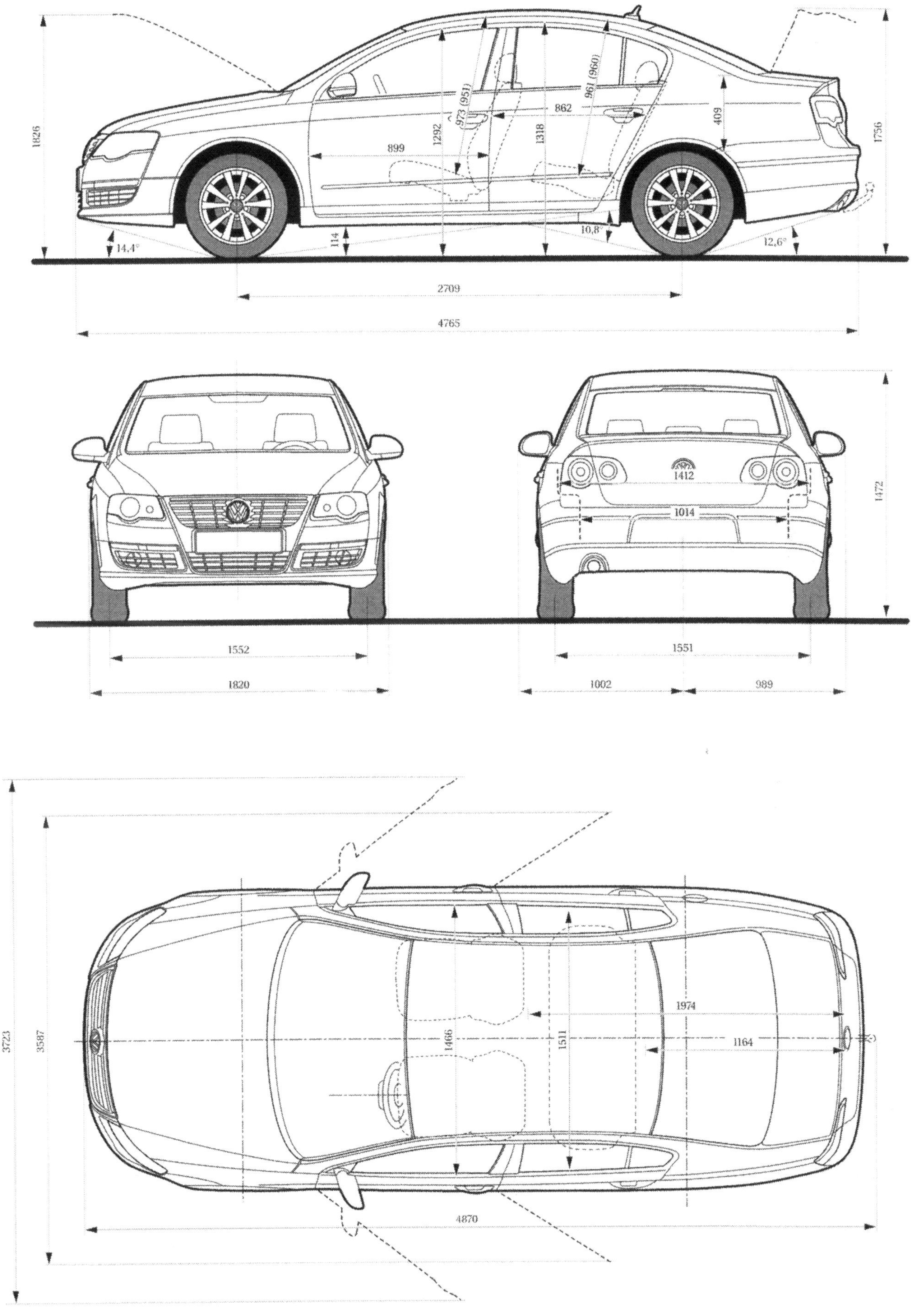

1826
14,4°
114
1292
973 (951)
899
1318
862
961 (960)
409
10,8°
12,6°
1756
2709
4765
1552
1820
1412
1014
1472
1551
1002
989
3723
3587
1466
1511
1974
1164
4870

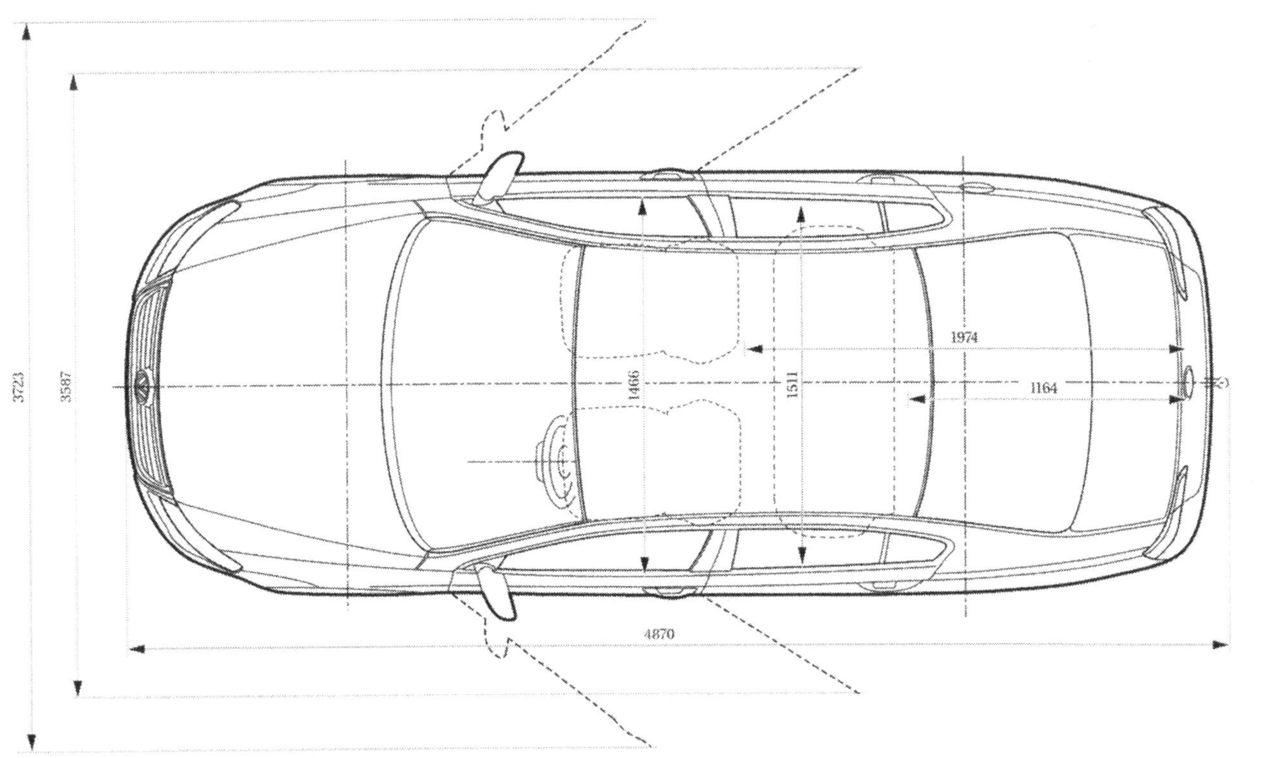

Techniklexikon

Das folgende Stichwortverzeichnis soll keine Übersetzung vom „Fach-Chinesisch" ins Deutsche sein; es soll Ihnen aber helfen, einige der häufig benutzten Ausdrücke zu verstehen, die Sie im Gespräch mit den Leuten in der Werkstatt (oder auch mit denen am Stammtisch) immer wieder hören.

Abgasturbolader – von Abgasen angetriebenes Turbinenrad. Die Turbine nutzt die im Abgas enthaltene Energie und drückt zur Leistungssteigerung Frischluft und vorverdichtete Luft in die Zylinder.

ABS – Antiblockiersystem. Drehzahlsensoren an allen vier Rädern melden einem Steuergerät, wenn das jeweilige Rad kurz vor dem Blockieren ist. Der Bremsdruck am Rad wird abwechselnd verringert und erhöht und das Blockieren verhindert.

ACC – Adaptive Cruise Control (adaptive Geschwindigkeitsregelung); hält die gewünschte Fahrzeuggeschwindigkeit konstant.

Achsschenkel – Bauteil der Vorderradaufhängung, schwenkt beim Lenken um die Lenkdrehachse. Auf dem Achsschenkel ist das Vorderrad gelagert.

Achstrieb (Vorder-, Hinterachstrieb) – Vorderachstrieb: Baugruppe, die ein Stirnradpaar und das Differenzial zum Antrieb der Gelenkwellen vom Getriebe aus enthält. Bei Hinterradantrieb sind in einem eigenem Gehäuse ein Kegelradsatz („Teller- und Kegelrad") und das Differenzial vereinigt.

Achswelle – Angetriebene Welle, starr oder mit Gelenken, an deren Nabe eines der Räder montiert ist.

Adaptives Kurvenlicht

Horizontal schwenkbare Scheinwerfer, die die Kurven optimal ausleuchten, sobald der Fahrer in sie einlenkt. Sensoren erfassen den Lenkwinkel, die Gierrate (Drehgeschwindigkeit um die Hochachse) und die Fahrgeschwindigkeit. Die Xenon-Scheinwerfer werden elektromechanisch so gesteuert, dass die Kurve ihrem Verlauf entsprechend besser ausgeleuchtet wird.

Airbag- Aufblasbares Luftkissen, das bei Frontalaufprall des Autos auf ein Hindernis die Insassen vor Verletzung schützt. Gewöhnlich in die Lenkradnabe und die Schalttafel (evtl. auch in die Sitzlehnen = Seiten-Airbags) eingebaut

Aktivkohlefilter (EVAP) – System zur Verminderung der Emission schädlicher Benzindämpfe aus dem Tank. Die Dämpfe werden in einem Filter aus Holzkohle gespeichert und später im Motor verbrannt.

Anlasser – Elektromotor, der zum Anlassen des Motors dient. Sein längs verschiebbares Ritzel wird zuerst in den großen Zahnkranz des Schwungrads eingespurt und dreht dann die Kurbelwelle.

Antriebsriemen – Normalerweise aus Gummigewebe gefertigter Riemen, der über mindestens zwei Riemenscheiben läuft und von der Kurbelwelle aus Nebenaggregate oder die Nockenwelle(n) antreibt (als Keilriemen, Flachriemen oder Zahnriemen).

Antriebsstrang – Oberbegriff für den gesamten Antrieb eines Fahrzeugs mit Motor, Kupplung, Getriebe, Kardanwelle (soweit vorhanden), Achstrieb/Differenzial und Antriebswellen.

Asphärischer Außenspiegel – Asphärische Außenspiegel besitzen eine zweigeteilte, teilweise gebogene (konvexe) Spiegelfläche. Dadurch vergrößert sich die Sichtfläche des Rückspiegels. Die korrekte Einstellung der Seitenspiegel auf die Sitzposition des Fahrers verringert beim asphärischen Außenspiegel den toten Winkel fast vollständig. Alle Modelle aus der Volkswagen Pkw-Palette sind mit asphärischen Außenspiegeln auf der Fahrerseite ausgerüstet.

ASR – Antriebsschlupfregelung; verhindert Durchdrehen der Antriebsräder, hält den Wagen in den Spur.

ATF –Automatic Transmission Fluid (Getriebeöl für automatische Getriebe).

Aufbohren (Zylinder) – Verfahren zum Nacharbeiten der Zylinderbohrungen bei starkem Verschleiß. In die um ein geringes Maß vergrößerten Bohrungen werden entsprechend größere Kolben eingebaut. Nur nach langer Laufzeit erforderlich.

Ausdehnungsbehälter – Teil der modernen, unter Druck arbeitenden Kühlanlage. In diesen Behälter kann das infolge des Temperaturanstiegs sich ausdehnende Kühlmittel ausweichen.

Ausgleichgetriebe – Siehe Differenzial.

Ausgleichscheibe – Stahlscheibe, zumeist in verschiedenen Dicken, zum Ausgleich des Axialspiels beweglicher Bauteile.

Ausgleichswelle – eine zur Kurbelwelle gegenläufig rotierende Welle für einen ruhigen Motorlauf.

Auspuffkrümmer – Sammelrohr, das die Abgase des Motors von jedem der Zylinder in die (gemeinsame) Abgasanlage leitet.

Ausrücklager (Kupplung) – Wälzlager, das axial gleitend auf einer Hülse vorn im Getriebegehäuse montiert ist, beim Auskuppeln vom Kupplungs-Ausrückhebel gegen die rotierende Tellerfeder gedrückt oder gezogen wird und dabei die Kupplungsscheibe freigibt

Auswuchten (Räder) – Prüfen und Korrigieren eines Rades mit Reifen im Hinblick auf statische und dynamische „Unwucht", d.h. auf Kräfte, die das Rad zu Flatter- oder Zitterbewegungen veranlassen könnten.

Automatikgurt – Sicherheitsgurt, der den Fahrzeuginsassen bei normaler Fahrt Bewegungsfreiheit lässt, aber blockiert wird, wenn das Auto stark verzögert wird oder die angegurtete Person plötzliche Bewegungen macht.

AWD – All Wheel Drive (Allradantrieb).

Axialspiel – Bewegungsfreiheit eines Bauteils in Achsrichtung, z.B. die seitliche Bewegung eines Pleuels auf dem Lagerzapfen der Kurbelwelle.

Batterie – (Akkumulatorenbatterie) „Reservoir", in dem elektrische Energie gespeichert wird. Sie liefert den Strom zum Anlassen des Motors und für die übrigen Verbraucher bei stehendem Motor. Sie wird bei laufendem Motor vom Generator aufgeladen.

Benzindirekteinspritzung – Bei der Benzindirekteinspritzung wird der Kraftstoff mit einem maximalen Druck von bis zu 150 bar direkt in den Brennraum eingespritzt. Eine besondere Brennraumgeometrie sorgt für eine optimale Verwirbelung des Kraftstoff-Luft-Gemischs.

Biodiesel – Biodiesel wird aus nachwachsenden Rohstoffen gewonnen. In Deutschland wird häufig Raps zur Gewinnung von Biodiesel genutzt. Daher haben sich auch die Bezeichnungen RME (Raps-Methyl-Ester) bzw. PME (Pflanzen-Methyl-Ester) durchgesetzt. Aus ökologischer Sicht stellt Biodiesel eine sinnvolle Alternative zu herkömmlichem Dieselkraftstoff dar, da man sich in einem geschlossenen CO2-Kreislauf bewegt. Das bedeutet, dass die Pflanze während ihres Wachstums soviel an CO2 aufnimmt, wie nachher bei der Verbrennung wieder abgegeben wird. Da sich Biodiesel jedoch in seiner Zusammensetzung von herkömmlichem Dieselkraftstoff unterscheidet, kann er nicht uneingeschränkt als direkter Ersatz für Diesel genommen werden. Größtes Problem ist derzeit, dass es keine einheitliche Norm für die Qualität und Zusammensetzung von Biodiesel gibt. Der Marktanteil von Pflanzen-Methyl-Ester liegt zurzeit unter einem Prozent. Selbst bei Ausschöpfung aller Anbaupotenziale könnte Pflanzen-Methyl-Ester nur ein Zehntel des Dieselkraftstoffbedarfs decken.

Bi-Xenon – Xenon-Scheinwerfer für Abblend- und Fernlicht (siehe Xenonlicht).

Blattfeder – Lange, schmale, gekrümmte Feder, zumeist als Paket aus mehreren Blättern zusammengesetzt. Heute nur noch bei Lkws, schweren Geländewagen und alten Autos mit hinterer Starrachse zu finden.

Bord-Diagnosesystem – Elektronische Überwachungsanlage für das Motor-Managementsystem. Sie lässt über den Fehlercode Fehlfunktionen erkennbar werden, die sich negativ auf Abgasemissionen, Leistung und Verbrauch auswirken können.

Boxermotor – Motorbauform, bei welcher die Zylinder einander gegenüberliegen; im allgemeinen sind gleich viele Zylinder auf jeder Seite der Kurbelwelle.

Bremsankerplatte – Stahlblechplatte, am Radträger (zumeist nur noch der Hinterräder) befestigt. Daran sind die Bremsbacken der Trommelbremse montiert.

Bremsbacken – Gekrümmtes Bauteil in der Trommelbremse, mit Bremsbelägen bewehrt. Die Backen werden beim Bremsen von innen gegen die Bremstrommel gedrückt.

Bremsbelag – Trommelbremse: auf die Bremsbacken aufgebrachter Reibbelag aus hitzebeständigem Werkstoff; Scheibenbremse: Mit aufvulkanisiertem Reibbelag versehene Metallplatte. Die Bremsbeläge werden von den Hydraulikkolben von beiden Seiten her beim Bremsen an die Bremsscheibe angedrückt.

Bremse entlüften – Entfernen der unerwünschten Luft aus einer geschlossenen hydraulischen Bremsanlage.

Bremsflüssigkeit – Spezielles, hitzebeständiges Hydrauliköl für Bremsanlage (ggf. auch für Kupplungsbetätigung).

Bremsscheibe – Mit dem Rad umlaufende, häufig hohl gegossene („belüftete" Bremsscheibe) Metallscheibe. Beim Betätigen der Bremse werden von beiden Seiten her die Bremsbeläge an die Scheibe angedrückt und verzögern dadurch Scheibe und Rad.

Bremsservo (Vakuum-Bremsverstärker) – Gerät, das die am Pedal aufgebrachte Kraft zum Betätigen des Hauptbremszylinders erhöht. Der Unterdruck, mit dem das Gerät arbeitet, kommt beim Benzinmotor vom Saugrohr, beim Dieselmotor von einer zusätzlichen Pumpe.

Bremstrommel – Mit dem Rad umlaufendes, schüsselförmiges Bauteil der Trommelbremse. Beim Betätigen der Bremse werden von innen her die beiden Bremsbacken an die Trommel angedrückt und verzögern dadurch Trommel und Rad.

Bremszange, -sattel – Bauteil, das am Radträger montiert ist und sattelförmig die Bremsscheibe übergreift. Enthält die Hydraulikkolben und Bremsbeläge.

Brennraum – Raum über dem Kolben, in dem dieser das Gemisch verdichtet, und in dem im Augenblick der Zündung die Verbrennung stattfindet. Der Brennraum kann auch zum Teil in den Kolbenboden eingelassen sein.

CAN – Control Area Network (Kontroll-Netzwerk); verknüpft elektronische Funktionen.

Carbon – Kohlenstoff; belastungsstarker und extrem leichter Werkstoff für Karosserieteile und Bremse von Supersportwagen und für die Formel 1.

Chip-Tuning – Leistungssteigerung durch Austausch eines elektronischen Speicherbausteins.

Choke (Vergaser) – Manuell oder automatisch betätigtes Klappenventil, das beim Kaltstart durch Drosselung der Luftzufuhr zum Motor das Gasgemisch anreichert.

CNG – Compressed Natural Gas (komprimiertes Naturgas); Erdgas für speziell ausgerüstete Personenwagen und Transporter.

CO-Gehalt – Anteil von Kohlenmonoxid im Abgas

Common Rail – (gemeinsame Schiene) Diesel-Direkteinspritzer, bei dem alle Zylinder über eine gemeinsame, unter Druck stehender Verteilerleitung mit Kraftstoff versorgt werden.

Comprex-Lader – Druckwellenlader, Mischung aus Turbolader und Kompressor. Wird von der Kurbelwelle über einen Zahnriemen angetrieben.

Crossover – Kreuzung verschiedener Fahrzeug-Gattungen zu neuem Typ.

CVT-Automatik – (Continuously Variable Transmission) Automatische, stufenlose Kraftübertragung mit je einer zweigeteilten, kegeligen Scheibe auf An- und Abtriebswelle. Durch axiales Verschieben der Scheiben wird der wirksame Radius eines auf ihnen laufenden Keilriemens oder einer Lamellenkette stufenlos verändert – damit auch die jeweilige Übersetzung.

DB - Dezibel, Einheit für Lautstärke.

DBC – dynamische Bremskontrolle (siehe BAS).

Diagnosesystem – Siehe Bord-Diagnosesystem.

Diagnose-Warnleuchte – Warnleuchte an der Schalttafel. Zeigt an, dass eine Fehlfunktion vorliegt und als solche im Steuergerät gespeichert wurde.

Dichtung – Verformbares Material, das zwischen zwei Oberflächen eingefügt wird, um gas- bzw. flüssigkeitsdichte Verbindungen zu schaffen.

Dieselmotor – Der „Selbstzünder" (Gegensatz: „Ottomotor"=Fremdzünder) arbeitet mit der durch Verdichtung reiner Luft im Zylinder entstehenden Temperatur, die ausreicht, um den zerstäubten Dieselkraftstoff zu entzünden. Hierfür ist freilich eine weit höhere Verdichtung erforderlich als beim Ottomotor.

Differenzial/Ausgleichgetriebe – Zumeist als Kegelrädertrieb ausgeführt, treibt es die beiden Räder einer Achse gemeinsam in gleicher Drehrichtung, erlaubt ihnen aber, sich bei Kurvenfahrt unterschiedlich schnell zu drehen.

Differentialsperre – schafft starren Durchtrieb zwischen Rädern einer Achse oder beider Achsen für eine bessere Traktion des Fahrzeugs.

Direkteinspritzung – Spezielle Bauart von Motoren, bei denen der Kraftstoff durch Düsen unmittelbar in die Brennräume eingespritzt wird.

DOHC – (Double Overhead Camshaft) Bezeichnung für einen Motor mit zwei obenliegenden Nockenwellen, von denen eine die Ein- und eine die Auslassventile betätigt. Dies erlaubt optimale Anordnung der Ventile in Bezug auf Leistung und Emissionen (strömungsgünstigere Kanalführung im Kopf).

DOT-Nummer – auf die Reifenflanke geprägt, verrät den Produktionszeitraum des Pneus.

Drehkolbenmotor – Siehe Wankelmotor.

Drehmoment- Die an einem Hebelarm wirkende Kraft, früher in mkp (Meter-Kilopond), heute in Nm (Newtonmeter) ausgedrückt (1 mkp = 9,81 Nm).

Drehmomentschlüssel – Werkzeug zum Anziehen von Schrauben und Muttern mit einem vorgegebenen Drehmoment.

Drehmomentwandler/"Wandler" – Eine Abart der Flüssigkeitskupplung, eingebaut anstelle einer mechanischen Kupplung zwischen Motor und Automatikgetriebe. Kann das Motordrehmoment nach Bedarf verändern.

Drehstabfederung/Torsionsfederung – Eine in manchen Automodellen angewandte Art der Federung, die auf der Verdrehung eines geraden Stabes (Drehstab) um seine eigene Achse beruht.

Drive-by-wire – (Fahren per Draht). Befehle des Fahrers werden nicht mechanisch übermittelt, sondern elektronisch.

Drosselklappe – Vom Gaspedal betätigte Ventilklappe vor dem Saugrohr, die mehr oder weniger Luft zu den Einlaßventilen strömen läßt.

Drosselklappenschalter – Bauteil des Motor-Managementsystems, das dem Steuergerät die jeweilige Stellung der Drosselklappe signalisiert.

Druckfester Verschluß (Kühler) – Schraubkappe auf dem Ausdehnungsgefäß. Wirkt als Sicherheitsventil bei Über- und Unterdruck im Kühlsystem, um dieses vor Beschädigungen zu schützen.

Dynamische Kopfstützen – auch aktive Kopfstützen, sollen vor allem bei Auffahrunfall vor Verletzungen der Halswirbelsäule (Schleudertrauma) schützen.

Dynamisches-Energiemanagement – Das Batterie-Energiemanagement sorgt in Abhängigkeit vom Batterieladezustand und der Temperatur selbstständig dafür, dass stets genügend Energie für einen Motorstart zur Verfügung steht. Dies gilt auch dann, wenn das Fahrzeug einmal für einen längeren Zeitraum abgestellt ist. Moderne Fahrzeuge entnehmen ihren Batterien selbst im Ruhezustand Energie: Verkehrsfunkspeicher, aber auch Diebstahlwarnanlage oder der Empfänger für die Funkfernbedienung verbrauchen konstant ein geringes Quantum Strom. Wenn ein kritischer Ladezustand der Batterie droht, reduziert das Energiemanagement im Ruhezustand den Verbrauch durch stufenweises Abschalten der Verbraucher. Während der Fahrt kontrolliert das dynamische Energiemanagement laufend die Batteriespannung und Ladeaktivität. Bei Bedarf erhöht das System die Leerlaufdrehzahl geringfügig, um die Leistung des Ladegenerators zu erhöhen. In extremen Fällen werden kurzzeitig besonders verbrauchsintensive Komponenten wie etwa die Sitz- oder Heckscheibenheizung deaktiviert. Der Komfort leidet darunter nicht – im gewöhnlichen Fahrbetrieb erfolgt dieser Stopp so, dass der Fahrer ihn nicht bemerkt.

DynAPS – dynamisches Autopilot-System – das Navigstionssystem berücksichtigt Staumeldungen bei der Routenberechnung.

EBD – Electronic Brake Distribution, sorgt für eine elektronische Bremskraftverteilung.

EBV- elektronische Bremskraftverteilung.

ECE – Economic Comission for Europe (Wirtschaftskommission für Europa), befasst sich mit der Harmonisierung von Vorschriften rund ums Auto.

EDS – elektronische Differentialsperre.

E-Gas – „E" steht für elektronisch. Das Gaspedal wirkt bei Fahrzeugen mit E-Gas wie ein Sensor. Dieser erkennt anhand der Pedalstellung unmittelbar den Leistungswunsch des Fahrers. Auf Basis dieses Ausgangssignals regelt die Motorelektronik Drosselklappe, Ladedruck und Zündung. Dieses elektronische System löst die bisherige Übertragungstechnik per Seilzug ab und bringt wesentliche Vorteile: E-Gas erleichtert die elektronische Motorsteuerung, reagiert schneller und ist eine technische Voraussetzung für das elektronische Stabilisierungsprogramm (ESP)

EGR – (Exhaust Gas Recirculation) Abgasentgiftung: Ein Teil der Abgase wird der Ansaugluft wieder zugeführt, um unverbrannte Kraftstoffanteile weiter zu verbrennen.

Einscheiben-Sicherheitsglas – Scheibe aus thermisch behandeltem Glas in nur einer Schicht. Wenn die Scheibe zerspringt, zerfällt sie in viele kleine Teile mit stumpfen Kanten. Zerspringt sie beim Auftreffen eines Körpers nicht, wird der Durchblick stark behindert.

Einspritzdüse – Gerät, das den Kraftstoff direkt oder indirekt in den Brennraum eines Otto- oder Dieselmotors einspritzt.

Einspritzpumpe (Diesel) – Gerät, das beim Dieselmotor für die Zumessung der Kraftstoffmenge und die Einspritzung unter hohem Druck zum genau festgelegten Zeitpunkt sorgt.

Einspritzzeitpunkt (Diesel) – Die kurz vor dem Erreichen des oberen Totpunkts (OT) liegende Stellung des Kolbens, in welcher der Kraftstoff eingespritzt wird.

Einzelradfederung – Federungssystem, bei welchem jedes Rad ohne gegenseitige Wirkung auf die übrigen Räder des Wagens Auf- und Abbewegungen ausführt.

Elektrode – An der Zündkerze springt zwischen diesen Metallteilen der Zündfunke über; zwischen Verteilerfinger und Verteilerkappe sorgen Elektroden für die Übertragung des hochgespannten Stroms an die einzelnen Kerzen.

Elektrodenabstand (Kerze) – Einstellbare Distanz zwischen Plus- und Masse-Elektrode der Zündkerze.

Elektrolyt – Aus Schwefelsäure und destilliertem Wasser bestehende Flüssigkeit, die in der Batterie den Strom leitet.

Elektronische Einspritzung – Kraftstoffeinspritzung mit elektronischer Steuerung.

Elektronische Zündung – Zündanlage, die von einer Elektronik gesteuert wird, welche die Funktion des Verteilers und der Unterbrecherkontakte übernimmt

Elektronisches Steuergerät – Elektronische Zentraleinheit, die Signale von diversen Sensoren empfängt, verarbeitet und entsprechende Befehle an Zünd-, Einspritz- und andere Systeme erteilt.

Emissionen/Abgasemissionen – Vom Auspuff und verschiedenen anderen Teilen des Autos (Tank, Kurbelgehäuse) in die Atmosphäre abgegebene Substanzen, die gasförmig oder als Partikel auftreten

Emissionskontrolle – Oberbegriff für diverse Systeme zur Verminderung schädlicher Emissionen.

Endanschlag – Dämpfendes Gummiteil, das beim Durchfedern auf schlechter Fahrbahn das Anschlagen der Radaufhängung an die Karosserie verhindert.

Entkohlen – Entfernen von Verbrennungsrückständen in den Brennräumen, den Kanälen und auf den Kolbenböden bei einer Motorüberholung.

Entlüftung – Öffnung oder Ventil, aus dem Luft oder Gase aus einem Gehäuse (z.B. Kurbelgehäuse) austreten bzw. in ein System eintreten können.

Entlüftungsnippel – Hohlschraube, durch welche nach dem Lösen zur Entlüftung eines geschlossenen Systems (Bremse, Kupplungsbetätigung) Luft und Flüssigkeit austreten können.

Entstörgerät – Gerät zur Beseitigung oder Unterdrückung elektrischer Störeinflüsse von der Zündung oder anderen Bauteilen der Elektrik.

ESP – elektronisches Stabilitäts-Programm; hält durch das Bremsen einzelner Räder die Spur.

Euro-NCAP – Das Euro NCAP (New Car Assessment Programme = Programm zur Bewertung der passiven Sicherheit von Nfz) gilt heute als einer der wichtigsten Maßstäbe für die passive Fahrzeugsicherheit. Es stellt beim Offsetcrash noch härtere Anforderungen als das seit Oktober 1998 geltende EU-Gesetz. Die Aufprallgeschwindigkeit wurde von 56 km/h (Gesetz) auf 64 km/h erhöht (Euro NCAP), was einer um über 30% höheren Aufprallenergie entspricht.Organisiert wird das Euro NCAP unter anderem von der englischen und der schwedischen Verkehrsbehörde, vom internationalen Automobilverband FIA, vom ADAC sowie von anderen europäischen Automobilclubs.

Fading (Bremse) – Vorübergehendes Nachlassen der Bremsenfunktion infolge Überhitzung des Reibmaterials (vor allem bei Trommelbremsen).

Federbein – Siehe McPherson.

Federung – Oberbegriff für die Bauteile eines Fahrzeugs, die der Isolierung der Karosserie von den Rädern dienen und dafür sorgen, dass alle vier Räder ständigen Fahrbahnkontakt halten..

Fehlercode – Elektronischer Code, den das Steuergerät eines Diagnosesystems beim Auftreten eines Funktionsfehlers speichert. Der verschlüsselte Code enthält Einzelheiten zur Fehlerquelle und veranlasst, dass eine Warnlampe am Schaltbrett aufleuchtet..

Fehlercode-Transmitter – Elektronisches Bauteil, das den verschlüsselten Code für die Werkstatt lesbar macht.

Festsattelbremse – Fest am Radträger montierter Bremssattel der Scheibenbremse. Der Festsattel besitzt (im Gegensatz zum Schwimmsattel) mindestens zwei einander gegenüberliegende Hydraulikkolben.

Fettes Gemisch – Ausdruck für ein Kraftstoff-Luft-Gemisch mit höherem als dem optimalen Kraftstoffanteil.

Fliehkraftregler (Zündung) – Vorrichtung im Zündverteiler, die auf der Fliehkraft von kleinen Gewichten beruht und entsprechend der Motordrehzahl laufend automatisch den Zündzeitpunkt verstellt.

Fluid – Häufig benutzter Ausdruck für Flüssigkeit, Kühlmittel, Bremsöl usw.

Flüssiggas – (LPG = Liquefied Petroleum Gas) Gemisch von aus Rohöl gewonnenen Brenngasen (Butan, Propan...), das in manchen Fällen statt anderer Kraftstoffe für entsprechend eingerichtete Ottomotoren eingesetzt wird.

Frostschutz – Flüssigkeit, die dem Kühlwasser zugesetzt wird, um das Einfrieren der Motorkühlung im Winter zu unterbinden und sie vor Korrosion zu schützen.

Fühlerlehre – Einfaches Messgerät zum genauen Messen einer Spaltbreite (z.B. den Elektrodenabstand einer Zündkerze); besteht aus einem Satz verschieden dicker Stahlblech-„Fühler".

Gasgemisch – Mischung aus bestimmten Gewichtsanteilen an Luft und Kraftstoff zur Verbrennung im Ottomotor. Das optimale Verhältnis für eine vollständige Verbrennung beträgt 14,7:1.

Gelenkwelle/Antriebswelle – Welle zum Antrieb eines (Vorder- oder Hinter-)Rads vom Differenzial aus. Gelenkwellen an derselben Achse können gleich oder auch verschieden lang sein und ein oder zwei Gelenke besitzen.

Generator (Wechselstromgenerator) – Stromerzeuger, vom Motor über Riemen getrieben. Er liefert bei laufendem Motor den Strom für die elektrische Anlage des Wagens und zum Aufladen der Batterie.

Getriebe/Schaltgetriebe – Aus Wellen und veränderlichen Zahnradübersetzungen aufgebautes Aggregat, angeordnet zwischen Kupplung und Achstrieb. Mit Hilfe der im Getriebe wählbaren Übersetzungen kann der Motor trotz veränderlicher Fahrgeschwindigkeiten in seinem günstigsten Arbeitsbereich gehalten werden.

Getriebeeingangswelle – Von der Kupplung (oder dem Drehmomentwandler) ins Getriebe (oder in die Automatik) führende Welle.

Gleichlaufgelenk – Variante des Kardangelenks für Gelenkwellen (Antriebswellen) frontangetriebener Wagen. Dieses Gelenk ermöglicht eine gleichförmige, ruckfreie Kraftübertragung trotz der Überlagerung von Federungs- und Lenkbewegungen.

Gleitlager – Metallische oder sonstige verschleißarme Oberfläche an einem Bauteil, gegen die sich ein anderes Bauteil frei bewegen (normal: rotieren) kann, und die zur Minderung von Reibung und Verschleiß ausgelegt ist. Gleitlager werden gewöhnlich geschmiert.

Gleitmittel gegen Fressen – Schmiermittel, das besonders temperatur- und druckbeanspruchte Bauteile am „Fressen" (Festgehen bei Trockenlauf) hindert.

Glühkerze – Elektrisches Heizgerät, das in die Brennräume der (zumeist aller) Zylinder eines Dieselmotors hineinragt, um ihn beim Kaltstart vorzuwärmen und damit die Rauchentwicklung unmittelbar nach dem Anspringen zu verringern..

GPS – Global Positioning System. Satellitensystem zur Positionsbestimmung, wird von Navigationssystemen benutzt.

Gürtel-/Radialreifen – Reifen, bei dem die Kordfäden in der Karkasse (Grundstruktur des Reifens) im rechten Winkel zur Reifenflanke verlaufen.

Gurtstraffer – zieht bei einem Aufprallunfall den Gurt fest an den Körper.

Handling – Häufig verwendeter Ausdruck für das Fahrverhalten eines Autos, schließt Kurvenverhalten, Geradeauslauf und die gefühlsmäßige „Handhabung" ein.

Hauptzylinder (Geberzylinder) – Hydraulikzylinder mit Kolben, gefüllt mit Hydraulikfluid. Das Brems- oder Kupplungspedal wirkt direkt (oder über ein Bremsservo) auf den Kolben und gibt die eingeleitete Kraft über das Fluid an die Nehmerzylinder weiter.

Head-up-Display – Überköpf-Anzeige, spiegelt Armaturanzeigen in die Windschutzscheibe.

Heizungs-Wärmetauscher – Kleiner „Kühler", der in den Kühlkreislauf des Motors eingefügt und für die Bereitstellung von Warmluft für die Wagenheizung zuständig ist. Die durch die Rippen strömende Kaltluft erwärmt sich am heißen Kühlwasser des Motors, das durch den Wärmetauscher fließt.

Hilfsrahmen – Kleiner Rahmen aus Stahlprofilen, der unter der Karosserie montiert ist und Radaufhängungen und/oder Antriebsaggregate aufnimmt.

Hochspannungskreis (Zündanlage) – Stromkreis mit hoher Voltzahl für die Erzeugung des Funkens an der Zündkerze.

Hub/Kolbenhub – Weg, den der Kolben eines Verbrennungsmotors im Zylinder vom oberen zum unteren Totpunkt zurücklegt.

Hubraum, -volumen – Gesamtes Volumen aller Zylinder eines Motors, gerechnet zwischen dem unteren und oberen Totpunkt der Kolben.

Hybridantrieb – Kombination von zwei verschiedenen Abtriebsquellen.

Hydraktives Fahrwerk – Hydropneumatik (siehe unten) mit elektronischer Steuerung.

Hydraulik – Bezeichnung für ein mit Drucköl arbeitendes Übertragungssystem.

Hydraulikstößel – Ventilstößel, in dem das Ventilspiel bei allen Betriebszuständen durch Drucköl ausgeglichen wird. Dadurch entfällt die Ventilspiel-Einstellung.

Hydropneumatik- Eine mit Gas und Öl gefüllte Kugel übernimmt die Funktion herkömmlicher Dämpfer. Erstmals von Citroën ind den 50er Jahren bei ID/DS eingesetzt.

Hydropneumatische Federung – Fahrzeugfederung, bei welcher eine Kombination aus Hydraulik und Luftfederung die Stelle der üblichen Stahlfedern (zuweilen auch der Stoßdämpfer) übernimmt.

IDE – Benzindirekteinspritzer der französischen Hersteller (siehe Direkteinspritzung).

Indirekte Einspritzung- Dieselmotoren-Bauart, bei der der Kraftstoff nicht unmittelbar in den Brennraum, sondern in eine benachbarte Wirbelkammer eingespritzt wird.

IPS- Intelligent Protection System (intelligentes Sicherheitssystem); Kombination aller passiven Sicherheitssysteme im Auto.

Isofix- System zur Befestigung von Kindersitzen

Kardangelenk – Flexible, das Drehmoment übertragende Verbindung zwischen zwei Wellen, die ein mehr oder weniger starkes Abknicken der Wellen zu einander erlaubt. Wird in Kardanwellen und manchen Gelenkwellen verwendet, ergibt jedoch keine gleichförmige, ruckfreie Drehbewegung.

Kardanwelle – Welle, die die Kraft vom Schalt-/Automatikgetriebe zur Hinterachse (Motor vorn und Hinterradantrieb) und ggf. vom Verteilergetriebe zur Vorderachse (bei Vierradantrieb) überträgt.

Katalysator – In die Abgasanlage eines Autos eingebautes Gerät, das die in die Atmosphäre austretenden Schadstoffe auf chemischem Wege reduziert, ohne sich selbst zu verändern.

Kerzen – Siehe Zündkerzen.

Keyless Go – Schlüssel oder Chipkarte, tauscht Signale mit dem Auto. Berührt der Fahrer den Türgriff, öffnet sich der Wagen. Starten per Knopfdruck, Schlüssel oder Karte bleibt in der Tasche.

Kick-down (Automatik) – Vorrichtung, die bei vollem Durchtreten des Gaspedals einen kleineren Gang einschaltet und starkes Beschleunigen erlaubt.

Kipphebel – Übertragungsteil im Ventiltrieb, in der Mitte gelagert, setzt die Aufwärtsbewegung des Nockens (bzw. der Stoßstange) in eine Abwärtsbewegung des Ventils um.

Klimaanlage (AC) – Anlage zur Kühlung und Entfeuchtung der in den Fahrgastraum von außen einströmenden Luft. Dient dem Fahrkomfort und der Freihaltung der Scheiben von Beschlag.

Klingeln – Siehe Klopfen/Klingeln.

Klopfen/Klingeln – Metallisches Motorgeräusch, das oft bei zu frühem Zündzeitpunkt, zu niedriger Oktanzahl des Kraftstoffs oder starken Ablagerungen im Brennraum auftritt. Es rührt von Druckwellen her, die die Zylinderwände in Schwingungen versetzen.

Klopfsensor – Signalgeber, der beim ersten Auftreten von Klopfgeräuschen einen Befehl ans Steuergerät im Motor-Managementsystem erteilt.

Kolben – Zylindrisches Bauteil, das sich in einer Bohrung linear bewegt. Beim Motor verdichtet der Kolben ein Kraftstoff-Luft-Gemisch, überträgt lineare Kraft durch das Pleuel auf die rotierende Kurbelwelle und schiebt verbranntes Gas durch Auslassventile aus dem Zylinder.

Kolbenring – Federnder Feingussring, der in einer um den Kolben laufenden Nut liegt und sich im Betrieb derart an die Zylinderwand anschmiegt, dass der Kolben im Zylinder praktisch gasdicht ist.

Kompakt-Van – Großraumlimousine auf Basis der Kompaktklasse.

Kompressor – mechanischer Lader, bläst Luft in den Ansaugtrakt; wird vom Keilriemen angetrieben.

Kondensator – Zündanlage: Gerät zur Unterdrückung zu starker Funkenbildung an den Zündkontakten; Klimaanlage: Gerät zur Umwandlung des Kühlmittels vom gasförmigen in den flüssigen Zustand.

Kontakte – Siehe Zündkontakte.

Kontermutter/Gegenmutter – Schraubenmutter, mit der eine Einstellmutter oder ein anderes Gewindeteil gegen Lösen gesichert wird.

Kopfdichtung – Siehe Zylinderkopfdichtung.

Kraftstoff – Bezeichnung für die verschiedenen in Verbrennungsmotoren verwendeten Treibstoffe wie Benzin, Diesel, Flüssiggas usw.

Kraftstoff-Druckregler (Systemdruckregler) – Regler in der Einspritzanlage, der für konstanten Kraftstoffdruck an den Einspritzdüsen sorgt. Arbeitet gewöhnlich mit dem Saugrohr-Unterdruck.

Kraftstoffeinspritzung – siehe Einspritzung

Kraftstofffilter – Auswechselbarer Filter, der Fremdkörper und Wasser aus dem Kraftstoff abscheidet.

Kraftstoffpumpe/Benzinpumpe – Pumpe, heute meist elektrisch angetrieben, fördert den Kraftstoff vom Tank zur Vergaser- oder Einspritzanlage.

Kraftübertragung – Allgemeine Bezeichnung für die Baugruppen des Antriebsstrangs (Getriebe, Achstrieb, Wellen) mit Ausnahme des Motors.

Kugelgelenk – Wartungsfreies, in mehreren Ebenen bewegliches Übertragungsteil, vor allem in Radaufhängungen und Lenksystemen verwendet. Es besteht aus Kugel und Kugelpfanne sowie einer Gummiabdichtung, die kein Fett austreten lässt.

Kugellager – Reibungsarme Wellenlagerung, besteht aus zwei gehärteten Stahlringen und zwischen ihnen abwälzenden Kugeln („Wälzkörper").

Kühler – Bauteil des Kühlsystems, durch dessen feine Röhren oder Waben das heiße Kühlmittel fließt. Er ist vorn im Motorraum so angeordnet, daß er vom Fahrtwind durchströmt und dabei das Kühlmittel abgekühlt wird.

Kühlmittel – Mischung aus Wasser und Frostschutzmittel für die Motorkühlung.

Kühlmittel (Klimaanlage) – Flüssigkeit, die beim Betrieb der Klimaanlage wechselweise gasförmig und wieder verflüssigt wird.

Kühlmittelpumpe - Siehe „Wasserpumpe".

Kühlmittelsensor – Sensor, der im Motor-Managementsystem Informationen über die momentane Temperatur des Kühlmittels an das Steuergerät gibt.

Kühlventilator – Siehe Ventilator.

Kupplung – Auf Reibung beruhende Einrichtung zur Übertragung und zur weichen Einleitung (Einkuppeln) des Drehmoments vom Motor ins Getriebe, ohne dass hierzu eine der beiden Komponenten zum Stillstand kommen muss.

Kupplungs-Ausrückhebel – Überträgt die Pedalkraft auf das Kupplungs- Ausrücklager..

Kupplungsscheibe – Metallscheibe mit verzahnter Nabe, trägt auf beiden Seiten Reibbeläge; gewöhnlich abgefedert zur weichen Einleitung der Kräfte.

Kurbelgehäuse – Der unterhalb der Zylinder liegende Teil des Motorblocks, in welchem die Kurbelwelle gelagert ist.

Kurbelwelle – Welle mit außermittigen (exzentrischen) Kurbelzapfen, durch die die geradlinige Bewegung der Kolben über die Pleuel in Drehbewegung umgewandelt wird.

Kurbelwellensensor – Sensor, der im Motor-Managementsystem Informationen über die momentane Kurbelwellenstellung (und evtl. –drehzahl) an das Steuergerät gibt.

kW/PS- Siehe PS/kW.

Ladeluftkühler – kühlt die vom Turbolader komprimierte Luft.

Lader/Kompressor – Luftverdichter, der Frischluft unter Druck zu den Einlassventilen des Motors fördert, um einen höheren Zylinderfüllungsgrad und damit erhöhte Leistung zu erzielen. Laderantrieb erfolgt entweder mechanisch von der Kurbelwelle oder beim Abgasturbolader über den Abgasdruck und eine Turbine.

Lambda-Regelung (Geregelter Katalysator) – Geschlossener Regelkreis mit Lambda-Sonde und Katalysator zur optimalen Abgasentgiftung. Die von der Lambda-Sonde ans Steuergerät geleiteten Signale sorgen in der Einspritzanlage für eine genaue Kraftstoffzumessung, um die bestmögliche Funktion des Katalysators zu erzielen.

Lambdasonde – Gerät in der Abgasleitung eines Ottomotors mit geschlossenem Regelkreis (Lambda-Regelung), das den Sauerstoffgehalt der Abgase überwacht. Die von der Lambdasonde ans Steuergerät geleiteten Signale sorgen in der Einspritzanlage für eine genaue Kraftstoffzumessung, um die bestmögliche Funktion des Katalysators zu erzielen.

Längslenker – Parallel zur Fahrtrichtung auf und ab schwenkender Tragarm, an dessen Ende das Rad montiert ist. Seine Schwenkachse liegt im rechten Winkel zur Fahrzeuglängsachse.

LCD-Display/Info Display – Der bedarfsorientierte Aufbau des Info Displays erlaubt sowohl das Reduzieren fester Anzeigen auf den gesetzlichen Minimalumfang als auch eine umfangreiche Informationsauswahl. Möglich wird diese Vielfalt durch die Koppelung von mechanischen Zeigern mit LCD-Displays. Ob Navigationshinweise oder Tempomat-Einstellungen – der Fahrer hat alles stets im Blick. Über das Info Display kann er z.B. den Stufentempomat ab ca. 30 km/h aktivieren. Dieser kann bis zu sechs Wunschgeschwindigkeiten speichern und bei Bedarf aufrufen. Über die Navigationshinweise werden die Routenführung zu einem gewünschten Zielpunkt und aktuelle Staumeldungen angezeigt. Weiterhin befinden sich insgesamt 14 Kontroll- und Warnleuchten im LCD-Display. Die Palette reicht von „Klassikern" wie „Bitte angurten" über Fahrassistenten wie die Dynamische Stabilitäts Control (DSC) bis hin zur Parkbremse mit Automatic-Hold-Funktion.

LED-Technologie – Die LED (Light Emitting Diode) ist ein Licht emittierender Halbleiter, der eine wesentlich längere Lebensdauer und einen geringeren Stromverbrauch gegenüber konventionellen Glühlampen aufweist. Die Vorzüge der LED-Technologie liegen in ihrem niedrigeren Energieverbrauch, kürzeren Ansprechzeiten, geringerem Raumbedarf sowie einer höheren Lebensdauer (Fahrzeuglebensdauer).

Die hohe Betriebssicherheit und Lebensdauer von LEDs erhöhen die Sicherheit durch die verringerte Ausfallwahrscheinlichkeit von Rückleuchten und Bremslichtern.

Leerlaufdrehzahl – Drehzahl des Motors bei geschlossener Drosselklappe.

Leerweg/Spiel – Freie Beweglichkeit eines Bauteils (z.B. eines Pedals), ehe eine Wirkung oder Funktion einsetzt.

Lenkgetriebe – Siehe Zahnstangenlenkung.

Lenkung – Oberbegriff für die Bauteile der Lenkanlage. Das eigentliche Lenkgetriebe ist heute in der Regel eine Zahnstangenlenkung.

LHM-Fluid (Citroën) – Spezielle Hydraulikflüssigkeit auf Mineralölbasis für die Hydraulik bestimmter Citroën-Modelle.

LongLife-Öl – Je nach Motor- und Modellvariante sind Intervalle für Service oder Ölwechsel von bis zu 30.000 Kilometern oder maximal zwei Jahren bei Benzinmotoren und bis zu 50.000 Kilometern oder maximal zwei Jahren bei bestimmten Dieselmotoren möglich.

Lufteinblasung – Maßnahme zur Schadstoffreduktion mit Katalysator. In den Auspuffkrümmer wird Frischluft eingeblasen, um die Abgastemperatur zu erhöhen. Dies hilft dem Kat, seine Betriebstemperatur rascher zu erreichen.

Luftfilter – Ein auswechselbarer Einsatz aus Papier oder Schaumstoff in einem Gehäuse. Das Filter hält Fremdkörper aus der zum Motor strömenden Luft zurück.

Luftmengenmesser – Messvorrichtung, die im Motor-Managementsystem die durchfließende Luftmenge zu den Zylindern misst und diese Information an das Steuergerät weitergibt.

Mageres Gemisch – Ausdruck für ein Kraftstoff-Luft-Gemisch mit geringerem als dem optimalen Kraftstoffanteil.

Massekabe – Flexibles Kabel, das den Minuspol der Batterie mit der Karosserie bzw. die Karosserie mit dem Motor/Getriebe-Aggregat verbindet. Die Metallteile dienen der elektrischen Anlage als Rückleitung.

McPherson-Federbein – Einzelradfederung. Kombinierte Einheit aus Schraubenfeder und Stoßdämpfer, bildet bei Einbau an der Vorderachse gleichzeitig die Lenkdrehachse der Vorderräder.

Mehrventiler – Motor mit mehr als zwei Ventilen pro Zylinder, nämlich zumeist vier (2 Einlass-, 2 Auslassventile), seltener drei (2 Einlass-, 1 Auslassventil).

Membrane – Scheibe aus flexiblem, luftundurchlässigem Werkstoff, z.B. im Bremsservo verwendet, wo die Membrane vom Unterdruck gesteuert wird.

Minivan – auf Kleinwagen basierender Van (siehe Van).

Motor-Managementsystem – Anlage in modernen Fahrzeugen, die mit Hilfe eines elektronischen Steuergeräts die Motorfunktionen (Zündung, Einspritzung, Abgasemission) regelt und überwacht.

Motornachlauf – Neigung eines Motors zum Weiterlaufen nach dem Ausschalten der Zündung. Zumeist verursacht durch zu geringe Oktanzahl des Benzins, zu frühe Zündeinstellung, starke Ablagerungen im Brennraum oder schlechte Wartung des Motors.

Motronik – Motorsteuerung von Bosch.

MP3- Mit „MP3" werden komprimierte digitale Audiodaten bezeichnet. Das MP3-Format ist ein weit verbreiteter Standard zur Komprimierung digitaler Audiodateien. Bei gleicher Klangqualität belegen MP3-Dateien in etwa nur ein Zehntel des Speicherplatzes einer Audio-CD. „MP3" steht für MPEG 1 Audio Layer 3. MPEG ist ein von der „Motion Picture Experts Group" entwickeltes Verfahren zur Komprimierung digitaler Video- und Audiodaten. Um MP3-Daten wiedergeben zu können, wird ein MP3-fähiges Wiedergabegerät benötigt.

MPV – Multi Purpose Vehicle (Mehrzweckfahrzeug) – andere Ausdruck für Van (siehe Van).

Multi-Point-Einspritzung – Einspritzanlage bei Ottomotoren mit je einer Einspritzdüse pro Zylinder.

Nachlauf – Winkel zwischen der Lenkdrehachse der Vorderräder und einer Senkrechten durch den Berührpunkt des Rades mit dem Boden.

Nachschleifen (Kurbelwelle) – Verfahren zum Nacharbeiten der Lagerzapfen der Kurbelwelle bei starkem Verschleiß. Die um ein geringes Maß verkleinerten Zapfen werden mit Lagerschalen mit entsprechend kleinerem Durchmesser montiert. Nur nach langer Laufzeit erforderlich.

Navigationssystem – elektronisches Gerät, das zur geographischen Positionsbestimmung dient und gegebenenfalls bei der Erreichung eines gewünschten Zieles behilflich ist. Das System besteht aus den wesentlichen Elementen: GPS-Antenne, Navigationsrechner und Display. Mit Hilfe der Antenne für das Global Positioning System (GPS) peilt das Navigationssystem Satelliten an, die sich in einer geostationären Umlaufbahn um die Erde befinden. Diese Peilung ermöglicht es, den exakten Standort des Fahrzeuges auf der Erdoberfläche auf wenige Meter genau zu bestimmen..

NCAP – New Car Assessment Program (Neuwagen-Sicherheitsprogramm); Crashtest-Definition für Europa.

NEFZ – neuer europäischer Fahrzyklus; Messverfahren zur Ermittlung von Durchschnittsverbrauch und Abgasverfahren.

Nehmerzylinder (Radbremszylinder) – Hydraulikzylinder mit Kolben unmittelbar an der Radbremse, gefüllt mit Hydraulikfluid. Er erhält den hydraulischen Druck über Rohrleitungen vom Hauptbremszylinder. Seine Kolbenbewegung wirkt auf die Bremsbacken bzw. Bremsbeläge.

NOx (Stickoxide) – Einer der Schadstoffe in den Abgasen von Otto- und Dieselmotoren.

Nocken – Exzentrische Erhebungen an der Nockenwelle zur Betätigung der Ventile.

Nockenwelle – Umlaufende, von der Kurbelwelle angetriebene Welle mit Nocken. Sie betätigt die Ein- und Auslassventile über diverse Zwischenglieder

Nockenwellen-Antriebsriemen/Zahnriemen – (Alternative zur Steuerkette) Verstärkter, verzahnter Flachriemen aus Gummi-Gewebe-Material, der über Riemenscheiben mit flachen Zähnen die Nockenwelle(n) von der Kurbelwelle aus antreibt.

Nockenwellensensor – Sensor, der im Motor-Managementsystem Informationen über die momentane Stellung der Nockenwelle(n) ans Steuergerät gibt.

Oberer Totpunkt (OT) – Höchste Position in der Kolbenbewegung. Im OT bleibt der Kolben für Sekundenbruchteile stehen, ehe er abwärts geht.

OHC – (Overhead Camshaft) Obenliegende Nockenwelle(n). Bezeichnet die Motorbauart, bei welcher die Nockenwelle(n) über den Zylindern im Kopf angeordnet ist (angetrieben über Zahnriemen, Kette oder Zahnräder). Infolge der direkteren Betätigung der Ventile für Motoren höherer Leistung vorteilhaft.

OHV – (Overhead Valves) Stoßstangenmotor. Die Ventile sind im Zylinderkopf, werden jedoch von einer unten im Gehäuse liegenden Nockenwelle über Stoßstangen betätigt.

Oktanzahl – Vergleichszahl, die die Klopffestigkeit eines Otto-Kraftstoffs angibt (siehe Klopfen/Klingeln).

Ölfilter – Auswechselbares Filter, das Fremdkörper und Kondenswasser aus dem Motorenöl abscheidet.

Ölkühler – Kleiner Kühler, der mit Hilfe des Fahrtwinds hauptsächlich bei Diesel- und Hochleistungsmotoren das Motorenöl zusätzlich kühlen soll.

Ölpeilstab – Metall- oder Kunststoffstab mit mehreren Markierungen zum Prüfen des Ölstands.

Ölsumpf/Ölwanne – Auffangschale und Reservoir unter dem Kurbelgehäuse für das im Motor umlaufende Öl.

O-Ring – Gummi-Dichtring mit kreisrundem Querschnitt. Wird oft zur Abdichtung zylindrischer Flächen in eine Nut eingesetzt.

Oxidations-Katalysator – Die Abgase von Dieselmotoren können, da sie mit Luftüberschuss arbeiten, mit dem Dreiwege-Katalysator nicht nachbehandelt werden. Der Einsatz einer Lambdaregelung ist hier technisch ausgeschlossen.Es kommt zur Reduzierung von Kohlenwasserstoff (HC) und Kohlenmonoxid (CO) in Kohlendioxid (CO_2) der Oxidationskatalysator zur Anwendung. Er eignet sich jedoch nicht zum Abbau von Stickoxiden.

Pleuel – Bauteil im Motor, das den Kolben (auf- und abgehend) mit der Kurbelwelle (rotierend) verbindet.

Pleuellager – Unteres Gleitlager des Pleuels, das dessen Bewegung auf den zugehörigen Zapfen der Kurbelwelle überträgt.

PME/Pflanzen-Methyl-Ester – Pflanzen-Methyl-Ester, oder auch Biodiesel, wird aus nachwachsenden Rohstoffen (Pflanzen) gewonnen. In Deutschland wird häufig Raps zur Gewinnung von Biodiesel genutzt. Daher hat sich auch die Bezeichnungen Raps-Methyl-Ester (RME) durchgesetzt. Aus ökologischer Sicht stellt PME eine sinnvolle Alternative zu herkömmlichem Dieselkraftstoff dar, da man sich in einem geschlossenen CO2-Kreislauf bewegt. Das bedeutet, dass die Pflanze während ihres Wachstums soviel an CO2 aufnimmt, wie nachher bei der Verbrennung wieder abgegeben wird. Da sich Biodiesel jedoch in seiner Zusammensetzung von herkömmlichem Dieselkraftstoff unterscheidet, kann er nicht uneingeschränkt als direkter Ersatz für Diesel genommen werden. Größtes Problem ist derzeit, dass es keine einheitliche Norm für die Qualität und Zusammensetzung von Biodiesel gibt. Daher gibt es auch keine bedingungslose Freigabe für die Verwendung von Biodiesel in Volkswagen Fahrzeugen.

PS/kW (Leistung) – Ausdruck für die pro Zeiteinheit von einem Motor (Verbrennungs-, Elektromotor) aufgebrachte Arbeit. Die jahrzehntelang nur in PS (Pferdestärken) angegebene Leistung mißt man heute in kW (Kilowatt; 1 kW entspricht 1,36 PS).

Querstabilisator – Federstahl-Drehstab, an Vorderachse und/oder Hinterachse montiert, um die Neigung der Karosserie zum „Rollen" (Wankbewegungen um die Fahrzeug-Längsachse) zu reduzieren. Wird nicht in jedem Auto verwendet.

Radbremszylinder – Siehe „Nehmerzylinder".

Rad(muttern)schlüssel – Werkzeug, mit dem die Radschrauben oder –muttern eines Autos gelöst oder festgezogen werden.

Radträger – Teil der Vorder- oder Hinterradaufhängung, in dem die Radlagerung und der feste Teil der Bremsanlage untergebracht sind.

RDS/Radio Data System – RDS steht für Radio Data System und ist ein Service der Rundfunkanstalten. Neben dem hörbaren Sendeprogramm werden Zusatzinformationen in Form verschlüsselter Digitalsignale ausgesendet. Durch die Übermittlung des Sendernamens (Program Service) wird nicht die Sendefrequenz, sondern der Name des jeweiligen Senders im Radio angezeigt.Die Angabe von alternativen Frequenzen ermöglicht den Empfang der am besten zu empfangenden Frequenz des gehörten Programms.

Regensensor/Lichtsensor – Der Regensensor sorgt für mehr Fahrkomfort und -sicherheit. Mittels optischer Messung erkennt er automatisch die Regenstärke. Einmal eingeschaltet, aktiviert der Regensensor automatisch die Scheibenwischer und regelt selbsttätig die Wischfrequenz. Mit der integrierten Fahrtlichtautomatik wird das Fahren noch sicherer und praktischer. Über zwei Lichtsensoren in der Frontscheibe werden die Lichtverhältnisse – etwa Dämmerung, Dunkelheit oder Tunnelfahrten – erkannt und das Abblendlicht wird selbsttätig eingeschaltet.

Reihenmotor – Verbrennungsmotor, bei welchem alle Zylinder in einer Reihe angeordnet sind.

Ritzel – Bezeichnung für ein Zahnrad mit kleiner Zähnezahl, das in eines mit größerer Zähnezahl oder in eine Zahnstange eingreift.

Rußpartikelfilter – Mit dem Diesel-Partikelfilter werden Rußpartikel zu mehr als 95 Prozent aus dem Abgas entfernt. Der Grenzwert für die EU4-Norm wird dabei deutlich unterschritten.

Sattel – Siehe Bremssattel.

Saugrohr/Ansaugrohr – Bauteil des Motors, in dem – je nach Art der Gemischaufbereitung – entweder reine Luft oder Kraftstoff-Luft-Gemisch zu den Einlassventilen befördert wird.

Saugrohrdrucksensor – Gerät, das den Innendruck im Saugrohr eines Ottomotors misst und Signale an das Steuergerät im Motor-Management gibt.

Schaltsaugrohr – in der Länge variabler Ansaugtrakt.

Scheibenwaschmittel – Wasser mit handelsüblichen Zusätzen (Frostschutz- und Reinigungsmittel) zum Befüllen der Scheibenwaschanlage.

Schräglenker – Auf und ab schwenkender Tragarm, an dessen Ende eines der Hinterräder montiert ist. Seine Schwenkachse liegt nicht im rechten Winkel zur Fahrzeuglängsachse.

Schrägverzahnte Räder – Zahnradpaar, dessen Verzahnung unter einem Winkel zur Radachse steht. Sorgt für günstigeren Zahneingriff und ruhigeren Lauf.

Schraubenfeder – Für Personenwagen-Federungen heute meistverwendete, gewindeförmige Stahlfeder.

Schwimmsattelbremse – Am Radträger seitlich verschiebbar montierter Bremssattel der Scheibenbremse. Der Schwimmsattel besitzt (im Gegensatz zum Festsattel) nur auf einer Seite einen (oder mehrere) Hydraulikkolben.

Schwungrad – Schwere metallene Scheibe am Abtriebsende der Kurbelwelle. Soll die von den Kolbenkräften herrührende Ungleichförmigkeit teilweise ausgleichen.

Selbstbeteiligung – Der vom Versicherten selbst zu übernehmende Kostenanteil im Schadensfall.

Sequenzielles Manuelles Getriebe – Das Sequenzielle Manuelle Getriebe (SMG) basiert auf dem bewährten Schaltgetriebe. Die Gangreihenfolge verläuft immer sequenziell (nacheinander) und nicht wie bei konventionellen Schaltungen durch die direkte Ganganwahl.

Service-Heft – Nachweis (wichtig beim Wiederverkauf), dass das Fahrzeug von Anbeginn und lückenlos in Fachwerkstätten gewartet wurde.

Servolenkung – System, das hydraulische Hilfskraft (Servokraft) zur Verfügung stellt, sobald der Fahrer am Lenkrad dreht.

Servo-Unterstützung – Anlage, die mit Hilfskräften (Hydraulik, Pneumatik) die vom Fahrer aufgewendete Kraft (am Lenkrad, am Pedal usw.) unterstützt.

Sicherungsblech – Blechscheibe mit einer oder mehreren Laschen, mit denen eine Mutter oder ein Schraubenkopf gegen Lösen gesichert wird.

Sidebag – Seitenairbag (in der Tür oder im Sitz untergebracht).

Single-Point-Einspritzung – Einspritzanlage mit nur einer Einspritzdüse für alle Zylinder.

SLS – Self Leveling Suspension (automatische Fahrwerk-Höhenverstellung).

SOHC – (Single Overhead Camshaft) Bezeichnung für einen Motor mit nur einer obenliegenden Nockenwelle, die Ein- und Auslassventile betätigt.

Spannungsregler – Elektrischer Regler, der die Spannung des Generators konstant hält.

Speedster – sportliches Cabrio mit extrem flacher Frontscheibe.

Sprengring – Ringförmigige Sicherung in einer Bohrung oder auf einer Welle, eingelassen in eine Innen- oder Außennut. Der Ring stoppt die ungewollte axiale Bewegung von Bauteilen.

Spurstange – Teil des Lenkgestänges, das die Lenkbewegungen vom Lenkgetriebe zum Vorderradträger überträgt.

SRS – Supplemental Restraint System (Rückhaltesystem); Abkürzung für das Airbag-System.

Starrachse – Aufhängung der Hinterräder an einem starren, sie verbindenden Achskörper. Federbewegung des einen Rades wirkt sich direkt auf das andere aus.

Starthilfekabel – Siehe Überbrückungskabel.

Steuerkette – Metallgliederkette, die über Kettenräder die Nockenwelle(n) von der Kurbelwelle aus antreibt.

STC – Stability Traction Control (stabile Traktionskontrolle); anderer Ausdruck für ASR (siehe oben).

Stoß-/Schwingungsdämpfer – Bauteil der Radaufhängung, welches das Auf- und Abschwingen der Federung eines Wagens beim Überfahren schlechter Wegstrecken absorbiert.

Stößel – Siehe Ventilstößel, Tassenstößel.

Sturz, Radsturz – Der Winkel, unter dem sich die Räder von der Senkrechten nach außen neigen. Negativer Sturz bedeutet, dass die Räder nach innen gekippt sind.

SUV – Sport Utility Vehicle (sportliches Nutzfahrzeug).

Synchronisierung – Vorrichtung im Schaltgetriebe. Sie gleicht zum Schalten eines Ganges die Drehzahlen der beiden in Eingriff zu bringenden Teile einander an, um geräuschloses Schalten zu ermöglichen.

Tagfahrlicht – 50 Prozent aller Unfälle an Kreuzungen tagsüber werden durch das nicht rechtzeitige Erkennen anderer Verkehrsteilnehmer verursacht. Als Abhilfe gilt unter Experten das Einschalten des Abblendlichtes am Tag oder der Einsatz von zusätzlichen Tagfahrlichtern.

Tassenstößel – Topfförmiges Zwischenglied, geführt in einer zylindrischen Bohrung, das zwischen den Ventilen des Motors und der (obenliegenden) Nockenwelle eingebaut ist (zuweilen mit einer spielausgleichenden Hydraulik versehen).

Telematik – Verbindung aus Telekommunikation, Informatik und Satelliten-Ortung zur Verkehrsleitung.

Thermostat – Temperaturabhängige Regelanlage im Kühlkreislauf, die das Erwärmen des Kühlmittels beschleunigt, indem sie ihm erst ab einer bestimmten Temperatur den Weg zum Kühler freigibt.

Tire Mobility Set – Reifenreparaturset, mit dem leichte Reifenleckagen behoben werden können. Das Set enthält Dichtmittel und einen Luftkompressor (12 Volt) zum Befüllen des Reifens.

Totpunktmarke/Einstellmarke – Kerben oder Markierungen an der vorderen Riemenscheibe der Kurbelwelle oder am Schwungrad und an den Antriebsteilen der Nockenwelle(n); sie dienen zum exakten

Einstellen des Zünd- bzw. Einspritzzeitpunkts eines bestimmten Zylinders.

Transaxle – Kombination von Getriebe und Achstrieb in einem Gehäuse.

Turbolader/Abgasturbolader – Lader (s.d.), dessen Antrieb über den Druck der Abgase des Motors erfolgt, die auf eine Turbine wirken. Der Lader fördert zusätzliche Luft in die Zylinder und erreicht damit einen höheren Füllungsgrad und höhere Leistung.

Überbrückungs-/Starthilfekabel – Kabelsatz (1 rotes, 1 schwarzes) mit großem Querschnitt und kräftigen Klemmen an den Enden. Bei leerer Batterie kann mit Hilfe der Kabel und einer vollen „Spenderbatterie" der Motor angelassen werden.

Ungeregelter Katalysator – „Offenes" System, das die Schadstoffe im Abgas mit Hilfe eines von der Gemischbildung unabhängig arbeitenden (ungeregelten) Katalysators nur teilweise reduzieren kann.

Unterdruckpumpe – Dieselmotor: Der für die Servobremse erforderliche Unterdruck wird hier von einer vom Motor angetriebenen Pumpe geliefert (siehe auch „Bremsservo").

Unterer Totpunkt (UT) – Tiefste Position in der Kolbenbewegung. Im UT bleibt der Kolben für Sekundenbruchteile stehen, ehe er aufwärts geht.

Unverbleites Benzin (Bleifrei) – Benzin, das außer dem im Rohöl enthaltenen Bleianteil bei der Herstellung nicht zusätzlich verbleit wird. Keine Schädigung des Katalysators.

Van – Großraumlimousine.

Variomatic – einfaches CVT-Getriebe (siehe oben) von DAF, erstmals 1958 im DAF 33 eingesetzt.

VDC – Vehicle Dynamics Control (fahrzeugdynamische Kontrolle); Fahrdynamik-Regelung für allradgetriebene Autos.

Ventil – Allgemein eine Vorrichtung, die geöffnet und geschlossen werden kann, um den Durchfluss von Gasen oder Flüssigkeiten zu ermöglichen bzw. zu stoppen.

Ventilator – Heute meist elektrisch, früher vom Motor angetriebener, vorn im Motorraum hinter dem Kühler angeordneter Lüfter (Ventilatorflügel). Soll die Kühlung unterstützen.

Ventilatorriemen – Keilriemen, der bei mechanischem Antrieb des Ventilators von der Kurbelwelle aus verwendet wird.

Ventileinstellung – Siehe Ventilspiel.

Ventilspiel – Gesamter Leerweg zwischen dem Ende des Ventilschafts und dem Nocken der Nockenwelle. Das Spiel ist erforderlich, um das völlige Schließen des Ventils trotz Wärmedehnung der Bauteile zu gewährleisten. Es wird entweder an einer Stellschraube manuell eingestellt oder von einem Hydraulikstößel (s.d.) automatisch ausgeglichen.

Ventilsteuerung – Oberbegriff für die Bauteile, die das Öffnen und Schließen der Ein- und Auslasskanäle des Motors bewirken: Nockenwelle(n), Stößel, Stoßstangen, Kipphebel, Ventile usw.

Ventilstößel – Bauteil im Motor, das die Drehbewegung der Nockenwelle in die Auf- und Abbewegung der Ventile umwandelt. Siehe auch „Tassenstößel".

Verbleites Benzin (Bleibenzin) – Benzin, das außer dem im Rohöl enthaltenen Bleianteil bei der Herstellung zusätzlich verbleit wird. Nicht für Katalysatorbetrieb geeignet, da Blei dem Kat schadet.

Verbundglas – Sicherheitsglas für Autoscheiben. Besteht aus zwei dünnen Schichten aus gehärtetem Glas mit einer dünnen Schicht aus Spezial-Kunststoff dazwischen. Bei einem Aufprall zerbröselt das Glas nicht, und die Sicht bleibt weitgehend erhalten.

Verdichtung (-sverhältnis) – Gibt an, auf welches Volumen die Zylinderfüllung zwischen dem unteren und dem oberen Totpunkt des Kolbens verdichtet wird (Volumen eines Zylinders plus Brennraumvolumen im Verhältnis zum Brennraumvolumen allein, z.B. 10:1).

Vergaser – Vorrichtung, mit der (bei älteren Autos) das Kraftstoff-Luft-Gemisch in dem zur Verbrennung nötigen Verhältnis gebildet wird. Heute meist durch ein Einspritzsystem ersetzt.

Verteilerfinger – Im Zündverteiler umlaufendes Teil, dessen Elektrode über weitere Elektroden in der Verteilerkappe den Zündstrom an die Kerzen befördert.

Verteilerkappe – Kunststoffkappe, die auf den Verteiler aufgesetzt wird und von welcher die Zündkabel (Hochspannungskabel) zu den Kerzen führen.

4 × 4 – Allradantrieb.

Viertaktmotor – Bezeichnet einen Otto- oder Dieselmotor, der nach dem Viertaktverfahren arbeitet, d.h. für jeden vollständigen Arbeitszyklus zwei Auf- und zwei Abwärtshübe des Kolbens benötigt

Vierventiler/16-Ventiler – Bezeichnung für einen Verbrennungsmotor mit zwei Einlass- und zwei Auslassventilen pro Zylinder. Der Ausdruck 16-Ventiler wird für den weit verbreiteten Vierzylindermotor mit je vier Ventilen pro Zylinder verwendet.

V-Motor – Motorbauweise, bei welcher die Zylinder in zwei Reihen angeordnet sind, die von vorn oder hinten gesehen ein „V" bilden. Zum Beispiel hat ein V8-Motor zwei Reihen zu vier Zylindern.

Vorderachseinstellung – Prüfung und Berichtigung gemäß der werksseitig vorgeschriebenen Einstellung von Vorspur, Sturz und Nachlauf. Einstellbar sind an den meisten Autos nur die Vorspurwerte. Fehlerhafte Einstellung kann hohen Reifenverschleiß und schlechtes „Handling" zur Folge haben.

Vorkammer-Diesel (Wirbelkammer-Diesel) – traditioneller Dieselmotor. Der Kraftstoff wird vor der eigentlichen Verbrennung im Brennraum in einer Vor- oder Wirbelkammer gezündet.

Vorspur/Nachspur – Der Winkel oder der Betrag, um den die Stellung der Vorderräder bei Geradeausfahrt von einer Geraden parallel zur Fahrzeuglängsachse abweicht. Vorspur bedeutet, dass die Räder vorn leicht einwärts gerichtet sind.

VSA – Vehicle Stability Assistent (Fahrzeug-Stabilitätshelfer); entspricht ESP (siehe ESP).

VTC – Variable Timing Camshaft (variable Nockensteuerung), steuert Öffnungszeiten der Einlassventile.

VTG – variable Turbine (variable Turbolader-Geometrie).

Wankel-/Drehkolben-/Kreiskolbenmotor – Verbrennungsmotor, der im wesentlichen nur rotierende Teile besitzt. Der Kolben (Rotor) ist etwa dreiecksförmig und rotiert in einem Gehäuse mit spezieller, lang-ovaler Innenform (Epitrochoide). Nur sehr wenige Automodelle sind mit einem solchen Motor ausgerüstet.

Wasserpumpe/Kühlmittelpumpe – Vom Motor angetriebene Flügelpumpe, die das Kühlmittel durch alle Teile des Kühlkreislaufs pumpt.

Wertminderung – Mit dem Altern eines Autos (gefahrene Kilometer, Unfallschäden usw.) verbundene Minderung des möglichen Wiederverkaufserlöses.

Windowbag – Airbag vor dem Seitenfenster.

Wirbelkammer (Diesel) – Hohlraum im Zylinderkopf von Dieselmotoren. Bei Indirekteinspritzung wird Kraftstoff, statt direkt in den Brennraum, in die Wirbelkammer eingespritzt und dort mit der Luft „verwirbelt".

Xenonlicht – Modernes Autolicht ohne Glühdraht. In der Glühlampe befindet sich unter anderem das Edelgas Xenon. Bringt mehr als die doppelte Lichtleistung gegenüber Halogenlicht.

Zahnriemen – Siehe Nockenwellen-Antriebsriemen.

Zahnstangenlenkung – Heute weit verbreitete Ausführung des Lenkgetriebes, bestehend aus einem Ritzel und einer Zahnstange, welche die Räder über Spurstangen einschlägt.

Zündanlage – Elektrisches System, das beim Ottomotor für das Zünden des Gasgemisches im Zylinder verantwortlich ist.

Zündfolge – Reihenfolge, in der die Zylinder eines Motors gezündet werden.

Zündkabel – Besonders stark isolierte Kabel für die Übertragung des hochgespannten Stroms vom Zündverteiler zu den Kerzen.

Zündkerze – Bauteil des Ottomotors. Die Kerze ragt mit zwei Elektroden in den Brennraum hinein, zwischen denen zum Zünden des Kraftstoff-Luft-Gemisches ein Funken erzeugt wird.

Zündkontakte – In der Zündanlage älterer Autos dient ein Kontaktpaar zum Unterbrechen des Niederspannungsstroms und erzeugt dadurch in der Zündspule eine Hochspannung, die an der Kerze Zündfunken überspringen lässt.

Zündspule – Elektrisches Bauteil, das beim Ottomotor die eingeleitete Batteriespannung in Hochspannung (12 Volt) für den Zündfunken umsetzt.

Zündverteiler – Bauteil der Zündanlage, zuständig für die Verteilung der Hochspannungsenergie an die einzelnen Zündkerzen des Motors.

Zündzeitpunkt – Die kurz vor dem Erreichen des oberen Totpunkts (OT) liegende Stellung des Kolbens, in welcher der Zündfunken überspringt.

Zylinder-Hohlraum, in welchem der Kolben eines Motors auf und ab geht. Die Zylinder können entweder direkt in den Motorblock gebohrt sein, oder es werden Laufbüchsen in den Block eingesetzt.

Zylinderblock/Motorblock- Haupt-Bauteil (Gussteil) eines Motors, der im oberen Teil zumeist die Zylinder und im unteren die Lagerung der Kurbelwelle (Kurbelgehäuse) umfasst.

Zylinderbohrung – Innendurchmesser eines Motorzylinders.

Zylinderkopf – Gussteil unmittelbar über dem Motorblock, in dem normalerweise die Brennräume und die Ein-/Auslasskanäle sowie der Ventiltrieb untergebracht sind. Der Zylinderkopf ist mit dem Block verschraubt.

Zylinderkopfdichtung/Kopfdichtung – Dichtung, die zwischen Zylinderblock und Zylinderkopf liegt und für Abdichtung unter hohem Arbeitsdruck sorgt.

Zylinder-Laufbüchsen – Metallhülsen, die in entsprechende Bohrungen im Zylinderblock eingeschoben werden und in denen die Kolben auf und ab gehen. Wenn verschlissen, können Laufbüchsen und Kolben miteinander ausgetauscht werden.

Zeitfracht Medien GmbH
Ferdinand-Jühlke-Straße 7
99095 Erfurt, Deutschland
produktsicherheit@kolibri360.de

Druck:
CPI Druckdienstleistungen GmbH
im Auftrag der
Zeitfracht Medien GmbH
Ein Unternehmen der Zeitfracht - Gruppe
Ferdinand-Jühlke-Str. 7
99095 Erfurt